CAD/CAM/CAE 微视频讲解大系

U0167580

中文版 AutoCAD 2022
机械设计从入门到精通

（实战案例版）

1116 分钟同步微视频讲解　178 个实例案例分析

☑疑难问题集　☑应用技巧集　☑典型练习题　☑认证考题　☑常用图块集　☑大型图纸案例及视频

天工在线　编著

中国水利水电出版社
www.waterpub.com.cn

·北京·

内 容 提 要

《中文版 AutoCAD 2022 机械设计从入门到精通（实战案例版）》是一本 AutoCAD 机械设计视频教程、AutoCAD 机械设计基础教程。该教程以 AutoCAD 2022 为软件平台，讲述 AutoCAD 在机械设计中的应用和各种使用技巧。全书共 18 章，包括 AutoCAD 2022 入门、基本绘图设置、二维绘图命令的应用、精确绘制图形、编辑命令的应用、文本与表格、尺寸标注、辅助绘图工具、零件图和装配图的绘制、图纸布局与出图、三维造型基础知识、三维曲面造型、三维实体建模和三维造型编辑等内容。每个重要知识点均配有实例讲解，不仅可以让读者更好地理解和掌握知识点，还可以提高读者的动手能力。

《中文版 AutoCAD 2022 机械设计从入门到精通（实战案例版）》一书配备了极为丰富的学习资源，其中配套资源包括：① 178 个实例的同步微视频讲解，扫描二维码，可以随时随地观看视频，超方便；② 全书实例的源文件和初始文件可以直接调用和对比学习、查看图形细节，效率更高。附赠资源包括：① AutoCAD 疑难问题精选、AutoCAD 应用技巧精选、AutoCAD 常用图块集、AutoCAD 常用填充图案集、AutoCAD 常用快捷命令速查手册、AutoCAD 常用快捷键速查手册、AutoCAD 常用工具按钮速查手册等；② 6 套有关标准件、齿轮等不同类型的机械零件的大型图纸设计方案及同步视频讲解，可以拓展视野；③ AutoCAD 认证考试大纲和认证考试练习题。

《中文版 AutoCAD 2022 机械设计从入门到精通（实战案例版）》适合 AutoCAD 机械设计入门与提高、AutoCAD 机械设计从入门到精通的读者使用，也适合作为应用型高校或相关培训机构的 AutoCAD 机械设计教材。

图书在版编目（CIP）数据

中文版 AutoCAD 2022 机械设计从入门到精通 ：
实战案例版 / 天工在线编著. -- 北京 ：中国水利水电
出版社, 2022.10
（CAD/CAM/CAE 微视频讲解大系）
ISBN 978-7-5226-0675-0

Ⅰ. ①中… Ⅱ. ①天… Ⅲ. ①机械设计－计算
机辅助设计－AutoCAD 软件 Ⅳ. ①TH122

中国版本图书馆 CIP 数据核字（2022）第 073519 号

丛 书 名	CAD/CAM/CAE 微视频讲解大系
书 名	中文版 AutoCAD 2022 机械设计从入门到精通（实战案例版） ZHONGWENBAN AutoCAD 2022 JIXIE SHEJI CONG RUMEN DAO JINGTONG
作 者	天工在线 编著
出版发行	中国水利水电出版社 （北京市海淀区玉渊潭南路 1 号 D 座 100038） 网址：www.waterpub.com.cn E-mail: zhiboshangshu@163.com 电话：（010）62572966-2205/2266/2201（营销中心）
经 售	北京科水图书销售有限公司 电话：（010）68545874、63202643 全国各地新华书店和相关出版物销售网点
排 版	北京智博尚书文化传媒有限公司
印 刷	涿州市新华印刷有限公司
规 格	203mm×260mm 16 开本 30.75 印张 825 千字 4 插页
版 次	2022 年 10 月第 1 版 2022 年 10 月第 1 次印刷
印 数	0001—6000 册
定 价	89.80 元

凡购买我社图书，如有缺页、倒页、脱页的，本社营销中心负责调换

版权所有·侵权必究

中文版AutoCAD 2022机械设计
从入门到精通（实战案例版）
本书部分案例

Try your best
Never underestimate your power to change yourself!

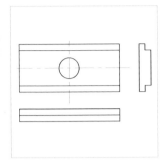

垫块

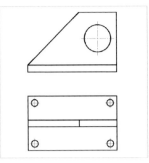

支架

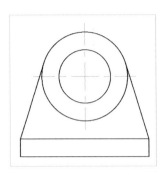

轴承座

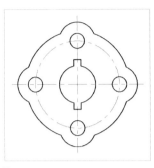

垫片

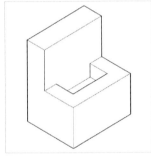

角墩等轴测图

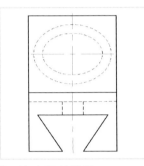

修改图形特性

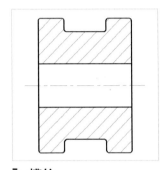

槽轮

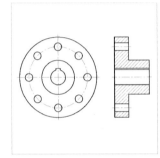

联轴器

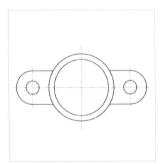

盘根压盖俯视图

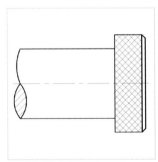

滚花零件

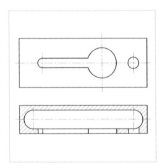

连接板

支架等轴测视图

轴承座等轴测图

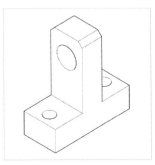

凸形支架等轴测视图

手柄等轴测视图

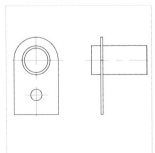

定位轴套

Try your best
Never underestimate your power to change yourself!

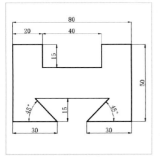

标注燕尾槽尺寸

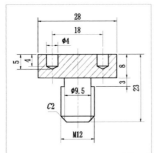

螺钉

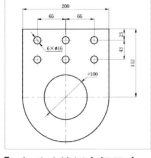

标注连接板直径尺寸

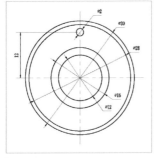

挡圈

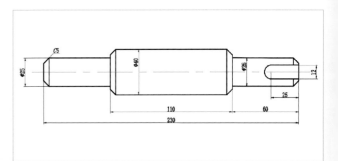

阀体零件

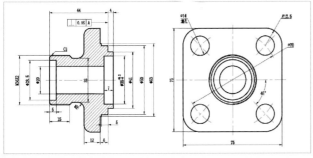

标注阀盖

传动轴

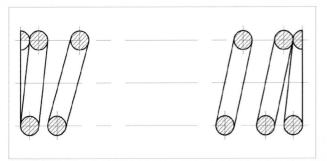

弹簧

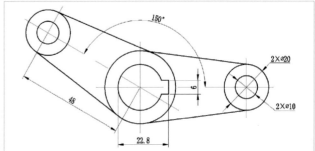

曲柄

Try your best
Never underestimate your power to change yourself!

中文版AutoCAD 2022机械设计
从入门到精通（实战案例版）
本书部分案例

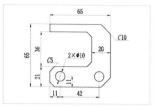

标注卡槽尺寸

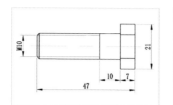

螺栓

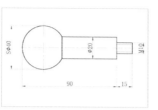

标注球头螺栓尺寸

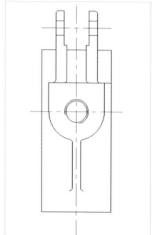

阀体左视图

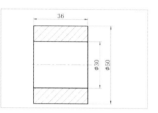

标注滚轮尺寸

螺栓2

联轴器

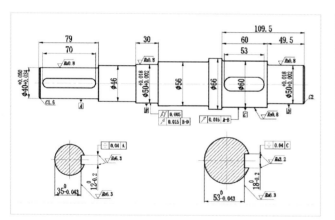

传动轴

花键轴

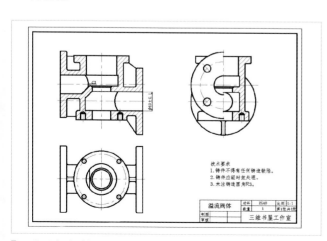

溢流阀阀体

标注凸轮卡爪尺寸

中文版AutoCAD 2022机械设计
从入门到精通（实战案例版）
本书部分案例

Try your best
Never underestimate your power to change yourself!

密封垫

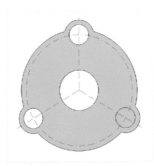

法兰盘

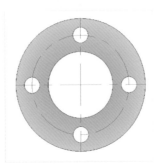

法兰

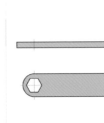

六角扳手

棘轮

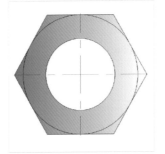

螺母

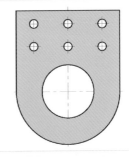

连接板

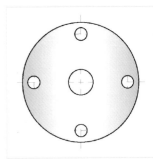

盘盖

卡槽

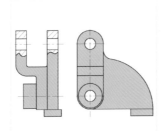

凸轮卡爪

圆形插板

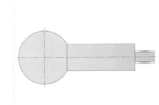

球头螺栓

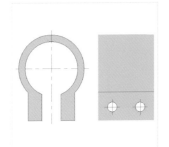

锁紧箍

圆头平键

滚轮

挡圈

Try your best
Never underestimate your power to change yourself!

端盖

平键

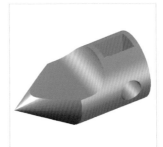

顶针

溢流阀阀ᶆ

哑铃

缓冲垫

机座

阀体

弹簧垫圈

镶块

扳手

异形连接件

轴套

轴支架

U型叉

子弹

中文版AutoCAD 2022机械设计
从入门到精通（实战案例版）
本书部分案例

Try your best
Never underestimate your power to change yourself!

电机定子

叉拨架

泵盖

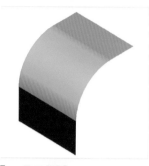
曲面圆角

吊耳

O型圈

偏移曲面

脚踏座

衬套

阀芯

切刀

带轮

天圆地方连接法兰

基座

滚筒

汽车变速拨叉

前　言

Preface

　　AutoCAD 是 Autodesk 公司开发的自动计算机辅助设计软件，是集二维绘图、三维设计、参数化设计、协同设计及通用数据库管理和互联网通信功能为一体的计算机辅助绘图软件包。随着计算机的发展，计算机辅助设计（CAD）和计算机辅助制造（CAM）技术得到了飞速发展。AutoCAD 软件作为产品设计的一个十分重要的设计工具，因具有操作简单、功能强大、性能稳定、兼容性好、扩展性强等优点，而成为计算机 CAD 系统中应用最为广泛的图形软件之一。AutoCAD 软件采用的.dwg 文件格式，也成为二维绘图的一种常用技术标准。机械设计作为 AutoCAD 的一个重要应用方向，在机械图纸绘制和机械产品设计等方面发挥着重要的作用，绘图的便利性和可修改性使工作效率在很大程度上得到提高。

　　随着技术的不断发展，各种新型软件也不断推出，但 AutoCAD 在机械设计行业中仍然是不可缺少的基础软件，有着广泛的发展前景。软件的使用虽然方便了工程零件图纸的设计工作，但软件毕竟只是一种工具，在实际工作中仍然必须以机械制图原理和国家相关的规定、标准为依据，进行规范化绘图。随着工业 4.0 的提出，未来对软件的标准化、集成性、开放性以及智能化方面必将提出更高的要求，软件功能也必将进一步增强。本书以 AutoCAD 2022 版本为基础进行讲解。

本书特点

❯ 内容合理，适合自学

　　本书定位以初学者为主，并充分考虑到初学者的特点，内容讲解由浅入深，循序渐进，能引领读者快速入门。在知识点上不求面面俱到，但求够用，学好本书，能掌握机械设计工作中需要的重点技术。

❯ 视频讲解，通俗易懂

　　为了提高学习效率，本书中的大部分实例都录制了教学视频。视频录制时采用模仿实际授课的形式，在各知识点的关键处给出解释、提醒和注意事项，专业知识和经验的提炼，让读者在高效学习的同时，更多体会绘图的乐趣。

❯ 内容全面，实例丰富

　　本书主要介绍了 AutoCAD 2022 在机械设计中的使用方法和编辑技巧，包括图形绘制、图形编辑、辅助绘图工具、文本与表格、尺寸标注、零件图与装配图的绘制、三维造型基础知识、三维曲面造型、三维实体建模、三维造型编辑等知识。知识点全面、够用。在介绍知识点时，辅以大量的实例，并提供具体的设计过程和大量的图示，从而帮助读者快速理解并掌握所学知识点。

❯ 栏目设置，实用关键

　　根据需要并结合实际工作经验，作者在书中穿插了大量的"注意""说明""手把手教你学"

等小栏目，给读者以关键提示。为了让读者更多地动手操作，书中还设置了"动手练"模块，让读者在快速理解相关知识点后动手练习，达到举一反三的效果。

本书显著特色

> ↳ **体验好，随时随地学习**

二维码扫一扫，随时随地看视频。书中大部分实例都提供了二维码，读者朋友可以通过手机微信扫一扫，随时随地观看相关的教学视频（若个别手机不能播放，请参考"本书学习资源列表及获取方式"，在计算机上下载后观看）。

> ↳ **资源多，全方位辅助学习**

从配套到拓展，资源库一应俱全。本书提供了几乎所有实例的配套视频和源文件。此外，还提供了应用技巧精选、疑难问题精选、常用图块集、全套工程图纸案例、各种快捷命令速查手册、认证考试练习题等，学习资源一网打尽！

> ↳ **实例多，用实例学习更高效**

实例丰富详尽，边做边学更快捷。跟着大量实例去学习，边学边做，从做中学，可以使学习更深入、更高效。

> ↳ **入门易，全力为初学者着想**

遵循学习规律，入门实战相结合。编写模式采用"基础知识+实例"的形式，内容由浅入深，循序渐进，入门与实战相结合。

> ↳ **服务快，让你学习无后顾之忧**

提供在线服务，随时随地可交流。提供公众号资源下载、读者交流圈交流答疑等多渠道贴心服务。

本书学习资源列表及获取方式

为让读者在最短时间内学会并精通 AutoCAD 辅助绘图技术，本书提供了极为丰富的学习资源，具体如下。

> ↳ **配套学习资源**

（1）为方便读者学习，本书所有实例均录制了视频讲解文件，读者可扫描二维码直接观看或下载到电脑中观看。

（2）用实例学习更专业，本书包含中小实例共 178 个（素材和源文件可按照本书资源获取方式下载后学习使用）。

> ↳ **拓展学习资源**

（1）AutoCAD 应用技巧集（99 条）。

（2）AutoCAD 疑难问题集（180 问）。

（3）AutoCAD 认证考试练习题（256 道）。

（4）AutoCAD 常用图块集（600 个）。

（5）AutoCAD 常用填充图案集（671 个）。

（6）AutoCAD 大型设计图纸视频及源文件（6 套）。

（7）AutoCAD 常用快捷命令速查手册（1 部）。

（8）AutoCAD 常用快捷键速查手册（1 部）。

（9）AutoCAD 常用工具按钮速查手册（1 部）。

（10）AutoCAD 认证考试大纲（2 部）。

以上资源的获取及联系方式（注意：本书不配带光盘，以上提到的所有资源均需通过下面的方法下载后使用）：

（1）读者朋友加入下面的微信公众号，然后输入"CD06750"发送到公众号后台，获取本书资源下载链接。将该链接复制到计算机浏览器的地址栏中，根据提示下载即可。

（2）读者可加入本书读者交流圈（使用手机微信扫码进入），进行在线交流学习。

设计指北

读者交流圈

特别说明（新手必读）：

在学习本书或按照书中的实例进行操作之前，请先在计算机中安装 AutoCAD 2022 中文版软件。读者可以在 Autodesk 官网下载该软件试用版（或购买正版），也可以在网上商城、当地电脑城、软件经销商处购买安装软件。

关于作者

本书由天工在线组织编写。天工在线是一个 CAD/CAM/CAE 技术研讨、工程开发、培训咨询和图书创作的工程技术人员协作联盟，拥有 40 多位专职和众多兼职 CAD/CAM/CAE 工程技术专家。

天工在线负责人由 Autodesk 中国认证考试中心首席专家（全面负责 Autodesk 中国官方认证考试大纲制定、题库建设、技术咨询和师资力量培训工作）担任，成员精通 Autodesk 系列软件。其创作的很多教材成为国内具有引导性的旗帜作品，在国内相关专业方向图书创作领域具有举足轻重的地位。

本书具体编写人员有胡仁喜、刘昌丽、康士廷、闫聪聪、杨雪静、卢园、孟培、解江坤、井晓翠、张亭、万金环、王敏等，对他们的付出表示真诚的感谢。

致谢

本书能够顺利出版，是作者、编辑和所有审校人员共同努力的结果，在此深表谢意。同时，祝福所有读者在通往优秀工程师的道路上一帆风顺。

编　者

目　录

Contents

第 1 章 AutoCAD 2022 入门

内容简介

本章介绍 AutoCAD 2022 绘图的基本知识，了解如何设置图形的系统参数、如何绘制样板图，以及熟悉创建新的图形文件、打开已有文件的方法等，为进入系统学习做准备。

内容要点

- ↳ 操作环境简介
- ↳ 文件管理
- ↳ 基本输入操作
- ↳ 模拟认证考试

案例效果

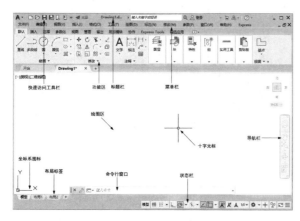
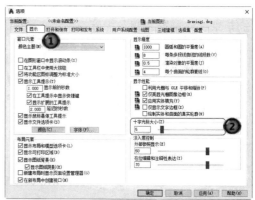

1.1 操作环境简介

操作环境是指与本软件相关的操作界面、绘图系统设置等参数。本节将对其进行简要介绍。

1.1.1 操作界面

AutoCAD 的操作界面是 AutoCAD 显示、编辑图形的区域。启动 AutoCAD 2022 后，系统默认的界面（草图与注释）如图 1-1 所示，包括标题栏、菜单栏、功能区、绘图区、十字光标、导航栏、坐标系图标、命令行窗口、状态栏、布局标签和快速访问工具栏等。

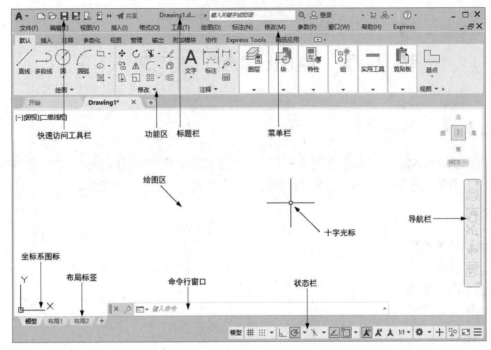

图 1-1　AutoCAD 2022 中文版的操作界面

扫一扫，看视频

动手学——设置"明"界面

【操作步骤】

（1）在绘图区右击，❶在弹出的快捷菜单中选择"选项"命令，如图 1-2 所示。

（2）打开"选项"对话框，选择"显示"选项卡，❷在"窗口元素"选项组的"颜色主题"下拉列表框中选择"明"选项，如图 1-3 所示。❸单击"确定"按钮，完成"明"界面的设置，如图 1-4 所示。

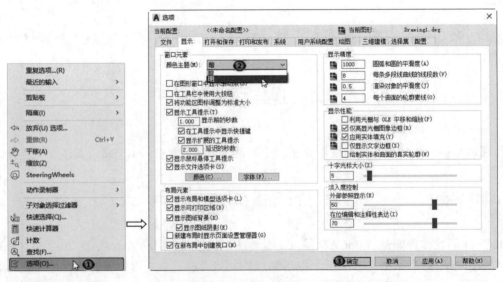

图 1-2　快捷菜单　　　　　　　　　　　图 1-3　"选项"对话框

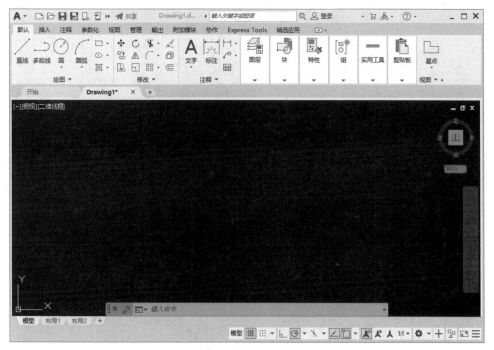

图 1-4 "明"界面

1. 标题栏

AutoCAD 2022 中文版操作界面的最上端是标题栏。在标题栏中，显示了系统当前正在运行的应用程序和用户正在使用的图形文件。在第一次启动 AutoCAD 2022 时，标题栏中将显示 AutoCAD 2022 在启动时创建并打开的图形文件 Drawing1.dwg。

📢 注意：

> 需要将 AutoCAD 的工作空间切换到"草图与注释"模式下（单击操作界面右下角的"切换工作空间"按钮 ✿，在弹出的菜单中选择"草图与注释"命令），才能显示如图 1-1 所示的操作界面。本书中的所有操作均在"草图与注释"模式下进行。

2. 菜单栏

与其他 Windows 程序一样，AutoCAD 的菜单也是下拉式的，并在菜单中包含了子菜单。AutoCAD 的菜单栏中包含 13 个菜单："文件""编辑""视图""插入""格式""工具""绘图""标注""修改""参数""窗口""帮助"和 Express。这些菜单几乎包含了 AutoCAD 的所有绘图命令，后面的章节将对这些菜单的功能进行详细讲解。

动手学——设置菜单栏

【操作步骤】

（1）❶单击 AutoCAD 快速访问工具栏右侧的下拉按钮，❷在打开的下拉菜单中选择"显示菜单栏"命令，如图 1-5 所示。

（2）❸显示的菜单栏位于界面的上方，如图 1-6 所示。

（3）在图 1-5 所示的下拉菜单中选择"隐藏菜单栏"命令，即可关闭菜单栏。

扫一扫，看视频

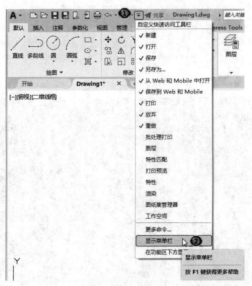

图 1-5 下拉菜单

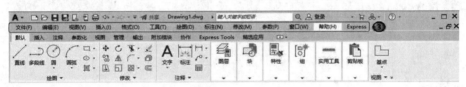

图 1-6 显示菜单栏

　　一般来说，AutoCAD 的下拉菜单中含有 3 种命令。

　　（1）带有子菜单的菜单命令。这种类型的菜单命令后面带有小三角形。例如，选择菜单栏中的"绘图"→"圆"命令，系统就会进一步显示"圆"子菜单中所包含的命令，如图 1-7 所示。

　　（2）打开对话框的菜单命令。这种类型的菜单命令后面带有省略号。例如，选择菜单栏中的①"格式"→②"表格样式"命令（见图 1-8），系统就会打开"表格样式"对话框，如图 1-9 所示。

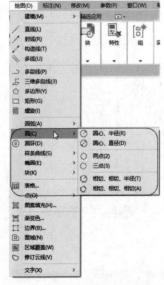

图 1-7 带有子菜单的菜单命令

图 1-8 打开对话框的菜单命令

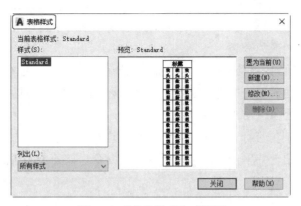

图1-9　"表格样式"对话框

（3）直接执行操作的菜单命令。这种类型的菜单命令后面既不带小三角形，也不带省略号，选择该命令将直接进行相应的操作。例如，选择菜单栏中的"视图"→"重画"命令，系统将刷新所有窗口。

3. 工具栏

工具栏是一组按钮工具的集合。AutoCAD 2022提供了几十种工具栏。

扫一扫，看视频

动手学——设置工具栏

【操作步骤】

（1）选择菜单栏中的❶"工具"→❷"工具栏"→❸AutoCAD命令，❹单击某个未在界面中显示的工具栏的名称（见图1-10），系统将自动在界面中打开该工具栏，如图1-11所示；反之，则关闭工具栏。

图1-10　调出工具栏

（2）把光标移动到某个按钮上，稍停留片刻，在该按钮的一侧即可显示相应的功能提示，此时单击该按钮就可以启动相应的命令。

（3）工具栏可以在绘图区浮动显示，如图 1-11 所示。此时可以关闭该工具栏，也可以用鼠标拖动浮动工具栏到绘图区边界，使其变为固定工具栏（此时该工具栏的标题被隐藏）。同样，也可以把固定工具栏拖出，使其变为浮动工具栏。

有些工具栏按钮的右下角带有一个小三角形，单击这类按钮会打开相应的下拉菜单，将光标移动到下拉菜单中的某一按钮上并单击，即可执行相应的命令，如图 1-12 所示。

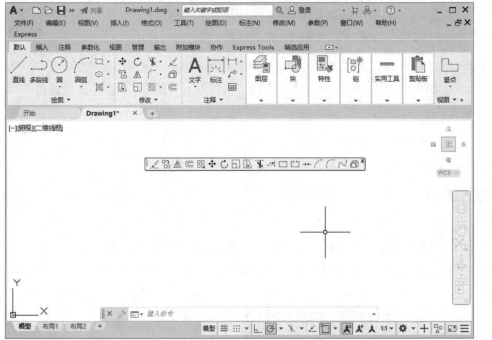

图 1-11　浮动工具栏　　　　　　　　　　　　　　图 1-12　打开工具栏

4. 快速访问工具栏和交互信息工具栏

（1）快速访问工具栏。该工具栏包括"新建""打开""保存""另存为""打印""放弃""重做""工作空间"等常用的工具。用户也可以单击该工具栏后面的下拉按钮，选择需要的常用工具。

（2）交互信息工具栏。该工具栏包括"搜索""Autodesk A360""Autodesk App Store""保持连接"和"帮助"等常用的信息交互访问工具按钮。

5. 功能区

在系统默认情况下，功能区包括"默认""插入""注释""参数化""视图""管理""输出""附加模块""协作""Express Tools""精选应用"选项卡，如图 1-13 所示（图 1-13 中的选项卡并不全，用户可以通过相应的设置显示所有的选项卡，见图 1-14）。每个选项卡都是由若干功能面板组成的，集成了大量相关的操作工具，为用户的使用提供了极大的便利性。用户可以单击"精选应用"选项卡后面的⬛·按钮控制功能的展开与收缩。

图 1-13 系统默认情况下出现的选项卡

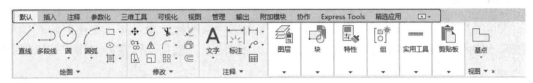

图 1-14 所有的选项卡

【执行方式】

- 命令行: RIBBON (或 RIBBONCLOSE)。
- 菜单栏: 选择菜单栏中的 "工具" → "选项板" → "功能区" 命令。

动手学——设置功能区

【操作步骤】

（1）在面板中任意位置右击，①在打开的快捷菜单中选择 "显示选项卡" 命令，如图 1-15 所示。②单击某个未在功能区显示的选项卡名，系统自动在功能区打开该选项卡；反之，则关闭选项卡（调出面板的方法与调出选项卡的方法类似，这里不再赘述）。

（2）面板可以在绘图区浮动显示，如图 1-16 所示。将光标放到浮动面板的右上角，将出现 "将面板返回到功能区" 提示，如图 1-17 所示。单击此处，能使其变为固定面板，也可以把固定面板拖出，使其变为浮动面板。

扫一扫，看视频

图 1-15 快捷菜单

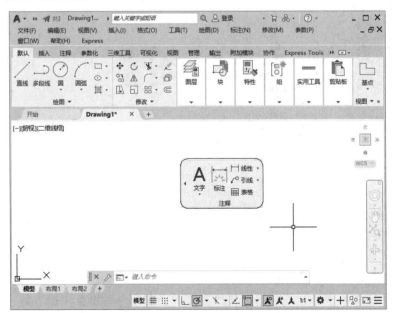

图 1-16 浮动面板

图 1-17 "注释" 面板

6. 绘图区

绘图区是指标题栏下方的大片空白区域，用于绘制图形。用户要完成一幅图形的设计，主要工作是在绘图区中进行的。

7. 坐标系图标

在绘图区的左下角有一个箭头指向的图标，称为坐标系图标，表示用户绘图时正在使用的坐标系样式。坐标系图标的作用是为点的坐标确定一个参照系。根据工作需要，用户可以选择将其关闭。

【执行方式】

- ↳ 命令行：UCSICON。
- ↳ 菜单栏：选择菜单栏中的 ❶"视图"→ ❷"显示"→ ❸"UCS 图标"→ ❹"开"命令，如图 1-18 所示。

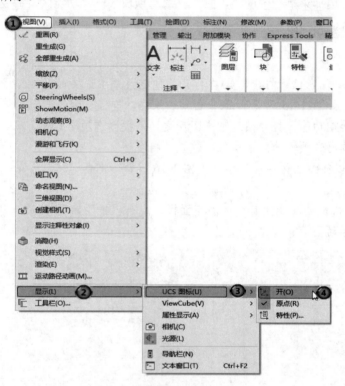

图 1-18 "视图"菜单命令

8. 命令行窗口

命令行窗口是输入命令和显示命令提示的区域。系统默认情况下，命令行窗口在绘图区下方，可以显示若干文本行。对于命令行窗口，有以下几点需要说明。

（1）通过移动拆分条，可以扩大或缩小命令行窗口。

（2）可以拖动命令行窗口，将其布置在绘图区的其他位置。

（3）可以按 F2 键打开 AutoCAD 文本窗口，用文本编辑的方法对当前命令行窗口中输入的内容进行编辑，如图 1-19 所示。AutoCAD 文本窗口和命令行窗口相似，可以显示当前 AutoCAD 进程中命令的输入和执行过程，在执行 AutoCAD 的某些命令时，会自动切换到文本窗口，列出有关信息。

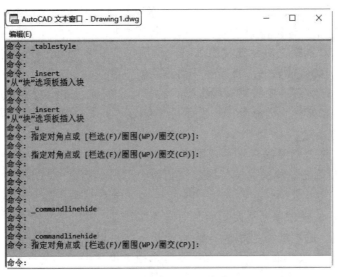

图 1-19 AutoCAD 文本窗口

（4）AutoCAD 通过命令行窗口反馈各种信息，包括出错信息。因此，用户要时刻关注命令行窗口中的信息。

9．状态栏

状态栏位于操作界面底部，依次有"坐标""模型空间""栅格""捕捉模式""推断约束""动态输入""正交模式""极轴追踪""等轴测草图""对象捕捉追踪""二维对象捕捉""线宽""透明度""选择循环""三维对象捕捉""动态 UCS""选择过滤""小控件""注释可见性""自动缩放""注释比例""切换工作空间""注释监视器""单位""快捷特性""锁定用户界面""隔离对象""图形性能""全屏显示""自定义"30 个功能按钮。单击部分功能按钮，可以实现这些功能的开关。通过某些按钮还可以控制图形或绘图区的状态。

✎ 技巧：

> 系统默认情况下，状态栏不会显示所有工具，可以通过状态栏中最右侧的按钮选择要从"自定义"菜单显示的工具。状态栏中显示的工具可能会发生变化，具体取决于当前的工作空间以及当前显示的是模型空间还是布局空间。

下面简单介绍状态栏中的按钮，如图 1-20 所示。

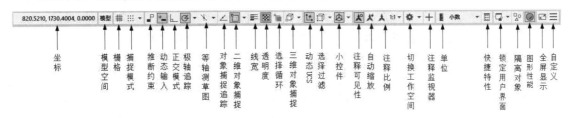

图 1-20 状态栏

（1）坐标：显示工作区鼠标放置点的坐标。

（2）模型空间：在模型空间与布局空间之间进行转换。

（3）栅格：栅格是由覆盖整个坐标系（UCS）XY平面的直线或点组成的矩形图案。使用栅格类似于在图形下放置一张坐标纸。利用栅格可以对齐对象并直观显示对象之间的距离。

（4）捕捉模式：对象捕捉对于在对象上指定精确位置非常重要。不论何时提示输入点，都可以指定对象捕捉。系统默认情况下，当光标移到对象的对象捕捉位置时，将显示标记和工具提示。

（5）推断约束：自动在正在创建或编辑的对象与对象捕捉的关联对象或点之间应用约束。

（6）动态输入：在光标附近显示一个提示框（称为"工具提示"），工具提示中显示对应的命令提示和光标的当前坐标值。

（7）正交模式：将光标限制在水平或垂直方向上移动，便于精确地创建和修改对象。当创建或移动对象时，可以使用正交模式将光标限制在相对于用户坐标系（UCS）的水平或垂直方向上。

（8）极轴追踪：使用极轴追踪，光标将按指定角度进行移动。当创建或修改对象时，可以使用极轴追踪显示由指定的极轴角度所定义的临时对齐路径。

（9）等轴测草图：通过设定"等轴测捕捉/栅格"，可以很容易地沿三个等轴测平面之一对齐对象。尽管等轴测图形看似三维图形，但它实际上是由二维图形表示的。因此，不能期望它提取三维距离和面积、从不同视点显示对象或自动消除隐藏线。

（10）对象捕捉追踪：使用对象捕捉追踪，可以沿着基于对象捕捉点的对齐路径进行追踪。已获取的点将显示一个小加号（+），一次最多可以获取7个追踪点。获取点之后，在绘图路径上移动光标，将显示相对于获取点的水平、垂直或极轴对齐路径。例如，可以基于对象端点、中点或对象的交点，沿着某个路径选择一点。

（11）二维对象捕捉：使用执行对象捕捉设置（也称为对象捕捉），可以在对象上的精确位置指定捕捉点。选择多个选项后，将应用选定的捕捉模式返回距离靶框中心最近的点。按Tab键可以在这些选项之间循环。

（12）线宽：分别显示对象所在图层中设置的不同宽度，而不是统一线宽。

（13）透明度：使用该命令，可以调整绘图对象显示的明暗程度。

（14）选择循环：当一个对象与其他对象彼此接近或重叠时，准确地选择某个对象是很困难的，使用"选择循环"命令，单击，会弹出"选择集"列表框，其中列出了单击位置周围的图形，然后在列表中选择所需的对象。

（15）三维对象捕捉：三维中的对象捕捉与在二维中工作的方式类似，不同之处在于在三维中可以投影对象捕捉。

（16）动态UCS：在创建对象时，使UCS的XY平面自动与实体模型上的平面临时对齐。

（17）选择过滤：根据对象特性或对象类型对选择集进行过滤。当单击该按钮后，只选择满足指定条件的对象，其他对象将被排除在选择集之外。

（18）小控件：帮助用户沿三维轴或平面移动、旋转或缩放一组对象。

（19）注释可见性：当图标变亮时，表示显示所有比例的注释性对象；当图标变暗时，表示仅显示当前比例的注释性对象。

（20）自动缩放：当注释比例更改时，自动将比例添加到注释对象。

（21）注释比例：单击注释比例右下角的下拉按钮，在弹出的下拉菜单中可以根据需要选择合适的注释比例，如图1-21所示。

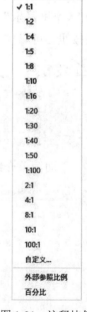

图1-21 注释比例

（22）切换工作空间：进行工作空间的转换。

（23）注释监视器：打开仅用于所有事件或模型文档事件的注释监视器。

（24）单位：指定线性和角度单位的格式和小数位数。

（25）快捷特性：控制快捷特性面板的使用与禁用。

（26）锁定用户界面：单击该按钮，锁定工具栏、面板和可固定窗口的位置与大小。

（27）隔离对象：当选择隔离对象时，在当前视图中显示选定对象，所有其他对象都暂时被隐藏；当选择隐藏对象时，在当前视图中暂时隐藏选定对象，所有其他对象都可见。

（28）图形性能：控制是否启用硬件加速，这样可以通过使用显卡上的处理器来提高图形性能。

（29）全屏显示：可以清除操作界面中的标题栏、功能区和选项板等界面元素，使 AutoCAD 的绘图窗口全屏显示，如图 1-22 所示。

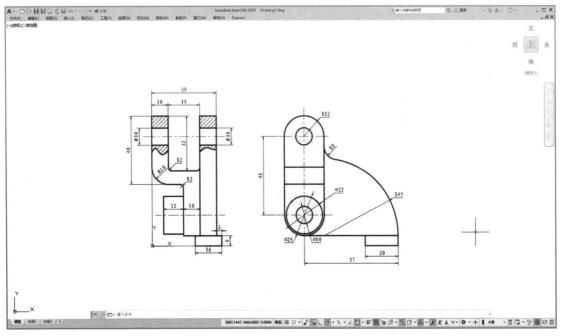

图 1-22　全屏显示

（30）自定义：状态栏可以提供重要信息，而无须中断工作流。使用 MODEMACRO 系统变量可以将应用程序所能识别的大多数数据显示在状态栏中。使用该系统变量的计算、判断和编辑功能可以完全按照用户的要求构造状态栏。

10. 布局标签

AutoCAD 系统默认设定一个模型空间布局标签和"布局 1""布局 2"两个图样空间布局标签，在这里有两个概念需要解释一下。

（1）布局。布局是系统为绘图设置的一种环境，包括图样大小、尺寸单位、角度设定、数值精确度等。在系统预设的 3 个标签中，这些环境变量都按系统默认设置。用户可以根据实际需要改变变量的值，也可以设置符合自己要求的新标签。

（2）模型。AutoCAD 的空间分模型空间和图样空间两种。模型空间是通常绘图的环境，而在图样空间中，用户可以创建浮动视口，以不同视图显示所绘图形，还可以调整浮动视口并决定所包含视图的缩放比例。如果用户选择图样空间，则可以打印多个视图，也可以打印任意布局的视图。AutoCAD 系统默认打开模型空间，用户可以通过单击操作界面下方的"布局标签"按钮选择需要的布局。

11．十字光标

在绘图区中，有一个作用类似于光标的"十"字线，其交点坐标反映了光标在当前坐标系中的位置。在 AutoCAD 中，将该"十"字线称为十字光标。

 技巧：

> AutoCAD 通过十字光标的坐标值显示当前点的位置。十字光标的方向与当前 UCS 的 X、Y 轴方向平行，系统预设其大小为绘图区大小的 5%，用户可以根据绘图的实际需要修改大小。

动手学——设置光标大小

扫一扫，看视频

【操作步骤】

（1）选择菜单栏中的"工具"→"选项"命令，打开"选项"对话框。

（2）❶选择"显示"选项卡，❷在"十字光标大小"文本框中直接输入数值，或者拖动文本框后面的滑块，即可对十字光标的大小进行调整，如图 1-23 所示。

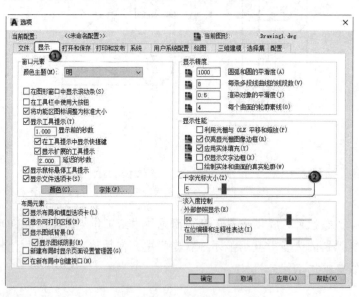

图 1-23　"显示"选项卡

此外，还可以通过设置系统变量 CURSORSIZE 的值修改光标大小。命令行提示与操作如下：

```
命令: CURSORSIZE✓
输入 CURSORSIZE 的新值 <5>: 5
```

在提示下输入新值即可修改光标大小，默认值为绘图区大小的 5%。

1.1.2 绘图系统

每台计算机所使用的显示器、输入设备和输出设备的类型不同，用户喜欢的风格及计算机的目录设置也不同。一般来讲，使用 AutoCAD 2022 的系统默认配置就可以绘图，但为了方便用户使用定点设备或打印机，以及提高绘图的效率，推荐用户在作图前进行必要的配置。

【执行方式】

- ↘ 命令行：PREFERENCES。
- ↘ 菜单栏：选择菜单栏中的"工具"→"选项"命令。
- ↘ 快捷菜单：在绘图区右击，在弹出的快捷菜单中选择"选项"命令，如图 1-24 所示。

扫一扫，看视频

动手学——设置绘图区的颜色

【操作步骤】

系统默认情况下，AutoCAD 的绘图区是黑色背景、白色线条，这可能不符合许多用户的习惯，此时可以修改绘图区颜色。

（1）选择菜单栏中的"工具"→"选项"命令，打开"选项"对话框，选择如图 1-23 所示的"显示"选项卡，再单击"窗口元素"选项组中的"颜色"按钮，打开如图 1-25 所示的"图形窗口颜色"对话框。

图 1-24 快捷菜单

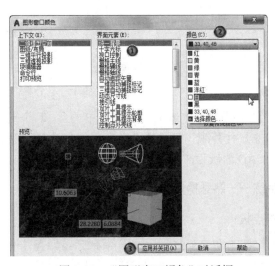

图 1-25 "图形窗口颜色"对话框

✍ 技巧：

> 设置实体显示精度时请务必注意，精度越高（显示质量越高），计算机计算的时间越长，建议不要将精度设置得太高，将显示质量设定在一个合理的程度即可。

（2）❶在"界面元素"列表框中选择要更换颜色的元素，这里选择"统一背景"元素，❷在"颜色"下拉列表框中选择需要的窗口颜色（通常按视觉习惯选择白色为窗口颜色），❸单击"应用并关闭"按钮。此时，AutoCAD 的绘图区就变换了背景颜色。

【选项说明】

选择"选项"命令后，系统打开"选项"对话框。用户可以在该对话框中设置有关选项，对绘图系统进行配置。下面对其中主要的两个选项卡进行说明，其他配置选项在后面用到时再作具体说明。

（1）系统配置。"选项"对话框中的第 5 个选项卡为"系统"选项卡，如图 1-26 所示。该选项卡用于设置 AutoCAD 系统的相关特性。其中，"常规选项"选项组用于确定是否选择系统配置的基本选项。

图 1-26　"系统"选项卡

（2）显示配置。"选项"对话框中的第 2 个选项卡为"显示"选项卡，该选项卡用于控制 AutoCAD 系统的外观，可设置滚动条、文件选项卡等显示与否，还可设置绘图区颜色、十字光标大小、AutoCAD 的版面布局、各实体的显示精度等。

动手练——熟悉操作界面

思路点拨：

> 了解操作界面各部分的功能，掌握改变绘图区颜色和十字光标大小的方法，能够熟练地打开、移动、关闭工具栏。

1.2 文件管理

本节介绍有关文件管理的一些基本操作方法，包括新建文件、打开文件、保存文件、删除文件等，这些都是 AutoCAD 2022 中的基础知识。

扫一扫，看视频

1.2.1 新建文件

启动 AutoCAD 时，软件不会直接进入绘图界面，必须先新建文件。

【执行方式】

- ↳ 命令行：NEW。
- ↳ 菜单栏：选择菜单栏中的"文件"→"新建"命令。
- ↳ 主菜单：选择主菜单中的"新建"命令。
- ↳ 工具栏：单击标准工具栏中的"新建"按钮□或单击快速访问工具栏中的"新建"按钮□。
- ↳ 快捷键：Ctrl+N。

【操作步骤】

执行上述操作后，❶系统打开如图 1-27 所示的"选择样板"对话框。❷选择合适的样板，❸单击"打开"按钮，新建一个图形文件。

图 1-27 "选择样板"对话框

✍ 技巧：

AutoCAD 最常用的样板文件有两个，分别是 acad.dwt 和 acadiso.dwt，前一个是英制的，后一个是公制的。

1.2.2 快速新建文件

如果用户不愿意每次新建文件时都选择样板文件，可以在系统中预先设置默认的样板文件，从而快速创建图形，该功能是创建新图形最快捷的方法。

【执行方式】

命令行：QNEW。

扫一扫，看视频

动手学——快速创建图形设置

【操作步骤】

要想使用快速创建图形功能，必须先进行如下设置。

（1）在命令行中输入 FILEDIA，按 Enter 键，设置系统变量为 1；在命令行中输入 STARTUP，按 Enter 键，设置系统变量为 0。

（2）选择菜单栏中的"工具"→"选项"命令，弹出"选项"对话框，❶选择"文件"选项卡，❷单击"样板设置"前面的"+"图标，❸在展开的选项列表中选择"快速新建的默认样板文件名"选项，如图 1-28 所示。❹单击"浏览"按钮，打开"选择文件"对话框，然后选择需要的样板文件即可。

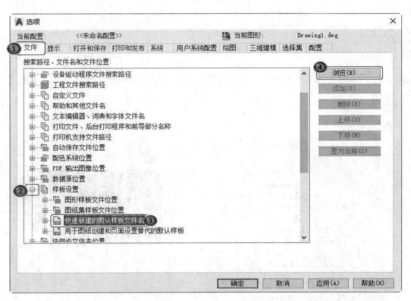

图 1-28　"文件"选项卡

（3）在命令行进行如下操作。

命令：QNEW↙

执行上述命令后，系统立即从所选的图形样板中创建新图形，而不显示任何对话框或提示。

1.2.3　保存文件

绘图完毕或绘图过程中都可以保存文件。

【执行方式】

❯ 命令名：QSAVE（或 SAVE）。

❯ 菜单栏：选择菜单栏中的"文件"→"保存"命令。

❯ 主菜单：选择主菜单栏中的"保存"命令。

❯ 工具栏：单击标准工具栏中的"保存"按钮 🖫 或单击快速访问工具栏中的"保存"按钮 🖫。

❯ 快捷键：Ctrl+S。

执行上述操作后，若文件已命名，则系统自动保存文件；若文件未命名（即为系统默认名 Drawing1.dwg），❶则系统打开"图形另存为"对话框，如图 1-29 所示。❷在"文件名"文本框中重命名，❸在"保存于"下拉列表框中指定保存文件的路径，❹在"文件类型"下拉列表框中指定保存文件的类型，然后单击"保存"按钮，即可将文件以新的名称保存。

图 1-29　"图形另存为"对话框

✍ 技巧：

> 为了让使用低版本 AutoCAD 的人能正常打开文件，也可以保存成低版本文件。
> AutoCAD 每年更新一个版本，但文件格式不是每年都变，差不多每 3 年一变。

动手学——自动保存设置

扫一扫，看视频

【操作步骤】

（1）在命令行中输入 SAVEFILEPATH，按 Enter 键，设置所有自动保存文件的位置，如"D:\HU\"。

（2）在命令行中输入 SAVEFILE，按 Enter 键，设置自动保存文件名。该系统变量存储的文件是只读文件，用户可以从中查询自动保存的文件名。

（3）在命令行中输入 SAVETIME，按 Enter 键，指定在用户使用自动保存时多长时间保存一次图形，单位是"分"。

📢 注意：

> 本实例中输入 SAVEFILEPATH 命令后，若设置文件保存位置为"D:\HU\"，则在 D 盘下必须有 HU 文件夹；否则保存无效。

在没有相应的保存文件路径时，命令行提示与操作如下：

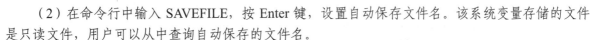

```
命令: SAVEFILEPATH
输入 SAVEFILEPATH 的新值, 或输入"."表示无<"C:\Documents and Settings\Administrator\
local settings\temp\">: D:\Hu\ (输入文件路径)
SAVEFILEPATH 无法设置为该值
*无效*
```

1.2.4　另存文件

已保存的图纸也可以另存为新的文件。

【执行方式】

- ➥ 命令行：SAVEAS。
- ➥ 菜单栏：选择菜单栏中的"文件"→"另存为"命令。
- ➥ 主菜单：选择主菜单栏中的"另存为"命令。
- ➥ 工具栏：单击快速访问工具栏中的"另存为"按钮 🖬。

执行上述操作后，打开"图形另存为"对话框，将文件重命名并保存。

1.2.5　打开文件

可以打开之前保存的文件继续编辑，也可以打开别人保存的文件进行学习或借用图形。

【执行方式】

- ➥ 命令行：OPEN。
- ➥ 菜单栏：选择菜单栏中的"文件"→"打开"命令。
- ➥ 主菜单：选择主菜单栏中的"打开"命令。
- ➥ 工具栏：单击标准工具栏中的"打开"按钮 📂 或单击快速访问工具栏中的"打开"按钮 📂。
- ➥ 快捷键：Ctrl+O。

【操作步骤】

执行上述操作后，打开"选择文件"对话框，如图 1-30 所示。

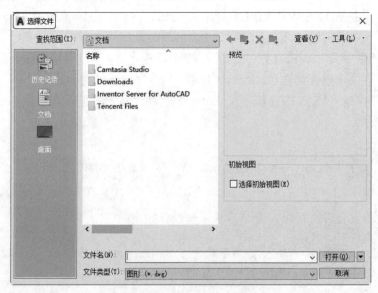

图 1-30　"选择文件"对话框

✍ 技巧：

> 高版本 AutoCAD 可以打开低版本 ".dwg" 文件，低版本 AutoCAD 无法打开高版本 ".dwg" 文件。如果用户只是自己绘图，可以完全不理会版本，取完文件名保存就可以了。如果需要把图纸传给其他人，就需要根据对方使用的 AutoCAD 版本选择保存的版本。

【选项说明】

在 "文件类型" 下拉列表框中，可选择 ".dwg" ".dwt" ".dxf" ".dws" 文件格式。".dws" 文件是包含标准图层、标注样式、线型和文字样式的样板文件；".dxf" 文件是用文本形式存储的图形文件，能够被其他程序读取，许多第三方应用软件都支持 ".dxf" 格式。

1.2.6 退出

绘制完图形后，如果不继续绘制，则可以直接退出软件。

【执行方式】

↘ 命令行：QUIT（或 EXIT）。

↘ 菜单栏：选择菜单栏中的 "文件" → "退出" 命令。

↘ 主菜单：选择主菜单栏中的 "关闭" 命令。

↘ 按钮：单击 AutoCAD 操作界面右上角的 "关闭" 按钮✖。

执行上述操作后，若用户对图形所做的修改尚未保存，则会出现如图 1-31 所示的系统提示对话框。单击 "是" 按钮，系统将保存文件，然后退出；单击 "否" 按钮，系统将不保存文件；单击 "取消" 按钮，系统将不执行任何操作。

图 1-31 系统提示对话框

扫一扫，看视频

动手练——管理图形文件

图形文件管理包括文件的新建、打开、保存、退出等。本练习要求读者熟练掌握 ".dwg" 文件的命名保存、自动保存及打开的方法。

📋 思路点拨：

> （1）启动 AutoCAD 2022，进入操作界面。
> （2）打开一幅已经保存过的图形。
> （3）进行自动保存设置。
> （4）尝试在图形上绘制任意图线。
> （5）将图形以新的名称保存。
> （6）退出该图形。

1.3 基本输入操作

绘制图形的要点在于快和准，即图形尺寸绘制准确并节省绘图时间。本节主要介绍不同命令的操作方法，读者在后面章节中学习绘图命令时，应尽可能掌握多种方法，从中找出适合自己的方法。

1.3.1　命令输入方式

AutoCAD 交互绘图必须输入必要的指令和参数。有多种 AutoCAD 命令输入方式，下面以绘制直线为例，介绍命令输入方式。

（1）在命令行中输入命令名。命令字符可不区分大小写，如命令 LINE。执行命令时，在命令行提示中经常会出现命令选项。在命令行输入绘制直线命令 LINE 后，命令行提示与操作如下：

> 命令：LINE↙
> 指定第一个点：（在绘图区指定一点或输入一个点的坐标）
> 指定下一点或 [放弃(U)]：

命令行中不带括号的提示为系统默认选项（如上面的"指定下一点或"），因此可以直接输入直线的起点坐标或在绘图区指定一点；如果要选择其他选项，则首先应该输入该选项的标识字符，如"放弃"选项的标识字符 U，然后按系统提示输入数据。在命令选项的后面有时还带有尖括号，尖括号内的数值为系统默认数值。

（2）在命令行中输入命令缩写字，如 L（LINE）、C（CIRCLE）、A（ARC）、Z（ZOOM）、R（REDRAW）、M（MOVE）、CO（COPY）、PL（PLINE）、E（ERASE）等。

（3）选择"绘图"菜单中对应的命令，在命令行窗口中可以看到对应的命令说明及命令名。

（4）单击"绘图"工具栏中对应的按钮，在命令行窗口中也可以看到对应的命令说明及命令名。

（5）在绘图区打开快捷菜单。如果在前面刚使用过要输入的命令，可以在绘图区右击，打开快捷菜单，在"最近的输入"子菜单中选择需要的命令，如图 1-32 所示。"最近的输入"子菜单中存储了最近使用的命令，如果经常重复使用某个命令，这种方法就比较快捷。

（6）在命令行直接按 Enter 键。如果用户要重复使用上次使用的命令，可以直接在命令行按 Enter 键，系统立即重复执行上次使用的命令，这种方法适用于重复执行某个命令。

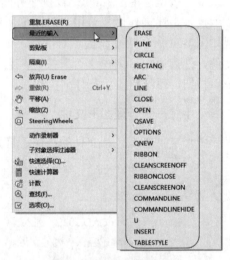

图 1-32　绘图区快捷菜单

1.3.2　命令的重复、撤销和重做

在绘图过程中经常会重复使用相同命令或用错命令。下面介绍命令的重复、撤销和重做操作。

1. 命令的重复

按 Enter 键，可重复调用上一个命令，不管上一个命令是完成了还是被取消了。

2. 命令的撤销

在命令执行的任何时刻都可以取消或终止命令。

【执行方式】

- ↘ 命令行：UNDO。
- ↘ 菜单栏：选择菜单栏中的"编辑"→"放弃"命令。
- ↘ 工具栏：单击标准工具栏中的"放弃"按钮 ⬅ ▾ 或单击快速访问工具栏中的"放弃"按钮 ⬅ ▾ 。
- ↘ 快捷键：Esc。

3. 命令的重做

已经被撤销的命令要恢复重做，可以恢复撤销的最后一个命令。

【执行方式】

- ↘ 命令行：REDO（快捷命令：RE）。
- ↘ 菜单栏：选择菜单栏中的"编辑"→"重做"命令。
- ↘ 工具栏：单击标准工具栏中的"重做"按钮 ➡ ▾ 或单击快速访问工具栏中的"重做"按钮 ➡ ▾ 。
- ↘ 快捷键：Ctrl+Y。

图 1-33　多重放弃选项

AutoCAD 2022 可以一次执行多重放弃和重做操作。单击快速访问工具栏中的"放弃"按钮 ⬅ ▾ 或"重做"按钮 ➡ ▾ 后面的下拉按钮，可以选择要放弃或重做的操作，如图 1-33 所示。

1.3.3　命令执行方式

有的命令有两种执行方式，即通过对话框或命令行输入命令。如果指定使用命令行方式，可以在命令名前加下划线来表示，如"_LAYER"表示用命令行方式执行"图层"命令。而如果在命令行输入 LAYER，系统会打开"图层特性管理器"选项板。

另外，有些命令同时存在命令行、菜单栏、工具栏和功能区 4 种执行方式，这时如果选择菜单栏、工具栏或功能区方式执行命令，命令行就会显示该命令，并在前面加下划线。例如，通过菜单栏、工具栏或功能区方式执行"直线"命令时，命令行就会显示"_line"。

1.4　模拟认证考试

1. 下面不可以拖动的是（　　　）。
    A. 命令行　　　　　　B. 工具栏　　　　　　C. 工具选项板　　　D. 菜单
2. 打开和关闭命令行的快捷键是（　　　）。
    A. F2　　　　　　　　B. Ctrl+F2　　　　　　C. Ctrl+ F9　　　　　D. Ctrl+ 9

3. 文件有多种输出格式，下列格式输出不正确的是（　　）。

  A．.dwfx   B．.wmf   C．.bmp   D．.dgx

4. 在 AutoCAD 中，若光标悬停在命令或控件上时，首先显示的提示是（　　）。

  A．下拉菜单   B．文本输入框

  C．基本工具提示   D．补充工具提示

5. 在"全屏显示"状态下，以下不显示在绘图界面中的部分是（　　）。

  A．标题栏   B．命令窗口   C．状态栏   D．功能区

6. 坐标（@100,80）表示（　　）。

  A．该点相对原点 X 方向的位移为 100，Y 方向的位移为 80

  B．该点相对原点的距离为 100，该点和前一点连线与 X 轴的夹角为 80°

  C．该点相对前一点 X 方向的位移为 100，Y 方向的位移为 80

  D．该点相对前一点的距离为 100，该点和前一点连线与 X 轴的夹角为 80°

7. 要恢复用 U 命令放弃的操作，应该用的命令是（　　）。

  A．REDO（重做）   B．REDRAWALL（重画）

  C．REGEN（重生成）   D．REGENALL（全部重生成）

8. 若图面已有一点 A（2,2），要得到另一点 B（4,4），以下坐标输入不正确的是（　　）。

  A．@4,4   B．@2,2   C．4,4   D．@2.83<45

9. 在 AutoCAD 中，（　　）设置光标悬停在命令上时基本工具提示与显示扩展工具提示之间所显示的延迟时间。

  A．在"选项"对话框的"显示"选项卡中

  B．在"选项"对话框的"文件"选项卡中

  C．在"选项"对话框的"系统"选项卡中

  D．在"选项"对话框的"用户系统配置"选项卡中

第 2 章　基本绘图设置

内容简介

本章介绍关于二维绘图的参数设置知识，了解图层、基本绘图参数的设置并熟练掌握，进而应用到图形绘制过程中。

内容要点

- ➥ 基本绘图参数
- ➥ 显示图形
- ➥ 图层
- ➥ 综合演练——设置机械制图样板图绘图环境
- ➥ 模拟认证考试

案例效果

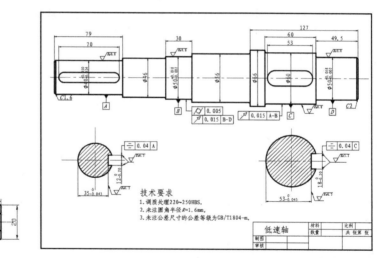

2.1　基本绘图参数

绘制一幅图形时，需要设置一些基本参数，如图形单位、图幅界限等。本节将对其进行简要介绍。

2.1.1　设置图形单位

在 AutoCAD 中，对于任何图形而言，总有其大小、精度和所采用的单位，屏幕上显示的仅为屏幕单位，但屏幕单位应该对应一个真实的单位，不同的单位其显示格式也不同。

【执行方式】

➥ 命令行：DDUNITS（或 UNITS，快捷命令：UN）。

➥ 菜单栏：选择菜单栏中的"格式"→"单位"命令。

扫一扫，看视频

动手学——设置图形单位

【操作步骤】

（1）执行上述操作后，系统打开"图形单位"对话框，如图 2-1 所示。

（2）在"长度"选项组的"类型"下拉列表中选择类型为"小数"，在其"精度"下拉列表中选择精度为 0.0000"。

（3）在"角度"选项组的"类型"下拉列表中选择类型为"十进制度数"，在其"精度"下拉列表中选择精度为 0。

（4）其他采用系统默认设置，单击"确定"按钮，完成图形单位的设置。

【选项说明】

（1）"长度"与"角度"选项组：指定测量的长度与角度的当前单位及精度。

（2）"插入时的缩放单位"选项组：控制插入到当前图形中的块和图形的测量单位。如果创建块或图形时使用的单位与该选项指定的单位不同，则在插入这些块或图形时，将对其按比例进行缩放。插入比例是源块或图形使用的单位与目标图形使用的单位之比。如果插入块时不按指定单位缩放，则在其下拉列表中选择"无单位"选项。

（3）"输出样例"选项组：显示用当前单位和角度设置的例子。

（4）"光源"选项组：控制当前图形中光度控制光源的强度测量单位。为创建和使用光度控制光源，必须从下拉列表中指定非"常规"的单位。如果"插入比例"设置为"无单位"，系统将提示警告信息，通知用户渲染输出可能不正确。

（5）"方向"按钮：单击该按钮，系统打开"方向控制"对话框，从中可进行方向控制设置，如图 2-2 所示。

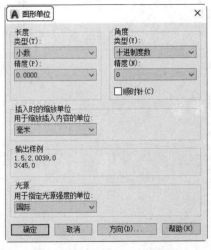

图 2-1 "图形单位"对话框

图 2-2 "方向控制"对话框

2.1.2　设置图形界限

图形界限用于标明用户的工作区域和图纸的边界，为了便于用户准确地绘制和输出图形，避免绘制的图形超出某个范围，可以使用 CAD 的图形界限功能。

【执行方式】

➲　命令行：LIMITS。

➲　菜单栏：选择菜单栏中的"格式"→"图形界限"命令。

扫一扫，看视频

动手学——设置 A4 图形界限

【操作步骤】

在命令行中输入 LIMITS，设置图形界限为 297×210。命令行提示与操作如下：

```
命令：LIMITS✓
重新设置模型空间界限：
指定左下角点或 [开(ON)/关(OFF)] <0.0000,0.0000>：（输入图形边界左下角的坐标后按 Enter 键）
指定右上角点 <12.0000,90000>:297,210（输入图形边界右上角的坐标后按 Enter 键）
```

【选项说明】

（1）开(ON)：使图形界限有效。用户在图形界限以外拾取的点将被视为无效。

（2）关(OFF)：使图形界限无效。用户可以在图形界限以外拾取点或实体。

（3）动态输入角点坐标：用户可以直接在绘图区的动态文本框中输入角点坐标，输入横坐标值后，按"，"键，接着输入纵坐标值，如图 2-3 所示；也可以按光标位置直接单击，确定角点位置。

图 2-3　动态输入角点坐标

✎ **技巧：**

在命令行中输入坐标时，请检查此时的输入法是否为英文输入状态。如果是中文输入状态，如输入"150, 20"，则由于逗号"，"为中文状态，系统会认定该坐标输入无效。这时，只需将输入法改为英文输入状态重新输入即可。

动手练——设置绘图环境

在绘制图形之前，先设置绘图环境。

扫一扫，看视频

📋 **思路点拨：**

（1）设置图形单位。

（2）设置 A4 图形界限。

2.2　显　示　图　形

恰当地显示图形的最常见的方法就是使用缩放和平移命令。使用这两个命令可以在绘图区域放大或缩小图形，或者改变观察位置。

2.2.1 图形缩放

缩放命令将图形放大或缩小进行显示，以便观察和绘制图形。该命令并不是改变图形的实际位置和尺寸，只是改变视图的比例。

【执行方式】

- ❱ 命令行：ZOOM。
- ❱ 菜单栏：选择菜单栏中的"视图"→"缩放"→"实时"命令。
- ❱ 工具栏：单击标准工具栏中的"实时缩放"按钮 ±q。
- ❱ 功能区：单击"视图"选项卡"导航"面板中的"实时"按钮 ±q，如图 2-4 所示。

图 2-4　单击"实时"按钮

【操作步骤】

命令行提示与操作如下：

```
命令：ZOOM
指定窗口的角点，输入比例因子 (nX 或 nXP)，或者[全部(A)/中心(C)/动态(D)/范围(E)/上一个(P)/比例(S)/窗口(W)/对象(O)] <实时>：
```

【选项说明】

（1）输入比例因子：根据输入的比例因子以当前的视图窗口为中心，将视图窗口显示的内容放大或缩小输入的比例倍数。nX 是指根据当前视图指定比例，nXP 是指定相对于图纸空间单位的比例。

（2）全部(A)：缩放以显示所有可见对象和视觉辅助工具。

（3）中心(C)：缩放以显示由中心点和比例值/高度值所定义的视图。高度值较小时增加放大比例，高度值较大时减小放大比例。

（4）动态(D)：使用矩形视图框进行平移和缩放。视图框表示视图，可以更改它的大小，或者在图形中移动。移动视图框或调整它的大小，将其中的视图平移或缩放，以充满整个视口。

（5）范围(E)：缩放以显示所有对象的最大范围。

（6）上一个(P)：缩放显示上一个视图。

（7）窗口(W)：缩放显示矩形窗口指定的区域。

（8）对象(O)：缩放以尽可能大地显示一个或多个选定的对象，并使其位于视图的中心。

（9）实时：交互缩放以更改视图的比例，光标将变为带有加号和减号的放大镜。

手把手教你学：

在使用 CAD 绘制图形的过程中，大家都习惯于用鼠标滚轮来放大和缩小图纸，但在缩放图纸的时候经常会遇到这样的情况，滚动滚轮，而图纸无法继续放大或缩小，这时状态栏会提示“已无法进一步放大”或“已无法进一步缩小”，但是此时视图缩放并不满足我们的要求，还需要继续缩放。为什么 CAD 会出现这种现象呢?

（1）CAD 在打开显示图纸的时候，首先读取文件里写的图形数据，然后生成用于屏幕显示的数据，生成显示数据的过程在 CAD 中叫作重生成，很多人经常用 RE 命令来执行。

（2）当用滚轮放大或缩小图形到一定倍数的时候，CAD 需要重新根据当前视图范围来生成显示数据，因此就会提示无法继续放大或缩小。直接输入 RE 命令，按 Enter 键，然后就可以继续缩放了。

（3）如果想显示全图，最好不要使用滚轮，直接输入 ZOOM 命令，按 Enter 键，输入 E 或 A，按 Enter 键，CAD 在全图缩放时会根据情况自动进行重生成。

2.2.2 平移图形

利用平移工具，可通过单击和移动光标重新放置图形。

【执行方式】

- 命令行：PAN。
- 菜单栏：选择菜单栏中的“视图”→“平移”→“实时”命令。
- 工具栏：单击标准工具栏中的“实时平移”按钮。
- 功能区：单击“视图”选项卡“导航”面板中的“平移”按钮，如图 2-5 所示。

执行上述命令后，单击“实时平移”按钮，然后移动手形光标即可平移图形。当移动到图形的边沿时，光标就会变成一个三角形显示。

另外，在 AutoCAD 2022 中，为显示控制命令设置了一个右键快捷菜单，如图 2-6 所示。在该菜单中，用户可以在显示命令执行的过程中透明地进行切换。

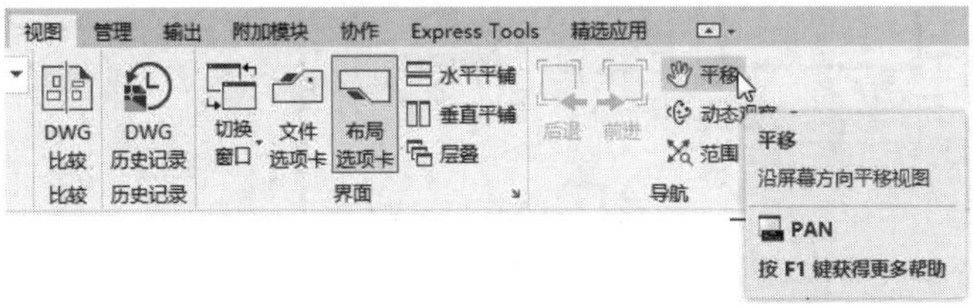

图 2-5 “导航”面板

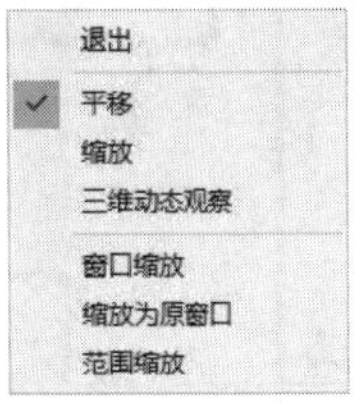

图 2-6 右键快捷菜单

2.2.3 综合演练——查看图形细节

扫一扫，看视频

调用素材：初始文件\第 2 章\传动轴零件图.dwg

本实例查看如图 2-7 所示的传动轴零件图的细节。

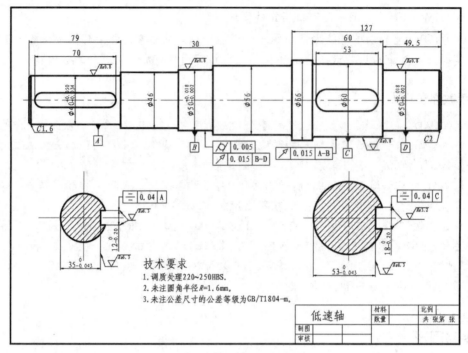

图 2-7　传动轴零件图

【操作步骤】

（1）打开初始文件\第 2 章\传动轴零件图.dwg 文件，如图 2-7 所示。

（2）单击"视图"选项卡"导航"面板中的"平移"按钮，用鼠标将图形向左拖动，如图 2-8 所示。

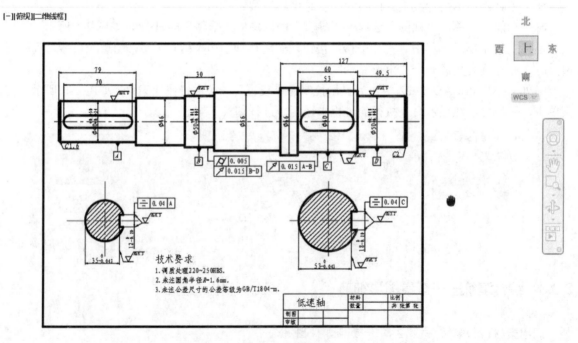

图 2-8　平移图形

（3）右击鼠标，系统打开快捷菜单，选择"缩放"命令，如图 2-9 所示。

绘图平面出现缩放标记，向上拖动鼠标，将图形实时放大。单击"视图"选项卡"导航"面板中的"平移"按钮🖐，将图形移动到中间位置，结果如图 2-10 所示。

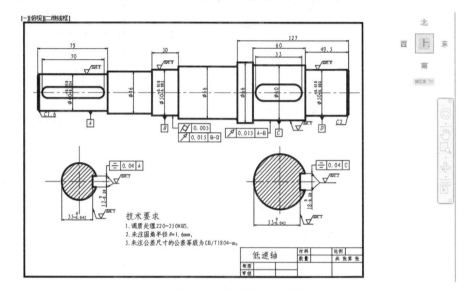

图 2-9　快捷菜单　　　　　　　　　　　　图 2-10　实时放大后平移

（4）单击"视图"选项卡"导航"面板中的"窗口"按钮🔍，用鼠标拖出一个缩放窗口，如图 2-11 所示。单击确认，窗口缩放结果如图 2-12 所示。

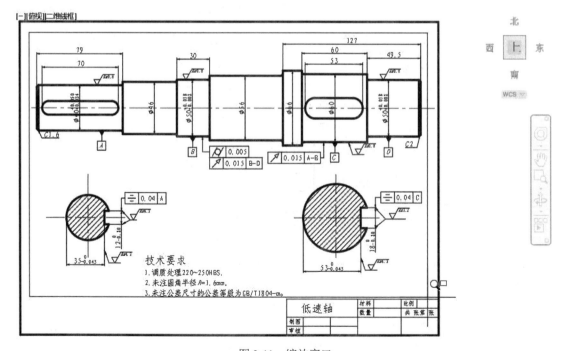

图 2-11　缩放窗口

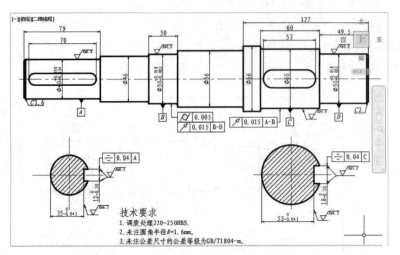

图 2-12　窗口缩放结果

（5）单击"视图"选项卡"导航"面板中的"圆心"按钮，在图形上要查看的大体位置指定缩放中心点，如图 2-13 所示。在命令行提示下输入缩放比例 200，结果如图 2-14 所示。

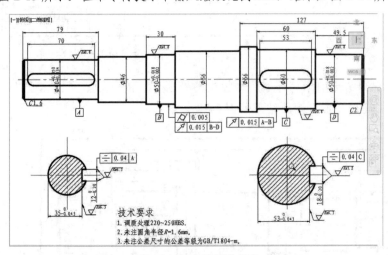

图 2-13　指定缩放中心点

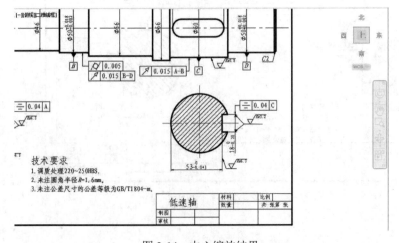

图 2-14　中心缩放结果

（6）单击"视图"选项卡"导航"面板中的"上一个"按钮，系统自动返回上一次缩放的图形窗口，即中心缩放前的图形窗口。

（7）单击"视图"选项卡"导航"面板中的"动态"按钮，这时图形平面上会出现一个中心有小叉的范围显示框，如图 2-15 所示。

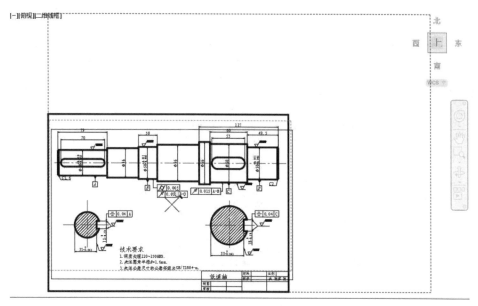

图 2-15　动态缩放范围显示框

（8）按一下鼠标左键，就会出现右侧带箭头的缩放范围显示框，如图 2-16 所示。拖动鼠标，可以看到带箭头的范围显示框的大小在变化，如图 2-17 所示。松开鼠标左键，范围显示框又变成带小叉的形式，可以再次按住鼠标左键平移范围显示框，如图 2-18 所示。按 Enter 键，系统显示动态缩放后的图形，结果如图 2-19 所示。

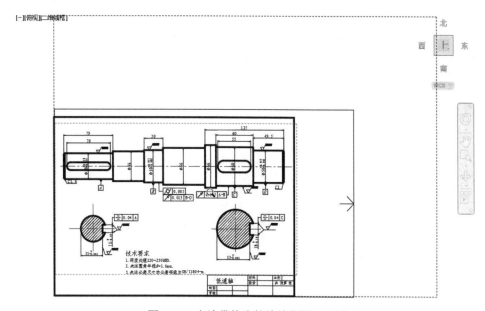

图 2-16　右边带箭头的缩放范围显示框

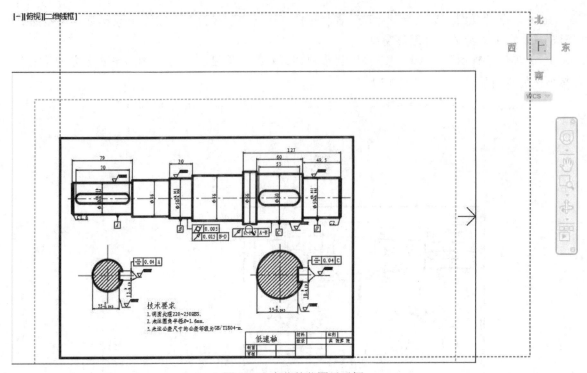

图 2-17　变化的范围显示框

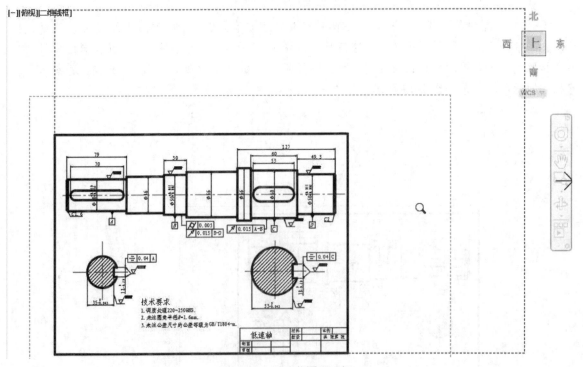

图 2-18　平移范围显示框

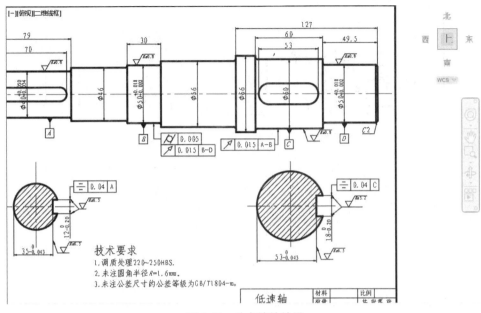

图 2-19　动态缩放结果

（9）单击"视图"选项卡"导航"面板中的"全部"按钮，系统将显示全部图形，结果如图 2-20 所示。

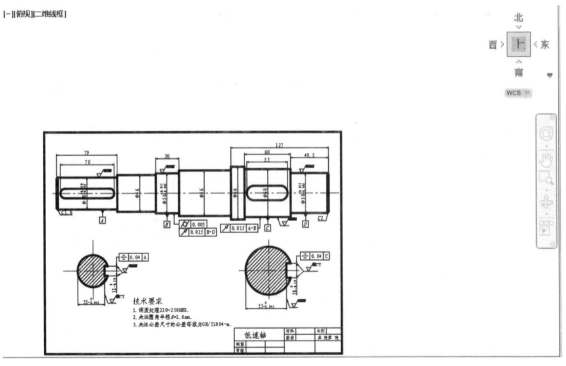

图 2-20　显示全部图形

（10）单击"视图"选项卡"导航"面板中的"对象"按钮，并框选图 2-21 中所示的范围，系统进行对象缩放，结果如图 2-22 所示。

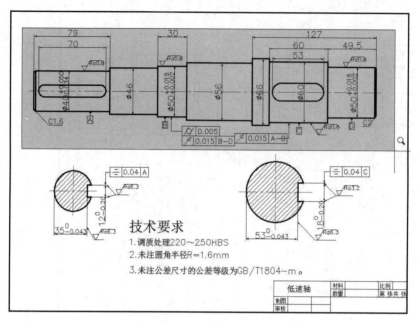

图 2-21　选择对象

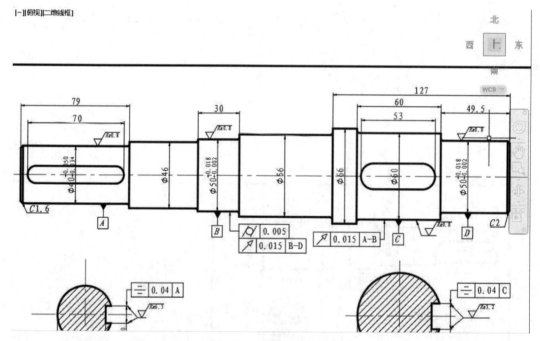

图 2-22　缩放对象结果

动手练——查看零件图细节

本练习要求用户熟练掌握各种图形显示工具的使用方法。

扫一扫，看视频

 思路点拨：

> 源文件：源文件\第 2 章\花键轴.dwg
> 利用"平移"工具和"缩放"工具移动和缩放花键轴，如图 2-23 所示。

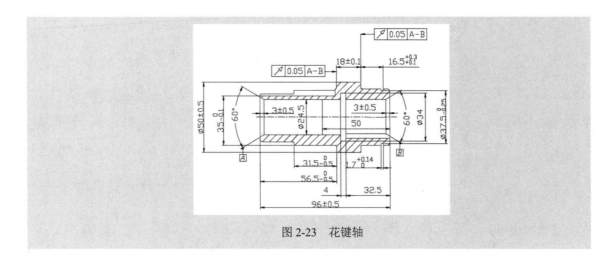

图 2-23　花键轴

2.3　图　　层

图层的概念类似于投影片，将不同属性的对象分别放置在不同的投影片（图层）上。例如，将图形的主要线段、中心线、尺寸标注等分别绘制在不同的图层上，每个图层可设定不同的线型、线条颜色，然后把不同的图层堆叠在一起成为一个完整的图形，这样可以使视图层次分明，方便图形对象的编辑与管理。一个完整的图形就是由它所包含的所有图层上的对象叠加在一起构成的，如图 2-24 所示。

图 2-24　图层效果

2.3.1　图层的设置

在使用图层功能绘图之前，用户要对图层的各项特性进行设置，包括建立和命名图层、设置当前图层、设置图层的颜色和线型、图层是否关闭、图层是否冻结、图层是否锁定、图层删除等。

1．利用对话框设置图层

AutoCAD 2022 提供了详细直观的"图层特性管理器"选项板，用户可以方便地通过对该选项板中的各选项及其二级选项板进行设置，从而实现创建新图层、设置图层颜色和线型的各种操作。

【执行方式】

- ➡　命令行：LAYER。
- ➡　菜单栏：选择菜单栏中的"格式"→"图层"命令。
- ➡　工具栏：单击"图层"工具栏中的"图层特性管理器"按钮🗒。
- ➡　功能区：单击"默认"选项卡"图层"面板中的"图层特性"按钮🗒，或者单击"视图"选项卡"选项板"面板中的"图层特性"按钮🗒。

【操作步骤】

执行上述操作后，系统打开如图 2-25 所示的"图层特性管理器"选项板。

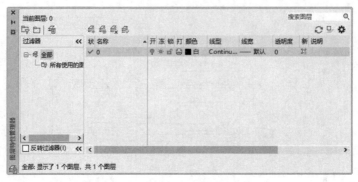

图 2-25 "图层特性管理器"选项板

【选项说明】

（1）"新建特性过滤器"按钮 ：单击该按钮，可以打开"图层过滤器特性"对话框，创建基于一个或多个图层特性图层过滤器，如图 2-26 所示。

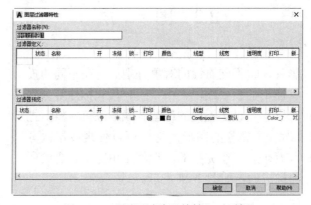

图 2-26 "图层过滤器特性"对话框

（2）"新建组过滤器"按钮：单击该按钮，可以创建一个"组过滤器"，其中包含用户选定并添加到该过滤器的图层。

（3）"图层状态管理器"按钮：单击该按钮，可以打开"图层状态管理器"对话框，如图 2-27 所示。从中可以将图层的当前特性设置保存到命名图层状态中，以后再恢复这些设置。

图 2-27 "图层状态管理器"对话框

（4）"新建图层"按钮 ：单击该按钮，图层列表中出现一个新的图层，名称为"图层1"。用户可以使用此名称，也可以重命名。要想同时创建多个图层，可选中一个图层名称后输入多个名称，各名称之间用逗号分隔。图层的名称可以包含字母、数字、空格和特殊符号，AutoCAD 2022 支持长达 255 个字符的图层名称。新的图层继承了创建新图层时所选中的已有图层的所有特性（颜色、线型、打开/关闭状态等），如果新建图层时没有图层被选中，则新图层具有默认的设置。

（5）"在所有视口中都被冻结的新图层视口"按钮 ：单击该按钮，将创建新图层，然后在所有现有布局视口中将其冻结。可以在模型空间或布局空间上使用此按钮。

（6）"删除图层"按钮 ：在图层列表中选中某一图层，然后单击该按钮，则把该图层删除。

（7）"置为当前"按钮 ：在图层列表中选中某一图层，然后单击该按钮，则把该图层设置为当前图层，并在"当前图层"列中显示其名称。当前图层的名称存储在系统变量 CLAYER 中。另外，双击图层名称也可以把其设置为当前图层。

（8）"搜索图层"搜索框：输入字符时，按名称快速过滤图层列表。关闭图层特性管理器时并不保存此过滤器。

（9）"过滤器"列表：显示图形中的图层过滤器列表。单击 « 和 » 按钮可展开或收拢过滤器列表。当过滤器列表处于收拢状态时，请单击位于图层特性管理器左下角的"展开或收拢弹出图层过滤器树"按钮 来显示过滤器列表。

（10）"反转过滤器"复选框：选中该复选框，显示所有不满足选定图层特性过滤器中条件的图层。

（11）图层列表区：显示已有图层及其特性。要修改某一图层的某一特性，单击它所对应的图标即可。右击空白区域或利用快捷菜单可快速选中所有图层。列表区中各列的含义如下：

① 状态：指示项目的类型，有图层过滤器、正在使用的图层、空图层和当前图层 4 种。

② 名称：显示满足条件的图层名称。如果要对某图层进行修改，首先要选中该图层的名称。

③ 状态转换图标：在"图层特性管理器"选项板的图层列表中有一列图标，单击这些图标，可以打开或关闭该图标所代表的功能，如图 2-28 所示。各图标功能说明见表2-1。

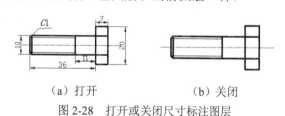

（a）打开　　　　（b）关闭

图 2-28　打开或关闭尺寸标注图层

表 2-1　图标功能

图　示	名　称	功　能　说　明
/	打开/关闭	将图层设定为打开或关闭状态。当呈现关闭状态时，该图层上的所有对象将隐藏，只有处于打开状态的图层才会在绘图区中显示，并且可以通过打印机打印出来。因此，绘制复杂的视图时，先将不编辑的图层暂时关闭，可降低图形的复杂性。图 2-28（a）和图 2-28（b）分别表示尺寸标注图层打开和关闭的状态
/	解冻/冻结	将图层设定为解冻或冻结状态。当图层呈现冻结状态时，该图层上的对象均不会显示在绘图区中，也不能打印出来，而且不会执行重生（REGEN）、缩放（ZOOM）、平移（PAN）等命令的操作，因此若将视图中不编辑的图层暂时冻结，可加快执行绘图编辑的速度。而 / （打开/关闭）功能只是单纯将对象隐藏，因此并不会加快执行速度。值得注意的是，若图层被设置为当前图层，则其不能被冻结
/	解锁/锁定	将图层设定为解锁或锁定状态。被锁定的图层仍然显示在绘图区中，但不能编辑修改被锁定的图层，只能绘制新的图形，这样可以防止重要的图形被修改
/	打印/不打印	设定该图层是否可以打印出来
/	新视口解冻/视口冻结	仅在当前布局视口中冻结选定的图层。如果图层在图形中已冻结或关闭，则无法在当前视口中解冻该图层

④ 颜色：显示和改变图层的颜色。如果要改变某一图层的颜色，单击其对应的颜色图标，❶系统打开如图 2-29 所示的"选择颜色"对话框，❷用户可从中选择需要的颜色。

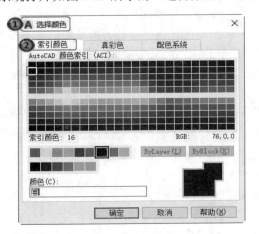

（a）索引颜色　　　　　　　　　　　　　　（b）真彩色

图 2-29　"选择颜色"对话框

⑤ 线型：显示和修改图层的线型。如果要修改某一图层的线型，单击该图层的"线型"项，在弹出的"选择线型"对话框中列出了当前可用的线型，用户可从中进行选择，如图 2-30 所示。

⑥ 线宽：显示和修改图层的线宽。如果要修改某一图层的线宽，单击该图层的"线宽"项，在弹出的"线宽"对话框中列出了 AutoCAD 设定的线宽，用户可从中进行选择，如图 2-31 所示。其中"线宽"列表框中显示了可以选用的线宽值，用户可从中选择需要的线宽。"旧的"显示行显示原来赋予图层的线宽值，当创建一个新图层时，采用系统默认线宽（其值为 0.01in，即 0.25mm），系统默认线宽的值由系统变量 LWDEFAULT 设置；"新的"显示行显示赋予图层的新线宽值。

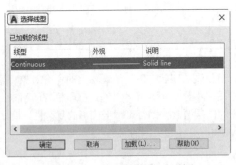

图 2-30　"选择线型"对话框　　　　　　　图 2-31　"线宽"对话框

⑦ 打印样式：打印图形时各项属性的设置。

✍ 技巧：

合理利用图层，可以达到事半功倍的效果。在开始绘制图形时，可预先设置一些基本图层。每个图层有其专门用途，这样只需绘制一份图形文件，就可以组合出许多需要的图样，需要修改时也可以针对各个图层进行。

2. 利用面板设置图层

AutoCAD 2022 提供了一个"特性"面板，如图 2-32 所示。单击下拉按钮，展开该面板，用户可以快速查看和改变所选对象的图层、颜色、线型和线宽特性。"特性"面板中的图层颜色、线型、线宽和打印样式的控制增强了查看和编辑对象属性的功能。在绘图区中选择任何对象，都将在该面板中自动显示其所在的图层、颜色、线型等属性。"特性"面板各部分的功能介绍如下：

图 2-32 "特性"面板

（1）"颜色控制"下拉列表框：单击右侧的向下箭头，用户可从打开的下拉列表中选择一种颜色，使之成为当前颜色，如果选择"选择颜色"选项，系统将打开"选择颜色"对话框以选择其他颜色。修改当前颜色后，不论在哪个图层上绘图都采用这种颜色，但对各个图层的颜色设置没有影响。

（2）"线型控制"下拉列表框：单击右侧的向下箭头，用户可从打开的下拉列表中选择一种线型，使之成为当前线型。修改当前线型后，不论在哪个图层上绘图都采用这种线型，但对各个图层的线型设置没有影响。

（3）"线宽控制"下拉列表框：单击右侧的向下箭头，用户可从打开的下拉列表中选择一种线宽，使之成为当前线宽。修改当前线宽后，不论在哪个图层上绘图都采用这种线宽，但对各个图层的线宽设置没有影响。

（4）"打印样式控制"下拉列表框：单击右侧的向下箭头，用户可从打开的下拉列表中选择一种打印样式，使之成为当前打印样式。

✍ **手把手教你学：**

图层的设置有哪些原则？

（1）在够用的基础上越少越好。不管是什么专业、什么阶段的图纸，图纸上的所有图元都可以按照一定的规律来组织整理。例如，建筑专业的平面图，就按照柱、墙、轴线、尺寸标注、一般汉字、门窗墙线、家具等定义图层，然后在绘图的时候，根据类别把该图元放到相应的图层中去。

（2）0层的使用。很多人喜欢在 0 层上绘图，因为 0 层是默认层，白色是 0 层的默认色，因此，有时候屏幕看上去白花花一片，这样不可取。不建议在 0 层上随意绘图，而建议在 0 层上定义块。定义块时，先将所有图元均设置为 0 层，然后再定义块。这样，在插入块时，插入时是哪个层，块就是哪个层了。

（3）图层颜色的定义。图层的设置有很多属性，在设置图层时，还应该定义好相应的颜色、线型和线宽。定义图层的颜色要注意两点：一是不同的图层一般要用不同的颜色；二是颜色的选择应该根据打印时线宽的粗细来选择。打印时，线型设置越宽的图层，颜色就应该选用越亮的。

📢 **注意：**

图层的使用技巧。在绘图时，所有图元的各种属性都尽量与图层属性一致。不要这条线是 WA 层的，颜色却是黄色，线型又变成了点画线。尽量保持图元的属性和图层属性一致，也就是说，尽可能使图元属性都是 ByLayer。在需要修改某一属性时，可以统一修改当前图层属性。这样有助于图面的清晰、准确和效率的提高。

2.3.2 颜色的设置

AutoCAD 绘制的图形对象都具有一定的颜色，为了更清晰地表达绘制的图形，可以把同一类的图形对象用相同的颜色绘制，从而使不同类的对象具有不同的颜色，以示区分，这样就需要适当地对颜色进行设置。AutoCAD允许用户设置图层颜色，为新建的图形对象设置当前颜色，还可以改变已有图形对象的颜色。

【执行方式】

- ↘ 命令行：COLOR（快捷命令：COL）。
- ↘ 菜单栏：选择菜单栏中的"格式"→"颜色"命令。
- ↘ 功能区：单击"默认"选项卡❶"特性"面板中的❷"颜色控制"下拉列表中的❸"◑更多颜色"选项，如图 2-33 所示。

图2-33 "颜色控制"下拉列表

【操作步骤】

执行上述操作后，系统打开"选择颜色"对话框（见图 2-29）。

【选项说明】

1."索引颜色"选项卡

选择此选项卡，可以在系统所提供的 255 种颜色索引表中选择需要的颜色。

（1）"AutoCAD 颜色索引"列表框：依次列出了 255 种索引颜色，在此列表框中选择需要的颜色。

（2）"颜色"文本框：显示所选择的颜色值，也可以直接在该文本框中输入自己设定的颜色值选择颜色。

（3）ByLayer 和 ByBlock 按钮：单击这两个按钮，颜色分别按图层和图块设置。这两个按钮只有在设定了图层颜色和图块颜色后才可以使用。

2."真彩色"选项卡

选择此选项卡，可以选择需要的任意颜色。可以拖动调色板中的颜色指示光标和亮度滑块选择颜色及其亮度，也可以通过"色调""饱和度""亮度"的调节按钮来选择需要的颜色。所选颜色的红、绿、蓝值显示在下面的"RGB 颜色"文本框中，也可以直接在该文本框中输入自己设定的红、绿、蓝值选择颜色。

在此选项卡中还有一个"颜色模式"下拉列表框，系统默认的颜色模式为 HSL 模式，即如图 2-29（b）所示的模式。RGB 模式也是一种常用的颜色模式，如图 2-34 所示。

3."配色系统"选项卡

选择此选项卡，可以从标准配色系统（如 Pantone）中选择预定义的颜色，如图 2-35 所示。在"配色系统"下拉列表中选择需要的系统，然后拖动右侧的滑块来选择具体的颜色，所选颜色编号显示在下面的"颜色"文本框中，也可以直接在该文本框中输入编号值选择颜色。

图 2-34　RGB 模式

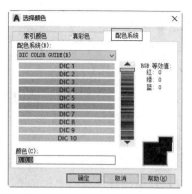

图 2-35　"配色系统"选项卡

2.3.3 线型的设置

在国家标准 GB/T 4457.4—2002 中，对机械图样中使用的各种图线名称、线型、线宽以及主要用途作了规定，见表 2-2。其中常用的图线有 4 种，即粗实线、细实线、细点画线、虚线。图线分为粗、细两种，粗线的线宽 b 应按图样的大小和图形的复杂程度，在 0.2~2mm 之间选择，细线的线宽约为 $b/2$。

表 2-2　图线的线型及应用

图 线 名 称	线 型	线 宽	主 要 用 途
粗实线	———————	b	可见轮廓线，可见过渡线
细实线	———————	约 $b/2$	尺寸线、尺寸界线、剖面线、引出线、弯折线、牙底线、齿根线、辅助线等
细点画线	— · — · — · —	约 $b/2$	轴线、对称中心线、齿轮节线等
虚线	— — — — —	约 $b/2$	不可见轮廓线、不可见过渡线
波浪线	～～～～～	约 $b/2$	断裂处的边界线、剖视与视图的分界线
双折线	—/\—/\—	约 $b/2$	断裂处的边界线
粗点画线	━ · ━ · ━	b	有特殊要求的线或面的表示线
细双点画线	— ·· — ·· —	约 $b/2$	相邻辅助零件的轮廓线、极限位置的轮廓线、假想投影的轮廓线

1. 在"图层特性管理器"选项板中设置线型

单击"默认"选项卡"图层"面板中的"图层特性"按钮，打开"图层特性管理器"选项板，如图 2-25 所示。单击该图层的"线型"项，系统打开"选择线型"对话框，如图 2-30 所示。对话框中各选项的含义如下：

（1）"已加载的线型"列表框：显示在当前绘图中加载的线型，可供用户选用，其右侧显示线型的形式。

（2）"加载"按钮：单击该按钮，打开"加载或重载线型"对话框，用户可通过此对话框加载线型并把它添加到线型列中。但要注意，加载的线型必须在线型库文件中定义过。标准线型都保存在 acad.lin 文件中。

2．直接设置线型

【执行方式】

➥ 命令行：LINETYPE。

➥ 功能区：单击"默认"选项卡❶"特性"面板中的❷"线型控制"下拉列表中的❸"其他"选项，如图 2-36 所示。

【操作步骤】

执行上述操作后，系统打开"线型管理器"对话框，用户可以在对话框中设置线型，如图 2-37 所示。该对话框中的选项含义与前面介绍的选项含义相同，此处不再赘述。

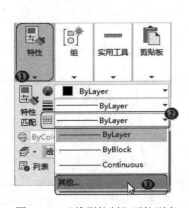

图 2-36　"线型控制"下拉列表

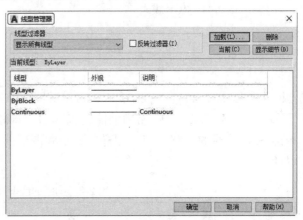

图 2-37　"线型管理器"对话框

2.3.4　线宽的设置

在国家标准 GB/T 4457.4—2002 中，对机械图样中使用的各种图线的线宽作了规定。AutoCAD 提供了相应的工具帮助用户设置线宽。

1．在"图层特性管理器"选项板中设置线宽

按照 2.3.1 小节讲述的方法，打开"图层特性管理器"选项板，如图 2-25 所示。单击该图层的"线宽"项，打开"线宽"对话框，其中列出了 AutoCAD 设定的线宽，用户可从中选取。

2．直接设置线宽

【执行方式】

➥ 命令行：LINEWEIGHT。

➥ 菜单栏：选择菜单栏中的"格式"→"线宽"命令。

➥ 功能区：单击"默认"选项卡❶"特性"面板中的❷"线宽控制"下拉列表中的❸"线宽设置"选项，如图 2-38 所示。

图 2-38　"线宽控制"下拉列表

【操作步骤】

在命令行中输入上述命令后，系统打开"线宽"对话框，该对话框与前面介绍的相关知识相同，此处不再赘述。

 手把手教你学：

> 有的时候设置了线宽，但在图形中显示不出来效果，出现这种情况一般有两种原因。
> （1）没有打开状态栏中的"线宽"按钮的功能。
> （2）线宽设置的宽度不够，AutoCAD只能显示出0.30mm以上线宽的宽度，如果宽度小于0.30mm，就无法在图形中显示出线宽的效果。

动手练——设置绘制螺母的图层

思路点拨：

> （1）设置"粗实线""中心线""细实线"3个图层。
> （2）"粗实线"图层，线宽为0.30mm，其他属性采用系统默认设置。
> （3）"中心线"图层，颜色为红色，线型为CENTER，其他属性采用系统默认设置。
> （4）"细实线"图层，所有属性都采用系统默认设置。

扫一扫，看视频

2.4 综合演练——设置机械制图样板图绘图环境

扫一扫，看视频

新建图形文件，设置图形单位与图形界限，最后将设置好的文件保存成".dwt"格式的样板图文件。绘制过程中要用到打开、单位、图形界限和保存等命令。

【操作步骤】

（1）新建文件。单击快速访问工具栏中的"新建"按钮□，新建空白文档。

（2）设置单位。选择菜单栏中的"格式"→"单位"命令，❶系统打开"图形单位"对话框，如图2-39所示。设置❷"长度"的❸"类型"为"小数"，❹"精度"为0；设置❺"角度"的❻"类型"为"十进制度数"，❼"精度"为0，系统默认逆时针方向为正；❽设置"用于缩放插入内容的单位"为"毫米"，单击"确定"按钮。

图2-39 "图形单位"对话框

（3）设置图形界限。国家标准对图纸的幅面大小作了严格规定，见表2-3。

表2-3　图纸幅面国家标准

幅 面 代 号	A0	A1	A2	A3	A4
宽×长 / （mm×mm）	841×1189	594×841	420×594	297×420	210×297

（4）在这里，不妨按照国家标准A3图纸的幅面设置图形界限。

（5）选择菜单栏中的"格式"→"图形界限"命令，设置图幅。命令行提示与操作如下：

```
命令：LIMITS
重新设置模型空间界限：
指定左下角点或 [开(ON)/关(OFF)] <0.0000,0.0000>:0,0
指定右上角点 <420.0000,297.0000>: 420,297
```

本实例准备设置一个机械制图样板图，图层设置见表2-4。

表2-4　图层设置

图 层 名	颜 色	线 型	线 宽	用 途
0	7（白色）	CONTINUOUS	b	图框线
CEN	2（黄色）	CENTER	$1/2b$	中心线
HIDDEN	1（红色）	HIDDEN	$1/2b$	隐藏线
BORDER	5（蓝色）	CONTINUOUS	b	可见轮廓线
TITLE	6（洋红）	CONTINUOUS	b	标题栏零件名
T-NOTES	4（青色）	CONTINUOUS	$1/2b$	标题栏注释
NOTES	7（白色）	CONTINUOUS	$1/2b$	一般注释
LW	5（蓝色）	CONTINUOUS	$1/2b$	细实线
HATCH	5（蓝色）	CONTINUOUS	$1/2b$	填充剖面线
DIMENSION	3（绿色）	CONTINUOUS	$1/2b$	尺寸标注

（6）设置图层名。单击"默认"选项卡"图层"面板中的"图层特性"按钮，❶打开"图层特性管理器"选项板，如图 2-40 所示。❷在该选项板中单击"新建图层"按钮，❸在图层列表中出现一个默认名为"图层 1"的新图层，如图 2-41 所示。❹单击该图层名，将图层名更改为CEN，如图 2-42 所示。

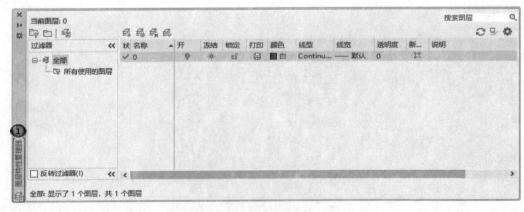

图2-40　"图层特性管理器"选项板

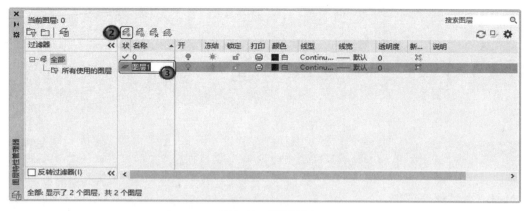

图 2-41　新建图层

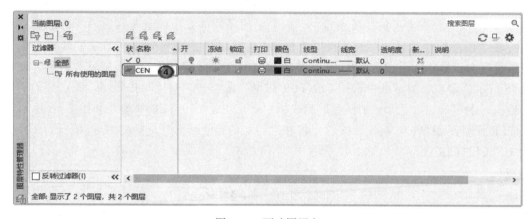

图 2-42　更改图层名

（7）设置图层颜色。为了区分不同图层上的图线，增加图形不同部分的对比性，可以为不同的图层设置不同的颜色。单击新建立的 CEN 图层"颜色"标签下的颜色色块，❶系统打开"选择颜色"对话框，如图 2-43 所示。❷在该对话框中选择黄色，❸单击"确定"按钮。❹在"图层特性管理器"选项板中可以发现 CEN 图层的颜色变成了黄色，如图 2-44 所示。

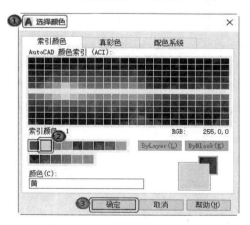

图 2-43　"选择颜色"对话框

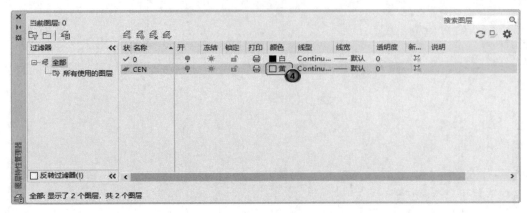

图 2-44　更改颜色

（8）设置线型。在常用的工程图纸中通常要使用不同的线型，这是因为不同的线型表示不同的含义。在"图层特性管理器"选项板中单击 CEN 图层"线型"标签下的线型选项，系统打开"选择线型"对话框，如图 2-30 所示。单击"加载"按钮，❶打开"加载或重载线型"对话框，如图 2-45 所示。❷在该对话框中选择 CENTER 线型，❸单击"确定"按钮。❹系统回到"选择线型"对话框，❺这时在"已加载的线型"列表框中就出现了 CENTER 线型，如图 2-46 所示。❻选择 CENTER 线型，❼单击"确定"按钮，❽在"图层特性管理器"选项板中可以发现 CEN 图层的线型变成了 CENTER 线型，如图 2-47 所示。

图 2-45　"加载或重载线型"对话框

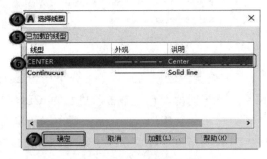

图 2-46　加载线型

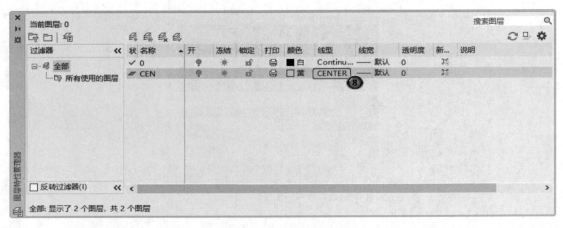

图 2-47　更改线型

（9）设置线宽。在工程图纸中，不同的线宽表示不同的含义，因此也要对不同图层的线宽进行设置，单击"图层特性管理器"选项板中 CEN 图层"线宽"标签下的选项，❶系统打开"线宽"对话框，如图 2-48 所示。❷在该对话框中选择适当的线宽，❸单击"确定"按钮，❹在"图层特性管理器"选项板中可以发现 CEN 图层的线宽变成了 0.15mm，如图 2-49 所示。

图 2-48   "线宽"对话框

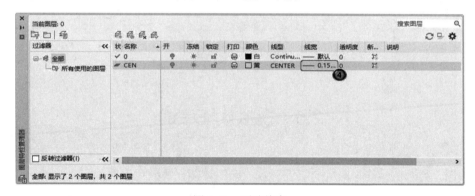

图 2-49   更改线宽

✍ **技巧：**

> 应尽量按照国家标准的相关规定，保持细线与粗线之间的比例大约为 1:2。

用同样的方法建立不同层名的新图层，这些不同的图层可以分别存放不同的图线或图形的不同部分。最后，完成图层的设置，如图 2-50 所示。

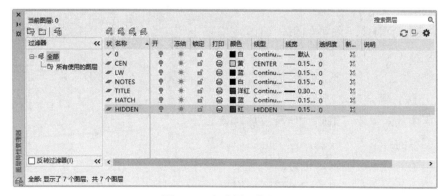

图 2-50   完成图层的设置

（10）保存成样板图文件。单击快速访问工具栏中的"另存为"按钮，❶打开"图形另存为"对话框，❷在"文件类型"下拉列表中选择"AutoCAD 图形样板（*.dwt）"选项，❸在"文件名"文本框中输入"A3 样板图"，❹单击"保存"按钮，如图 2-51 所示。❺系统打开"样板选项"对话框，如图 2-52 所示。接受系统默认的设置，❻单击"确定"按钮，保存文件。

图 2-51　保存样板图

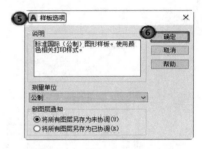

图 2-52　"样板选项"对话框

2.5　模拟认证考试

1．要使图元的颜色始终与图层的颜色一致，应将该图元的颜色设置为（　　）。

A．ByLayer　　　　　B．ByBlock　　　　　C．COLOR　　　　　D．RED

2．当前图形有 5 个图层：0、A1、A2、A3、A4 图层，如果 A3 图层为当前图层，并且 0、A1、A2、A3、A4 图层都处于打开状态且没有被冻结，下面说法正确的是（　　）。

A．除了 0 图层，其他图层都可以冻结

B．除了 A3 图层外，其他图层都可以冻结

C．可以同时冻结 5 个图层

D．一次只能冻结 1 个图层

3．如果某图层的对象不能被编辑，但能在屏幕上可见，且能捕捉该对象的特殊点和标注尺寸，该图层状态为（　　）。

A．冻结　　　　　　B．锁定　　　　　　C．隐藏　　　　　　D．块

4．对某图层进行锁定后，则（　　）。

A．图层中的对象不可编辑，但可添加对象

B．图层中的对象不可编辑，也不可添加对象

C．图层中的对象可编辑，也可添加对象

D．图层中的对象可编辑，但不可添加对象

5. 不可以通过"图层过滤器特性"对话框中过滤的特性是（　　　）。

　　A. 图层名、颜色、线型、线宽和打印样式

　　B. 打开还是关闭图层

　　C. 锁定还是解锁图层

　　D. 图层是 ByLayer 还是 ByBlock

6. 下列命令可以设置图形界限的是（　　　）。

　　A. SCALE　　　　　　B. EXTEND　　　　　C. LIMITS　　　　　D. LAYER

7. 在日常工作中贯彻办公和绘图标准时，下列方式最为有效的是（　　　）。

　　A. 应用典型的图形文件

　　B. 应用模板文件

　　C. 重复利用已有的二维绘图文件

　　D. 在"启动"对话框中选取公制

8. 绘制图形时，需要一种前面没有用到过的线型，请给出解决步骤。

第 3 章　简单二维绘图命令

内容简介

本章介绍简单二维绘图命令的基本知识。了解直线类、圆类、点类、平面图形等命令，一步步迈入绘图知识的殿堂。

内容要点

- 直线类命令
- 圆类命令
- 点类命令
- 平面图形命令
- 综合演练——支架
- 模拟认证考试

案例效果

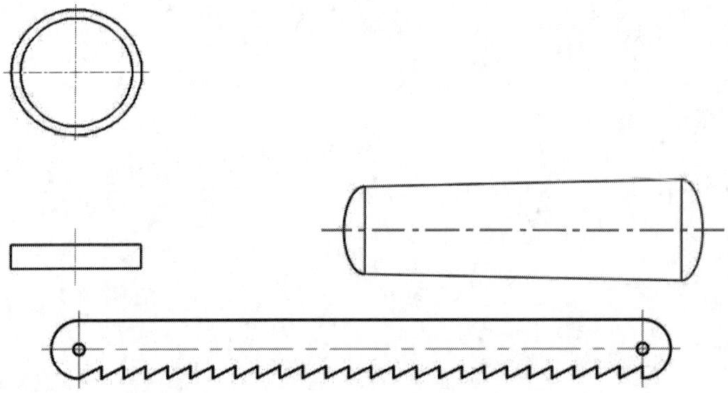

3.1　直线类命令

直线类命令包括“直线”“射线”“构造线”命令，这几个命令是 AutoCAD 中最简单的绘图命令。

3.1.1　直线

无论多么复杂的图形，都是由点、直线、圆弧等按不同的粗细、间隔、颜色组合而成的。其中直线是 AutoCAD 绘图中最简单、最基本的一种图形单元，连续的直线可以组成折线，直线与圆弧又可以组成多段线。直线在机械制图中常用于表达物体棱边或平面的投影，在建筑制图中则常用于表达建筑平面投影。

【执行方式】

- ➥ 命令行：LINE（快捷命令：L）。
- ➥ 菜单栏：选择菜单栏中的"绘图"→"直线"命令。
- ➥ 工具栏：单击"绘图"工具栏中的"直线"按钮 ╱。
- ➥ 功能区：单击"默认"选项卡"绘图"面板中的"直线"按钮 ╱。

动手学——表面粗糙度符号的绘制

源文件：源文件\第 3 章\表面粗糙度符号.dwg

本实例绘制表面粗糙度符号，如图 3-1 所示。

【操作步骤】

（1）选择菜单栏中的"文件"→"新建"命令，弹出"选择样板"对话框，单击"打开"按钮右侧的下拉按钮 ▼，以"无样板打开-公制"方式建立新文件。

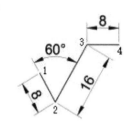

扫一扫，看视频

图 3-1 表面粗糙度符号

（2）单击状态栏中的"动态输入"按钮 ⊞，关闭动态输入。单击"默认"选项卡"绘图"面板中的"直线"按钮 ╱，绘制图形。命令行提示与操作如下：

```
命令：LINE✓
指定第一个点：150，240（点 1）
指定下一点或 [放弃(U)]：@80<-60（点 2）
指定下一点或 [放弃(U)]：@160<60（点 3）
指定下一点或 [闭合(C)/放弃(U)]：✓（结束"直线"命令）
命令：✓（再次执行"直线"命令）
指定第一个点：✓（以上次命令的最后一点即点 3 为起点）
指定下一点或 [放弃(U)]：@80，0（点 4）
指定下一点或 [放弃(U)]：✓（结束"直线"命令）
```

🔊 **注意：**

> 在输入坐标值时，中间的逗号一定要在英文状态下输入，否则系统无法识别。
>
> 在 AutoCAD 中通常有两种输入坐标数据的方法，即输入坐标值或用鼠标在屏幕上指定。输入坐标值很精确，但比较麻烦；鼠标指定比较方便，但不太精确。用户可以根据需要进行选择。
>
> 一般每个命令有 4 种执行方式，这里只给出了命令行执行方式，其他 3 种执行方式的操作方法与命令行执行方式相同。

【选项说明】

（1）若采用按 Enter 键响应"指定第一个点"提示，系统会把上次绘制图线的终点作为本次绘制图线的起点。若上次操作为绘制圆弧，按 Enter 键响应后绘制出通过圆弧终点并与该圆弧相切的直线，该直线的长度为光标在绘图区指定的一点与切点之间的距离。

（2）在"指定下一点或"提示下，用户可以指定多个端点，从而绘制出多条直线。但是，每一条直线都是一个独立的对象，可以进行单独的编辑操作。

（3）绘制两条以上的直线后，若采用输入选项"C"响应"指定下一点或"提示，系统会自动连接起点和最后一个端点，从而绘制出封闭的图形。

（4）若采用输入选项"U"响应"指定下一点或"提示，则删除最近一次绘制的直线。

（5）若设置正交方式（单击状态栏中的"正交模式"按钮∟），只能绘制水平直线或垂直直线。

📎 技巧：

（1）由直线组成的图形，每条直线都是独立的对象，可对每条直线单独进行编辑。

（2）在结束"直线"命令后，再次执行"直线"命令，根据命令行提示，直接按 Enter 键，则以上次最后绘制的直线或圆弧的终点作为当前直线的起点。

（3）在命令行中输入三维点的坐标，则可以绘制三维直线。

3.1.2 数据输入法

在 AutoCAD 2022 中，点的坐标可以用直角坐标、极坐标、球面坐标和柱面坐标表示，每一种坐标又分别有两种坐标输入方式，即绝对坐标和相对坐标。其中，直角坐标和极坐标较常用，具体输入方法如下：

（1）直角坐标法。所谓直角坐标，就是用点的 X、Y 坐标值表示的坐标。

如果在命令行中输入点的坐标"15,18"，则表示输入了一个 X、Y 坐标值分别为 15、18 的点，此为绝对坐标输入方式，表示该点的坐标是相对于当前坐标原点的坐标值，如图 3-2（a）所示。如果在命令行输入"@10,20"，则为相对坐标输入方式，表示该点的坐标是相对于前一点的坐标值，如图 3-2（b）所示。

（2）极坐标法。所谓极坐标，就是用长度和角度表示的坐标，只能用于表示二维点的坐标。

① 在绝对坐标输入方式下，表示为"长度<角度"，如"25<50"，其中长度表示该点到坐标原点的距离，角度表示该点到原点的连线与 X 轴正向的夹角，如图 3-2（c）所示。

② 在相对坐标输入方式下，表示为"@长度<角度"，如"@25<45"，其中长度表示该点到前一点的距离，角度表示该点到前一点的连线与 X 轴正向的夹角，如图 3-2（d）所示。

（a）直角坐标的绝对坐标输入方式

（b）直角坐标的相对坐标输入方式

（c）极坐标的绝对坐标输入方式

（d）极坐标的相对坐标输入方式

图 3-2 数据输入法

（3）动态数据输入。单击状态栏中的"动态输入"按钮，系统打开动态输入功能，可以在绘图区动态输入某些参数数据。例如，绘制直线时，在光标附近会动态地显示"指定第一个点:"以及后面的坐标框。当前坐标框中显示的是目前光标所在位置，可以输入数据，两个数据之间用逗号隔开,如图 3-3 所示。指定第一个点后,系统动态显示直线的角度,同时要求输入线段长度值,如图 3-4 所示。其输入效果与"@长度<角度"方式相同。

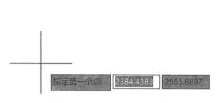

图 3-3 动态输入坐标值

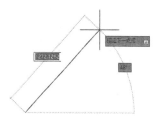

图 3-4 动态输入长度值

(4)点的输入。在绘图过程中,常需要输入点的位置,AutoCAD 提供了如下几种输入点的方式。

① 用键盘直接在命令行输入点的坐标。直角坐标的输入方式为"X,Y"(点的绝对坐标值,如"100,50")和"@X,Y"(相对于上一点的相对坐标值,如"@ 50,-30")。

极坐标的输入方式为"长度<角度"(其中,长度表示点到坐标原点的距离,角度表示原点至该点连线与 X 轴的正向夹角,如"20<45")和"@长度<角度"(相对于上一点的相对极坐标,如"@ 50<-30")。

② 用鼠标等定标设备移动光标,在绘图区单击直接取点。

③ 用目标捕捉方式捕捉绘图区已有图形的特殊点(如端点、中点、中心点、插入点、交点、切点、垂足点等)。

④ 直接输入距离。先拖动出直线以确定方向,然后用键盘输入距离,这样有利于准确控制对象的长度。

(5)距离值的输入。在 AutoCAD 命令中,有时需要提供高度、宽度、半径、长度等表示距离的值。AutoCAD 提供了两种输入距离值的方式,一种是用键盘在命令行中直接输入数值;另一种是在绘图区选择两点,以两点的距离值确定出所需数值。

动手学——利用动态输入绘制标高符号

本实例主要练习执行"直线"命令后,在动态输入功能下绘制标高符号,如图 3-5 所示。

扫一扫,看视频

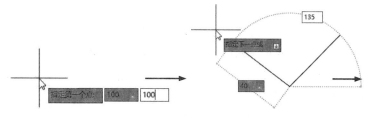

图 3-5 绘制标高符号的流程图

【操作步骤】

(1)系统默认打开动态输入,如果动态输入没有打开,单击状态栏中的"动态输入"按钮,打开动态输入。单击"默认"选项卡"绘图"面板中的"直线"按钮/,在动态输入框中输入第一点坐标为(100,100),如图 3-6 所示,按 Enter 键确定 P1 点。

(2)拖动鼠标,然后在动态输入框中输入长度为 40,按 Tab

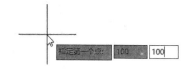

图 3-6 确定 P1 点

键切换到角度输入框，输入角度为 135，如图 3-7 所示，按 Enter 键确定 P2 点。

（3）拖动鼠标，利用步骤（2）的方法，动态输入长度为 40 和角度为 135，如图 3-8 所示，按 Enter 键确定 P3 点。

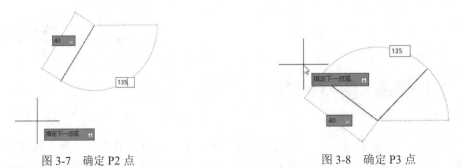

图 3-7　确定 P2 点　　　　　　　　图 3-8　确定 P3 点

（4）拖动鼠标，然后在动态输入框中输入相对直角坐标（@180,0），如图 3-9 所示，按 Enter 键确定 P4 点。也可以拖动鼠标，在鼠标位置为 0 时，动态输入 180，如图 3-10 所示，按 Enter 键确定 P4 点，完成绘制。

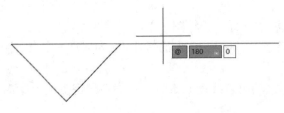

图 3-9　确定 P4 点（相对直角坐标方式）

图 3-10　确定 P4 点

扫一扫，看视频

动手练——数据操作

AutoCAD 2022 人机交互最基本的内容就是数据输入。本练习要求用户熟练地掌握各种数据的输入方法。

思路点拨：

（1）在命令行中输入 LINE。

（2）输入起点在直角坐标方式下的绝对坐标值。

（3）输入下一点在直角坐标方式下的相对坐标值。

（4）输入下一点在极坐标方式下的绝对坐标值。

（5）输入下一点在极坐标方式下的相对坐标值。

（6）单击直接指定下一点的位置。

（7）单击状态栏中的"正交模式"按钮，用光标指定下一点的方向，在命令行中输入一个数值。

（8）单击状态栏中的"动态输入"按钮 ，拖动光标，系统会动态显示角度，拖动到选定角度后，在长度文本框中输入长度值。

（9）按 Enter 键，结束直线的绘制。

3.1.3　构造线

构造线就是无穷长度的直线，用于模拟手工作图中的辅助作图线。构造线用特殊的线型显示，在图形输出时可不输出。应用构造线作为辅助线绘制机械图中的三视图是构造线的主要用途，构造线的应用保证了三视图之间"主、俯视图长对正，主、左视图高平齐，俯、左视图宽相等"的对应关系。图 3-11 所示为应用构造线作为辅助线绘制机械图中三视图的示例，其中细线为构造线，粗线为三视图的轮廓线。

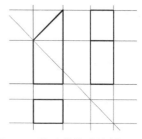

图 3-11　构造线辅助绘制三视图

【执行方式】

- 命令行：XLINE（快捷命令：XL）。
- 菜单栏：选择菜单栏中的"绘图"→"构造线"命令。
- 工具栏：单击"绘图"工具栏中的"构造线"按钮 。
- 功能区：单击"默认"选项卡"绘图"面板中的"构造线"按钮 。

【操作步骤】

命令行提示与操作如下：

```
命令：XLINE↙
指定点或[水平(H)/垂直(V)/角度(A)/二等分(B)/偏移(O)]：（指定起点1）
指定通过点：（指定通过点2，绘制一条双向无限长直线）
指定通过点：（继续指定点，继续绘制线，如图3-12（a）所示，按Enter键结束）
```

【选项说明】

（1）指定点：用于绘制通过指定两点的构造线，如图 3-12（a）所示。

（2）水平：用于绘制通过指定点的水平构造线，如图 3-12（b）所示。

（3）垂直：用于绘制通过指定点的垂直构造线，如图 3-12（c）所示。

（4）角度：用于绘制沿指定方向或与指定直线之间的夹角为指定角度的构造线，如图 3-12（d）所示。

（5）二等分：用于绘制平分由指定 3 点所确定的角的构造线，如图 3-12（e）所示。

（6）偏移：用于绘制与指定直线平行的构造线，如图 3-12（f）所示。

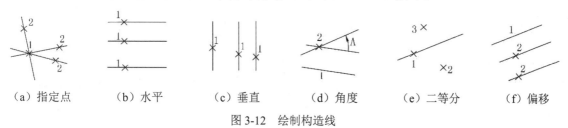

(a) 指定点　　(b) 水平　　(c) 垂直　　(d) 角度　　(e) 二等分　　(f) 偏移

图 3-12　绘制构造线

扫一扫，看视频

动手练——绘制阀

利用"直线"命令绘制如图 3-13 所示的阀。

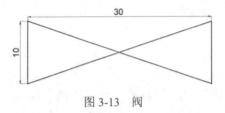

图 3-13　阀

📖 **思路点拨：**

> 源文件：源文件\第 3 章\阀.dwg
>
> 为了做到准确无误，要求读者通过坐标值的输入指定直线的相关点，从而灵活掌握直线的绘制方法。

3.2　圆 类 命 令

圆类命令主要包括"圆""圆弧""圆环""椭圆""椭圆弧"命令，这几个命令是 AutoCAD 中常用的曲线命令。

3.2.1　圆

圆是最简单的封闭曲线，也是绘制工程图形时经常用到的图形单元。

【执行方式】

- ➘　命令行：CIRCLE（快捷命令：C）。
- ➘　菜单栏：选择菜单栏中的"绘图"→"圆"命令。
- ➘　工具栏：单击"绘图"工具栏中的"圆"按钮 ⊙。
- ➘　功能区：❶在"默认"选项卡"绘图"面板中打开"圆"下拉列表，❷从中选择一种创建圆的方式，如图 3-14 所示。

扫一扫，看视频

动手学——绘制法兰

源文件：源文件\第 3 章\法兰.dwg

本实例绘制如图 3-15 所示的法兰。法兰在机械设备中应用广泛，主要用于管道及进出口或其他端口的连接。本实例主要运用"直线"命令和"圆"命令来绘制。

✍ **技巧：**

> 有时图形经过缩放或 ZOOM 后，绘制的圆边显示棱边，图形会变得粗糙。在命令行中输入 RE 命令，重新生成模型，圆边光滑。也可以在"选项"对话框中的"显示"选项卡中调整"圆弧和圆的平滑度"。

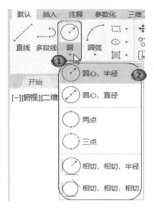

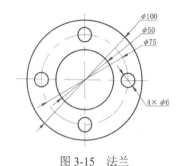

图 3-14　"圆"下拉列表　　　　　　　　　图 3-15　法兰

【操作步骤】

（1）单击"默认"选项卡"图层"面板中的"图层特性"按钮，新建如下两个图层。

① 第一个图层命名为"粗实线"图层，线宽为 0.30mm，其他属性采用系统默认设置。

② 第二个图层命名为"中心线"图层，颜色为红色，线型为 CENTER，其他属性采用系统默认设置。

（2）将"中心线"图层设置为当前图层，绘制中心线。单击"绘图"面板中的"直线"按钮，绘制直线，端点坐标分别为{（0,60），（0,-60）}和{（-60,0），（60,0）}。

（3）将"粗实线"图层设置为当前图层，绘制粗实线。单击"绘图"面板中的"圆"按钮，绘制法兰轮廓。命令行提示与操作如下：

```
命令: _circle↙
指定圆的圆心或 [三点(3P)/两点(2P)/切点、切点、半径(T)]: 0,0↙
指定圆的半径或 [直径(D)]: 50↙
命令: _circle↙
指定圆的圆心或 [三点(3P)/两点(2P)/切点、切点、半径(T)]: 0,0↙
指定圆的半径或 [直径(D)]: 25↙
命令: _circle↙
指定圆的圆心或 [三点(3P)/两点(2P)/切点、切点、半径(T)]: 0,0↙
指定圆的半径或 [直径(D)]: D↙
指定圆的直径: 75↙
```

将直径为 75 的圆设置为"中心线"图层。单击"绘图"面板中的"圆"按钮，绘制法兰螺栓孔。圆心坐标为（0,37.5），半径为 6；重复单击"绘图"面板中的"圆"按钮，绘制另外三个圆，圆心坐标分别为（37.5,0）（0,-37.5）（-37.5,0），半径为 6，结果如图 3-15 所示。

【选项说明】

（1）切点、切点、半径：通过先指定两个相切对象，再给出半径的方法绘制圆。图 3-16 所示为以"切点、切点、半径"方式绘制圆的各种情形（加粗的圆为最后绘制的圆）。

（a）圆与两条直线相切　（b）圆与圆、直线相切　（c）圆与两个圆相切（1）　（d）圆与两个圆相切（2）

图 3-16　圆与另外两个对象相切

（2）选择菜单栏中的 ① "绘图" → ② "圆" 命令，③ "圆" 子菜单中多了一种 "相切、相切、相切" 的绘制方式，如图3-17所示。

动手练——绘制挡圈

扫一扫，看视频

利用 "直线" 和 "圆" 命令绘制如图3-18所示的挡圈。

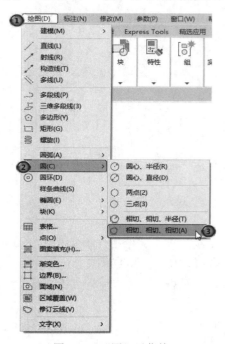

图3-17 "圆"子菜单

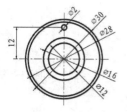

图3-18 挡圈

思路点拨：

> 源文件：源文件\第3章\挡圈.dwg
> 先设置图层，然后利用 "直线" 命令绘制中心线，再利用 "圆" 命令绘制挡圈轮廓。

3.2.2 圆弧

圆弧是圆的一部分。在工程造型中，圆弧的使用比圆更普遍，通常强调的 "流线型" 造型或圆润的造型实际上就是圆弧造型。

【执行方式】

➥ 命令行：ARC（快捷命令：A）。

➥ 菜单栏：选择菜单栏中的 "绘图" → "圆弧" 命令。

➥ 工具栏：单击 "绘图" 工具栏中的 "圆弧" 按钮。

➥ 功能区：在 ① "默认" 选项卡 "绘图" 面板中打开 ② "圆弧" 下拉列表，③ 从中选择一种创建圆弧的方式，如图3-19所示。

图3-19 "圆弧"下拉列表

动手学——绘制盘根压盖俯视图

源文件：源文件\第3章\盘根压盖俯视图.dwg

本实例绘制如图 3-20 所示的盘根压盖俯视图。盘根压盖在机械设备中主要用于压紧盘根，使盘根与轴之间紧密贴合，产生迷宫般的微小间隙，介质在迷宫中被多次截流，从而达到密封的作用，因此盘根压盖在机械密封中是常用的零件。本实例主要运用"直线"命令、"圆"命令和"圆弧"命令来绘制。

扫一扫，看视频

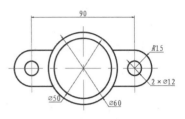

图3-20　盘根压盖俯视图

【操作步骤】

（1）单击"默认"选项卡"图层"面板中的"图层特性"按钮🗐，打开"图层特性管理器"选项板，新建如下两个图层，如图 3-21 所示。

① 第一个图层命名为"粗实线"图层，线宽为 0.30mm，其他属性采用系统默认设置。

② 第二个图层命名为"中心线"图层，颜色为红色，线型为 CENTER，其他属性采用系统默认设置。

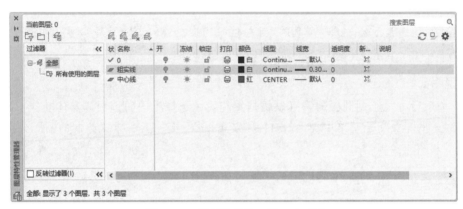

图 3-21　"图层特性管理器"选项板

（2）在"图层特性管理器"选项板中双击"中心线"图层，或者选取"中心线"图层，单击"置为当前"按钮✍，将"中心线"图层设置为当前图层。

（3）单击"默认"选项卡"绘图"面板中的"直线"按钮✏，绘制四条中心线，端点坐标分别是{（0,45），（0,–45）}{（–45,20），（–45,–20）}{（45,20），（45,–20）}和{（–65,0），（65,0）}。

（4）将"粗实线"图层设置为当前图层。单击"默认"选项卡"绘图"面板中的"圆"按钮⊙，分别绘制圆心坐标为（0,0）、半径为 30 和 25 的圆；重复"圆"命令，绘制圆心坐标分别为（–45,0）（45,0）、半径为 6 的圆，绘制结果如图 3-22 所示。

（5）单击"默认"选项卡"绘图"面板中的"直线"按钮✏，绘制 4 条线段，端点坐标分别是{（–45,15），（–25.98,15）}{（–45,–15），（–25.98,–15）}{（45,15），（25.98,15）}和{（45,–15），（25.98,–15）}，绘制结果如图 3-23 所示。

（6）单击"默认"选项卡"绘图"面板中的"圆弧"按钮✏，绘制圆头部分的圆弧。命令行提示与操作如下：

```
命令：_ARC✓
指定圆弧的起点或 [圆心(C)]：-45,15✓
指定圆弧的第二个点或 [圆心(C)/端点(E)]：E✓
指定圆弧的端点：-45,-15✓
```

指定圆弧的中心点（按住 Ctrl 键以切换方向）或 [角度(A)/方向(D)/半径(R)]:A↙
指定夹角（按住 Ctrl 键以切换方向）：180↙
命令：_ARC↙
指定圆弧的起点或 [圆心(C)]：45,15↙
指定圆弧的第二个点或 [圆心(C)/端点(E)]：E↙
指定圆弧的端点：45,-15↙
指定圆弧的中心点（按住 Ctrl 键以切换方向）或 [角度(A)/方向(D)/半径(R)]:A↙
指定夹角（按住 Ctrl 键以切换方向）：-180↙

绘制结果如图 3-24 所示。

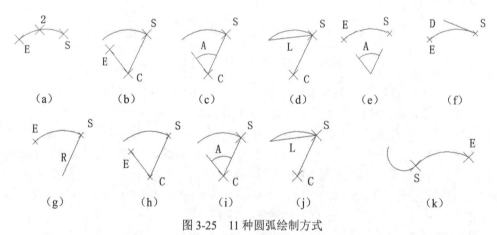

图 3-22　绘制圆　　　　图 3-23　绘制直线　　　　图 3-24　绘制圆弧

✍ 技巧：

　　绘制圆弧时，注意圆弧的曲率是遵循逆时针方向的，所以在选择指定圆弧两个端点和半径模式时，需要注意端点的指定顺序，否则有可能导致圆弧的凹凸形状与预期相反。

【选项说明】

（1）用命令行方式绘制圆弧时，可以根据系统提示选择不同的选项，具体功能与利用菜单栏中的"绘图"→"圆弧"子菜单中提供的 11 种方式相似。这 11 种方式绘制的圆弧分别如图 3-25 所示。

（a）　　　（b）　　　（c）　　　（d）　　　（e）　　　（f）

（g）　　　（h）　　　（i）　　　（j）　　　（k）

图 3-25　11 种圆弧绘制方式

（2）需要强调的是"连续"方式，绘制的圆弧与上一段圆弧相切。连续绘制圆弧段，只提供端点即可。

✍ 手把手教你学：

　　绘制圆弧时，应注意指定合适的端点或圆心，指定端点的逆时针方向为绘制圆弧的方向。例如，要绘制下半部分的圆弧，则起点应在左侧，终点应在右侧，此时端点的时针方向为逆时针，才可以得到相应的逆时针圆弧。

3.2.3　圆环

圆环可以看作两个同心圆，利用"圆环"命令可以快速完成同心圆的绘制。

【执行方式】

- ➤　命令行：DONUT（快捷命令：DO）。
- ➤　菜单栏：选择菜单栏中的"绘图"→"圆环"命令。
- ➤　功能区：单击"默认"选项卡"绘图"面板中的"圆环"按钮◎。

【操作步骤】

命令行提示与操作如下：

命令:DONUT↙
指定圆环的内径<0.5000>:（指定圆环的内径）
指定圆环的外径 <1.0000>:（指定圆环的外径）
指定圆环的中心点或 <退出>:（指定圆环的中心点）
指定圆环的中心点或 <退出>:（继续指定圆环的中心点，则继续绘制相同内外径的圆环。按 Enter 键、空格
键或右击结束命令，如图 3-26（a）所示）

【选项说明】

（1）绘制不相等的内外径，则画出填充圆环，如图 3-26（a）所示。

（2）若指定内径为 0，则画出实心填充圆，如图 3-26（b）所示。

（3）若指定内外径相等，则画出普通圆，如图 3-26（c）所示。

（4）利用 FILL 命令可以控制圆环是否填充，命令行提示与操作如下：

命令: FILL↙
输入模式 [开(ON)/关(OFF)] <开>:

选择"开"表示填充，选择"关"表示不填充，如图 3-26（d）所示。

　　　　　　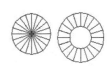

　　（a）填充圆环　　　　　（b）实心填充圆　　　　　（c）普通图　　　　（d）"开"与"关"对比

图 3-26　绘制圆环

3.2.4　椭圆与椭圆弧

椭圆也是一种典型的封闭曲线图形，圆在某种意义上可以看成椭圆的特例。椭圆在工程图形中的应用不多，只在某些特殊造型，如室内设计单元中的浴盆、桌子等造型或机械造型中杆状结构的截面形状等图形中才会出现。

【执行方式】

- ➤　命令行：ELLIPSE（快捷命令：EL）。

➥ 菜单栏：选择菜单栏中的"绘图"→"椭圆"→"圆弧"命令。

➥ 工具栏：单击"绘图"工具栏中的"椭圆"按钮 ◯ 或"椭圆弧"按钮 ◯ 。

➥ 功能区：在 ① "默认"选项卡"绘图"面板中打开 ② "椭圆"下拉列表，③ 从中选择一种创建椭圆（或椭圆弧）的方式，如图 3-27 所示。

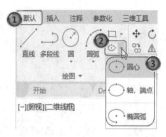

图 3-27 "椭圆"下拉列表

扫一扫，看视频

动手学——绘制定位销

源文件：源文件\第 3 章\定位销.dwg

定位销有圆锥形和圆柱形两种结构，为保证重复拆装时定位销与销孔的紧密性和方便拆卸定位销，应采用圆锥销。一般定位销直径为 $d=(0.7\sim0.8)d_2$，d_2 为箱盖箱座连接凸缘螺栓的直径。其长度应大于上下箱连接凸缘的总厚度，并且装配成上、下两头均有一定长度的外伸量，以便装拆，如图 3-28 所示。

本实例将通过定位销的绘制过程来熟练掌握"椭圆弧"命令的操作方法。由于图形中出现了两种不同的线型，所以需要使用图层来管理线型，如图 3-29 所示。

图 3-28 定位销

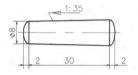

图 3-29 定位销绘制结果

【操作步骤】

（1）单击"默认"选项卡"图层"面板中的"图层特性"按钮，打开"图层特性管理器"选项板，新建如下两个图层。

① 第一个图层命名为"轮廓线"图层，线宽为 0.30mm，其他属性采用系统默认设置。

② 第二个图层命名为"中心线"图层，颜色为红色，线型为 CENTER，其他属性采用系统默认设置。

（2）绘制中心线。将当前图层设置为"中心线"图层，单击"默认"选项卡"绘图"面板中的"直线"按钮，绘制中心线，端点坐标值为 {（100,100），（138,100）}。

（3）绘制销侧面斜线。

① 将当前图层转换为"轮廓线"图层，单击"默认"选项卡"绘图"面板中的"直线"按钮。命令行提示与操作如下：

```
命令：LINE ↙
指定第一个点：104,104 ↙
指定下一点或 [放弃(U)]：@30<1.146↙
指定下一点或 [放弃(U)]：↙
命令：LINE↙
指定第一个点：104,96 ↙
指定下一点或 [放弃(U)]：@30<-1.146↙
指定下一点或 [放弃(U)]：↙
```

绘制结果如图 3-30 所示。

② 单击"默认"选项卡"绘图"面板中的"直线"按钮 ，分别连接两条斜线的两个端点，绘制结果如图 3-31 所示。

图 3-30　绘制斜线　　　　　　　　　　　　　　　图 3-31　连接端点

 技巧荟萃：

> 对于绘制直线，一般情况下通过在笛卡儿坐标系下输入直线两端点的直角坐标来完成，例如：
> 命令：LINE✓
> 指定第一个点：(指定所绘直线段的起始端点的坐标(x1,y1))
> 指定下一点或 [放弃(U)]：(指定所绘直线段的另一端点坐标(x2,y2))
> ...
> 指定下一点或 [闭合(C)/放弃(U)]：(按空格键或 Enter 键结束本次操作)

但是绘制与水平线倾斜某一特定角度的直线时，往往不能精确算出直线端点的笛卡儿坐标，此时需要使用极坐标，即输入相对于第一端点的水平倾角和直线长度"@直线长度<倾角"，如图 3-32 所示。

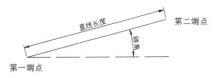

图 3-32　极坐标系下的"直线"命令

（4）绘制圆顶。

单击"默认"选项卡"绘图"面板中的"椭圆弧"按钮 ⌒。命令行提示与操作如下：

> 命令：_ELLIPSE
> 指定椭圆的轴端点或 [圆弧(A)/中心点(C)]：_A
> 指定椭圆弧的轴端点或 [中心点(C)]：104,104
> 指定轴的另一个端点：104,96
> 指定另一条半轴长度或 [旋转(R)]：102,100
> 指定起点角度或 [参数(P)]：0
> 指定端点角度或 [参数(P)/夹角(I)]：180
> 命令：_ELLIPSE
> 指定椭圆的轴端点或 [圆弧(A)/中心点(C)]：_A
> 指定椭圆弧的轴端点或 [中心点(C)]：133.99,95.4
> 指定轴的另一个端点：133.99,104.6
> 指定另一条半轴长度或 [旋转(R)]：135.99,100
> 指定起点角度或 [参数(P)]：0
> 指定端点角度或 [参数(P)/夹角(I)]：180

绘制结果如图 3-29 所示。

【选项说明】

（1）指定椭圆的轴端点：根据两个端点定义椭圆的第一条轴，第一条轴的角度确定了整个椭圆的角度。第一条轴既可定义椭圆的长轴，也可定义椭圆的短轴。椭圆按图 3-33（a）中显示的 1—2—3—4 顺序绘制。

（2）圆弧：用于创建一段椭圆弧，与"单击'默认'选项卡'绘图'面板中的'椭圆弧'按钮 ⌒"功能相同。其中第一条轴的角度确定了椭圆弧的角度。第一条轴既可定义椭圆弧的长轴，也可定义椭圆弧短轴。选择该选项，命令行提示与操作如下：

> 指定椭圆弧的轴端点或 [中心点(C)]：(指定端点或输入"C")
> 指定轴的另一个端点：(指定另一端点)
> 指定另一条半轴长度或 [旋转(R)]：(指定另一条半轴长度或输入"R")

指定起点角度或 [参数(P)]:（指定起点角度或输入"P"）
指定端点角度或 [参数(P)/夹角(I)]:

其中，各选项含义如下：

① 起点角度：指定椭圆弧端点的两种方式之一，光标与椭圆中心点连线的夹角为椭圆端点位置的角度，如图 3-33（b）所示。

（a）椭圆   （b）椭圆弧

图 3-33 椭圆和椭圆弧

② 参数：指定椭圆弧端点的另一种方式，该方式同样是指定椭圆弧端点的角度，但通过以下矢量参数方程式创建椭圆弧：

$$p(u)=c+a\cos u+b\sin u$$

其中，c 是椭圆的中心点，a 和 b 分别是椭圆的长轴和短轴，u 是光标与椭圆中心点连线的夹角。

③ 夹角：定义从起点角度开始的包含角度。

④ 中心点：通过指定的中心点创建椭圆。

⑤ 旋转：通过绕第一条轴旋转圆来创建椭圆。相当于将一个圆绕椭圆轴翻转一个角度后的投影视图。

✍ 技巧：

> "椭圆"命令生成的椭圆以多段线为实体还是以椭圆为实体，是由系统变量 PELLIPSE 决定的。

动手练——绘制圆头平键

绘制如图 3-34 所示的圆头平键。

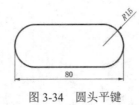

图 3-34 圆头平键

📋 思路点拨：

> **源文件：**源文件\第 3 章\圆头平键.dwg
> 首先利用"直线"命令绘制两条水平线，然后利用"圆弧"命令绘制两边圆头。

3.3 点类命令

点在 AutoCAD 中有多种不同的表示方式，用户可以根据需要进行设置，也可以设置等分点和测量点。

扫一扫，看视频

3.3.1 点

通常认为，点是最简单的图形单元。在工程图形中，点通常用于标定某个特殊的坐标位置，或者作为某个绘制步骤的起点和基础。为了使点更显眼，AutoCAD 为点设置了各种样式，用户可以根据需要选择。

【执行方式】

↳ 命令行：POINT（快捷命令：PO）。

↳ 菜单栏：选择菜单栏中的"绘图"→"点"命令。

↳ 工具栏：单击"绘图"工具栏中的"点"按钮∴。

↳ 功能区：单击"默认"选项卡"绘图"面板中的"多点"按钮∴。

【操作步骤】

命令行提示与操作如下：

```
命令：_POINT
当前点模式：PDMODE=0  PDSIZE=0.0000
指定点：（指定点所在的位置）
```

【选项说明】

（1）通过菜单栏操作时（见图 3-35），"单点"命令表示只输入一个点，"多点"命令表示可输入多个点。

（2）可以单击状态栏中的"对象捕捉"按钮□，设置点捕捉模式，帮助用户选择点。

（3）点在图形中的样式共有 20 种，可通过 DDPTYPE 命令或者选择菜单栏中的"格式"→"点样式"命令，打开"点样式"对话框进行设置，如图 3-36 所示。

图 3-35　"点"子菜单

图 3-36　"点样式"对话框

3.3.2 定数等分

有时需要把某个线段或曲线按一定的份数进行等分，这一点在手工绘图中很难实现，但在 AutoCAD 中可以通过相关命令轻松完成。

【执行方式】

➤ 命令行：DIVIDE（快捷命令：DIV）。

➤ 菜单栏：选择菜单栏中的"绘图"→"点"→"定数等分"命令。

➤ 功能区：单击"默认"选项卡"绘图"面板中的"定数等分"按钮 ⚞。

动手学——绘制外六角头螺栓

源文件：源文件\第 3 章\锯条.dwg

本实例绘制如图 3-37 所示的外六角头螺栓，主要通过"直线"命令、"圆"命令、"圆弧"命令和"定数等分"命令绘制。

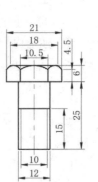

图 3-37　外六角头螺栓

【操作步骤】

（1）单击"默认"选项卡"图层"面板中的"图层特性"按钮 ⛋，打开"图层特性管理器"选项板，新建如下两个图层。

① 第一个图层命名为"粗实线"图层，线宽为 0.30mm，其他属性采用系统默认设置。

② 第二个图层命名为"中心线"图层，颜色为红色，线型为 CENTER，其他属性采用系统默认设置。

将"中心线"图层设置为当前图层。

（2）单击"默认"选项卡"绘图"面板中的"直线"按钮 ╱，指定直线的坐标为（0,8）和（0,-27）。该直线为竖直的中心线。

（3）将"粗实线"图层设置为当前图层。单击"默认"选项卡"绘图"面板中的"直线"按钮 ╱，指定直线的坐标分别为{（-10.5,0）（10.5,0）（10.5,4.5）（9,6）（-9,6）（-10.5,4.5）（-10.5,0）、C}和{（-10.5,4.5）（10.5,4.5）}，绘制螺栓上半部分图形，绘制结果如图 3-38 所示。

（4）单击"默认"选项卡"实用工具"面板中的"点样式"按钮 ⚋，在打开的① "点样式"对话框中选择② ⊠ 样式，其他属性采用系统默认设置，如图 3-39 所示。③ 单击"确定"按钮，关闭对话框。

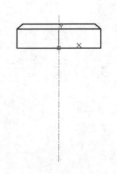

图 3-38　绘制上半部分

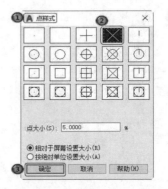

图 3-39　"点样式"对话框

（5）单击"默认"选项卡"绘图"面板中的"定数等分"按钮，选择水平直线，将直线等分为 4 段，绘制结果如图 3-40 所示。命令行提示与操作如下：

```
命令：_divide
选择要定数等分的对象：（选择水平直线）
输入线段数目或 [块(B)]：4↙
```

使用相同的方法，将另外一条水平直线也进行定数等分。

（6）单击"默认"选项卡"绘图"面板中的"圆弧"按钮，指定圆弧的三点，绘制圆弧，如图 3-41 所示。命令行提示与操作如下：

```
命令：_arc
指定圆弧的起点或 [圆心(C)]：（捕捉最左侧竖直直线和斜向直线的交点）
指定圆弧的第二个点或 [圆心(C)/端点(E)]：E↙
指定圆弧的端点：（捕捉水平直线的第一个等分点）
指定圆弧的中心点(按住 Ctrl 键以切换方向)或 [角度(A)/方向(D)/半径(R)]：（按住 Ctrl 键，指定圆
弧上的点）
命令：_arc
指定圆弧的起点或 [圆心(C)]：（捕捉水平指点的第一个等分点）
指定圆弧的第二个点或 [圆心(C)/端点(E)]：（捕捉竖直中心线和最上侧水平直线的交点）
指定圆弧的端点：（水平直线的第三个等分点）
命令：_arc
指定圆弧的起点或 [圆心(C)]：（捕捉水平指点的第三个等分点）
指定圆弧的第二个点或 [圆心(C)/端点(E)]：E↙
指定圆弧的端点：（捕捉最右侧竖直直线和斜向直线的交点）
指定圆弧的中心点(按住 Ctrl 键以切换方向)或 [角度(A)/方向(D)/半径(R)]：（按住 Ctrl 键，指定圆
弧上的点）
```

（7）单击菜单栏中"格式"→"点样式"命令，打开如图 3-39 所示的"点样式"对话框，将点样式设置为第一行的第二种，单击"确定"按钮，返回绘图状态。

（8）单击"默认"选项卡"绘图"面板中的"直线"按钮，指定直线的坐标分别为{（6,0）（@0,-25）（@-12,0）（@0,25）}和{（-6,-10）（6,-10）}，绘制螺栓下半部分图形，绘制结果如图 3-42 所示。

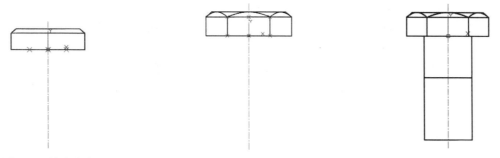

图 3-40　等分直线　　　　　图 3-41　绘制圆弧　　　　　图 3-42　绘制下半部分

（9）将"粗实线"图层设置为当前的图层。单击"默认"选项卡"绘图"面板中的"直线"按钮，指定直线的坐标分别为{（-5,-10）（-5,-25）}和{（5,-10）（5,-25）}，绘制两条直线，补全螺栓的下半部分。

（10）选择上面第二条水平直线，按 Delete 键，删除该直线，最终绘制结果如图 3-37 所示。

【选项说明】

（1）等分数目范围为 2~32767。

（2）在等分点处，按当前点样式设置画出等分点。

（3）在第二提示行选择"块"选项时，表示在等分点处插入指定的块（块知识的具体讲解见后面章节）。

3.3.3　定距等分

定距等分和定数等分类似，有时需要把某个线段或曲线按给定的长度为单元进行等分。在 AutoCAD 中，可以通过相关命令来完成。

【执行方式】

➷　命令行：MEASURE（快捷命令：ME）。

➷　菜单栏：选择菜单栏中的"绘图"→"点"→"定距等分"命令。

➷　功能区：单击"默认"选项卡"绘图"面板中的"定距等分"按钮 ⚓。

【操作步骤】

命令行提示与操作如下：

```
命令：MEASURE↙
选择要定距等分的对象：（选择要设置测量点的实体）
指定线段长度或 [块(B)]：（指定分段长度）
```

【选项说明】

（1）设置的起点一般是指定线的绘制起点。

（2）在第二提示行选择"块"选项时，表示在测量点处插入指定的块。

（3）在等分点处，按当前点样式设置绘制测量点。

（4）最后一个测量段的长度不一定等于指定的分段长度。

✍ **手把手教你学：**

定数等分和定距等分有什么区别？

定数等分是将某条线段按段数平均分段，定距等分是将某条线段按距离分段。例如，1 条 112mm 的线段，用"定数等分"命令时，如果该线段被平均分成 10 段，每条线段的长度都相等，长度就是原来的 1/10。用"定距等分"命令时，如果设置定距等分的距离为 10mm，那么从端点开始，每 10mm 为一段，前 11 段长度都为 10mm，那么最后一段的长度并不是 10mm。因为 112/10 有小数点，并不是整数，所以定距等分的线段并不是所有的线段长度都相等。

动手练——绘制锯条

绘制如图 3-43 所示的锯条。

扫一扫，看视频

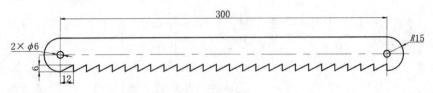

图 3-43　锯条

思路点拨：

> **源文件：**源文件\第 3 章\锯条.dwg
> 利用"圆"命令及定数等分点绘制锯条图形，从而灵活掌握定数等分的使用方法。

3.4　平面图形命令

简单的平面图形命令包括"矩形"命令和"多边形"命令。

3.4.1　矩形

矩形是最简单的封闭直线图形，在机械制图中常用于表达平行投影平面的面，在建筑制图中常用于表达墙体平面。

【执行方式】

- 命令行：RECTANG（快捷命令：REC）。
- 菜单栏：选择菜单栏中的"绘图"→"矩形"命令。
- 工具栏：单击"绘图"工具栏中的"矩形"按钮 ▭。
- 功能区：单击"默认"选项卡"绘图"面板中的"矩形"按钮 ▭。

动手学——绘制定距环

扫一扫，看视频

源文件：源文件\第 3 章\定距环.dwg
定距环是机械零件中一种典型的辅助轴向定位零件，绘制过程比较简单。
定距环呈管状，主视图呈圆环状，可利用"圆"命令绘制；俯视图呈矩形状，可利用"矩形"命令绘制；中心线可利用"直线"命令绘制，绘制结果如图 3-44 所示。

【操作步骤】

（1）单击"默认"选项卡"图层"面板中的"图层特性"按钮，打开"图层特性管理器"选项板，新建如下两个图层。

① 第一个图层命名为"轮廓线"图层，线宽为 0.30mm，其他属性采用系统默认设置。

② 第二个图层命名为"中心线"图层，线宽为 0.09mm，颜色为红色，线型为 CENTER，其他属性采用系统默认设置。

（2）将"中心线"图层设置为当前图层。单击"默认"选项卡"绘图"面板中的"直线"按钮，绘制中心线。命令行提示与操作如下：

```
命令：LINE ↙
指定第一个点：150,92 ↙
指定下一点或 [放弃(U)]：150,120 ↙
指定下一点或 [放弃(U)]：↙
```

使用同样的方法绘制另外两条中心线{（100,200），（200,200）}和{（150,150），（150,250）}，绘制结果如图 3-45 所示。

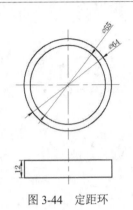

图 3-44　定距环

图 3-45　绘制中心线

（3）将"轮廓线"图层设置为当前图层。单击"默认"选项卡"绘图"面板中的"圆"按钮⊙，绘制定距环主视图。命令行提示与操作如下：

```
命令: CIRCLE ✓
指定圆的圆心或 [三点(3P)/两点(2P)/切点、切点、半径(T)]: 150,200 ✓
指定圆的半径或 [直径(D)] : 27.5 ✓
```

使用同样的方法绘制另一个圆，圆心点为（150,200），半径为 32，绘制结果如图 3-46 所示。

对于圆心点的选择，除了直接输入圆心点（150,200），还可以利用圆心点与中心线的对应关系，利用对象捕捉的方法。单击状态栏中的"对象捕捉"按钮□（见图 3-47），在命令行中会提示"命令:<对象捕捉开>"。

图 3-46　绘制主视图

图 3-47　状态栏

重复绘制圆的操作，当命令行提示"指定圆的圆心或"时，移动光标到中心线交叉点附近，系统会自动在中心线交叉点显示黄色的小三角形，此时表明系统已经捕捉到该点，单击进行确认，命令行会继续提示"指定圆的半径或"，输入圆的半径值，按 Enter 键完成圆的绘制。

◀)) 注意：

> 在绘制某些局部图形时，可能会重复使用同一命令。AutoCAD 提供了快速重复前一命令的方法，在绘图窗口中的非选中图形对象上右击，弹出快捷菜单，选择第一项"重复某某"命令，或者直接按 Enter 键或空格键，即可重复该命令。

（4）在命令行中输入 RECTANG，或者选择菜单栏中的"绘图"→"矩形"命令，或者单击"默认"选项卡"绘图"面板中的"矩形"按钮 □，绘制定距环俯视图。命令行提示与操作如下：

```
命令: RECTANG ✓
指定第一个角点或 [倒角(C)/标高(E)/圆角(F)/厚度(T)/宽度(W)]: 118,100 ✓
指定另一个角点或 [面积(A)/尺寸(D)/旋转(R)]: 182,112 ✓
```

绘制结果如图 3-44 所示。

【选项说明】

（1）第一个角点：通过指定两个角点确定矩形，如图 3-48（a）所示。

（2）倒角：指定倒角距离，绘制带倒角的矩形，如图 3-48（b）所示。每一个角点的逆时针和顺时针方向的倒角可以相同，也可以不同，其中第一个倒角距离是指角点逆时针方向的倒角距离，第二个倒角距离是指角点顺时针方向的倒角距离。

（3）标高：指定矩形标高（Z 坐标），即把矩形放置在标高为 Z 并与 XOY 坐标面平行的平面上，并作为后续矩形的标高值。

（4）圆角：指定圆角半径，绘制带圆角的矩形，如图 3-48（c）所示。

（5）厚度：主要用在三维中，输入厚度后画出的矩形是立体的，如图 3-48（d）所示。

（6）宽度：指定线宽，如图 3-48（e）所示。

（a）第一个角点　　　　　（b）倒角　　　　　　（c）圆角　　　　　　（d）厚度　　　　　（e）宽度

图 3-48　绘制矩形

（7）面积：指定面积和长或宽创建矩形。选择该选项，命令行提示与操作如下：

输入以当前单位计算的矩形面积 <20.0000>：（输入面积值）
计算矩形标注时依据 [长度(L)/宽度(W)] <长度>：（按 Enter 键或输入 "W"）
输入矩形长度 <4.0000>：（指定长度或宽度）

指定长度或宽度后，系统自动计算另一个维度，绘制出矩形。如果矩形被倒角或圆角，则长度或面积计算中也会考虑此设置，如图 3-49 所示。

（8）尺寸：使用长和宽创建矩形，第二个指定点将矩形定位在与第一个角点相关的 4 个位置之一。

（9）旋转：使所绘制的矩形旋转一定角度。选择该选项，命令行提示与操作如下：

指定旋转角度或 [拾取点(P)] <45>：（指定角度）
指定另一个角点或 [面积(A)/尺寸(D)/旋转(R)]：（指定另一个角点或选择其他选项）

指定旋转角度后，系统按指定角度创建矩形，如图 3-50 所示。

倒角距离（1,1）　　　　　圆角半径：1.0
面积：20　长度：6　　　面积：20　宽度：6

图 3-49　利用"面积"绘制矩形　　　　　图 3-50　按指定角度创建矩形

扫一扫，看视频

动手练——绘制方头平键

绘制如图 3-51 所示的方头平键。

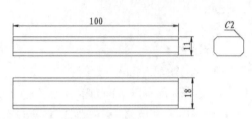

图 3-51　方头平键

📋 思路点拨：

> 源文件：源文件\第 3 章\方头平键.dwg
>
> 先利用"矩形"命令和"直线"命令绘制主视图，然后利用"矩形"命令和"直线"命令绘制俯视图，最后利用"矩形"命令绘制左视图。可以通过绘制构造线或坐标值来保持三视图之间"长对正，高平齐，宽相等"的对应尺寸关系。

3.4.2　多边形

正多边形是一种相对复杂的平面图形，人类曾经为准确地找到手工绘制正多边形的方法而长期求索。伟大数学家高斯因发现正十七边形的绘制方法而引以为豪，以致他的墓碑都被设计成正十七边形。现在利用 AutoCAD 可以轻松地绘制任意边的正多边形。

【执行方式】

↪ 命令行：POLYGON（快捷命令：POL）。

↪ 菜单栏：选择菜单栏中的"绘图"→"多边形"命令。

↪ 工具栏：单击"绘图"工具栏中的"多边形"按钮 ⬡。

↪ 功能区：单击"默认"选项卡"绘图"面板中的"多边形"按钮 ⬠。

动手学——绘制六角扳手

源文件：源文件\第 3 章\六角扳手.dwg

扫一扫，看视频

六角扳手主要用于紧固或松动螺栓紧固件，分为内六角扳手和外六角扳手，适用于工作空间狭小，不能使用普通扳手的场合。本实例主要通过"直线"命令、"矩形"命令、"圆"命令、"圆弧"命令、"多边形"命令来绘制如图 3-52 所示的六角扳手。

【操作步骤】

（1）单击"默认"选项卡"图层"面板中的"图层特性"按钮 ⬛，打开"图层特性管理器"选项板，新建如下两个图层。

① 第一个图层命名为"粗实线"图层，线宽为 0.30mm，其他属性采用系统默认设置。

② 第二个图层命名为"中心线"图层，颜色为红色，线型为 CENTER，其他属性采用系统默认设置。

（2）将"中心线"图层设置为当前图层。单击"默认"选项卡"绘图"面板中的"直线"按钮 ／，绘制中心线。端点坐标分别是 {（-15,0），（165,0）}{（0,-15），（0,15）}{（150,-15），（150,15）}{（0,30），（0,40）}和{（150,27.5），（150,62.5）}，绘制结果如图 3-53 所示。

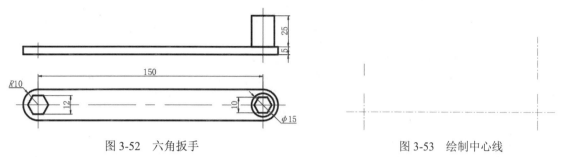

图 3-52　六角扳手　　　　　　　　　　　　　图 3-53　绘制中心线

（3）将"粗实线"图层设置为当前图层。单击"默认"选项卡"绘图"面板中的"直线"按钮 ╱，绘制直线。端点坐标分别是 {（0,10），（150,10）}{（0,-10），（150,-10）}。

（4）单击"默认"选项卡"绘图"面板中的"矩形"按钮 □，分别以 {（-15,32.5），（160,37.5）} 和 {（142.5,37.5），（157.5,57.5）} 为角点，绘制矩形，绘制结果如图 3-54 所示。

（5）单击"默认"选项卡"绘图"面板中的"圆弧"按钮 ╱，以（0,10）为起点，以（0,-10）为端点绘制夹角为 180° 的圆弧 1。重复"圆弧"命令，以（150,10）为起点，以（150,-10）为端点绘制夹角为-180° 的圆弧 2，绘制结果如图 3-55 所示。

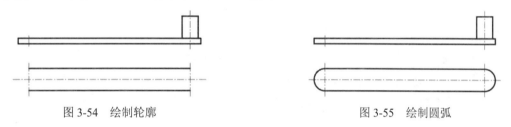

图 3-54　绘制轮廓　　　　　　　　　　　　　图 3-55　绘制圆弧

（6）单击"默认"选项卡"绘图"面板中的"圆"按钮 ⊙，绘制圆心坐标为（150,0）、半径为 7.5 的圆。

（7）单击"默认"选项卡"绘图"面板中的"多边形"按钮 ⬠，绘制正多边形。命令行提示与操作如下：

```
命令：_POLYGON↙
输入侧面数<4>：6↙
指定正多边形的中心点或 [边(E)]：0,0↙
输入选项 [内接于圆(I)/外切于圆(C)] <I>：C↙
指定圆的半径:6↙
命令：_POLYGON↙
输入侧面数<4>：6↙
指定正多边形的中心点或 [边(E)]:150,0↙
输入选项 [内接于圆(I)/外切于圆(C)] <I>：C↙
指定圆的半径:5↙
```

绘制结果如图 3-52 所示。

【选项说明】

（1）边：选择该选项，则只要指定多边形的一条边，系统就会按逆时针方向绘制该正多边形，如图 3-56（a）所示。

（2）内接于圆：选择该选项，绘制的多边形内接于圆，如图 3-56（b）所示。

（3）外切于圆：选择该选项，绘制的多边形外切于圆，如图 3-56（c）所示。

（a）边(E)　　　　　　　（b）内接于圆(I)　　　　　　　（c）外切于圆(C)

图 3-56　绘制正多边形

扫一扫，看视频

动手练——绘制螺母

绘制如图 3-57 所示的螺母。

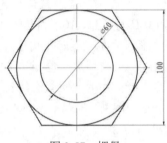

图 3-57　螺母

💼 思路点拨：

源文件：源文件\第 3 章\螺母.dwg

先设置图层；然后利用"直线"命令绘制中心线；接着利用"圆"命令绘制两个同心圆；最后利用"正多边形"命令绘制外轮廓。

3.5　综合演练——支架

扫一扫，看视频

源文件：源文件\第 3 章\支架.dwg

本实例绘制如图 3-58 所示的支架。支架在机械设计中常被用于支撑需要安装的其他零件，如轴承座支架和轴支架。它没有固定的模式，主要根据设计者的需要设计，但要符合机械设计的使用要求。本实例是一个简单的支架，主要运用"直线"命令、"圆"命令和"矩形"命令绘制。

【操作步骤】

（1）单击"默认"选项卡"图层"面板中的"图层特性"按钮🗐，打开"图层特性管理器"选项板，新建如下两个图层。

① 第一个图层命名为"粗实线"图层，线宽为 0.30mm，其他属性采用系统默认设置。

② 第二个图层命名为"中心线"图层，颜色为红色，线型为 CENTER，其他属性采用系统默认设置。

（2）将"中心线"图层设置为当前图层。单击"默认"选项卡"绘图"面板中的"直线"按钮╱，绘制中心线。端点坐标分别是{（2.5,10），（17.5,10）}{（10,2.5），（10,17.5）}{（2.5,70），（17.5,70）}{（10,62.5），（10,77.5）}{（117.5,10），（132.5,10）}{（125,2.5），（125,17.5）}{（117.5,70），（132.5,70）}{（125,62.5），（125,77.5）}{（81.5,165），（131.5,165）}和{（106.5,140），（106.5,190）}，绘制结果如图 3-59 所示。

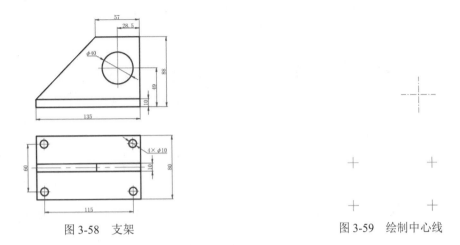

图 3-58 支架　　　　　　　　　　图 3-59 绘制中心线

（3）将"粗实线"图层设置为当前图层。单击"默认"选项卡"绘图"面板中的"圆"按钮⊙，绘制圆心坐标分别为（10,10）（10,70）（125,10）（125,70）、半径为 5 的圆和圆心坐标是（106.5,165）、半径为 20 的圆，绘制结果如图 3-60 所示。

（4）单击"默认"选项卡"绘图"面板中的"矩形"按钮▢，分别以{（0,0），（135,80）}{（0,35），（135,45）}和{（0,116），（135,126）}为角点坐标绘制矩形，然后单击"绘图"面板中的"直线"按钮⟋，以{（78,35），（@0,10）}为端点坐标绘制直线，绘制支架轮廓，绘制结果如图 3-61所示。

图 3-60 绘制圆　　　　　　　　　图 3-61 绘制支架轮廓

（5）单击"默认"选项卡"绘图"面板中的"直线"按钮⟋，绘制直线。端点坐标是{（0,126），（@78,78），（@57,0），（@0,-78}，绘制结果如图 3-58 所示。

动手练——绘制小汽车

绘制如图 3-62 所示的小汽车。

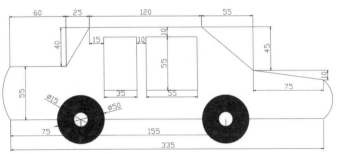

图 3-62 小汽车

扫一扫，看视频

📋 **思路点拨：**

> 源文件：源文件\第 3 章\小汽车.dwg
>
> 绘制的大体顺序是先绘制两个车轮，从而确定小汽车的大体尺寸和位置；然后绘制车体轮廓；最后绘制车窗。绘制过程中要用到"直线""圆""圆弧""多段线""圆环""矩形"和"多边形"等命令。

3.6 模拟认证考试

1. 有一条长度为 500 的直线，使用"定距等分"命令，若希望一次性绘制 7 个点对象，输入的直线长度不能是（　　）。

    A. 60   B. 63   C. 66   D. 69

2. 在绘制圆时，采用"两点"选项，两点之间的距离是（　　）。

    A. 最短弦长   B. 周长   C. 半径   D. 直径

3. 用"圆环"命令绘制的圆环，说法正确的是（　　）。

    A. 圆环是填充环或实体填充圆，即带有宽度的闭合多段线

    B. 圆环的两个圆不能一样大

    C. 圆环无法创建实体填充圆

    D. 圆环标注半径值是内环的值

4. 切换所要绘制的圆弧方向，按（　　）键。

    A. Shift   B. Ctrl   C. F1   D. Alt

5. 以同一点为正五边形的中心，圆的半径为 50，分别用 I 和 C 的方式绘制的正五边形的间距为（　　）。

    A. 15.32   B. 9.55   C. 7.43   D. 12.76

6. 重复使用刚刚执行的命令，按（　　）键。

    A. Ctrl   B. Alt   C. Enter   D. Shift

7. 绘制如图 3-63 所示的螺杆头部。

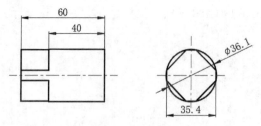

图 3-63 螺杆头部

第4章　精确绘制图形

内容简介

本章介绍关于精确绘图的相关知识，了解对象捕捉、自动追踪、动态输入、参数化设计等工具的妙用以达到熟练掌握的目的，并将各工具应用到图形绘制过程中。

内容要点

- ↘ 精确定位工具
- ↘ 对象捕捉
- ↘ 自动追踪
- ↘ 动态输入
- ↘ 参数化设计
- ↘ 综合演练——垫块
- ↘ 模拟认证考试

案例效果

  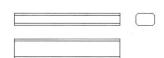

4.1　精确定位工具

精确定位工具是指能够快速、准确地定位某些特殊点（如端点、中点、圆心等）和特殊位置（如水平位置、垂直位置）的工具。

4.1.1　栅格显示

用户可以应用栅格显示工具使绘图区显示网格，它是一个形象的绘图工具，类似于传统的坐标纸。本小节介绍控制栅格显示及设置栅格参数的方法。

【执行方式】

- ↘ 菜单栏：选择菜单栏中的"工具"→"绘图设置"命令。
- ↘ 状态栏：单击状态栏中的"栅格"按钮 ▦（仅限打开与关闭）。

➥ 快捷键：F7（仅限打开与关闭）。

【操作步骤】

选择菜单栏中的"工具"→"绘图设置"命令，❶系统打开"草图设置"对话框，❷选择"捕捉和栅格"选项卡，如图 4-1 所示。

图 4-1 "捕捉和栅格"选项卡

【选项说明】

（1）"启用栅格"复选框。用于控制是否显示栅格。

（2）"栅格样式"选项组。在二维空间中设定栅格样式。

①"二维模型空间"复选框：将二维模型空间的栅格样式设定为点栅格。

②"块编辑器"复选框：将块编辑器的栅格样式设定为点栅格。

③"图纸/布局"复选框：将图纸和布局的栅格样式设定为点栅格。

（3）"栅格间距"选项组。"栅格 X 轴间距"和"栅格 Y 轴间距"文本框用于设置栅格在水平与垂直方向的间距。如果"栅格 X 轴间距"和"栅格 Y 轴间距"设置为 0，则 AutoCAD 系统会自动将捕捉的栅格间距应用于栅格，且其原点和角度总是与捕捉栅格的原点和角度相同。另外，还可以通过 GRID 命令在命令行设置栅格间距。

（4）"栅格行为"选项组。

①"自适应栅格"复选框：缩小时，限制栅格密度。如果选中"允许以小于栅格间距的间距再拆分"复选框，则在放大时生成更多间距更小的栅格线。

②"显示超出界限的栅格"复选框：显示超出图形界限指定的栅格。

③"遵循动态 UCS"复选框：更改栅格平面，以跟随动态 UCS 的 XY 平面。

✎ 技巧：

在"栅格间距"选项组的"栅格 X 轴间距"和"栅格 Y 轴间距"文本框中输入数值时，若在"栅格 X 轴间距"文本框中输入数值后按 Enter 键，系统将自动传送这个值给"栅格 Y 轴间距"，这样可以减少工作量。

4.1.2 捕捉模式

为了准确地在绘图区捕捉点，AutoCAD 提供了捕捉工具，可以在绘图区生成一个隐含的栅格（捕捉栅格），这个栅格能够捕捉光标，约束光标只能落在栅格的某一个节点上，使用户能够高精确度地捕捉和选择这个栅格上的点。本小节主要介绍捕捉栅格的参数设置方法。

【执行方式】

➥ 菜单栏：选择菜单栏中的"工具"→"绘图设置"命令。
➥ 状态栏：单击状态栏中的"捕捉模式"按钮 ⠿（仅限打开与关闭）。
➥ 快捷键：F9（仅限打开与关闭）。

【操作步骤】

选择菜单栏中的"工具"→"绘图设置"命令，打开"草图设置"对话框，选择"捕捉和栅格"选项卡，如图 4-1 所示。

【选项说明】

（1）"启用捕捉"复选框：控制捕捉功能的开关，与 F9 键或状态栏中的"捕捉模式"按钮 ⠿ 的功能相同。

（2）"捕捉间距"选项组：设置捕捉参数，其中"捕捉 X 轴间距"与"捕捉 Y 轴间距"文本框用于确定捕捉栅格点在水平和垂直两个方向上的间距。

（3）"极轴间距"选项组：该选项组只有在选择 PolarSnap 捕捉类型时才可用。可以在"极轴距离"文本框中输入距离值，也可以在命令行中输入 SNAP 命令，设置捕捉的有关参数。

（4）"捕捉类型"选项组：确定捕捉类型和样式。AutoCAD 提供了两种捕捉栅格的方式，即"栅格捕捉"和 PolarSnap（极轴捕捉）。

① "栅格捕捉"单选按钮：是指按正交位置捕捉位置点。"栅格捕捉"又分为"矩形捕捉"和"等轴测捕捉"两种方式。在"矩形捕捉"方式下捕捉栅格是标准的矩形显示；在"等轴测捕捉"方式下捕捉栅格和光标，十字线不再互相垂直，而是呈现绘制等轴测图时的特定角度，这种方式对于绘制等轴测图十分方便。

② PolarSnap 单选按钮：可以根据设置的任意极轴角捕捉位置点。

4.1.3 正交模式

在 AutoCAD 绘图过程中，经常需要绘制水平直线和垂直直线，但是使用光标控制选择直线的端点时很难保证两个点严格沿水平方向或垂直方向。因此，AutoCAD 提供了正交模式，当启用正交模式时，画线或移动对象时只能沿水平方向或垂直方向移动光标，也只能绘制平行于坐标轴的正交直线。

【执行方式】

➥ 命令行：ORTHO。
➥ 状态栏：单击状态栏中的"正交模式"按钮 ⌐。
➥ 快捷键：F8。

【操作步骤】

命令行提示与操作如下：

命令：ORTHO✓
输入模式 [开(ON)/关(OFF)] <开>：（设置开或关）

✍ 技巧：

正交模式必须依托于其他绘图工具，才能显示其功能效果。

4.2 对 象 捕 捉

在利用 AutoCAD 绘图时经常要用到一些特殊点，如圆心、切点、线段和圆弧的端点、中点等，如果只利用光标在图形上选择，要准确地找到这些点是十分困难的。因此，AutoCAD 提供了一些识别这些点的工具，通过这些工具即可轻松地构造新几何体，精确地绘制图形，其结果比传统手工绘图更精确且更易维护。在 AutoCAD 中，这种功能被称为对象捕捉功能。

4.2.1 对象捕捉设置

在 AutoCAD 中绘图之前，可以根据需要先设置开启一些对象捕捉模式，绘图时系统就能自动捕捉这些特殊点，从而加快绘图速度，提高绘图质量。

【执行方式】

- ➥ 命令行：DDOSNAP。
- ➥ 菜单栏：选择菜单栏中的"工具"→"绘图设置"命令。
- ➥ 工具栏：单击"对象捕捉"工具栏中的"对象捕捉设置"按钮 🔒。
- ➥ 状态栏：单击状态栏中的"对象捕捉"按钮 🗖（仅限打开与关闭）。
- ➥ 快捷键：F3（仅限打开与关闭）。
- ➥ 快捷菜单：按 Shift 键并右击，在弹出的快捷菜单中选择"对象捕捉设置"命令。

扫一扫，看视频

动手学——绘制圆形插板

源文件：源文件\第 4 章\圆形插板.dwg
本实例绘制如图 4-2 所示的圆形插板。

【操作步骤】

（1）单击"默认"选项卡"图层"面板中的"图层特性"按钮 🗂，打开"图层特性管理器"选项板，新建如下两个图层。

① 第一个图层命名为"粗实线"图层，线宽为 0.30mm，其他属性采用系统默认设置。

② 第二个图层命名为"中心线"图层，颜色为红色，线型为 CENTER，其他属性采用系统默认设置。

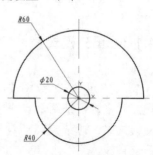
图 4-2 圆形插板

（2）将"中心线"图层设置为当前图层。单击"默认"选项卡"绘图"面板中的"直线"按钮╱，绘制相互垂直的中心线。端点坐标分别是{（-70,0），（70,0）}和{（0,-70），（0,70）}。

（3）选择菜单栏中的"工具"→"绘图设置"命令，❶打开"草图设置"对话框，❷选择"对象捕捉"选项卡，❸勾选"交点"复选框，❹然后勾选"启用对象捕捉"复选框，如图4-3所示。❺单击"确定"按钮，关闭对话框。

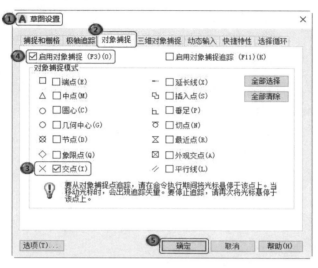

图 4-3　对象捕捉设置

（4）将"粗实线"图层设置为当前图层。单击"默认"选项卡"绘图"面板中的"圆"按钮⊙，绘制圆。在指定圆心时，捕捉垂直中心线的交点，如图4-4（a）所示；指定圆的半径为10，绘制结果如图4-4（b）所示。

（a）捕捉垂直中心线的交点　　　　　　　　　　（b）绘制圆

图 4-4　绘制中心圆

（5）单击"默认"选项卡"绘图"面板中的"圆弧"按钮╭，绘制圆弧。命令行提示与操作如下：

```
命令：_ARC
指定圆弧的起点或 [圆心(C)]：C↙
指定圆弧的圆心：（捕捉垂直中心线的交点）
指定圆弧的起点：60,0↙
指定圆弧的端点（按住Ctrl键以切换方向）或 [角度(A)/弦长(L)]：-60,0↙
命令：_ARC↙
指定圆弧的起点或 [圆心(C)]：C↙
```

指定圆弧的圆心：（捕捉垂直中心线的交点）
指定圆弧的起点:-40,0✓
指定圆弧的端点（按住 Ctrl 键以切换方向）或 [角度(A)/弦长(L)]: 40,0✓

（6）单击"默认"选项卡"绘图"面板中的"直线"按钮，连接两个圆弧的端点，绘制结果如图 4-2 所示。

【选项说明】

（1）"启用对象捕捉"复选框：选中该复选框，在"对象捕捉模式"选项组中，被选中的捕捉模式处于激活状态。

（2）"启用对象捕捉追踪"复选框：用于打开或关闭自动追踪功能。

（3）"对象捕捉模式"选项组：该选项组中列有各种捕捉模式的复选框，被选中的复选框处于激活状态。单击"全部清除"按钮，则所有模式均被清除；单击"全部选择"按钮，则所有模式均被选中。

（4）"选项"按钮：单击该按钮，可以打开"选项"对话框中的"草图"选项卡，利用该对话框可以确定捕捉模式的各项设置。

4.2.2 特殊位置点捕捉

在绘制 AutoCAD 图形时，有时需要指定一些特殊位置的点，如圆心、端点、中点、平行线上的点等，可以通过对象捕捉功能来捕捉这些点，见表 4-1。

表 4-1 特殊位置点捕捉

捕 捉 模 式	快 捷 命 令	功　　　能
临时追踪点	TT	建立临时追踪点
两点之间的中点	M2P	捕捉两个独立点之间的中点
捕捉自	FRO	与其他捕捉方式配合使用，建立一个临时参考点作为指出后继点的基点
中点	MID	用于捕捉对象（如线段或圆弧等）的中点
圆心	CEN	用于捕捉圆或圆弧的圆心
节点	NOD	捕捉用 POINT 或 DIVIDE 等命令生成的点
象限点	QUA	用于捕捉距光标最近的圆或圆弧上可见部分的象限点，即圆周上 0°、90°、180°、270° 位置上的点
交点	INT	用于捕捉对象（如线、圆弧或圆等）的交点
延长线	EXT	用于捕捉对象延长路径上的点
插入点	INS	用于捕捉块、形、文字、属性或属性定义等对象的插入点
垂足	PER	在线段、圆、圆弧或其延长线上捕捉一个点，使之与最后生成的点形成连线，与该线段、圆或圆弧正交
切点	TAN	用最后生成的一个点在选中的圆或圆弧上引切线，切线与圆或圆弧的交点
最近点	NEA	用于捕捉离拾取点最近的线段、圆、圆弧等对象上的点
外观交点	APP	用于捕捉两个对象在视图平面上的交点。若两个对象没有直接相交，则系统自动计算其延长后的交点；若两个对象在空间上为异面直线，则系统计算其投影方向上的交点

续表

捕 捉 模 式	快 捷 命 令	功　　能
平行线	PAR	用于捕捉与指定对象平行方向上的点
无	NON	关闭对象捕捉模式
对象捕捉设置	OSNAP	设置对象捕捉

AutoCAD 提供了命令行、工具栏和右键快捷菜单 3 种执行特殊位置点捕捉的方法。

在使用特殊位置点捕捉快捷命令前，必须先选择绘制对象的命令或工具，再在命令行中输入其快捷命令。

扫一扫，看视频

动手学——绘制轴承座

源文件：源文件\第 4 章\轴承座.dwg

绘制如图 4-5 所示的轴承座。

【操作步骤】

（1）单击"默认"选项卡"图层"面板中的"图层特性"按钮，打开"图层特性管理器"选项板，新建如下两个图层。

① 第一个图层命名为"粗实线"图层，线宽为 0.30mm，其他属性采用系统默认设置。

② 第二个图层命名为"中心线"图层，颜色为红色，线型为 CENTER，其他属性采用系统默认设置。

（2）将"中心线"图层设置为当前图层。单击"默认"选项卡"绘图"面板中的"直线"按钮，绘制中心线。端点坐标分别为{（-60,0），（60,0）}和{（0,-60），（0,60）}。

（3）将"粗实线"图层设置为当前图层。单击"默认"选项卡"绘图"面板中的"圆"按钮，绘制圆心坐标为（0,0）、半径分别为 30 和 50 的圆。

（4）单击"默认"选项卡"绘图"面板中的"矩形"按钮，绘制矩形。角点坐标分别为（-75,-90）和（75,-70），绘制结果如图 4-6 所示。

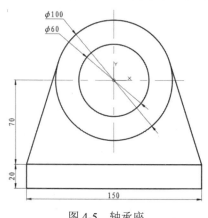

图 4-5　轴承座

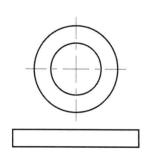

图 4-6　轴承座轮廓

（5）单击"默认"选项卡"绘图"面板中的"直线"按钮，绘制切线。命令行提示与操作如下：

```
命令：_LINE
指定第一个点：（捕捉矩形的左上端点）↙
```

指定下一点或 [放弃(U)]:（按 Shift 键并右击，在弹出的如图 4-7 所示的快捷菜单中选择"切点"命令）

_tan 到:（指定直径为 100 的圆上一点，系统自动显示"切点"提示，如图 4-8 所示）

指定下一点或 [放弃(U)]: ✓

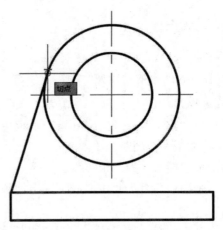

图 4-7 快捷菜单　　　　　　　图 4-8 系统自动显示"切点"

重复"直线"命令，绘制另外一条切线，绘制结果如图 4-5 所示。

动手练——绘制盘盖

扫一扫，看视频

绘制如图 4-9 所示的盘盖。

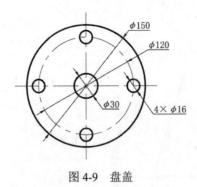

图 4-9 盘盖

📋 **思路点拨：**

> 源文件：源文件\第 4 章\盘盖.dwg
> （1）设置对象捕捉选项。
> （2）利用"直线"命令绘制中心线。
> （3）利用"圆"命令捕捉中心线的交点绘制圆。

4.3 自动追踪

自动追踪是指按指定的角度或与其他对象建立指定关系绘制对象。利用自动追踪功能，可以对齐路径，有助于以精确的位置和角度创建对象。自动追踪包括"对象捕捉追踪"和"极轴追踪"两种追踪选项。"对象捕捉追踪"是指以捕捉到的特殊位置点为基点，按指定的极轴角或极轴角的倍数对齐要指定点的路径；"极轴追踪"是指按指定的极轴角或极轴角的倍数对齐要指定点的路径。

4.3.1 对象捕捉追踪

"对象捕捉追踪"必须配合"对象捕捉"功能一起使用，即使状态栏中的"对象捕捉"按钮 和"对象捕捉追踪"按钮 均处于打开状态。

【执行方式】

- ❧ 命令行：DDOSNAP。
- ❧ 菜单栏：选择菜单栏中的"工具"→"绘图设置"命令。
- ❧ 工具栏：单击"对象捕捉"工具栏中的"对象捕捉设置"按钮 。

图 4-10 下拉列表

- ❧ 状态栏：单击状态栏中的"对象捕捉"按钮 和"对象捕捉追踪"按钮 或❶单击"极轴追踪"右侧的下拉按钮，❷在弹出的下拉列表中选择"正在追踪设置"命令，如图 4-10 所示。
- ❧ 快捷键：F11。

【操作步骤】

执行上述操作，在弹出的快捷菜单中选择"设置"命令，系统打开"草图设置"对话框，然后选择"对象捕捉"选项卡，勾选"启用对象捕捉追踪"复选框，即可完成对象捕捉追踪的设置。

4.3.2 极轴追踪

"极轴追踪"必须配合"对象捕捉"功能一起使用，即状态栏中的"极轴追踪"按钮 和"对象捕捉"按钮 均处于打开状态。

【执行方式】

- ❧ 命令行：DDOSNAP。
- ❧ 菜单栏：选择菜单栏中的"工具"→"绘图设置"命令。
- ❧ 工具栏：单击"对象捕捉"工具栏中的"对象捕捉设置"按钮 。
- ❧ 状态栏：单击状态栏中的"对象捕捉"按钮 和"极轴追踪"按钮 。
- ❧ 快捷键：F10。

扫一扫，看视频

动手学——绘制方头平键

源文件：源文件\第 4 章\方头平键.dwg

本实例绘制如图 4-11 所示的方头平键。

方头平键是一种常用的连接件，用于轴与轴上零件的周向固定和导向，其中平键是最常用的一种键，也是一种标准件。平键分为圆头平键（A 型键）、方头平键（B 型键）和半圆头平键（C 型键）3 种，这里讲述方头平键三视图的绘制方法。

本实例将通过方头平键的绘制过程来讲解"矩形"和"构造线"命令的操作方法，以及对象追踪工具的灵活应用。

【操作步骤】

（1）单击"默认"选项卡"绘图"面板中的"矩形"按钮 □，绘制主视图外形。首先在屏幕上适当位置指定第一个角点，然后指定第二个角点为（@100,11），绘制结果如图 4-12 所示。

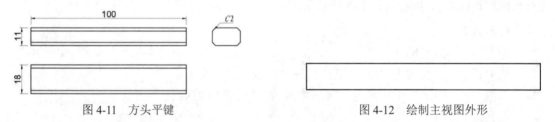

图 4-11　方头平键　　　　　　　　　　　　　　　图 4-12　绘制主视图外形

（2）设置对象捕捉。单击"对象捕捉"右侧的下拉按钮，在弹出的下拉列表中选择"对象捕捉设置"命令，❶打开"草图设置"对话框，❷单击"全部选择"按钮，将所有特殊位置点设置为可捕捉状态，如图 4-13 所示。

图 4-13　"草图设置"对话框

（3）绘制主视图棱线。依次单击状态栏中的"对象捕捉"和"对象捕捉追踪"按钮，启动对象捕捉追踪功能。单击"默认"选项卡"绘图"面板中的"直线"按钮 ╱，绘制主视图棱线。命令行提示与操作如下：

```
命令：LINE↙
指定第一个点：FROM↙
基点：（捕捉矩形左上角点，如图 4-14 所示）
<偏移>：@0,-2↙
指定下一点或 [放弃(U)]：（光标右移，捕捉矩形右边上的垂足，如图 4-15 所示）
```

图 4-14　捕捉端点　　　　　　　　　　　　图 4-15　捕捉垂足

使用相同的方法，以矩形左下角点为基点，向上偏移两个单位，利用基点捕捉绘制下面的另一条棱线，绘制结果如图 4-16 所示。

（4）设置捕捉。打开如图 4-17 所示的①"草图设置"对话框中的②"极轴追踪"选项卡，③将"增量角"设置为 90，④在"对象捕捉追踪设置"选项组中选中"仅正交追踪"选项，⑤单击"确定"按钮。

图 4-16　绘制主视图棱线

图 4-17　"极轴追踪"选项卡

🔊注意：

正交、对象捕捉等命令都是透明命令，可以在其他命令执行过程中操作，而不中断原命令操作。

（5）绘制俯视图外形。单击"默认"选项卡"绘图"面板中的"矩形"按钮▢，捕捉上面绘制矩形的左下角点，系统显示追踪线，沿追踪线向下在适当位置指定一点为矩形角点，如图 4-18 所示。另一个角点坐标为（@100,18），绘制结果如图 4-19 所示。

图 4-18　追踪对象

（6）绘制俯视图棱线。单击"默认"选项卡"绘图"面板中的"直线"按钮 ╱，结合基点捕捉功能绘制俯视图棱线，偏移距离为2，绘制结果如图4-20所示。

图 4-19　绘制俯视图　　　　　　　　　　　　　　　图 4-20　绘制俯视图棱线

（7）绘制左视图构造线。单击"默认"选项卡"绘图"面板中的"构造线"按钮 ╱，首先指定适当一点绘制-45°构造线，继续绘制构造线。命令行提示与操作如下：

```
命令：_XLINE
指定点或 [水平(H)/垂直(V)/角度(A)/二等分(B)/偏移(O)]：A
输入构造线的角度 (0) 或 [参照(R)]：45
指定通过点：（捕捉主视图右下角点，如图4-21所示）
```

使用相同的方法绘制另一条水平构造线，再捕捉两条水平构造线与斜构造线的交点为指定点，绘制两条竖直构造线，绘制结果如图4-22所示。

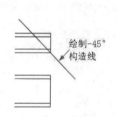

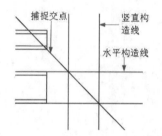

图 4-21　绘制左视图构造线　　　　　　　　　　　图 4-22　完成左视图构造线的绘制

（8）绘制左视图。单击"绘图"工具栏中的"矩形"按钮 ▭，绘制左视图。命令行提示与操作如下：

```
命令：_RECTANG
指定第一个角点或 [倒角(C)/标高(E)/圆角(F)/厚度(T)/宽度(W)]：C↙
指定矩形的第一个倒角距离 <0.0000>：2
指定第一个角点或 [倒角(C)/标高(E)/圆角(F)/厚度(T)/宽度(W)]：（捕捉主视图矩形上边延长线与第一条竖直构造线交点，如图4-23所示）
指定另一个角点或 [尺寸(D)]：（捕捉主视图矩形下边延长线与第二条竖直构造线交点）
```

绘制结果如图4-24所示。

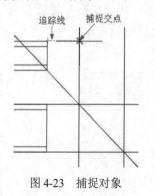

图 4-23　捕捉对象　　　　　　　　　　　　　　　图 4-24　绘制左视图

（9）删除辅助线。单击"修改"工具栏中的"删除"按钮 ，删除构造线，绘制结果如图 4-11 所示。

【选项说明】

"草图设置"对话框"极轴追踪"选项卡中各选项的功能如下：

（1）"启用极轴追踪"复选框：选中该复选框，即可启用极轴追踪功能。

（2）"极轴角设置"选项组：设置极轴角的值，可以在"增量角"下拉列表框中选择角度值，也可以选中"附加角"复选框，单击"新建"按钮设置任意附加角。系统在进行极轴追踪时，同时追踪增量角和附加角，可以设置多个附加角。

（3）"对象捕捉追踪设置"和"极轴角测量"选项组：按界面提示设置相应单选选项，利用自动追踪可以完成三视图绘制。

4.4　动 态 输 入

动态输入功能可实现在绘图平面直接动态输入绘制对象的各种参数，使绘图变得直观便捷。

【执行方式】

- 命令行：DSETTINGS。
- 菜单栏：选择菜单栏中的"工具"→"绘图设置"命令。
- 工具栏：单击"对象捕捉"工具栏中的"对象捕捉设置"按钮 。
- 状态栏：单击状态栏中的"动态输入"按钮（仅限打开与关闭）。
- 快捷键：F12（仅限打开与关闭）。

【操作步骤】

执行上述操作或右击"动态输入"按钮，在弹出的快捷菜单中选择"动态输入设置"命令，系统打开如图 4-25 所示的❶"草图设置"对话框中的❷"动态输入"选项卡，在该选项卡下可以对"动态输入"相关参数进行设置。

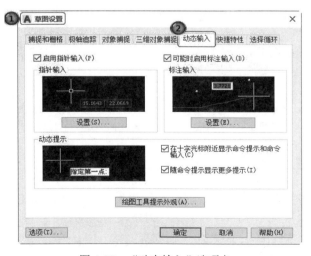

图 4-25　"动态输入"选项卡

4.5　参数化设计

约束能够精确地控制草图中的对象。草图约束有两种类型，分别为几何约束和尺寸约束。

几何约束建立草图对象的几何特性（如要求某一直线具有固定长度），或者两个或更多草图对象的关系类型（如要求两条直线垂直或平行，或者几个圆弧具有相同的半径）。在绘图区，用户可以使用功能区中"参数化"选项卡内的"全部显示""全部隐藏"或"显示"显示有关信息，并显示代表这些约束的直观标记，如图 4-26 所示的水平标记 ⇌、竖直标记 ⫴ 和共线标记 ⤭。

尺寸约束建立草图对象的大小（如直线的长度、圆弧的半径等），或者两个对象之间的关系（如两点之间的距离）。图 4-27 所示为带有尺寸约束的图形示例。

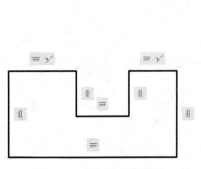

图 4-26　几何约束示意图

图 4-27　尺寸约束示意图

4.5.1　几何约束

利用几何约束工具，可以指定草图对象必须遵守的条件，或者草图对象之间必须维持的关系。相关面板及工具栏（其面板为"二维草图与注释"工作空间中❶"参数化"选项卡的❷"几何"面板）如图 4-28 所示。其主要几何约束选项功能见表 4-2。

图 4-28　"几何"面板与"几何约束"工具栏

表 4-2　几何约束选项功能

约 束 模 式	功　　能
重合	约束两个点使其重合，或者约束一个点使其位于曲线（或曲线的延长线）上。可以使对象上的约束点与某个对象重合，也可以使其与另一个对象上的约束点重合
共线	使两条或多条直线在同一直线方向，使其共线
同心	将两个圆弧、圆或椭圆约束到同一个中心点，结果与将重合约束应用于曲线的中心点所产生的效果相同

约 束 模 式	功　　能
固定	将几何约束应用于一对象时,选择对象的顺序以及选择每个对象的点可能会影响对象彼此间的放置方式
平行	使选定的直线位于彼此平行的位置,平行约束在两个对象之间应用
垂直	使选定的直线位于彼此垂直的位置,垂直约束在两个对象之间应用
水平	使直线或点位于与当前坐标系 X 轴平行的位置,默认选择类型为对象
竖直	使直线或点位于与当前坐标系 Y 轴平行的位置
相切	将两条曲线约束为保持彼此相切或其延长线保持彼此相切,相切约束在两个对象之间应用
平滑	将样条曲线约束为连续,并与其他样条曲线、直线、圆弧或多段线保持连续性
对称	使选定对象受对称约束,相对于选定直线对称
相等	将选定圆弧和圆的尺寸重新调整为半径相同,或者将选定直线的尺寸重新调整为长度相同

在绘图过程中可以指定二维对象或对象上点之间的几何约束。在编辑受约束的几何图形时,将保留约束。因此,通过使用几何约束可以使图形符合设计要求。

在用 AutoCAD 绘图时,利用"约束设置"对话框可控制约束栏上显示或隐藏的几何约束类型,单独或全局显示或隐藏几何约束和约束栏,可执行以下操作。

(1)显示(或隐藏)所有的几何约束。

(2)显示(或隐藏)指定类型的几何约束。

(3)显示(或隐藏)所有与选定对象相关的几何约束。

动手学——几何约束平键 A6×6×32

源文件:源文件\第 4 章\几何约束平键 A6×6×32.dwg

本实例对平键 A6×6×32 进行几何约束,如图 4-29 所示。

扫一扫,看视频

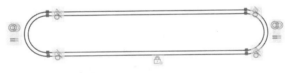

图 4-29　平键 A6×6×32

【操作步骤】

(1)利用绘图命令绘制圆头平键的大体轮廓,如图 4-30 所示。

(2)单击"参数化"选项卡"几何"面板中的"固定"按钮 🔒,选择最下端的水平直线,添加固定约束关系。命令行提示与操作如下:

```
命令:_GcFix
选择点或 [对象(O)] <对象>:(选取下端水平直线)
```

结果如图 4-31 所示。

图 4-30　圆头平键　　　　　　　　　　　　　图 4-31　添加固定约束关系

(3)单击"参数化"选项卡"几何"面板中的"重合"按钮 |__,选取下端水平直线左端点和

左端圆弧下端点添加重合约束关系。命令行提示与操作如下：

命令：_GcCoincident
选择第一个点或 [对象(O)/自动约束(A)] <对象>：（选取下端水平直线左端点）
选择第二个点或 [对象(O)] <对象>：（选取左端圆弧下端点）

使用相同的方法，为所有的结合点添加重合约束关系，结果如图 4-32 所示。

（4）单击"参数化"选项卡"几何"面板中的"相切"按钮 ◌，选取圆弧和水平直线，添加相切约束关系。命令行提示与操作如下：

命令：_GcTangent
选择第一个对象：（选取下端水平直线）
选择第二个对象：（选取左端圆弧）

使用相同的方法，添加圆弧与直线之间的相切约束关系，结果如图 4-33 所示。

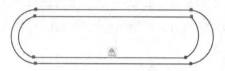
图 4-32　添加重合约束关系

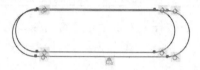
图 4-33　添加相切约束关系

（5）单击"参数化"选项卡"几何"面板中的"同心"按钮 ◎，选取左侧的两个圆弧，添加同心约束关系。命令行提示与操作如下：

命令：_GcConcentric
选择第一个对象：（选取左端大圆弧）
选择第二个对象：（选取左端小圆弧）

使用相同的方法，添加右端两个圆弧的同心约束关系，结果如图 4-34 所示。

（6）单击"参数化"选项卡"几何"面板中的"相等"按钮 ＝，选取左、右两侧的大圆弧，添加相等约束关系。命令行提示与操作如下：

命令：_GcEqual
选择第一个对象或 [多个(M)]：（选取右端大圆弧）
选择第二个对象：（选取左端大圆弧）

使用相同的方法，添加左、右两端小圆弧的相等约束关系，结果如图 4-35 所示。

图 4-34　添加同心约束关系

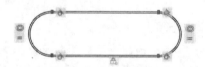
图 4-35　添加相等约束关系

扫一扫，看视频

动手练——绘制端盖

绘制如图 4-36 所示的端盖。

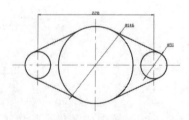
图 4-36　端盖

思路点拨：

> 首先设置图层并绘制中心线，绘制中心线时，设置相应的几何约束；然后绘制一系列圆并设置相应的几何约束；最后绘制直线并设置相应的几何约束。

4.5.2　尺寸约束

建立尺寸约束可以限制图形几何对象的大小，与在草图上标注尺寸相似，同样设置尺寸标注线，与此同时也会建立相应的表达式；不同的是，建立尺寸约束后，可以在后续的编辑工作中实现尺寸的参数化驱动。

在生成尺寸约束时，用户可以选择草图曲线、边、基准平面或基准轴上的点，以生成水平、竖直、平行、垂直和角度尺寸。

在生成尺寸约束时，系统会生成一个表达式，其名称和值显示在同一个文本框中，用户可以在其中编辑该表达式的名称和值，如图 4-37 所示。

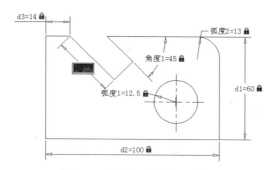

图 4-37　编辑尺寸约束示意图

在生成尺寸约束时，只要选中了几何体，其尺寸及其延伸线和箭头就会全部显示出来。将尺寸拖动到位，然后单击，就完成了尺寸约束的添加。完成尺寸约束的添加后，用户还可以随时更改尺寸约束，只需在绘图区选中该值并双击，即可使用在生成过程中所采用的方式编辑其名称、值或位置。

在使用 AutoCAD 绘图时，使用"约束设置"对话框中的"标注"选项卡可控制显示标注约束时的系统配置，标注约束控制设计的大小和比例。尺寸约束的具体内容如下：

（1）对象之间或对象上点之间的距离。

（2）对象之间或对象上点之间的角度。

动手学——尺寸约束平键 A6×6×32

源文件：源文件\第 4 章\尺寸约束平键 A6×6×32.dwg
本实例为几何约束后的平键 A6×6×32 添加尺寸约束，如图 4-38 所示。

扫一扫，看视频

图 4-38　平键 A6×6×32

【操作步骤】

（1）单击"参数化"选项卡"标注"面板中的"半径"按钮，选取小圆弧标注尺寸，并更改尺寸为 2.5（见图 4-38），按 Enter 键确认。命令行提示与操作如下：

```
命令：_DcRadius
选择圆弧或圆：（选取小圆弧）
标注文字 = 170.39
指定尺寸线位置：（将尺寸拖动到适当的位置，并更改尺寸为 2.5）
```

使用相同的方法，添加大圆弧的半径尺寸为 3，结果如图 4-39 所示。

（2）单击"参数化"选项卡"标注"面板中的"线性"按钮，选取圆头平键的长度尺寸，并更改尺寸为 32（见图 4-38），按 Enter 键确认。命令行提示与操作如下：

```
命令：_DcLinear
指定第一个约束点或 [对象(O)] <对象>：（选取左端圆弧左象限点）
指定第二个约束点：（选取右端圆弧左象限点）
指定尺寸线位置：（将尺寸拖动到适当的位置）
标注文字 = 936.33 （更改尺寸为 32）
```

结果如图 4-40 所示。

图 4-39　添加半径尺寸

图 4-40　添加长度尺寸

扫一扫，看视频

动手练——绘制泵轴

绘制如图 4-41 所示的泵轴。

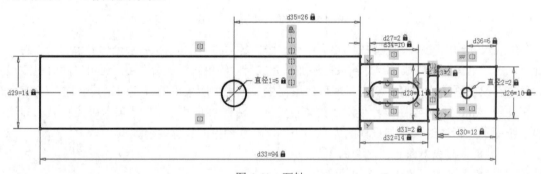

图 4-41　泵轴

思路点拨：

源文件：源文件\第 4 章\泵轴.dwg
（1）利用"直线"命令绘制泵轴外轮廓线。
（2）为外轮廓线添加几何约束。
（3）为外轮廓线添加尺寸约束。
（4）利用"直线"和"圆弧"命令绘制键槽，然后为键槽添加几何和尺寸约束。
（5）利用"圆"命令绘制孔，然后为孔添加尺寸约束。

4.6 综合演练——垫块

源文件：源文件\第 4 章\垫块.dwg

本实例绘制如图 4-42 所示的垫块。

【操作步骤】

（1）单击"默认"选项卡"图层"面板中的"图层特性"按钮，打开"图层特性管理器"选项板，新建如下两个图层。

① 第一个图层命名为"粗实线"图层，线宽为 0.30mm，其他属性采用系统默认设置。

② 第二个图层命名为"中心线"图层，颜色为红色，线型为 CENTER，其他属性采用系统默认设置。

（2）将"中心线"图层设置为当前图层。单击"默认"选项卡"绘图"面板中的"直线"按钮，绘制中心线，端点坐标分别为{（-30,0），（30,0）}和{（0,-17），（0,17）}。

（3）将"粗实线"图层设置为当前图层。单击"默认"选项卡"绘图"面板中的"圆"按钮，绘制圆，利用对象捕捉设置捕捉中心线的交点为圆心，绘制半径为 5 的圆。

（4）单击"默认"选项卡"绘图"面板中的"矩形"按钮，绘制主视图外形，角点坐标分别为（-25,-11.5）和（25,11.5）。绘制结果如图 4-43 所示。

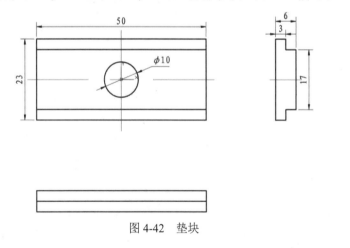

图 4-42 垫块

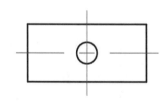

图 4-43 绘制主视图外形

（5）依次单击状态栏中的"对象捕捉"和"对象追踪"按钮，启动对象捕捉追踪功能。单击"默认"选项卡"绘图"面板中的"直线"按钮，绘制主视图凸台轮廓线。命令行提示与操作如下：

```
命令：_LINE
指定第一个点：FORM↙
基点：（捕捉矩形左上端点，如图 4-44 所示）
<偏移>：@0,-3↙
指定下一点或 [放弃(U)]：（鼠标右移，捕捉矩形右边上的垂足，如图 4-45 所示）
```

图 4-44　捕捉端点

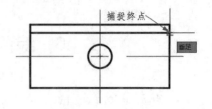

图 4-45　捕捉垂足

按照相同的方法，以矩形左下端点为基点，向上偏移 3 个单位，利用基点捕捉绘制下面的另一条棱线，绘制结果如图 4-46 所示。

（6）单击"默认"选项卡"绘图"面板中的"矩形"按钮 ▭，捕捉上面绘制的矩形的左下端点，系统显示追踪线，沿追踪线向下在适当位置指定一点，如图 4-47 所示。输入另一个端点坐标（@50,6），绘制结果如图 4-48 所示。

（7）单击"默认"选项卡"绘图"面板中的"直线"按钮 ╱，绘制俯视图凸台轮廓线。首先利用对象捕捉设置捕捉俯视图左端竖直直线的中点，然后将鼠标右移，捕捉矩形右边上的垂足，绘制结果如图 4-49 所示。

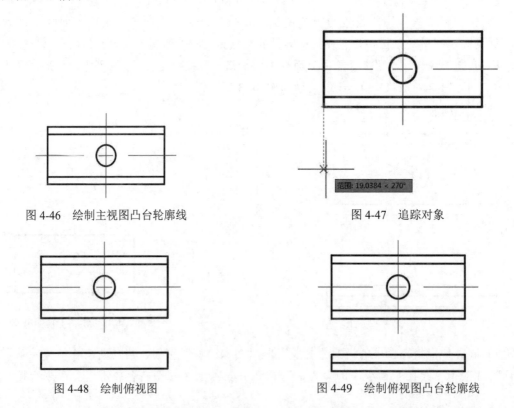

图 4-46　绘制主视图凸台轮廓线

图 4-47　追踪对象

图 4-48　绘制俯视图

图 4-49　绘制俯视图凸台轮廓线

（8）单击"默认"选项卡"绘图"面板中的"多段线"按钮 ⊃，捕捉主视图矩形的右上角点，系统显示追踪线，沿追踪线向下在适当位置指定一点，然后依次绘制其他多段线，点坐标为{（@3,0），（@0,-3），（@3,0），（@0,-17），（@-3,0），（@0,-3），（@-3,0），（@0,23）}，绘制左视图轮廓线。最终绘制结果如图 4-42 所示。

4.7 模拟认证考试

1. 对"极轴"追踪角度进行设置,把增量角设为 30°,把附加角设为 10°,采用极轴追踪时,不会显示极轴对齐的是(　　)。

  A. 10   B. 30   C. 40   D. 60

2. 当捕捉设定的间距与栅格所设定的间距不同时,(　　)。

  A. 捕捉仍然只按栅格进行   B. 捕捉时按照捕捉间距进行

  C. 捕捉既按栅格,又按捕捉间距进行 D. 无法设置

3. 执行对象捕捉时,如果在一个指定的位置上包含多个对象符合捕捉条件,则按(　　)键可以在不同对象间切换。

  A. Ctrl   B. Tab   C. Alt   D. Shift

4. 下列关于被固定约束圆心的圆的说法错误的是(　　)。

  A. 可以移动圆 B. 可以放大圆 C. 可以偏移圆 D. 可以复制圆

5. 几何约束栏设置不包括(　　)。

  A. 垂直   B. 平行   C. 相交   D. 对称

6. 下列不是自动约束类型的是(　　)。

  A. 共线约束 B. 固定约束 C. 同心约束 D. 水平约束

7. 绘制如图 4-50 所示图形。

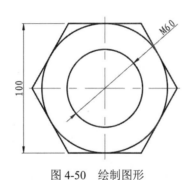

图 4-50　绘制图形

第 5 章　高级二维绘图命令

内容简介

本章循序渐进地介绍有关 AutoCAD 2022 的高级二维绘图命令，熟练掌握用 AutoCAD 2022 绘制二维几何元素的命令，如多段线、样条曲线等，以及利用编辑命令修正图形，如面域、图案填充等。熟练掌握用 AutoCAD 2022 绘制复杂图案的方法。

内容要点

- ↳ 绘制多段线
- ↳ 绘制样条曲线
- ↳ 面域
- ↳ 图案填充
- ↳ 综合演练——联轴器
- ↳ 模拟认证考试

案例效果

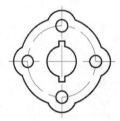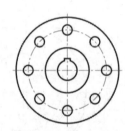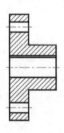

5.1　绘制多段线

多段线是作为单个对象创建的相互连接的线段组合图形。该组合线段作为一个整体，可以由直线段、圆弧或两者的组合线段组成，并且是可以任意开放或封闭的图形。

【执行方式】

- ↳ 命令行：PLINE（快捷命令：PL）。
- ↳ 菜单栏：选择菜单栏中的"绘图"→"多段线"命令。
- ↳ 工具栏：单击"绘图"工具栏中的"多段线"按钮 ⥀ 。
- ↳ 功能区：单击"默认"选项卡"绘图"面板中的"多段线"按钮 ⥀ 。

扫一扫，看视频

动手学——绘制定位轴套

源文件：源文件\第5章\定位轴套.dwg

本实例绘制如图5-1所示的定位轴套。主要通过"直线"命令、"圆"命令和"多段线"命令进行绘制。

【操作步骤】

（1）单击"默认"选项卡"图层"面板中的"图层特性"按钮 ，打开"图层特性管理器"选项板，新建如下两个图层。

① 第一个图层命名为"粗实线"图层，线宽为0.30mm，其他属性采用系统默认设置。

② 第二个图层命名为"中心线"图层，颜色为红色，线型为CENTER，其他属性采用系统默认设置。

（2）将"中心线"图层设置为当前图层。单击"默认"选项卡"绘图"面板中的"直线"按钮 ，绘制中心线，端点坐标分别为{（-25,0），（25,0）}{（-10,-30），（10,-30）}{（0,25），（0,-52）}和{（45,0），（105,0）}。

（3）将"粗实线"图层设置为当前图层。单击"默认"选项卡"绘图"面板中的"圆"按钮 ，绘制圆心坐标为（0,0）、直径分别为21和25的圆；重复"圆"命令，绘制圆心坐标为（0,-30）、半径为5的圆，绘制结果如图5-2所示。

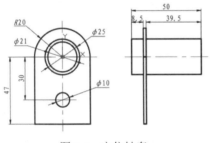

图5-1　定位轴套

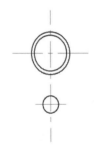

图5-2　绘制轴套

（4）单击"默认"选项卡"绘图"面板中的"多段线"按钮 ，绘制轮廓，单击"绘图"面板中的"多段线"按钮 。命令行提示与操作如下：

```
命令:_PLINE
指定起点:-20,-47
当前线宽为 0.0000
指定下一个点或 [圆弧(A)/闭合(C)/半宽(H)/长度(L)/放弃(U)/宽度(W)]:-20,0↙
指定下一个点或 [圆弧(A)/闭合(C)/半宽(H)/长度(L)/放弃(U)/宽度(W)]:A↙
指定圆弧的端点或 [角度(A)/圆心(CE)/闭合(CL)/方向(D)/半宽(H)/直线(L)/半径(R)/第二个点(S)/
放弃(U)/宽度(W)]:A↙
指定夹角: -180↙
指定圆弧的端点（按住 Ctrl 键以切换方向）或[圆心(CE)/半径(R)]:20,0↙
指定下一点或 [圆弧(A)/闭合(C)/半宽(H)/长度(L)/放弃(U)/宽度(W)]:L↙
指定下一点或 [圆弧(A)/闭合(C)/半宽(H)/长度(L)/放弃(U)/宽度(W)]:20,-47↙
指定下一点或 [圆弧(A)/闭合(C)/半宽(H)/长度(L)/放弃(U)/宽度(W)]:C↙
命令:_PLINE
指定起点:50,-12.5↙
指定下一点或 [圆弧(A)/闭合(C)/半宽(H)/长度(L)/放弃(U)/宽度(W)]:@0,25↙
```

```
指定下一点或 [圆弧(A)/闭合(C)/半宽(H)/长度(L)/放弃(U)/宽度(W)]:@8.5,0↙
指定下一点或 [圆弧(A)/闭合(C)/半宽(H)/长度(L)/放弃(U)/宽度(W)]:@0,7.5↙
指定下一点或 [圆弧(A)/闭合(C)/半宽(H)/长度(L)/放弃(U)/宽度(W)]:@2,0↙
指定下一点或 [圆弧(A)/闭合(C)/半宽(H)/长度(L)/放弃(U)/宽度(W)]:@0,-7.5↙
指定下一点或 [圆弧(A)/闭合(C)/半宽(H)/长度(L)/放弃(U)/宽度(W)]:@39.5,0↙
指定下一点或 [圆弧(A)/闭合(C)/半宽(H)/长度(L)/放弃(U)/宽度(W)]:@0,-25↙
指定下一点或 [圆弧(A)/闭合(C)/半宽(H)/长度(L)/放弃(U)/宽度(W)]:@-39.5,0↙
指定下一点或 [圆弧(A)/闭合(C)/半宽(H)/长度(L)/放弃(U)/宽度(W)]:@0,-34.5↙
指定下一点或 [圆弧(A)/闭合(C)/半宽(H)/长度(L)/放弃(U)/宽度(W)]:@-2,0↙
指定下一点或 [圆弧(A)/闭合(C)/半宽(H)/长度(L)/放弃(U)/宽度(W)]:@0,34.5↙
指定下一点或 [圆弧(A)/闭合(C)/半宽(H)/长度(L)/放弃(U)/宽度(W)]:C↙
```

（5）单击"默认"选项卡"绘图"面板中的"直线"按钮 ／，绘制直线，补齐图形。端点坐标分别为{（58.5,-12.5），（58.5,12.5）}和{（60.5,-12.5），（60.5,12.5）}。最终绘制结果如图 5-1 所示。

【选项说明】

（1）圆弧：绘制圆弧的方法与"圆弧"命令相似。命令行提示如下：

```
指定圆弧的端点(按住 Ctrl 键以切换方向)或 [角度(A)/圆心(CE)/方向(D)/半宽(H)/直线(L)/半径(R)/
第二个点(S)/放弃(U)/宽度(W)]:
```

（2）半宽：指定从宽线段的中心到一条边的宽度。

（3）长度：按照与上一线段相同的角度方向创建指定长度的线段。如果上一线段是圆弧，将创建与该圆弧段相切的新线段。

（4）放弃：删除最近添加的线段。

（5）宽度：指定下一线段的宽度。

✎ **手把手教你学：**

定义多段线的半宽和宽度时，注意以下事项。

（1）起点宽度将成为默认的端点宽度。

（2）端点宽度在再次修改宽度之前将作为所有后续线段的统一宽度。

（3）宽线段的起点和端点位于线段的中心。

（4）一般情况下，相邻多段线线段的交点将倒角。但在圆弧段互不相切，有非常尖锐的角，或者在使用点画线线型的情况下将不倒角。

扫一扫，看视频

动手练——绘制带轮截面轮廓线

绘制如图 5-3 所示的带轮截面轮廓线。

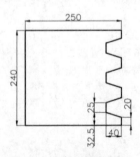

图 5-3 带轮截面轮廓线

🖊 思路点拨：

> **源文件**：源文件\第 5 章\带轮截面轮廓.dwg
> 利用"多段线"命令绘制带轮截面轮廓线。

5.2　绘制样条曲线

AutoCAD 使用一种被称为非一致有理 B 样条（NURBS）曲线的特殊样条曲线类型。B 样条曲线能够在控制点之间产生一条光滑的样条曲线，如图 5-4 所示。

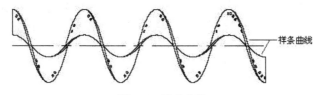

图 5-4　样条曲线

【执行方式】

↘　命令行：SPLINE。

↘　菜单栏：选择菜单栏中的"绘图"→"样条曲线"命令。

↘　工具栏：单击"绘图"工具栏中的"样条曲线"按钮 ∿ 。

↘　功能区：单击"默认"选项卡"绘图"面板中的"样条曲线拟合"按钮 ∿ 或"样条曲线控制点"按钮 ∿ 。

动手学——绘制凸轮轮廓

源文件：源文件\第 5 章\凸轮轮廓.dwg

本实例绘制凸轮轮廓，如图 5-5 所示。凸轮轮廓由不规则的曲线组成。为了准确地绘制凸轮轮廓曲线，需要用到样条曲线，并且要利用点的等分来控制样条曲线的范围。

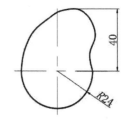

扫一扫，看视频

图 5-5　凸轮轮廓

【操作步骤】

（1）单击"默认"选项卡"图层"面板中的"图层特性"按钮 🖳，打开"图层特性管理器"选项板，新建如下 3 个图层。

① 第一个图层命名为"粗实线"图层，线宽为 0.30mm，其他属性采用系统默认设置。

② 第二个图层命名为"细实线"图层，所有属性采用系统默认设置。

③ 第三个图层命名为"中心线"图层，颜色为红色，线型为 CENTER，其他属性采用系统默认设置。

（2）将"中心线"图层设置为当前图层。单击"默认"选项卡"绘图"面板中的"直线"按钮 ╱，绘制中心线，端点坐标分别是{（-40,0），（40,0）}和{（0,40），（0,-40）}。

（3）将"细实线"图层设置为当前图层。单击"默认"选项卡"绘图"面板中的"直线"按钮 ╱，绘制直线，端点坐标分别是{（0,0），（@40<30）}{（0,0），（@40<100）}和{（0,0），

（@40<120）}，绘制结果如图 5-6 所示。

（4）绘制辅助线圆弧，单击"默认"选项卡"绘图"面板中的"圆弧"按钮 ⌒，圆心坐标为（0,0）、圆弧起点坐标为（@30<120）、包含角度为 60°。重复"圆弧"命令，绘制圆心坐标为（0,0）、圆弧起点坐标为（@30<30）、包含角度为 70° 的圆弧。

（5）选择"默认"选项卡"实用工具"面板中的"点样式"按钮，①打开"点样式"对话框，如图 5-7 所示。②将点样式设为 ⊞，③在"点大小"文本框中输入 5。命令行提示与操作如下：

命令：_DIVIDE（或单击"绘图"面板中的"定数等分"按钮，下同）
选择要定数等分的对象：（选择左边的弧线）
输入线段数目或 [块(B)]：3✓

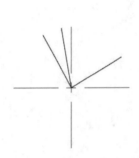

图 5-6　中心线及其辅助线

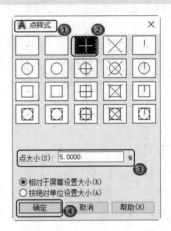

图 5-7　"点样式"对话框

用同样的方法将另一条圆弧 7 等分，绘制结果如图 5-8 所示。将中心点与第二段弧线的等分点连上直线，如图 5-9 所示。

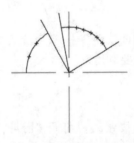

图 5-8　绘制辅助线并等分

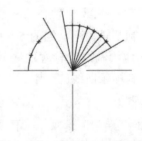

图 5-9　连接等分点与中心点

（6）将"粗实线"图层设置为当前图层。绘制凸轮下半部分圆弧，圆心坐标为（0,0）、圆弧起点坐标为（24,0）、包含角度为-180°，绘制结果如图 5-10 所示。

（7）绘制凸轮上半部分样条曲线。

① 标记样条曲线的端点，命令行提示与操作如下：

命令：_POINT（或单击"绘图"面板中的"多点"按钮）
当前点模式：PDMODE=2　PDSIZE=-1.0000
指定点：24.5<160✓

用相同的方法，依次标记点{（26.5<140），（30<120），（34<100），（37.5<90），（40<80），（42<70），

（41<60），（38<50），（33.5<40），（26<30）}。

② 绘制样条曲线，命令行提示与操作如下：

命令：_SPLINE（或单击"绘图"面板中的"样条曲线拟合"按钮）

当前设置：方式=拟合　节点=弦

指定第一个点或 [方式(M)/节点(K)/对象(O)]：（选择下边圆弧的右端点）

输入下一个点或 [起点切向(T)/公差(L)]：（选择 26<30 点）

输入下一个点或 [端点相切(T)/公差(L)/放弃(U)]：（选择 33.5<40 点）

输入下一个点或 [端点相切(T)/公差(L)/放弃(U)/闭合(C)]：（选择 38<50 点）

...（依次选择上面绘制的各点，最后一点为下边圆弧的左端点）

输入下一个点或 [端点相切(T)/公差(L)/放弃(U)/闭合(C)]：✓

绘制结果如图 5-11 所示。

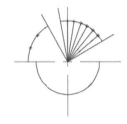

图 5-10　绘制凸轮下轮廓线

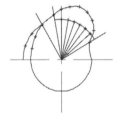

图 5-11　绘制样条曲线

（8）删除图形，将多余的点和辅助线删除。最终绘制结果如图 5-5 所示。

✍ 技巧：

在命令前加下划线表示采用菜单或工具栏方式执行命令，与采用命令行方式执行的效果相同。

【选项说明】

（1）指定第一个点：指定样条曲线的第一个点、第一个拟合点或第一个控制点。

（2）方式：控制使用拟合点还是使用控制点来创建样条曲线。

① 拟合：通过指定样条曲线必须经过的拟合点来创建 3 阶 B 样条曲线。

② 控制点：通过指定控制点来创建样条曲线。使用此方法创建 1 阶（线性）、2 阶（2 次）、3 阶（3 次）直到最高为 10 阶的样条曲线。通过移动控制点调整样条曲线的形状。

（3）节点：用来确定样条曲线中连续拟合点之间的零部件曲线如何过渡。

（4）对象：将二维或三维的 2 阶或 3 阶样条曲线的拟合多段线转换为等价的样条曲线，然后根据 DELOBJ 系统变量的设置删除该拟合多段线。

动手练——绘制螺丝刀

绘制如图 5-12 所示的螺丝刀。

扫一扫，看视频

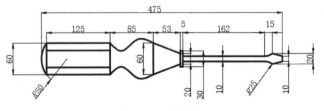

图 5-12　螺丝刀

思路点拨：

源文件：源文件\第 5 章\螺丝刀.dwg
（1）利用"直线""矩形""圆弧"命令绘制螺丝刀左部把手。
（2）利用"样条曲线"命令绘制螺丝刀中间的部分。
（3）利用"直线"命令绘制螺丝刀的右部。

5.3 面　　域

用户可以将由某些对象围成的封闭区域转换为面域。这些封闭区域可以是圆、椭圆、封闭二维多段线、封闭样条曲线等，也可以是由圆弧、直线、二维多段线、样条曲线等构成的封闭区域。

5.3.1 创建面域

面域是具有边界的平面区域，内部可以包含孔。

【执行方式】

- ↳ 命令行：REGION（快捷命令：REG）。
- ↳ 菜单栏：选择菜单栏中的"绘图"→"面域"命令。
- ↳ 工具栏：单击"绘图"工具栏中的"面域"按钮 ⊡ 。
- ↳ 功能区：单击"默认"选项卡"绘图"面板中的"面域"按钮 ⊡ 。

【操作步骤】

命令行提示与操作如下：

```
命令：REGION✓
选择对象：
（选择对象后，系统自动将所选择的对象转换成面域）
```

5.3.2 布尔运算

布尔运算是数学中的一种逻辑运算，用在 AutoCAD 绘图中，能够提高绘图效率。布尔运算包括并集、交集和差集 3 种，其操作方法类似，下面一并进行介绍。

【执行方式】

- ↳ 命令行：UNION（并集，快捷命令：UNI）或 INTERSECT（交集，快捷命令：IN）或 SUBTRACT（差集，快捷命令：SU）。
- ↳ 菜单栏：选择菜单栏中的"修改"→"实体编辑"→"并集"（"差集""交集"）命令。
- ↳ 工具栏：单击"实体编辑"工具栏中的"并集"按钮 ⬤（"差集"按钮 ⬤、"交集"按钮 ⬤）。
- ↳ 功能区：单击"三维工具"选项卡"实体编辑"面板中的"并集"按钮 ⬤（"交集"按

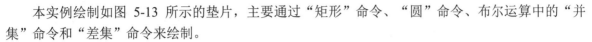

钮 、"差集"按钮)。

动手学——绘制垫片

源文件：源文件\第 5 章\垫片.dwg

本实例绘制如图 5-13 所示的垫片，主要通过"矩形"命令、"圆"命令、布尔运算中的"并集"命令和"差集"命令来绘制。

【操作步骤】

（1）单击"默认"选项卡"图层"面板中的"图层特性"按钮 ，打开"图层特性管理器"选项板，新建如下两个图层。

① 第一个图层命名为"粗实线"图层，线宽为 0.30mm，其他属性采用系统默认设置。

② 第二个图层命名为"中心线"图层，颜色为红色，线型为 CENTER，其他属性采用系统默认设置。

（2）将"中心线"图层设置为当前图层。单击"默认"选项卡"绘图"面板中的"直线"按钮 ，绘制端点坐标分别为{（-55,0），（55,0）}和{（0,-55），（0,55）}的直线；单击"默认"选项卡"绘图"面板中的"圆"按钮 ，绘制圆心坐标为（0,0）、半径为 35 的圆，绘制结果如图 5-14 所示。

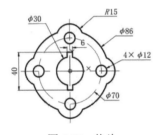
图 5-13 垫片

图 5-14 绘制圆

（3）将"粗实线"图层设置为当前图层。单击"默认"选项卡"绘图"面板中的"圆"按钮 ，绘制圆心坐标分别为（-35,0）、（0,35）、（35,0）、（0,-35），半径为 6 的圆；重复"圆"命令，绘制圆心坐标分别为（-35,0）、（0,35）、（35,0）、（0,-35），半径为 15 的圆；重复"圆"命令，绘制圆心坐标为（0,0）、半径分别为 15 和 43 的圆，绘制结果如图 5-15 所示。

（4）单击"默认"选项卡"绘图"面板中的"矩形"按钮 ，绘制角点坐标分别为（-3,-20）和（3,20）的矩形，绘制结果如图 5-16 所示。

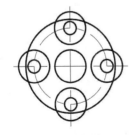
图 5-15 绘制圆

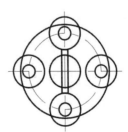
图 5-16 绘制矩形

（5）单击"默认"选项卡"绘图"面板中的"面域"按钮 ，创建面域。命令行提示与操作如下：

```
命令：_REGION
选择对象：（选择图 5-16 中所有的粗实线图层的图形）
找到 10 个
选择对象：✓
已创建 10 个面域
```

（6）单击"三维工具"选项卡"实体编辑"面板中的"并集"按钮 ，将 1 个直径为 86 的圆与 4 个直径为 30 的圆进行并集处理。命令行提示与操作如下：

```
命令：_UNION
选择对象：（选择直径为 86 的圆）
选择对象：（选择直径为 30 的圆）
选择对象：（选择直径为 30 的圆）
选择对象：（选择直径为 30 的圆）
选择对象：（选择直径为 30 的圆）
选择对象：✓
```

并集处理的结果如图 5-17 所示。

（7）单击"三维工具"选项卡"实体编辑"面板中的"差集"按钮 ，以并集对象为主体对象、直径为 30 的中心圆为对象进行差集处理。命令行提示与操作如下：

```
命令：_SUBTRACT
选择要从中减去的实体、曲面和面域...
选择对象：（选择差集对象，选择垫片主体）
选择对象：✓
选择要从中减去的实体、曲面和面域...
选择对象：（选择直径为 30 的中心圆）
选择对象：✓
命令：_SUBTRACT
选择要从中减去的实体、曲面和面域...
选择对象：（选择差集对象，选择垫片主体）
选择对象：✓
选择要从中减去的实体、曲面和面域...
选择对象：（选择矩形）
选择对象：✓
```

绘制结果如图 5-13 所示。

✎ 技巧：

> 布尔运算的对象只包括实体和共面面域，对于普通的线条对象无法使用布尔运算。

动手练——绘制法兰盘

利用面域相关功能绘制如图 5-18 所示的法兰盘。

扫一扫，看视频

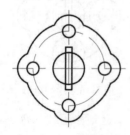

图 5-17　并集处理

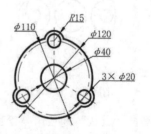

图 5-18　法兰盘

思路点拨：

源文件：源文件\第 5 章\法兰盘.dwg

利用一些基本的绘图命令绘制法兰盘的大体轮廓，然后利用"面域"命令创建面域，最后利用"差集"命令完成图形的绘制。

5.4　图　案　填　充

为标识某一区域的材质或用料，常对其填充一定的图案。图形中的填充图案描述了对象的材料特性并增加了图形的可读性。通常，填充图案可以帮助绘图者实现表达信息的目的。

5.4.1　基本概念

1. 图案边界

当进行图案填充时，首先要确定填充图案的边界。定义边界的对象只能是直线、双向射线、单向射线、多段线、样条曲线、圆弧、圆、椭圆、椭圆弧、面域等对象或用这些对象定义的块，而且作为边界的对象在当前图层中必须全部可见。

2. 孤岛

在进行图案填充时，把位于总填充区域内的封闭区域称为孤岛，如图 5-19 所示。在使用BHATCH 命令填充时，AutoCAD 系统允许用户以拾取点的方式确定填充边界，即在希望填充的区域内任意拾取一点，系统会自动确定出填充边界，同时也确定该边界内的岛。如果用户以选择对象的方式确定填充边界，则必须确切地选取这些岛。

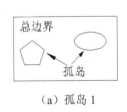

（a）孤岛 1　　　　　　　　　（b）孤岛 2

图 5-19　孤岛

3. 填充方式

在进行图案填充时，需要控制填充的范围，AutoCAD 系统为用户设置了以下 3 种填充方式，从而实现对填充范围的控制。

（1）普通方式。该方式从边界开始，从每条填充线或每个填充符号的两端向里填充，遇到内部对象与之相交时，填充线或符号断开，直到遇到下一次相交时再继续填充，如图 5-20（a）所示。采用这种填充方式时，要避免剖面符号（或线）与内部对象的相交次数为奇数，该方式为系统内部的默认方式。

（2）最外层方式。该方式从边界向里填充，只要在边界内部与对象相交，剖面符号就会断开，而不再继续填充，如图 5-20（b）所示。

（3）忽略方式。该方式忽略边界内的对象，所有内部结构都被剖面符号覆盖，如图 5-20（c）所示。

（a）普通方式　　　　　　　　（b）最外层方式　　　　　　　（c）忽略方式

图 5-20　填充方式

5.4.2　图案填充的操作

图案用于区分工程部件或表现组成对象的材质，可以使用预定义的填充图案、使用当前的线型定义简单的直线图案，或者创建更加复杂的填充图案。

【执行方式】

➤ 命令行：BHATCH（快捷命令：H）。

➤ 菜单栏：选择菜单栏中的"绘图"→"图案填充"命令。

➤ 工具栏：单击"绘图"工具栏中的"图案填充"按钮▨。

➤ 功能区：单击"默认"选项卡"绘图"面板中的"图案填充"按钮▨。

动手学——绘制连接板

源文件：源文件\第 5 章\连接板.dwg

本实例绘制的连接板如图 5-21 所示，主要由矩形、直线、圆、圆弧组成。因此，可以用"矩形""直线""圆""圆弧"等命令绘制。

扫一扫，看视频

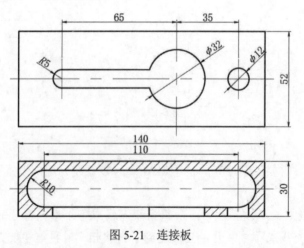

图 5-21　连接板

【操作步骤】

（1）单击"默认"选项卡"图层"面板中的"图层特性"按钮，打开"图层特性管理器"选项板，新建如下 3 个图层。

① 第一个图层命名为"粗实线"图层，线宽为 0.30mm，其他属性采用系统默认设置。

② 第二个图层命名为"中心线"图层，颜色为红色，线型为 CENTER，其他属性采用系统默认设置。

③ 第三个图层命名为"剖面线"图层，颜色为蓝色，其他属性采用系统默认设置。

（2）将"中心线"图层设置为当前图层。单击"默认"选项卡"绘图"面板中的"直线"按钮，绘制中心线，端点坐标分别为 {（-95,0），（55,0）}{（0,-31），（0,31）}{（-65,-11），（-65,11）}{（35,-11），（35,11）}{（-95,-60），（55,-60）}{（-75,-47.5），（-75,-72.5）}{（35,-47.5），（35,-72.5）}。

（3）将"粗实线"图层设置为当前图层。单击"默认"选项卡"绘图"面板中的"矩形"按钮，绘制主视图轮廓线。命令行提示与操作如下：

```
命令：_RECTANG
指定第一个角点或 [倒角(C)/标高(E)/圆角(F)/厚度(T)/宽度(W)]：-90,-26✓（输入矩形的左下角点坐标）
指定另一个角点或 [面积(A)/尺寸(D)/旋转(R)]：50,26✓（输入矩形的右上角点相对坐标）
命令：_RECTANG✓
指定第一个角点或 [倒角(C)/标高(E)/圆角(F)/厚度(T)/宽度(W)]：-65,-5✓（输入矩形的左下角点坐标）
指定另一个角点或 [面积(A)/尺寸(D)/旋转(R)]：-15,5✓（输入矩形的右上角点相对坐标）
```

（4）单击"默认"选项卡"绘图"面板中的"圆"按钮，绘制圆。命令行提示与操作如下：

```
命令：_CIRCLE
指定圆的圆心或 [三点(3P)/两点(2P)/切点、切点、半径(T)]：-65,0✓
指定圆的半径或 [直径(D)]：D✓
指定圆的直径：10✓
命令：_CIRCLE
指定圆的圆心或 [三点(3P)/两点(2P)/切点、切点、半径(T)]：0,0✓
指定圆的半径或 [直径(D)]：D✓
指定圆的直径：32✓
命令：_CIRCLE
指定圆的圆心或 [三点(3P)/两点(2P)/切点、切点、半径(T)]：35,0✓
指定圆的半径或 [直径(D)]：D✓
指定圆的直径：12✓
```

（5）单击"默认"选项卡"绘图"面板中的"面域"按钮，创建面域。命令行提示与操作如下：

```
命令：_REGION
选择对象：（选择图中直径分别为 10 和 32 的两个圆和矩形）
找到 1 个，总计 3 个
选择对象：✓
已创建 3 个面域
```

（6）在命令行中输入 UNION，将直径为 10、32 的圆和矩形进行并集处理。命令行提示与操作如下：

```
命令：_UNION
选择对象：（选择直径为 10 的圆）
选择对象：（选择直径为 32 的圆）
```

选择对象：（选择矩形）
选择对象：↙

并集处理结果如图5-22所示。

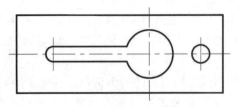

图5-22 连接板主视图

（7）单击"默认"选项卡"绘图"面板中的"矩形"按钮 ▭，绘制俯视图轮廓线。命令行提示与操作如下：

命令：_RECTANG
指定第一个角点或 [倒角(C)/标高(E)/圆角(F)/厚度(T)/宽度(W)]：-90,-75↙（输入矩形的左下角点坐标）
指定另一个角点或 [面积(A)/尺寸(D)/旋转(R)]：50,-45↙（输入矩形的右上角点相对坐标）

（8）单击"默认"选项卡"绘图"面板中的"多段线"按钮 ⏝，绘制多段线。命令行提示与操作如下：

命令：_PLINE
指定起点：35,-70
当前线宽为 0.0000
指定下一个点或 [圆弧(A)/半宽(H)/长度(L)/放弃(U)/宽度(W)]：@-110,0↙
指定下一个点或 [圆弧(A)/半宽(H)/长度(L)/放弃(U)/宽度(W)]：A↙
指定圆弧的端点或 [角度(A)/圆心(CE)/闭合(CL)/方向(D)/半宽(H)/直线(L)/半径(R)/第二个点(S)/放弃(U)/宽度(W)]：A↙
指定夹角：-180↙
指定圆弧的端点（按住 Ctrl 键以切换方向）或[圆心(CE)/半径(R)]：-75,-50↙
指定圆弧的端点或 [角度(A)/圆心(CE)/闭合(CL)/方向(D)/半宽(H)/直线(L)/半径(R)/第二个点(S)/放弃(U)/宽度(W)]：L↙
指定下一个点或 [圆弧(A)/闭合(C)/半宽(H)/长度(L)/放弃(U)/宽度(W)]：35,-50
指定下一个点或 [圆弧(A)/半宽(H)/长度(L)/放弃(U)/宽度(W)]：A↙
指定圆弧的端点或 [角度(A)/圆心(CE)/闭合(CL)/方向(D)/半宽(H)/直线(L)/半径(R)/第二个点(S)/放弃(U)/宽度(W)]：A↙
指定夹角：-180↙
指定圆弧的端点（按住 Ctrl 键以切换方向）或[圆心(CE)/半径(R)]：35,-70↙
指定圆弧的端点或 [角度(A)/圆心(CE)/闭合(CL)/方向(D)/半宽(H)/直线(L)/半径(R)/第二个点(S)/放弃(U)/宽度(W)]：↙

（9）单击"默认"选项卡"绘图"面板中的"直线"按钮 ╱，绘制轮廓线。命令行提示与操作如下：

命令：_LINE
指定第一个点：-70,-75↙
指定下一个点或 [放弃(U)]：-70,-70↙
指定下一个点或 [放弃(U)]：↙
命令：_LINE
指定第一个点：-15.2,-75↙
指定下一点或 [放弃(U)]：-15.2,-70↙
命令：_LINE

指定第一个点: 16,-75↙
指定下一点或 [放弃(U)]: 16,-70↙
命令: _LINE
指定第一个点: 29,-75↙
指定下一点或 [放弃(U)]: 29,-70↙
命令: _LINE
指定第一个点: 41,-75↙
指定下一点或 [放弃(U)]: 41,-68↙

绘制结果如图 5-23 所示。

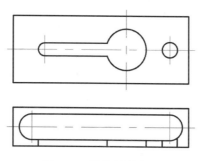

图 5-23　连接板轮廓图

（10）将"剖面线"图层设置为当前图层。单击"默认"选项卡"绘图"面板中的"图案填充"按钮▨，打开"图案填充创建"选项卡。❶在"图案"面板中设置填充图案为 ANSI31，❷在"特性"面板中设置"角度"为 0，❸设置"填充图案比例"为 1，如图 5-24 所示。

图 5-24　"图案填充创建"选项卡

（11）单击"图案填充创建"选项卡"边界"面板中的"拾取点"按钮，在断面处拾取一点并右击，在弹出的右键快捷菜单中选择"确认"命令，确认退出。最终结果如图 5-25 所示。

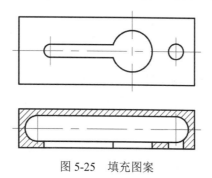

图 5-25　填充图案

【选项说明】

1．"边界"面板

（1）拾取点▨：以拾取点的方式自动确定填充区域的边界。在填充区域内任意拾取一点，系统会自动确定包围该点的封闭填充边界，并且高亮度显示，如图 5-26 所示。

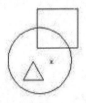
（a）选择一点

（b）填充区域

（c）填充结果

图 5-26　通过拾取点确定填充边界

（2）选择边界对象 ▨：以选定对象的方式确定填充区域的边界。使用该选项时不会自动检测内部对象，必须选择选定边界内的对象，以按照当前孤岛检测样式填充这些对象，如图 5-27 所示。

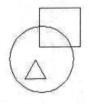
（a）原始图形

（b）选择边界对象

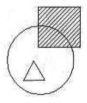
（c）填充结果

图 5-27　选择边界对象

（3）删除边界对象 ▨：从边界定义中删除之前添加的任何对象，如图 5-28 所示。

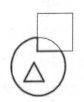
（a）选择边界对象

（b）删除边界

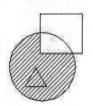
（c）填充结果

图 5-28　删除"岛"后的边界

（4）重新创建边界 ▨：对选定的填充图案或对象创建多段线或面域，并使其与图案填充对象相关联（可选）。

（5）显示边界对象 ▨：选择构成选定关联图案填充对象的边界对象，使用显示的夹点可修改图案填充边界。

（6）保留边界对象 ▨：指定如何处理图案填充边界对象。包括以下几个选项。

① 不保留边界（仅在图案填充创建期间可用）：不创建独立的图案填充边界对象。

② 保留边界-多段线（仅在图案填充创建期间可用）：创建封闭图案填充对象的多段线。

③ 保留边界-面域（仅在图案填充创建期间可用）：创建封闭图案填充对象的面域对象。

（7）选择新边界集 ▨：指定对象的有限集（称为边界集），以便通过创建图案填充时的拾取点进行计算。

2．"图案"面板

"图案"面板显示所有预定义和自定义图案的预览图像。

3. "特性"面板

（1）图案填充类型：指定是使用纯色、渐变色、图案进行填充，还是使用用户定义的填充。

（2）图案填充颜色：替代实体填充和填充图案的当前颜色。

（3）背景色：指定填充图案的背景颜色。

（4）图案填充透明度：指定新图案填充或填充的透明度，替代当前对象的透明度。

（5）图案填充角度：指定图案填充或填充的角度。

（6）填充图案比例：放大或缩小预定义或自定义填充图案。

（7）相对图纸空间：（仅在布局中可用）相对于图纸空间单位缩放填充图案。使用此选项，很容易做到以适合布局的比例显示填充图案。

（8）双向：（仅当"图案填充类型"设定为"用户定义"时可用）将绘制第二组直线，与原始直线成 90° 角，从而构成交叉线。

（9）ISO 笔宽：（仅对于预定义的 ISO 图案可用）基于选定的笔宽缩放 ISO 图案。

4. "原点"面板

（1）设定原点▨：直接指定新的图案填充原点。

（2）左下▨：将图案填充原点设定在图案填充边界矩形范围的左下角。

（3）右下▨：将图案填充原点设定在图案填充边界矩形范围的右下角。

（4）左上▨：将图案填充原点设定在图案填充边界矩形范围的左上角。

（5）右上▨：将图案填充原点设定在图案填充边界矩形范围的右上角。

（6）中心▨：将图案填充原点设定在图案填充边界矩形范围的中心。

（7）使用当前原点▨：将图案填充原点设定在 HPORIGIN 系统变量中存储的默认位置。

（8）存储为默认原点▨：将新图案填充原点的值存储在 HPORIGIN 系统变量中。

5. "选项"面板

（1）关联▨：用于确定填充图案与边界的关系。填充的图案与填充边界保持关联关系，图案填充后，当用户修改其边界对象时将会更新。

（2）注释性▲：指定图案填充为注释性。此特性会自动完成缩放注释过程，从而使注释能够以正确的大小在图纸上打印或显示。

（3）特性匹配。

① 使用当前原点▨：使用选定图案填充对象（除图案填充原点外）设定图案填充的特性。

② 使用源图案填充的原点▨：使用选定图案填充对象（包括图案填充原点）设定图案填充的特性。

（4）允许的间隙：设定将对象用作图案填充边界时可以忽略的最大间隙。默认值为 0，此值要求对象必须是封闭区域且没有间隙。

（5）独立的图案填充：当指定了几个独立的闭合边界时，控制是创建单个图案填充对象，还是创建多个图案填充对象。

（6）孤岛检测。

① 普通孤岛检测▨：从外部边界向内填充。如果遇到内部孤岛，填充将关闭，直到遇到孤岛中的另一个孤岛。

② 外部孤岛检测▨：从外部边界向内填充。此选项仅填充指定的区域，不会影响内部孤岛。

③ 忽略孤岛检测█：忽略所有内部的对象，填充图案时将通过这些对象。

④ 无孤岛检测█：关闭已使用的传统孤岛检测方法。

（7）绘图次序：指定图案填充的绘图顺序。选项包括不更改、后置、前置、置于边界之后和置于边界之前。

5.4.3 渐变色的操作

在绘图过程中，有些图形在填充时需要用到一种或多种颜色，尤其在绘制装潢、美工等图纸时。这就要用到渐变色图案填充功能，利用该功能可以对封闭区域进行适当的渐变色填充，从而形成比较好的颜色修饰效果。

【执行方式】

- 命令行：GRADIENT。
- 菜单栏：选择菜单栏中的"绘图"→"渐变色"命令。
- 工具栏：单击"绘图"工具栏中的"渐变色"按钮█。
- 功能区：单击"默认"选项卡"绘图"面板中的"渐变色"按钮█。

【操作步骤】

执行上述命令后，系统打开如图5-29所示的"图案填充创建"选项卡，各面板中按钮的含义与图案填充类似，这里不再赘述。

图 5-29　"图案填充创建"选项卡

5.4.4 编辑填充的图案

用于修改现有的图案填充对象，但不能修改边界。

【执行方式】

- 命令行：HATCHEDIT（快捷命令：HE）。
- 菜单栏：选择菜单栏中的"修改"→"对象"→"图案填充"命令。
- 工具栏：单击"修改 II"工具栏中的"编辑图案填充"按钮█。
- 功能区：单击"默认"选项卡"修改"面板中的"编辑图案填充"按钮█。
- 快捷菜单：选中填充的图案右击，在打开的快捷菜单中选择"图案填充编辑"命令。
- 快捷方法：直接选择填充的图案，打开"图案填充编辑器"选项卡，如图5-30所示。

图 5-30　"图案填充编辑器"选项卡

扫一扫，看视频

动手练——绘制滚花零件

绘制如图 5-31 所示的滚花零件。

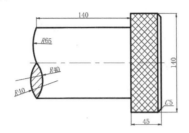

图 5-31　滚花零件

思路点拨：

> 源文件：源文件\第 5 章\滚花零件.dwg
>
> （1）利用"直线"命令绘制零件主体部分。
>
> （2）利用"圆弧"命令绘制零件断裂部分示意线。
>
> （3）利用"图案填充"命令填充断面。

扫一扫，看视频

5.5　综合演练——联轴器

源文件：源文件\第 5 章\联轴器.dwg

联轴器是用于连接不同机构中的两根轴使其共同旋转以传递扭矩的机械零件。本实例主要通过"直线"命令、"圆"命令和"图案填充"命令绘制如图 5-32 所示的联轴器。

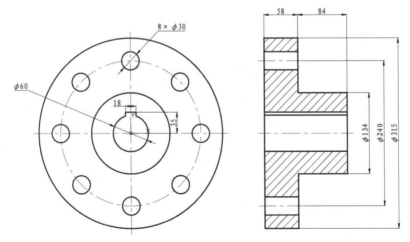

图 5-32　联轴器

【操作步骤】

1．绘制主视图

（1）单击"默认"选项卡"图层"面板中的"图层特性"按钮，打开"图层特性管理器"

选项板，新建如下 3 个图层。

① 第一个图层命名为"粗实线"图层，线宽为 0.30mm，其他属性采用系统默认设置。

② 第二个图层命名为"剖面线"图层，颜色为蓝色，其他属性采用系统默认设置。

③ 第三个图层命名为"中心线"图层，颜色为红色，线型为 CENTER，其他属性采用系统默认设置。

（2）将"中心线"图层设置为当前图层。单击"默认"选项卡"绘图"面板中的"直线"按钮／，绘制中心线，端点坐标分别为{（-167.5,0），（167.5,0）}和{（0,167.5），（0,-167.5）}；单击"默认"选项卡"绘图"面板中的"圆"按钮⊙，绘制圆心坐标为（0,0）、半径为 120 的圆，绘制结果如图 5-33 所示。

（3）将"粗实线"图层设置为当前图层。单击"默认"选项卡"绘图"面板中的"圆"按钮⊙，绘制圆心坐标为（0,0）、半径分别为 30、67 和 157.5 的圆。重复"圆"命令，绘制圆心坐标分别为（0,120）（84.85,84.85）（120,0）（84.85,-84.85）（0,-120）（-84.85,-84.85）（-120,0）（-84.85,84.85）、半径为 15 的圆。

（4）单击"默认"选项卡"绘图"面板中的"矩形"按钮囗，绘制矩形，角点坐标分别为（-9,0）和（9,35），绘制结果如图 5-34 所示。

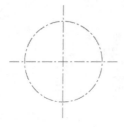

图 5-33　绘制圆

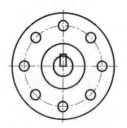

图 5-34　绘制轮廓

（5）单击"默认"选项卡"绘图"面板中的"面域"按钮◎，创建面域。命令行提示与操作如下：

```
命令：_REGION
选择对象：（选择图 5-34 中半径为 30 的圆和矩形）
找到 1 个，总计 2 个
选择对象：↙
已创建 2 个面域
```

（6）在命令行中输入 UNION，将半径为 30 的圆与矩形进行并集处理。命令行提示与操作如下：

```
命令：_UNION
选择对象：（选择半径为 30 的圆）
选择对象：（选择矩形）
选择对象：↙
```

绘制结果如图 5-35 所示。

2. 绘制左视图

（1）将"中心线"图层设置为当前图层。单击"默认"选项卡"绘图"面板中的"直线"按钮／，绘制中心线，端点坐标分别为{（220,-120），（298,-120）}{（220,0），（382,0）}和{（220,120），（298,120）}。

（2）将"粗实线"图层设置为当前图层。单击"默认"选项卡"绘图"面板中的"直线"按钮 ／，绘制直线，端点坐标分别为{（230,-157.5），（@0,315），（@58,0），（@0,-90.5），（@84,0），（@0，-134），（@-84,0），（@0,-90.5），（@-58,0）}{（230,-157.5），（288,-157.5）}{（230,-135），（288,-135）}{（230,-105），（288,-105）}{（230,-30），（288,-30）}{（230,30），（288,30）}{（230,35），（288,35）}{（230,105），（288,105）}{（230,135），（288,135）}和{（230,157.5），（288,157.5）}，绘制结果如图 5-36 所示。

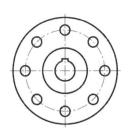

图 5-35　并集处理

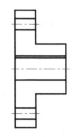

图 5-36　绘制左视图

（3）将"剖面线"图层设置为当前图层。单击"默认"选项卡"绘图"面板中的"图案填充"按钮 ，❶打开"图案填充创建"选项卡，❷设置填充图案为 ANSI31，❸在"特性"面板中设置"角度"为 0，❹设置"比例"为 3，如图 5-37 所示。

图 5-37　"图案填充创建"选项卡

（4）❺单击"图案填充创建"选项卡"边界"面板中的"拾取点"按钮 ，在断面处拾取一点并右击，❻在弹出的快捷菜单中选择"确认"命令，确认退出，如图 5-38 所示。最终结果如图 5-32 所示。

图 5-38　填充图案

5.6 模拟认证考试

1. 填充选择边界出现红色圆圈的是（　　）。
   A. 绘制的圆没有删除 　　　　　　　B. 检测到点样式为圆的端点
   C. 检测到无效的图案填充边界 　　　D. 程序出错重新启动可以解决

2. 在图案填充时，有时需要改变原点位置来适应图案填充边界。在默认情况下，图案填充原点坐标是（　　）。
   A.（0,0）　　　　B.（0,1）　　　　C.（1,0）　　　　D.（1,1）

3. 根据图案填充创建边界时，边界类型可能是（　　）。
   A. 多段线 　　　　　　　　　　　　B. 封闭的样条曲线
   C. 三维多段线 　　　　　　　　　　D. 螺旋线

4. 使用填充图案命令绘制图案时，可以选定的选项是（　　）。
   A. 图案的线型和比例 　　　　　　　B. 图案的角度和比例
   C. 图案的角度和线型 　　　　　　　D. 图案的颜色和线型

5. 若需要编辑已知多段线，使用"多段线"命令，可以创建宽度不等的对象的是（　　）。
   A. 样条 　　　　B. 锥形 　　　　C. 宽度 　　　　D. 编辑顶点

6. 执行"样条曲线拟合"命令后，某选项用于输入曲线的偏差值。值越大，曲线离指定的点越远；值越小，曲线离指定的点越近。该选项是（　　）。
   A. 闭合 　　　　B. 端点切向 　　　　C. 公差 　　　　D. 起点切向

7. 无法使用"多段线"命令直接绘制的是（　　）。
   A. 直线段 　　　　　　　　　　　　B. 弧线段
   C. 样条曲线 　　　　　　　　　　　D. 直线段和弧线段的组合线段

8. 设置"多线样式"时，下列不属于多线封口的是（　　）。
   A. 直线 　　　　B. 多段线 　　　　C. 内弧 　　　　D. 外弧

9. 关于样条曲线拟合点说法错误的是（　　）。
   A. 可以删除样条曲线的拟合点 　　　B. 可以添加样条曲线的拟合点
   C. 可以阵列样条曲线的拟合点 　　　D. 可以移动样条曲线的拟合点

10. 绘制如图 5-39 所示的圆锥滚子轴承。

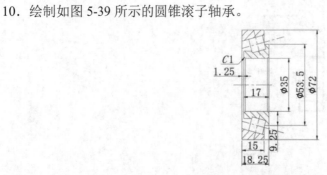

图 5-39　圆锥滚子轴承

第6章 简单编辑命令

内容简介

二维图形的编辑操作配合绘图命令的使用可以进一步完成复杂图形对象的绘制工作,并且可以使用户合理安排和组织图形,保证绘图准确,减少重复。因此,对编辑命令的熟练掌握和使用有助于提高设计和绘图的效率。本章介绍一些简单的二维编辑命令。

内容要点

- ↘ 选择对象
- ↘ 复制类命令
- ↘ 改变位置类命令
- ↘ 对象编辑
- ↘ 综合演练——弹簧
- ↘ 模拟认证考试

案例效果

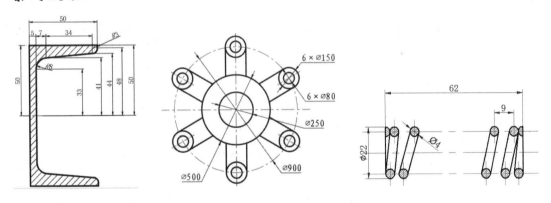

6.1 选 择 对 象

选择对象是进行编辑的前提。AutoCAD 提供了多种对象选择方法,如点取方法、用选择窗口选择对象、用选择线选择对象、用对话框选择对象和用套索选择工具选择对象等。

AutoCAD 2022 提供了以下两种编辑图形的途径。

(1)先执行编辑命令,然后选择要编辑的对象。

(2)先选择要编辑的对象,然后执行编辑命令。

这两种途径的执行效果相同,但选择对象是进行编辑的前提。

AutoCAD 提供了以下几种方法选择对象。

➥ 先选择一个编辑命令，然后选择对象，按 Enter 键结束操作。

➥ 使用 SELECT 命令。

➥ 用点取设备选择对象，然后调用编辑命令。

无论使用哪种方法，AutoCAD 都将提示用户选择对象，且十字光标变为选取框。

下面结合 SELECT 命令说明选择对象的方法。

【操作步骤】

SELECT 命令可以单独使用，也可以在执行其他编辑命令时自动调用。命令行提示与操作如下：

命令：SELECT

选择对象：（等待用户以某种方式选择对象作为回答。AutoCAD 2022 提供了多种选择方式，可以输入"?"查看这些选择方式）

需要点或窗口(W)/上一个(L)/窗交(C)/框(BOX)/全部(ALL)/栏选(F)/圈围(WP)/圈交(CP)/编组(G)/添加(A)/删除(R)/多个(M)/前一个(P)/放弃(U)/自动(AU)/单个(SI)/子对象(SU)/对象(O)：

【选项说明】

（1）点：该选项表示直接通过点取的方式选择对象。用鼠标或键盘移动选取框，使其框住要选取的对象，然后单击，就会选中该对象并高亮度显示。

（2）窗口：用由两个对角顶点确定的矩形窗口选取位于其范围内部的所有图形，与边界相交的对象不会被选中。指定对角顶点时应该按照从左向右的顺序，如图 6-1 所示。

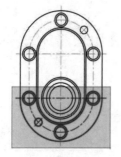
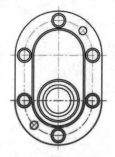

（a）图中下部方框为选取框　　　　　　　　　　　（b）选择后的图形

图 6-1　"窗口"对象选择方式

（3）上一个：在"选择对象"提示下，输入"L"后按 Enter 键，系统会自动选取最后绘制的对象。

（4）窗交：该方式与上述"窗口"对象选择方式类似，区别在于，它不但选中矩形窗口内部的对象，也选中与矩形窗口边界相交的对象，如图 6-2 所示。

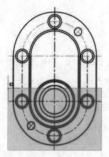
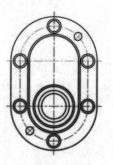

（a）图中下部虚线框为选取框　　　　　　　　　　（b）选择后的图形

图 6-2　"窗交"对象选择方式

（5）框：使用时，系统根据用户在屏幕上给出的两个对角点的位置而自动引用"窗口"或"窗交"对象选择方式。若从左向右指定对角顶点，则为"窗口"对象选择方式；反之，则为"窗交"对象选择方式。

（6）全部：选取图面上的所有对象。

（7）栏选：用户临时绘制一些直线，这些直线不必构成封闭图形，凡是与这些直线相交的对象均被选中，如图6-3所示。

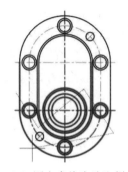
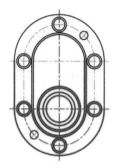

（a）图中虚线为选取栏　　　　　　　　　　　　　（b）选择后的图形

图6-3 "栏选"对象选择方式

（8）圈围：使用一个不规则的多边形选择对象。根据提示，用户依次输入构成多边形的所有顶点的坐标，最后按 Enter 键结束操作，系统将自动连接第一个顶点与最后一个顶点形成封闭的多边形。凡是被多边形围住的对象均被选中（不包括边界），如图6-4所示。

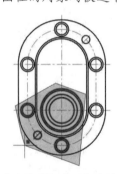
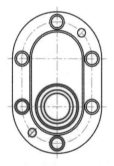

（a）图中十字线所拉出深色多边形为选取框　　　　（b）选择后的图形

图6-4 "圈围"对象选择方式

（9）圈交：类似于"圈围"对象选择方式，在"选择对象"提示下输入 CP，后续操作与"圈围"对象选择方式相同。区别在于，与多边形边界相交的对象也被选中。

（10）编组：使用预先定义的对象组作为选择集。事先将若干个对象组成对象组，用组名引用。

（11）添加：添加下一个对象到选择集。也可用于从移走模式（Remove）到选择模式的切换。

（12）删除：按住 Shift 键选择对象，可以从当前选择集中移走该对象。对象由高亮度显示状态变为正常显示状态。

（13）多个：指定多个点，不高亮度显示对象。这种方法可以加快在复杂图形上的选择过程。若两个对象交叉，两次指定交叉点，则可以选中这两个对象。

（14）前一个：在"选择对象"提示下输入 P，按 Enter 键，则把上次编辑命令最后一次构造的选择集或最后一次使用 SELECT（DDSELECT）命令预置的选择集作为当前选择集。这种方法适用于对同一选择集进行多种编辑操作的情况。

（15）放弃：用于取消添加到选择集的对象。

（16）自动：选择结果视用户在屏幕上的选择操作而定。如果选中单个对象，则该对象为自动选择的结果；如果选择点落在对象内部或外部的空白处，系统会提示"指定对角点"，此时，系统会采取一种窗口的选择方式。对象被选中后，变为虚线形式，并以高亮度显示。

（17）单个：选择指定的第一个对象或对象集，而不继续提示进行下一步的选择。

（18）子对象：使用户可以逐个选择原始形状，这些形状是复合实体的一部分或三维实体上的顶点、边和面。可以选择这些子对象的其中之一，也可以创建多个子对象的选择集。选择集可以包含多种类型的子对象。

（19）对象：结束选择子对象的功能，使用户可以使用对象选择方法。

✍ 技巧：

> 若矩形框从左向右定义，即第一个选择的对角顶点为左侧的对角顶点，矩形框内部的对象被选中，框外部及与矩形框边界相交的对象不会被选中；若矩形框从右向左定义，矩形框内部及与矩形框边界相交的对象都会被选中。

6.2 复制类命令

本节将详细介绍 AutoCAD 2022 的复制类命令。利用这些命令，可以方便地绘制编辑的图形。

6.2.1 "复制"命令

使用"复制"命令，可以从源对象以指定的角度和方向创建对象副本。在 AutoCAD 中，复制默认是多重复制，也就是选定图形并指定基点后，可以通过定位不同的目标点复制出多份对象副本。

【执行方式】

↳ 命令行：COPY。

↳ 菜单栏：选择菜单栏中的"修改"→"复制"命令。

↳ 工具栏：单击"修改"工具栏中的"复制"按钮 🕀。

↳ 功能区：单击"默认"选项卡"修改"面板中的"复制"按钮 🕀。

↳ 快捷菜单：选择要复制的对象，在绘图区右击，在弹出的快捷菜单中选择"复制选择"命令。

动手学——绘制槽钢

源文件：源文件\第 6 章\槽钢.dwg

本实例绘制如图 6-5 所示的槽钢。

扫一扫，看视频

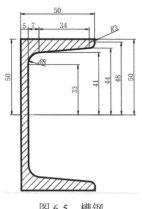

图 6-5 槽钢

【操作步骤】

（1）单击"默认"选项卡"图层"面板中的"图层特性"按钮，打开"图层特性管理器"选项板，新建如下 3 个图层。

① 第一个图层命名为"粗实线"图层，线宽为 0.30mm，其他属性采用系统默认设置。

② 第二个图层命名为"中心线"图层，颜色为红色，线型为 CENTER，其他属性采用系统默认设置。

③ 第三个图层命名为"剖面线"图层，所有属性都采用系统默认设置。

（2）将"中心线"图层设置为当前图层。单击"默认"选项卡"绘图"面板中的"直线"按钮，绘制水平直线，长度为 56。

（3）单击"默认"选项卡"修改"面板中的"复制"按钮，将绘制的水平中心线向两侧复制，复制的间距为 34.2、41.17、44.15、48.13 和 50，结果如图 6-6 所示。命令行提示与操作如下：

```
命令：_copy
选择对象：（选择水平中心线）
选择对象：↙
当前设置：复制模式 = 多个
指定基点或 [位移(D)/模式(O)] <位移>：（在绘图区指定一点即可）
指定第二个点或 [阵列(A)] <使用第一个点作为位移>：34.2↙（方向向上）
指定第二个点或 [阵列(A)/退出(E)/放弃(U)] <退出>：41.17↙（方向向上）
指定第二个点或 [阵列(A)/退出(E)/放弃(U)] <退出>：44.15↙（方向向上）
指定第二个点或 [阵列(A)/退出(E)/放弃(U)] <退出>：48.13↙（方向向上）
指定第二个点或 [阵列(A)/退出(E)/放弃(U)] <退出>：50↙（方向向上）
……
```

将复制后的水平中心线转换到"粗实线"图层。

（4）将"粗实线"图层设置为当前图层。单击"默认"选项卡"绘图"面板中的"直线"按钮，以最上侧的水平中心线和最下侧的水平中心线的起点为绘制直线的两个端点，绘制竖直直线，绘制结果如图 6-7 所示。命令行提示与操作如下：

```
命令：_line
指定第一个点：（最上侧的水平直线的起点）
指定下一点或 [放弃(U)]：（最下侧的水平直线的起点）
指定下一点或[退出(E)/放弃(U)]：↙
```

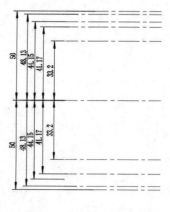

图 6-6　复制水平中心线

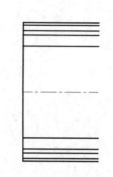

图 6-7　绘制竖直直线

（5）单击"默认"选项卡"修改"面板中的"复制"按钮ᗧ，复制竖直直线，将其向右侧复制，复制的间距为5、12.3、46.35、50，复制完成后的结果如图6-8所示。

（6）单击"默认"选项卡"绘图"面板中的"圆弧"按钮厂，捕捉相关点为圆心和端点绘制圆弧。

（7）单击"默认"选项卡"绘图"面板中的"直线"按钮╱，绘制圆弧连接线，绘制结果如图6-9所示。

（8）单击"默认"选项卡"修改"面板中的"删除"按钮♂和钳夹编辑功能，删除多余的直线，并调整直线的长度，结果如图6-10所示。

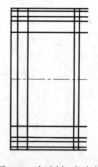

图 6-8　复制竖直直线

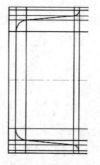

图 6-9　绘制直线

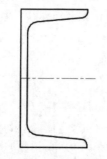

图 6-10　删除多余直线

（9）将"剖面线"图层设置为当前图层。单击"默认"选项卡"绘图"面板中的"图案填充"按钮圝，设置的填充图案为ANSI31，填充比例设置为1，进行填充，最终完成槽钢的绘制，绘制结果如图6-5所示。

【选项说明】

（1）指定基点：指定一个坐标点后，AutoCAD 2022 把该点作为复制对象的基点。

（2）指定第二个点：指定第二个点后，系统将根据这两点确定的位移矢量把选择的对象复制到第二点处。如果此时直接按 Enter 键，即选择默认的"使用第一个点作为位移"，则第一个点被当作相对于 X、Y、Z 的位移。例如，如果指定基点为（2,3）并在下一个提示下按 Enter 键，则该对象从它当前的位置开始，在 X 方向上移动 2 个单位，在 Y 方向上移动 3 个单位。一次复制完成后，可以不断指定新的第二个点，从而实现多重复制。

（3）位移：直接输入位移值，表示以选择对象时的拾取点为基准，以拾取点坐标为移动方向，按纵横比移动指定位移后所确定的点为基点。例如，选择对象时的拾取点坐标为（2,3），输入位移为5，则表示以点（2,3）为基准，以沿纵横比为3∶2的方向移动5个单位所确定的点为基点。

（4）模式：控制是否自动重复该命令，确定复制模式是单个还是多个。

（5）阵列：指定在线性阵列中排列的副本数量。

动手练——绘制支座

绘制如图6-11所示的支座。

扫一扫，看视频

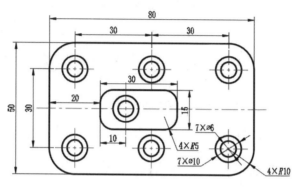

图6-11 支座

思路点拨：

> 源文件：源文件\第6章\支座.dwg
> （1）利用"直线""矩形""圆"命令绘制基本图形轮廓。
> （2）利用"复制"命令将图形上绘制的一个同心圆复制成6份。

6.2.2 "镜像"命令

"镜像"命令用于把选择的对象以一条镜像线为轴进行对称复制。镜像操作完成后，可以保留源对象，也可以将其删除。

【执行方式】

↘ 命令行：MIRROR。

↘ 菜单栏：选择菜单栏中的"修改"→"镜像"命令。

↘ 工具栏：单击"修改"工具栏中的"镜像"按钮 ⚫。

↘ 功能区：单击"默认"选项卡"修改"面板中的"镜像"按钮 ⚫。

动手学——绘制阀杆

源文件：源文件\第6章\阀杆.dwg

本实例绘制如图6-12所示的阀杆。

扫一扫，看视频

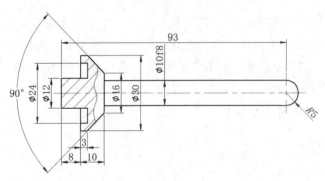

图 6-12　阀杆

【操作步骤】

（1）单击"默认"选项卡"图层"面板中的"图层特性"按钮，打开"图层特性管理器"选项板，新建如下 3 个图层。

① 第一个图层命名为"粗实线"图层，线宽为 0.30mm，其他属性采用系统默认设置。

② 第二个图层命名为"中心线"图层，颜色为红色，线型为 CENTER，其他属性采用系统默认设置。

③ 第三个图层命名为"剖面线"图层，所有属性都采用系统默认设置。

（2）将"中心线"图层设置为当前图层。单击"默认"选项卡"绘图"面板中的"直线"按钮，以{(125, 150), (233, 150)}{(223, 160), (223, 140)}为端点坐标，绘制中心线，绘制结果如图 6-13 所示。

（3）将"粗实线"图层设置为当前图层。单击"默认"选项卡"绘图"面板中的"直线"按钮，以坐标点{(130, 150), (130, 156), (138, 156), (138, 165)}{(141, 165), (148, 158), (148, 150)}{(148, 155), (223, 155)}{ (138, 156), (141, 156), (141, 162), (138, 162)}依次绘制直线，绘制结果如图 6-14 所示。

图 6-13　绘制中心线　　　　　　　　　　　　　　图 6-14　绘制直线

（4）单击"默认"选项卡"修改"面板中的"镜像"按钮，以水平中心线为轴进行镜像，命令行提示与操作如下：

```
命令：mirror↙
选择对象：（选择刚绘制的粗实线）
选择对象：↙
指定镜像线的第一点：（在水平中心线上选取一点）
指定镜像线的第二点：（在水平中心线上选取另一点）
要删除源对象吗？[是(Y)/否(N)] <N>：↙
```

绘制结果如图 6-15 所示。

（5）单击"默认"选项卡"绘图"面板中的"圆弧"按钮，以中心线交点为圆心，以上下水平实线最右端两个端点为圆弧两个端点，绘制圆弧。绘制结果如图 6-16 所示。

图 6-15　镜像处理　　　　　　　　　　　图 6-16　绘制圆弧

（6）单击"默认"选项卡"绘图"面板中的"样条曲线拟合"按钮 ，绘制局部剖切线，结果如图 6-17 所示。

图 6-17　绘制局部剖切线

（7）将"封面线"图层设置为当前图层。单击"默认"选项卡"绘图"面板中的"图案填充"按钮 ，设置填充图案为 ANSI31，角度为 0，比例为 1；单击状态栏中的"线宽"按钮 ，打开显示线宽功能。最终结果如图 6-12 所示。

✍ 技巧：

> 镜像对创建对称的图形非常有用，可以快速绘制半个对象，然后将其镜像，而不必绘制整个对象。默认情况下，文字、属性及属性定义在镜像后所得图形中不会反转或倒置。文字的对齐和对正方式在镜像图形前后保持一致。如果制图确实要反转文字，可将系统变量 MIRRTEXT 设置为 1，默认值为 0。

动手练——绘制压盖

绘制如图 6-18 所示的压盖。

图 6-18　压盖

📋 思路点拨：

> 源文件：源文件\第 6 章\压盖.dwg
> （1）利用"直线"和"圆"命令绘制中间和左边基本图形轮廓。
> （2）利用"镜像"命令绘制右边图形轮廓。

6.2.3　"偏移"命令

"偏移"命令用于保持所选择对象的形状，在不同的位置以不同的尺寸大小新建一个对象。

扫一扫，看视频

扫一扫，看视频

【执行方式】

➥ 命令行：OFFSET。

➥ 菜单栏：选择菜单栏中的"修改"→"偏移"命令。

➥ 工具栏：单击"修改"工具栏中的"偏移"按钮 ⊂。

➥ 功能区：单击"默认"选项卡"修改"面板中的"偏移"按钮 ⊂。

动手学——绘制角钢

源文件：源文件\第 6 章\角钢.dwg

本实例绘制如图 6-19 所示的角钢。

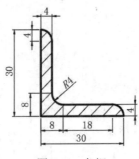

图 6-19　角钢

【操作步骤】

（1）单击"默认"选项卡"图层"面板中的"图层特性"按钮，打开"图层特性管理器"选项板，新建如下 3 个图层。

① 第一个图层命名为"轮廓线"图层，线宽为 0.30mm，其他属性采用系统默认设置。

② 第二个图层命名为"中心线"图层，颜色为红色，线型为 CENTER，其他属性采用系统默认设置。

③ 第三个图层命名为"剖面线"图层，颜色为蓝色，其他属性采用系统默认设置。

（2）将"轮廓线"图层设置为当前图层。单击"默认"选项卡"绘图"面板中的"直线"按钮 ╱，绘制长度为 30 的水平直线和竖直直线。

（3）单击"默认"选项卡"修改"面板中的"偏移"按钮 ⊂，将水平直线向上侧偏移 4、4 和 18，将竖直直线向右侧偏移 4、4 和 18，结果如图 6-20 所示。命令行提示与操作如下：

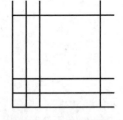

图 6-20　偏移直线

```
命令: _offset
当前设置: 删除源=否  图层=源  OFFSETGAPTYPE=0
指定偏移距离或 [通过(T)/删除(E)/图层(L)] <4.0000>: 4✓
选择要偏移的对象，或 [退出(E)/放弃(U)] <退出>:（选择水平直线）
指定要偏移的那一侧上的点，或 [退出(E)/多个(M)/放弃(U)] <退出>:（在直线的右侧点取一点）
选择要偏移的对象，或 [退出(E)/放弃(U)] <退出>:（选择偏移后的竖直直线）
指定要偏移的那一侧上的点，或 [退出(E)/多个(M)/放弃(U)] <退出>:（在偏移后的直线的右侧点取一点）
选择要偏移的对象，或 [退出(E)/放弃(U)] <退出>:✓
命令: _offset
当前设置: 删除源=否  图层=源  OFFSETGAPTYPE=0
指定偏移距离或 [通过(T)/删除(E)/图层(L)] <4.0000>: 18✓
```

选择要偏移的对象，或 [退出(E)/放弃(U)] <退出>：（选择第二次偏移得到的竖直直线）
指定要偏移的那一侧上的点，或 [退出(E)/多个(M)/放弃(U)] <退出>：（在偏移后的直线的右侧点取一点）
……

（4）单击"默认"选项卡"绘图"面板中的"圆弧"按钮 ⌒，利用三点（起点、圆心和端点，按住 Ctrl 键，可以切换绘制的圆弧的方向）画弧的方式，绘制如图 6-21 所示的三段圆弧。

（5）利用"删除"命令删除多余的图线，利用钳夹功能缩短相关图线到圆弧端点位置，如图 6-22 所示。

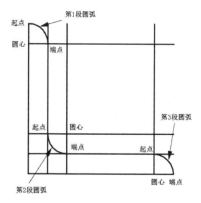

图 6-21　绘制圆弧

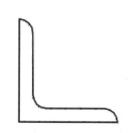

图 6-22　删除并缩短直线

（6）将"剖面线"图层设置为当前图层，单击"默认"选项卡"绘图"面板中的"图案填充"按钮 ▨，设置的填充图案为 ANSI31，设置填充比例为 1，进行填充，最终完成角钢的绘制，结果如图 6-19 所示。

【选项说明】

（1）指定偏移距离：输入一个距离值，或者按 Enter 键使用当前的距离值，系统把该距离值作为偏移的距离，如图 6-23 所示。

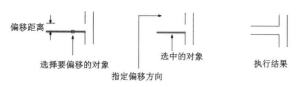

图 6-23　指定偏移对象的距离

（2）通过：指定偏移对象的通过点。选择该选项后，命令行提示与操作如下：

选择要偏移的对象，或 [退出(E)/放弃(U)] <退出>：（选择要偏移的对象，按 Enter 键结束操作）
指定通过点或 [退出(E)/多个(M)/放弃(U)] <退出>：（指定偏移对象的一个通过点）

执行上述操作后，系统会根据指定的通过点绘制出偏移对象，如图 6-24 所示。

（a）要偏移的对象

（b）指定通过点

（c）执行结果

图 6-24　指定偏移对象的通过点

（3）删除：偏移后，将源对象删除。选择该选项后，命令行提示与操作如下：

要在偏移后删除源对象吗？[是(Y)/否(N)] <否>：

（4）图层：确定将偏移对象创建在当前图层上还是在源对象所在的图层上。选择该选项后，命令行提示与操作如下：

输入偏移对象的图层选项 [当前(C)/源(S)] <源>：

扫一扫，看视频

动手练——绘制挡圈

绘制如图 6-25 所示的挡圈。

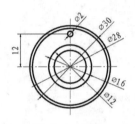

图 6-25　挡圈

📋 **思路点拨：**

> 源文件：源文件\第 6 章\挡圈.dwg
> （1）利用"直线"和"圆"命令绘制基本图形轮廓。
> （2）利用"偏移"命令绘制同心圆。

6.2.4 "阵列"命令

阵列是指多次重复选择对象，并把这些副本按矩形或环形排列。把副本按矩形排列称为建立矩形阵列；把副本按环形排列称为建立环形（极）阵列。建立矩形阵列时，应该控制行和列的数量以及对象副本之间的距离；建立极阵列时，应该控制复制对象的次数和对象是否被旋转。

用该命令可以建立矩形阵列、极阵列和路径阵列。

【执行方式】

➥ 命令行：ARRAY。

➥ 菜单栏：选择菜单栏中的"修改"→"阵列"命令。

➥ 工具栏：单击"修改"工具栏中的"矩形阵列"按钮 ⊞（"路径阵列"按钮 ∞∞、"环形阵列"按钮 ⊹⊹⊹）。

➥ 功能区：单击"默认"选项卡"修改"面板中的"矩形阵列"按钮 ⊞（"路径阵列"按钮 ∞∞、"环形阵列"按钮 ⊹⊹⊹），如图 6-26 所示。

动手学——绘制星形齿轮架

源文件：源文件\第 6 章\星形齿轮架.dwg

本实例绘制如图 6-27 所示的星形齿轮架。

扫一扫，看视频

图 6-26　"阵列"下拉列表

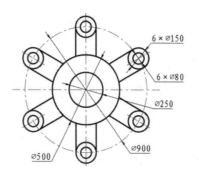

图 6-27　星形齿轮架

【操作步骤】

（1）单击"默认"选项卡"图层"面板中的"图层特性"按钮 ，打开"图层特性管理器"选项板，新建如下两个图层。

① 第一个图层命名为"粗实线"图层，线宽为 0.30mm，其他属性采用系统默认设置。

② 第二个图层命名为"中心线"图层，颜色为红色，线型为 CENTER，其他属性采用系统默认设置。

（2）将"中心线"图层设置为当前图层。单击"默认"选项卡"绘图"面板中的"直线"按钮 ，在屏幕上绘制一条水平中心线和一条竖直中心线，端点坐标分别为{（-545,0），（545,0）}和{（0,-545），（0,545）}；单击"默认"选项卡"绘图"面板中的"圆"按钮 ，绘制圆心坐标为（0,0）、半径为 450 的圆，绘制结果如图 6-28 所示。

（3）将"粗实线"图层设置为当前图层。单击"默认"选项卡"绘图"面板中的"圆"按钮 ，绘制圆心坐标为（0,0）、直径分别为 250 和 500 的圆；重复"圆"命令，绘制圆心坐标为（0,450）、半径分别为 45 和 75 的圆，绘制结果如图 6-29 所示。

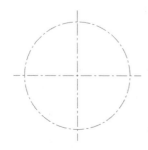

图 6-28　绘制中心线和圆

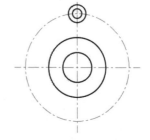

图 6-29　绘制圆

（4）单击"默认"选项卡"绘图"面板中的"直线"按钮 ，绘制直线。命令行提示与操作如下：

```
命令：_LINE
指定第一个点：（捕捉直径为 150 的圆与直径为 900 的圆的交点）✓
指定下一点或[放弃（U）]：（利用对象捕捉命令捕捉与直线为 500 的圆的交点）
指定下一点或[放弃（U）]：✓
```

重复"直线"命令，绘制另一侧的直线，绘制结果如图 6-30 所示。

（5）单击"默认"选项卡"修改"面板中的"环形阵列"按钮 ，项目数设置为 6，填充角度设置为 360。命令行提示与操作如下：

```
命令：_ARRAYPOLAR
```

选择对象：（选择除了两个中心圆的实线部分）✓
找到 5 个
指定阵列的中心点或 [基点(B)/旋转轴(A)]：（选择水平中心线与竖直中心线的交点为阵列的中心点）
选择夹点以编辑阵列或 [关联(AS)/基点(B)/项目(I)/项目间角度(A)/填充角度(F)/行(ROW)/层(L)/旋转项目(ROT)/退出(X)]<退出>：I✓
输入阵列中的项目数或 [表达式(E)]<6>：6✓
选择夹点以编辑阵列或 [关联(AS)/基点(B)/项目(I)/项目间角度(A)/填充角度(F)/行(ROW)/层(L)/旋转项目(ROT)/退出(X)]<退出>：✓

环形阵列的效果如图 6-31 所示。

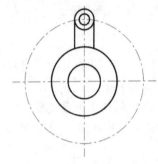

图 6-30　绘制直线

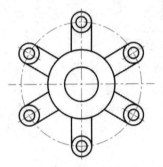

图 6-31　环形阵列

📢 提示：

也可以直接在"阵列创建"选项卡中直接输入项目数和填充角度，如图 6-32 所示。

图 6-32　"阵列创建"选项卡

【选项说明】

（1）矩形（命令行：ARRAYRECT）：将选定对象的副本分布到行数、列数和层数的任意组合。通过夹点，调整阵列间距、列数、行数和层数；也可以分别选择各选项，输入数值。

（2）极轴：在绕中心点或旋转轴的环形阵列中均匀分布对象副本。选择该选项后，命令行提示如下：

指定阵列的中心点或 [基点(B)/旋转轴(A)]：（选择中心点、基点或旋转轴）
选择夹点以编辑阵列或 [关联(AS)/基点(B)/项目(I)/项目间角度(A)/填充角度(F)/行(ROW)/层(L)/旋转项目(ROT)/退出(X)] <退出>：（通过夹点，调整角度，填充角度；也可以分别选择各选项输入数值）

（3）路径（命令行：ARRAYPATH）：沿路径或部分路径均匀分布选定对象的副本。选择该选项后，命令行提示如下：

选择路径曲线：（选择一条曲线作为阵列路径）
选择夹点以编辑阵列或 [关联(AS)/方法(M)/基点(B)/切向(T)/项目(I)/行(R)/层(L)/对齐项目(A)/Z方向(Z)/退出(X)]
<退出>：（通过夹点，调整阵列行数和层数；也可以分别选择各选项，输入数值）

动手练——绘制密封垫

绘制如图 6-33 所示的密封垫。

扫一扫，看视频

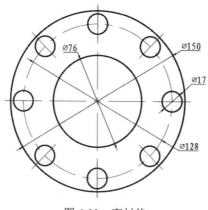

图 6-33　密封垫

💼 **思路点拨：**

源文件：源文件\第 6 章\密封垫.dwg

（1）利用"直线"和"圆"命令绘制基本图形轮廓。

（2）利用"阵列"命令绘制各个圆孔。

6.3　改变位置类命令

改变位置类编辑命令的功能是按照指定要求改变当前图形或图形中某部分的位置，主要包括"移动""旋转"和"缩放"等命令。

6.3.1　"移动"命令

"移动"命令用于将对象重定位，即在指定方向上按指定距离移动对象，对象的位置发生改变，但方向和大小不改变。

【执行方式】

↘ 命令行：MOVE。

↘ 菜单栏：选择菜单栏中的"修改"→"移动"命令。

↘ 快捷菜单：选择要复制的对象，在绘图区右击，在弹出的快捷菜单中选择"移动"命令。

↘ 工具栏：单击"修改"工具栏中的"移动"按钮✛。

↘ 功能区：单击"默认"选项卡"修改"面板中的"移动"按钮✛。

6.3.2　"缩放"命令

"缩放"命令用于将已有图形对象以基点为参照进行等比例缩放，它可以调整对象的大小，使其在一个方向上按照要求放大或缩小一定的比例。

【执行方式】

- ❯ 命令行：SCALE。
- ❯ 菜单栏：选择菜单栏中的"修改"→"缩放"命令。
- ❯ 快捷菜单：选择要缩放的对象，在绘图区右击，在弹出的快捷菜单中选择"缩放"命令。
- ❯ 工具栏：单击"修改"工具栏中的"缩放"按钮 ▢。
- ❯ 功能区：单击"默认"选项卡"修改"面板中的"缩放"按钮 ▢。

【选项说明】

（1）指定比例因子：选择对象并指定基点后，从基点到当前光标位置会出现一条线段，线段的长度即为比例因子。鼠标选择的对象会动态地随着该连线长度的变化而缩放，按 Enter 键，确认缩放操作。

（2）参照：采用参照方向缩放对象时，命令行提示如下：

指定参照长度 <1>：（指定参考长度值）
指定新的长度或 [点(P)] <1.0000>：（指定新长度值）

若新长度值大于参考长度值，则放大对象；否则，缩小对象。操作完成后，系统以指定的基点按指定的比例因子缩放对象。如果选择"点"选项，则指定两点来定义新的长度。

（3）复制：选择该选项时，可以复制缩放对象，即缩放对象时，保留源对象，如图 6-34 所示。

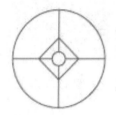

图 6-34　复制缩放

6.3.3　"旋转"命令

"旋转"命令用于在保持原形状不变的情况下以一定点为中心，以一定角度为旋转角度，旋转得到图形。

【执行方式】

- ❯ 命令行：ROTATE。
- ❯ 菜单栏：选择菜单栏中的"修改"→"旋转"命令。
- ❯ 快捷菜单：选择要旋转的对象，在绘图区右击，在弹出的快捷菜单中选择"旋转"命令。
- ❯ 工具栏：单击"修改"工具栏中的"旋转"按钮 ↻。
- ❯ 功能区：单击"默认"选项卡"修改"面板中的"旋转"按钮 ↻。

动手学——绘制燕尾槽

源文件：源文件\第 6 章\燕尾槽.dwg

本实例绘制如图 6-35 所示的燕尾槽。

扫一扫，看视频

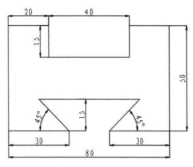

图 6-35　燕尾槽

【操作步骤】

（1）单击"默认"选项卡"绘图"面板中的"直线"按钮 ╱，绘制两条直线，其坐标分别为 {（0,0），（0,50）} 和 {（0,50），（80,50）}。

（2）单击"默认"选项卡"修改"面板中的"偏移"按钮 ⊆，偏移直线。将最上边的直线向下偏移，偏移距离分别为 15、35 和 50；将最左边的直线向右偏移，偏移距离分别为 20、30、50、60 和 80，结果如图 6-36 所示。

（3）单击"默认"选项卡"修改"面板中的"旋转"按钮 ⟳，将直线 1 和直线 2 以其与最下边的水平直线的交点为基点分别旋转 45° 和 -45°。命令行提示与操作如下：

```
UCS 当前的正角方向：ANGDIR=逆时针　ANGBASE=0
选择对象：（选择直线 1）↙
指定基点（选择直线 1 与最下边的水平直线的交点为基点）
指定旋转角度，或 [复制(C)/参照(R)]<0>：45↙
UCS 当前的正角方向：ANGDIR=逆时针　ANGBASE=0
选择对象：（选择直线 2）↙
指定基点（选择直线 2 与最下边的水平直线的交点为基点）
指定旋转角度，或 [复制(C)/参照(R)]<0>：-45↙
```

绘制结果如图 6-37 所示。

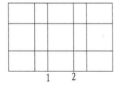

图 6-36　偏移直线

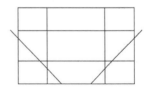

图 6-37　旋转直线效果

（4）单击"默认"选项卡"修改"面板中的"修剪"按钮 ✂，对图形进行修剪（此命令在第 7 章学习，可以先暂时操作到这一步，等学习此命令时再完善操作），效果如图 6-35 所示。

【选项说明】

（1）复制：选择该选项，在旋转对象的同时保留源对象，如图 6-38 所示。

图 6-38　复制旋转

（2）参照：采用参照方式旋转对象时，命令行提示如下：

指定参照角 <0>：（指定要参照的角度，默认值为 0）
指定新角度或[点(P)] <0>：（输入旋转后的角度值）

操作完成后，对象被旋转至指定的角度位置。

✍ 技巧：

可以用拖动鼠标的方法旋转对象。选择对象并指定基点后，从基点到当前光标位置会出现一条连线，拖动鼠标，选择的对象会动态地随着该连线与水平方向夹角的变化而旋转，按 Enter 键，确认旋转操作，如图 6-39 所示。

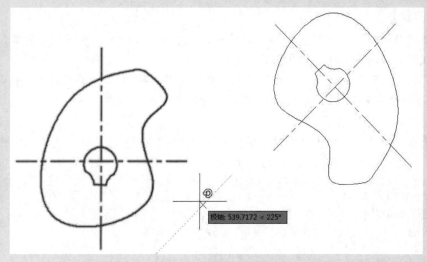

图 6-39　拖动鼠标旋转对象

扫一扫，看视频

动手练——绘制曲柄

绘制如图 6-40 所示的曲柄。

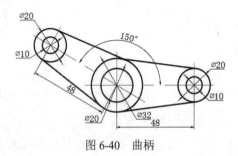

图 6-40　曲柄

📋 思路点拨：

源文件：源文件\第 6 章\曲柄.dwg

（1）利用"直线"命令绘制中心线。
（2）利用"圆"命令在中心线的交点处绘制同心圆。
（3）利用"直线"命令绘制切线。
（4）利用"旋转"命令旋转复制另一侧的图形。

6.4　对　象　编　辑

在对图形进行编辑时，还可以对图形对象本身的某些特性进行编辑，从而方便图形的绘制。

6.4.1　钳夹功能

利用钳夹功能可以快速、方便地编辑对象。AutoCAD 在图形对象上定义了一些特殊点，称为夹点。利用夹点可以灵活地控制对象，如图 6-41 所示。

要想利用钳夹功能编辑对象，必须先打开钳夹功能。

（1）选择菜单栏中的"工具"→"选项"命令，❶打开"选项"对话框，❷选择"选择集"选项卡，如图 6-42 所示。❸在"夹点"选项组中勾选"显示夹点"复选框。在该选项卡中还可以设置代表夹点的小方格尺寸和颜色。

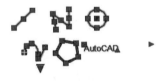

图 6-41　显示夹点　　　　　　　图 6-42　"选择集"选项卡

（2）也可以通过 GRIPS 系统变量控制是否打开钳夹功能，1 代表打开，0 代表关闭。

（3）打开钳夹功能后，应该在编辑对象之前先选择对象。夹点表示对象的控制位置。使用夹点编辑对象，要选择一个夹点作为基点，称为基准夹点。

（4）选择一种编辑操作：删除、移动、复制、旋转和缩放。可以使用空格键、Enter 键或快捷键循环选择这些功能，如图 6-43 所示。

动手学——绘制连接盘

源文件：源文件\第 6 章\连接盘.dwg

本实例主要利用"圆""环形阵列"命令绘制连接盘，如图 6-44 所示。

扫一扫，看视频

图 6-43 选择编辑操作

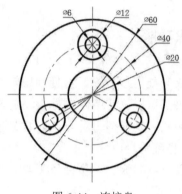

图 6-44 连接盘

【操作步骤】

1. 创建图层

单击"视图"选项卡"选项板"面板中的"图层特性"按钮，打开"图层特性管理器"选项板，新建如下 3 个图层。

（1）第一个图层命名为"粗实线"图层，线宽为 0.30mm，其他属性采用系统默认设置。

（2）第二个图层命名为"细实线"图层，线宽为 0.15mm，其他属性采用系统默认设置。

（3）第三个图层命名为"中心线"图层，线宽为 0.15mm，颜色为红色，线型为 CENTER，其他属性采用系统默认设置。

2. 绘制中心线

（1）将线宽显示打开。将当前图层设置为"中心线"图层。

（2）单击"默认"选项卡"绘图"面板中的"直线"按钮 和"圆"按钮，并结合"正交""对象捕捉"和"对象追踪"等工具，选取适当尺寸，绘制如图 6-45 所示的中心线。

3. 绘制圆

（1）将当前图层设置为"粗实线"图层。

（2）单击"默认"选项卡"绘图"面板中的"圆"按钮，并结合"对象捕捉"工具，选取适当尺寸，绘制如图 6-46 所示的圆。

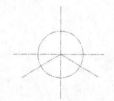

图 6-45 绘制中心线

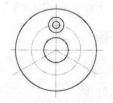

图 6-46 绘制圆

4．阵列圆

（1）单击"默认"选项卡"修改"面板中的"环形阵列"按钮 ，选择两个同心的小圆为阵列对象，右击，捕捉中心线圆的圆心的阵列中心。

（2）在命令行提示"选择对象"后选择两个同心圆中的小圆为阵列对象。

（3）在命令行提示"指定阵列的中心点或"后捕捉中心线圆的圆心的阵列中心。

（4）在命令行提示"选择夹点以编辑阵列或"后输入 I。

（5）在命令行提示"输入阵列中的项目数或"后输入 3，阵列结果如图 6-47 所示。

5．细化图形

利用钳夹功能将中心线缩短，如图 6-48 所示。最终结果如图 6-44 所示。

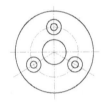

图 6-47　阵列结果

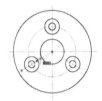

图 6-48　钳夹功能编辑

6.4.2　特性匹配

利用特性匹配功能可以将目标对象的属性与源对象的属性进行匹配，使目标对象的属性与源对象属性相同。利用特性匹配功能可以方便、快捷地修改对象属性，并保持不同对象的属性相同。

【执行方式】

↳　命令行：MATCHPROP。

↳　菜单栏：选择菜单栏中的"修改"→"特性匹配"命令。

↳　工具栏：单击标准工具栏中的"特性匹配"按钮 。

↳　功能区：单击"默认"选项卡"特性"面板中的"特性匹配"按钮 。

动手学——修改图形特性

扫一扫，看视频

调用素材：初始文件\第 6 章\6.4.2.dwg

源文件：源文件\第 6 章\修改图形特性.dwg

【操作步骤】

（1）打开初始文件\第 6 章\6.4.2.dwg 文件，如图 6-49（a）所示。

（2）单击"默认"选项卡"特性"面板中的"特性匹配"按钮 ，将椭圆的线型修改为虚线，命令行提示与操作如下：

```
命令：_MATCHPROP
选择源对象：（选取虚线）
当前活动设置：颜色 图层 线型 线型比例 线宽 透明度 厚度 打印样式 标注 文字 图案填充 多段线 视口
表格材质 多重引线中心对象
选择目标对象或 [设置(S)]：（鼠标变成画笔，选取椭圆，如图 6-49（b）所示）
```

绘制结果如图6-49（c）所示。

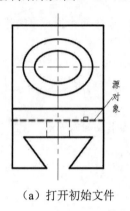
（a）打开初始文件

（b）选取椭圆

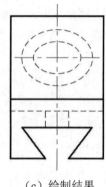
（c）绘制结果

图6-49　修改图形特性

【选项说明】

（1）目标对象：指定要将源对象的特性复制到其上的对象。

（2）设置：选择此选项，打开如图6-50所示"特性设置"对话框，可以控制要将哪些对象特性复制到目标对象。系统默认情况下，选定所有对象特性进行复制。

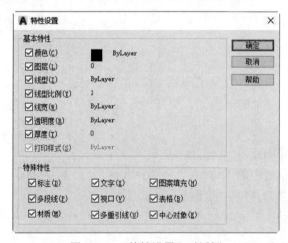

图6-50　"特性设置"对话框

6.4.3　修改对象属性

【执行方式】

- 命令行：DDMODIFY（或 PROPERTIES）。
- 菜单栏：选择菜单栏中的"修改"→"特性"命令，或者选择菜单栏中的"工具"→"选项板"→"特性"命令。
- 工具栏：单击标准工具栏中的"特性"按钮。
- 快捷键：Ctrl+1。
- 功能区：单击"视图"选项卡"选项板"面板中的"特性"按钮。

执行上述命令后，AutoCAD 打开"特性"选项板，如图 6-51 所示。利用它可以方便地设置或修改对象的各种属性。

不同对象属性的种类和值不同，修改属性值，对象改变为新的属性。

【选项说明】

（1）切换 PICKADD 系统变量的值 : 单击此按钮，打开或关闭 PICKADD 系统变量。打开 PICKADD 系统变量时，每个选定对象都将添加到当前选择集中。

（2）选择对象 : 使用任意选择方法选择所需对象。

（3）快速选择 : 单击此按钮，打开如图 6-52 所示的"快速选择"对话框，在其中创建基于过滤条件的选择集。

图 6-51 "特性"选项板

图 6-52 "快速选择"对话框

（4）快捷菜单：在"特性"选项板的标题栏中右击，打开如图 6-53 所示的快捷菜单。

① 移动：选择此选项，显示用于移动选项板的四向箭头光标，移动光标则可移动选项板。

② 大小：选择此选项，显示四向箭头光标，用于拖动选项板的边或角点使其变大或变小。

③ 关闭：选择此选项，关闭选项板。

④ 允许固定：切换固定或定位选项板。选择此选项，在图形边上的固定区域或拖动窗口时，可以固定该窗口。固定窗口附着到应用程序窗口的边上，并导致重新调整绘图区域的大小。

⑤ 锚点居左（锚点居右）：将选项板附着到位于绘图区域左侧（右侧）的定位点选项卡基点。

⑥ 自动隐藏：自动隐藏导致当光标移动到浮动选项板上时，该选项板将展开，当光标离开该选项板时，它将滚动关闭。

⑦ 透明度：选择此选项，打开如图6-54所示的"透明度"对话框，调整选项板的透明度。

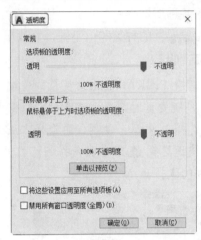

图6-53 快捷菜单   图6-54 "透明度"对话框

扫一扫，看视频

动手练——完善端盖细节

将如图6-55所示的端盖细节进行完善。

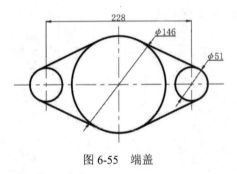

图6-55 端盖

📋 **思路点拨：**

> 调用素材：初始文件\第6章\端盖.dwg
>
> 源文件：源文件\第6章\端盖.dwg
>
> （1）打开初始文件\第6章\端盖.dwg文件，该图形经过放大显示后可以发现，斜线与圆相切的局部图线不是严格地相切。
>
> （2）利用钳夹功能进行编辑。
>
> （3）利用修改对象属性功能进行适当编辑。

扫一扫，看视频

6.5 综合演练——弹簧

源文件：源文件\第6章\弹簧.dwg

利用上面所学的功能绘制弹簧，如图6-56所示。可以先绘制三条基本直线，再利用"偏移"命令形成中心线网，然后绘制圆并复制，接着利用"圆弧"和"直线"命令绘制弹簧端面，最后进行图案填充。在绘制过程中，注意灵活运用各种命令，以最快速、最方便的方法达到目的。

【操作步骤】

（1）单击"默认"选项卡"图层"面板中的"图层特性"按钮，打开"图层特性管理器"选项板，新建如下3个图层。

① 第一个图层命名为"粗实线"图层，线宽为0.30mm，其他属性采用系统默认设置。

② 第二个图层命名为"中心线"图层，颜色为红色，线型为CENTER，其他属性采用系统默认设置。

③ 第三个图层命名为"细实线"图层，所有属性都采用系统默认设置。

（2）将"中心线"图层设置为当前图层。单击"默认"选项卡"绘图"面板中的"直线"按钮，以{（150,150），（230,150）}{（160,164），（160,154）}{（162,146），（162,136）}为坐标点绘制中心线，修改线型比例为0.5，绘制结果如图6-57所示。

图6-56 弹簧　　　　　　　　　　　图6-57 绘制中心线

（3）单击"默认"选项卡"修改"面板中的"偏移"按钮，将绘制的水平中心线向两侧偏移，偏移距离为9；将图6-57中的竖直中心线A向右偏移，偏移距离分别为4、13、49、58和62；将图6-57中的竖直中心线B向右偏移，偏移距离分别为6、43、52和58，结果如图6-58所示。

（4）将"粗实线"图层设置为当前图层。单击"默认"选项卡"绘图"面板中的"圆"按钮，以左边第二根竖直中心线与最上边水平中心线交点为圆心，绘制半径为2的圆，绘制结果如图6-59所示。

图6-58 偏移中心线　　　　　　　　　图6-59 绘制圆

（5）单击"默认"选项卡"修改"面板中的"复制"按钮，复制圆。命令行提示与操作如下：

```
命令：COPY✓
选择对象：（选择圆）✓
指定基点或[位移(D)/模式(O)]<位移>：（捕捉圆心为基点）
指定第二个点或 [阵列(A)]<使用第一个点作为位移>：（选择左边第3根竖直中心线与最上边水平中心线交点）
指定第二个点或 [阵列(A)/退出(E)/放弃(U)]<退出>：（分别选择竖直中心线和水平中心线的交点）
```

复制完成后的结果如图6-60所示。

（6）单击"默认"选项卡"绘图"面板中的"圆弧"按钮，绘制圆弧。命令行提示与操作如下：

```
命令：_ARC
指定圆弧的起点或 [圆心(C)]：C↙
指定圆弧的圆心：（指定最左边竖直中心线与最上边水平中心线交点）
指定圆弧的起点：@0,-2↙
指定圆弧的端点或 [角度(A)/弦长(L)]：@0,4↙
```

重复"圆弧"命令，绘制另一段圆弧，绘制结果如图 6-61 所示。

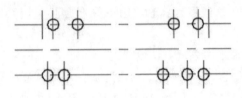

图 6-60　复制完成后的结果　　　　　图 6-61　绘制圆弧

（7）单击"默认"选项卡"绘图"面板中的"直线"按钮 ╱，绘制连接线，绘制结果如图 6-62 所示。

（8）将"细实线"图层设置为当前图层。单击"默认"选项卡"绘图"面板中的"图案填充"按钮▨，设置填充图案为 ANSI31，角度为 0，比例为 0.2；单击状态栏中的"线宽"按钮▤，打开显示线宽功能，结果如图 6-63 所示。

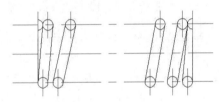
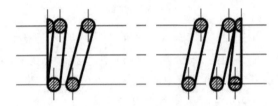

图 6-62　绘制连接线　　　　　　　　图 6-63　弹簧图案填充

6.6　模拟认证考试

1．在选择集中去除对象，进行去除对象选择可以按住（　　　）键。

　　A．Space　　　　　　B．Shift　　　　　　C．Ctrl　　　　　　D．Alt

2．执行"环形阵列"命令，在指定圆心后默认创建（　　　）个图形。

　　A．4　　　　　　　　B．6　　　　　　　　C．8　　　　　　　　D．10

3．将半径为 10、圆心坐标为（70,100）的圆矩形阵列。阵列 3 行 2 列，行偏移距离-30，列偏移距离 50，阵列角度 10°。阵列后第 3 行第 2 列圆的圆心坐标是（　　　）。

　　A．X = 119.2404　Y = 108.6824　　　　B．X=124.4498　Y = 79.1382

　　C．X = 129.6593　Y = 49.5939　　　　　D．X = 80.4189　Y = 40.9115

4．已有一个画好的圆，下列命令可以绘制一组同心圆的是（　　　）。

　　A．STRETCH（伸展）　　　　　　　　B．OFFSET（偏移）

　　C．EXTEND（延伸）　　　　　　　　　D．MOVE（移动）

5．在对图形对象进行复制操作时，指定了基点坐标为（0,0），系统要求指定第二点时直接按

Enter 键结束，则复制出的图形的状态为（　　）。

    A．没有复制出新图形　　　　　　B．与原图形重合

    C．图形基点坐标为（0,0）　　　　D．系统提示错误

6．在一张复杂图样中，要选择半径小于 10 的圆，下列方式可以快速选择的是（　　）。

    A．通过选择过滤

    B．执行"快速选择"命令，在对话框中设置对象类型为圆，特性为直径，运算符为小于，输入值为 10，单击确定

    C．执行"快速选择"命令，在对话框中设置对象类型为圆，特性为半径，运算符为小于，输入值为 10，单击确定

    D．执行"快速选择"命令，在对话框中设置对象类型为圆，特性为半径，运算符为等于，输入值为 10，单击确定

7．使用偏移命令时，下列说法正确的是（　　）。

    A．偏移值可以小于 0，这是向反向偏移

    B．可以框选对象进行一次偏移多个对象

    C．一次只能偏移一个对象

    D．偏移命令执行时不能删除源对象

8．在进行移动操作时，指定了基点坐标为（190,70），系统要求给定第二点时输入@，按 Enter 键结束，那么图形对象移动量是（　　）。

    A．到原点　　　　　　　　　　　　B．（190,70）

    C．（−190,−70）　　　　　　　　　D．（0,0）

第7章 高级编辑命令

内容简介

除了第6章介绍的编辑命令之外，还有"修剪""延伸""拉伸""拉长""圆角""倒角"和"打断"等编辑命令，这些编辑命令的操作方法比第6章介绍的编辑命令要相对复杂一些。本章介绍这些编辑命令。

内容要点

- ➷ 改变图形特性
- ➷ 圆角和倒角
- ➷ 打断、合并和分解对象
- ➷ 综合演练——凸轮卡爪
- ➷ 模拟认证考试

案例效果

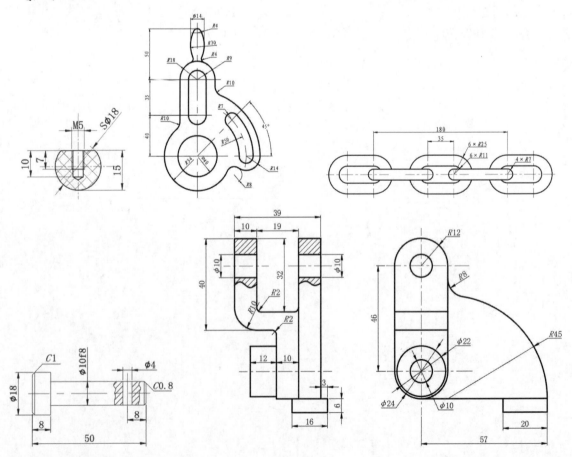

7.1 改变图形特性

这一类编辑命令在对指定对象进行编辑后，使编辑对象的几何特性发生改变，包括"删除""修剪""延伸""拉长""拉伸"等命令。

7.1.1 "删除"命令

如果所绘制的图形不符合要求或绘错了，可以使用"删除"命令（ERASE）将其删除。

【执行方式】

- ↘ 命令行：ERASE。
- ↘ 菜单栏：选择菜单栏中的"修改"→"删除"命令。
- ↘ 快捷菜单：选择要删除的对象，在绘图区右击，在弹出的快捷菜单中选择"删除"命令。
- ↘ 工具栏：单击"修改"工具栏中的"删除"按钮 ✍。
- ↘ 功能区：单击"默认"选项卡"修改"面板中的"删除"按钮 ✍。

【操作步骤】

可以先选择对象再调用"删除"命令；也可以先调用"删除"命令再选择对象。选择对象时，可以使用前面介绍的各种对象选择方法。

当选择多个对象时，调用"删除"命令，则多个对象都会被删除；若选择的对象属于某个对象组时，调用"删除"命令，则该对象组中的所有对象都会被删除。

7.1.2 "修剪"命令

"修剪"命令用于将超出边界的多余部分修剪掉，与"删除"命令的功能相似。修剪操作可以修改直线、圆、圆弧、多段线、样条曲线、射线和填充图案。

【执行方式】

- ↘ 命令行：TRIM。
- ↘ 菜单栏：选择菜单栏中的"修改"→"修剪"命令。
- ↘ 工具栏：单击"修改"工具栏中的"修剪"按钮 ✂。
- ↘ 功能区：单击"默认"选项卡"修改"面板中的"修剪"按钮 ✂。

动手学——绘制胶木球

源文件：源文件\第 7 章\胶木球.dwg

本实例绘制如图 7-1 所示的胶木球。

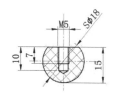

图 7-1 胶木球

扫一扫，看视频

【操作步骤】

（1）单击"默认"选项卡"图层"面板中的"图层特性"按钮 ⛭，打开"图层特性管理器"选项板，新建如下 3 个图层。

① 第一个图层命名为"粗实线"图层，线宽为 0.30mm，其他属性采用系统默认设置。

② 第二个图层命名为"中心线"图层，颜色为红色，线型为 CENTER，其他属性采用系统默认设置。

③ 第三个图层命名为"细实线"图层，颜色为蓝色，其他属性采用系统默认设置。

（2）将"中心线"图层设置为当前图层。单击"默认"选项卡"绘图"面板中的"直线"按钮 ∕，以坐标点 {(154, 150), (176, 150)} 和 {(165, 159), (165, 139)} 为端点，绘制中心线，修改线型比例为 0.1，绘制结果如图 7-2 所示。

（3）将"粗实线"图层设置为当前图层。单击"默认"选项卡"绘图"面板中的"圆"按钮 ⊙，以坐标点 (165, 150) 为圆心，半径为 9，绘制圆，结果如图 7-3 所示。

（4）单击"默认"选项卡"修改"面板中的"偏移"按钮 ⊆，将水平中心线向上偏移，偏移距离 6；并将偏移后的直线设置为"粗实线"层，结果如图 7-4 所示。

（5）单击"默认"选项卡"修改"面板中的"修剪"按钮 ✂，将多余的直线进行修剪。命令行提示与操作如下：

```
命令：_trim
当前设置：投影=UCS，边=延伸
选择剪切边...
选择对象或 <全部选择>：（选择圆和刚偏移的水平线）
选择对象：↙
选择要修剪的对象或按住 Shift 键选择要延伸的对象，或者[栏选(F)/窗交(C)/投影(P)/边(E)/删除(R)]：
（选择圆在直线上的圆弧上一点）
选择要修剪的对象，或按住 Shift 键选择要延伸的对象，或[栏选(F)/窗交(C)/投影(P)/边(E)/删除(R)/
放弃(U)]：（选择水平线左端一点）
选择要修剪的对象，或按住 Shift 键选择要延伸的对象，或[栏选(F)/窗交(C)/投影(P)/边(E)/删除(R)/
放弃(U)]：（选择水平线右端一点）
选择要修剪的对象，或按住 Shift 键选择要延伸的对象，或[栏选(F)/窗交(C)/投影(P)/边(E)/删除(R)/
放弃(U)]：↙
```

绘制结果如图 7-5 所示。

图 7-2　绘制中心线　　　　　图 7-3　绘制圆　　　　　图 7-4　偏移处理　　　　　图 7-5　修剪处理

✍ **技巧：**

　　修剪边界对象支持常规的各种选择技巧，如点选、框选，而且可以不断地累积选择。当然，最简单的选择方式是当出现选择修剪边界时直接按空格键或按 Enter 键，此时将把图中所有图形作为修剪对象，我们就可以修剪图中的任意对象。将所有对象作为修剪对象操作非常简单，省略了选择修剪边界的操作，因此大多数设计人员都已经习惯于这样操作。但建议具体情况具体对待，不要什么情况都用这种方式。

（6）单击"默认"选项卡"修改"面板中的"偏移"按钮≡，将剪切后的直线向下偏移，偏移距离为 7 和 10；再将竖直中心线向两侧偏移，偏移距离为 2.5 和 2。并将偏移距离为 2.5 的直线设置为"细实线"图层，将偏移距离为 2 的直线设置为"粗实线"图层，结果如图 7-6 所示。

（7）单击"默认"选项卡"修改"面板中的"修剪"按钮，将多余的直线进行修剪，结果如图 7-7 所示。

（8）将"粗实线"图层设置为当前图层。在状态栏中选取"极轴追踪"按钮后右击，系统弹出右键快捷菜单，选取角度为 30。单击"默认"选项卡"绘图"面板中的"直线"按钮，将"极轴追踪"打开，以图 7-7 所示的点 1 和点 2 为起点绘制夹角为 30° 的直线，绘制的直线与竖直中心线相交，绘制结果如图 7-8 所示。

（9）单击"默认"选项卡"修改"面板中的"修剪"按钮，将多余的直线进行修剪。结果如图 7-9 所示。

图 7-6　偏移处理　　　　图 7-7　修剪处理　　　　图 7-8　绘制直线　　　　图 7-9　修剪处理

（10）将"细实线"图层设置为当前图层。单击"默认"选项卡"绘图"面板中的"图案填充"按钮，设置填充图案为 NET，图案填充角度为 45，图案填充比例为 1；单击状态栏中的"线宽"按钮，打开显示线宽功能。最终结果如图 7-1 所示。

【选项说明】

（1）按住 Shift 键选择要延伸的对象：在选择对象时，如果按住 Shift 键，系统就自动将"修剪"命令转换成"延伸"命令。

（2）边：选择该选项时，可以选择对象的修剪方式，即延伸和不延伸。

① 延伸：延伸边界进行修剪。在此方式下，如果剪切边没有与要修剪的对象相交，系统就会延伸剪切边直至与要修剪的对象相交，然后再修剪，如图 7-10 所示。

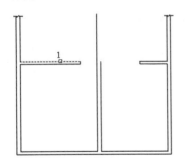 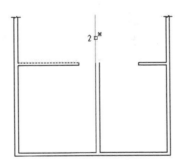 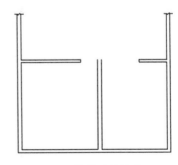

（a）选择剪切边　　　　　　（b）选择要修剪的对象　　　　　　（c）修剪后的结果

图 7-10　延伸方式修剪对象

② 不延伸：不延伸边界修剪对象，系统以栏选的方式选择被修剪对象，如图 7-11 所示。

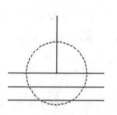
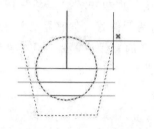
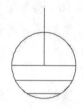

（a）选定剪切边　　　（b）使用栏选选定的修剪对象　　　（c）结果

图 7-11　栏选方式修剪对象

（3）窗交：选择该选项时，系统以窗交的方式选择被修剪对象，如图 7-12 所示。

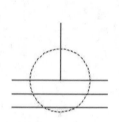
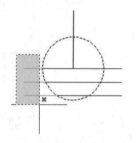

（a）使用窗交选择选定的边　　　（b）选定要修剪的对象　　　（c）结果

图 7-12　窗交方式修剪对象

扫一扫，看视频

动手练——绘制锁紧箍

绘制如图 7-13 所示的锁紧箍。

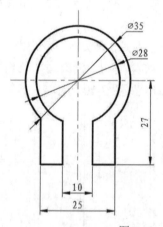

图 7-13　锁紧箍

📋 **思路点拨：**

> 源文件：源文件\第 7 章\ 锁紧箍.dwg
>
> （1）利用"直线""圆"和"偏移"命令绘制俯视图基本轮廓。
>
> （2）利用"修剪"命令绘制主视图。
>
> （3）利用"直线""圆"和"复制"命令绘制左视图。

7.1.3 "延伸"命令

"延伸"命令用于延伸一个对象直到另一个对象的边界线，如图 7-14 所示。

（a）选择边界

（b）选择要延伸的对象

（c）执行结果

图 7-14　延伸对象

【执行方式】

➤　命令行：EXTEND。

➤　菜单栏：选择菜单栏中的"修改"→"延伸"命令。

➤　工具栏：单击"修改"工具栏中的"延伸"按钮 →|。

➤　功能区：单击"默认"选项卡"修改"面板中的"延伸"按钮 →|。

扫一扫，看视频

动手学——绘制球头螺栓

源文件：源文件\第 7 章\球头螺栓.dwg

本实例绘制如图 7-15 所示的球头螺栓。

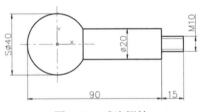

图 7-15　球头螺栓

【操作步骤】

（1）新建图层。单击"默认"选项卡"图层"面板中的"图层特性"按钮，打开"图层特性管理器"选项板，新建如下 3 个图层。

① 第一个图层命名为"粗实线"图层，线宽为 0.3mm，其他属性采用系统默认设置。

② 第二个图层命名为"细实线"图层，所有属性都采用系统默认设置。

③ 第三个图层命名为"中心线"图层，颜色为红色，线型为 CENTER，其他属性采用系统默认设置。

（2）将"中心线"图层设置为当前图层。单击"默认"选项卡"绘图"面板中的"直线"按钮 ╱，绘制中心线，坐标分别为{（−25,0），（25,0）}和{（0,−25），（0,25）}。

（3）将"粗实线"图层设置为当前图层。单击"默认"选项卡"绘图"面板中的"圆"按钮 ⊙，绘制圆心为（0,0）、半径为 20 的圆。

（4）单击"默认"选项卡"修改"面板中的"偏移"按钮 ⊆，将水平中心线向两侧偏移 10，将竖直中心线向右侧偏移 70，并将偏移后的直线改为粗实线，如图 7-16 所示。

（5）单击"默认"选项卡"修改"面板中的"延伸"按钮→┤，延伸水平直线。命令行提示与操作如下：

> 选择边界的边...
> EXTEND 选择对象或<全部选择>：（选择偏移 70 后的直线）
> 找到 1 个
> 选择对象：✓
> 选择要延伸的对象，或按住 Shift 键选择要延伸的对象，或 [栏选(F)/窗交(C)/投影(P)/边(E)/放弃(U)]：
> （选择向两侧偏移 10 的两条直线）
> 选择要延伸的对象，或按住 Shift 键选择要延伸的对象，或 [栏选(F)/窗交(C)/投影(P)/边(E)/放弃(U)]：✓

绘制结果如图 7-17 所示。

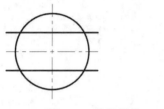

图 7-16　偏移直线

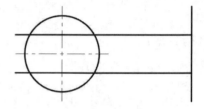

图 7-17　延伸直线

（6）分别选取合适的界线和对象，单击"默认"选项卡"修改"面板中的"修剪"按钮▼，修剪偏移产生的轮廓线，结果如图 7-18 所示。

（7）单击"默认"选项卡"修改"面板中的"偏移"按钮⊑，将如图 7-18 所示的直线 1 向内侧偏移 5，将直线 2 向右侧偏移 15，结果如图 7-19 所示。

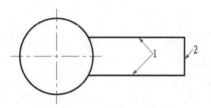

图 7-18　修剪直线

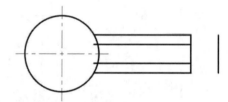

图 7-19　偏移直线

（8）单击"默认"选项卡"修改"面板中的"延伸"按钮→┤，参照步骤（5）延伸直线，然后利用"修剪"命令修改图形，结果如图 7-20 所示。

（9）单击"默认"选项卡"修改"面板中的"偏移"按钮⊑，将如图 7-20 所示的直线 1 和直线 2 向内侧偏移 1.5，并将偏移后的直线改为细实线，结果如图 7-21 所示。

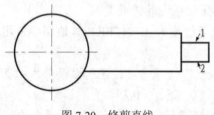

图 7-20　修剪直线

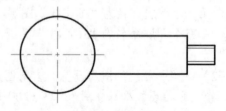

图 7-21　偏移直线

（10）单击"默认"选项卡"绘图"面板中的"直线"按钮／，补全图形，并单击"修剪"按钮修剪图形。最终结果如图 7-15 所示。

【选项说明】

（1）系统规定可以用作边界对象的对象有直线段、射线、双向无限长线、圆弧、圆、椭圆、二维和三维多段线、样条曲线、文本、浮动的视口和区域。如果选择二维多段线作为边界对象，系统会忽略其宽度而把对象延伸至多段线的中心线。如果要延伸的对象是适配样条多段线，则延伸后会在多段线的控制框上增加新节点；如果要延伸的对象是锥形的多段线，则系统会修正延伸端的宽度，使多段线从起始端平滑地延伸至新终止端；如果延伸操作导致新终止端的宽度为负值，则取宽度值为 0，如图 7-22 所示。

（a）选择边界对象　　　　　（b）选择要延伸的多段线　　　　（c）延伸后的结果

图 7-22　延伸对象

（2）选择对象时，如果按住 Shift 键，系统会自动将"延伸"命令转换成"修剪"命令。

动手练——绘制螺钉

绘制如图 7-23 所示的螺钉。

扫一扫，看视频

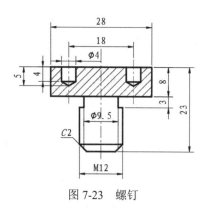

图 7-23　螺钉

思路点拨：

> **源文件**：源文件\第 7 章\螺钉.dwg
> （1）利用"直线""偏移"和"修剪"命令绘制基本轮廓。
> （2）利用"直线"命令绘制螺纹牙底线。
> （3）利用"延伸"命令将螺纹牙底线延伸至倒角斜线上。
> （4）利用"镜像"和"图案填充"命令进行完善。

7.1.4　"拉伸"命令

利用"拉伸"命令可以拖拉选择的对象，且对象的形状发生改变。拉伸对象时应指定拉伸的基点和移置点。利用一些辅助工具，如捕捉、钳夹功能和相对坐标等提高拉伸的精度。

【执行方式】

➡ 命令行：STRETCH。

➡ 菜单栏：选择菜单栏中的"修改"→"拉伸"命令。

➡ 工具栏：单击"修改"工具栏中的"拉伸"按钮 ⬚。

➡ 功能区：单击"默认"选项卡"修改"面板中的"拉伸"按钮 ⬚。

扫一扫，看视频

动手学——绘制链环

源文件：源文件\第 7 章\链环.dwg

本实例绘制如图 7-24 所示的链环零件图。首先利用"圆""直线"和"修剪"等命令绘制单个链和连接环，然后利用"拉伸"命令将链拉长，最后利用"复制"命令进行复制和最后的修剪。

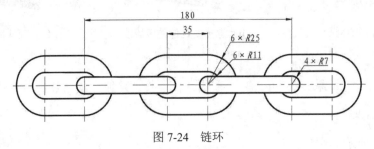

图 7-24　链环

【操作步骤】

（1）单击"默认"选项卡"图层"面板中的"图层特性"按钮 ⬚，打开"图层特性管理器"选项板，新建如下两个图层。

① 第一个图层命名为"粗实线"图层，线宽为 0.30mm，其他属性采用系统默认设置。

② 第二个图层命名为"中心线"图层，颜色为红色，线型为 CENTER，其他属性采用系统默认设置。

（2）将"中心线"图层设置为当前图层。单击"默认"选项卡"绘图"面板中的"直线"按钮 ╱，绘制中心线，坐标点分别为{（-30,0），（30,0）}{（0,-30），（0,30）}和{（10,-30），（10,30）}}。

（3）将"粗实线"图层设置为当前图层。单击"默认"选项卡"绘图"面板中的"圆"按钮 ⊙，绘制圆。利用对象捕捉命令捕捉水平中心线和竖直中心线的交点为圆心，绘制两个半径为11和两个半径为25的圆，结果如图 7-25 所示。

（4）单击"默认"选项卡"绘图"面板中的"直线"按钮 ╱，绘制直线。利用对象捕捉命令绘制 4 个圆的公切线，然后利用"修剪"命令修剪图形，结果如图 7-26 所示。

（5）单击"默认"选项卡"绘图"面板中的"圆"按钮 ⊙，绘制圆心为（10,0）和（57.5,0）、半径为 7 的圆。

（6）单击"默认"选项卡"绘图"面板中的"直线"按钮 ╱，绘制直线。利用对象捕捉命令绘制圆的公切线，然后利用"修剪"命令修剪图形，结果如图 7-27 所示。

图 7-25　绘制圆

图 7-26　绘制公切线

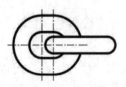

图 7-27　修剪图形

（7）由绘制的图形可以看出两个链环之间的距离太近，在机械传动中容易摩擦断开，因此需要加长链环之间的距离。单击"默认"选项卡"修改"面板中的"拉伸"按钮，拉伸图形。命令行提示与操作如下：

```
以交叉窗口或交叉多边形选择要拉伸的对象…
STRETCH 选择对象：（选择如图 7-28 所示的图形）
选择对象：指定对角点：找到 8 个
选择对象：✓
指定基点或[位移(D)]<位移>：0,0✓
指定第二个点或<使用第一个点作为位移>：@-25,0✓
以交叉窗口或交叉多边形选择要拉伸的对象…
STRETCH 选择对象：（选择如图 7-29 所示的图形）
选择对象：指定对角点：找到 3 个
选择对象：✓
指定基点或[位移(D)]<位移>：0,0✓
指定第二个点或<使用第一个点作为位移>：@25,0✓
```

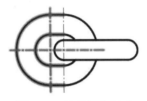 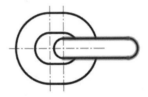

图 7-28　拉伸部分图形　　　　　　　　　图 7-29　拉伸部分图形

绘制结果如图 7-30 所示。

（8）单击"默认"选项卡"修改"面板中的"复制"按钮，复制左边的圆环。利用对象捕捉命令将图形复制到适当的位置，然后利用"修剪"命令修剪图形，结果如图 7-31 所示。

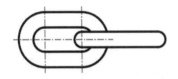 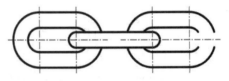

图 7-30　拉伸图形　　　　　　　　　　图 7-31　复制图形

（9）重复"复制"命令复制图形，然后利用"延伸"命令补全末端的缺口，最后结果如图 7-24 所示。

✎ 技巧：

> STRETCH 命令仅移动位于交叉选择窗口内的顶点和端点，不更改那些位于交叉选择窗口外的顶点和端点。部分包含在交叉选择窗口内的对象将被拉伸。

【选项说明】

（1）必须采用"窗交"方式选择拉伸对象。

（2）拉伸对象时，指定第一个点后，若指定第二个点，系统将根据这两点决定矢量拉伸的对象。若直接按 Enter 键，系统会把第一个点作为 X 轴和 Y 轴的分量值。

扫一扫，看视频

动手练——绘制螺栓

绘制如图 7-32 所示的螺栓。

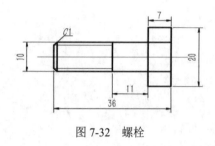

图 7-32　螺栓

思路点拨：

源文件：源文件\第 7 章\螺栓.dwg
（1）利用"直线""偏移"和"镜像"等命令绘制基本轮廓。
（2）利用"拉伸"命令拉长螺杆。

7.1.5　"拉长"命令

"拉长"命令可以更改对象的长度和圆弧的包含角。

【执行方式】

- 命令行：LENGTHEN。
- 菜单栏：选择菜单栏中的"修改"→"拉长"命令。
- 功能区：单击"默认"选项卡"修改"面板中的"拉长"按钮 ✐ 。

【选项说明】

（1）增量：用指定增加量的方法改变对象的长度或角度。
（2）百分数：用指定要修改对象的长度占总长度百分比的方法改变圆弧或直线段的长度。
（3）总计：用指定新的总长度或总角度值的方法改变对象的长度或角度。
（4）动态：在该模式下，可以使用拖动鼠标的方法来动态地改变对象的长度或角度。

手把手教你学：

拉伸和拉长工具都可以改变对象的大小，不同的是拉伸可以一次框选多个对象，不仅可以改变对象的大小，同时也可以改变对象的形状；而拉长只改变对象的长度，且不受边界的限制。可用以拉长的对象包括直线、弧线和样条曲线等。

7.2　圆角和倒角

在 AutoCAD 绘图的过程中，圆角（倒圆角）和倒角会被经常用到。在使用"圆角"和"倒角"命令时，要先设置圆角半径、倒角距离；否则，执行命令后，很可能看不到任何效果。

7.2.1 "圆角"命令

圆角是指用指定半径决定的一段平滑的圆弧连接两个对象。系统规定可以用圆角连接一对直线段、非圆弧多段线、样条曲线、双向无限长线、射线、圆、圆弧和椭圆,并且可以在任何时刻用圆角连接非圆弧多段线的每个节点。

【执行方式】

- ➜ 命令行:FILLET。
- ➜ 菜单栏:选择菜单栏中的"修改"→"圆角"命令。
- ➜ 工具栏:单击"修改"工具栏中的"圆角"按钮 ⌒。
- ➜ 功能区:单击"默认"选项卡"修改"面板中的"圆角"按钮 ⌒。

动手学——绘制挂轮架

源文件:源文件\第 7 章\挂轮架.dwg

本实例绘制如图 7-33 所示的挂轮架。

扫一扫,看视频

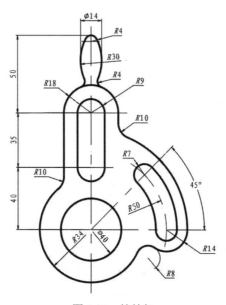

图 7-33 挂轮架

【操作步骤】

(1)设置图层。单击"默认"选项卡"图层"面板中的"图层特性"按钮 ⧉,创建图层 CSX 和 XDHX。其中,CSX 图层的线型为实线,线宽为 0.30mm,其他属性采用系统默认设置;XDHX 图层的线型为 CENTER,线宽为 0.09mm,其他属性采用系统默认设置。

(2)将"XDHX"图层设置为当前图层,绘制对称中心线。

① 单击"默认"选项卡"绘图"面板中的"直线"按钮 ╱,绘制 3 条直线,端点分别为 {(80,70),(210,70)}{(140,210),(140,12)}{(中心线的交点),(@70<45)}。

② 单击"默认"选项卡"修改"面板中的"偏移"按钮 ⊆,将水平中心线向上偏移 40、35、

50、4（依次以偏移形成的水平中心线为偏移对象）。

③ 单击"默认"选项卡"绘图"面板中的"圆"按钮⊙，以下部中心线的交点为圆心绘制半径为50的中心线圆。

④ 单击"默认"选项卡"修改"面板中的"修剪"按钮⅄，修剪中心线圆，结果如图7-34所示。

（3）将CSX图层设置为当前图层，绘制挂轮架中部。

① 单击"默认"选项卡"绘图"面板中的"圆"按钮⊙，以下部中心线的交点为圆心，绘制半径分别为20和34的同心圆。

② 单击"默认"选项卡"修改"面板中的"偏移"按钮⊆，将竖直中心线分别向两侧偏移9、18。

③ 单击"默认"选项卡"绘图"面板中的"直线"按钮╱，分别捕捉竖直中心线与水平中心线的交点绘制四条竖直线。

④ 单击"默认"选项卡"修改"面板中的"删除"按钮✎，删除偏移的竖直中心线，结果如图7-35所示。

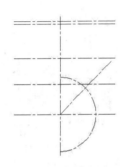

图7-34 修剪后的图形

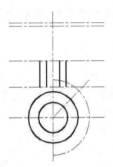

图7-35 绘制中间的竖直线

⑤ 单击"默认"选项卡"绘图"面板中的"圆弧"按钮╱，命令行提示与操作如下：

```
命令：_arc  （绘制R18圆弧）
指定圆弧的起点或[圆心(C)]：C✓
指定圆弧的圆心：_int 于  （捕捉中心线的交点）
指定圆弧的起点：_int 于  （捕捉左侧中心线的交点）
指定圆弧的端点(按住 Ctrl 键以切换方向)或[角度(A)/弦长(L)]：A✓
指定夹角(按住 Ctrl 键以切换方向)：-180✓
```

⑥ 单击"默认"选项卡"修改"面板中的"圆角"按钮╱，命令行提示与操作如下：

```
命令：_fillet  （"圆角"命令，绘制上部R9圆弧）
当前设置：模式 = 修剪，半径 = 4.0000
选择第一个对象或[放弃(U)/多段线(P)/半径(R)/修剪(T)/多个(M)]：（选择中间左侧的竖直线的上部）
选择第二个对象，或按住 Shift 键选择对象以应用角点或[半径(R)]：（选择中间右侧的竖直线的上部）
```

用同样的方法绘制下部R9圆弧和左端R10圆角。

⑦ 单击"默认"选项卡"修改"面板中的"修剪"按钮⅄，修剪R34圆，结果如图7-36所示。

（4）绘制挂轮架右部。

① 单击"默认"选项卡"绘图"面板中的"圆"按钮⊙，捕捉中心线圆R50与水平中心线的交点为圆心，绘制半径为7的圆。

用同样的方法捕捉中心线圆R50与倾斜中心线的交点为圆心，以7为半径绘制圆。

② 单击"默认"选项卡"绘图"面板中的"圆弧"按钮 ╱，命令行提示与操作如下：

命令: _arc（绘制 R43 圆弧）
指定圆弧的起点或 [圆心(C)]: C✓
指定圆弧的圆心: _cen 于 （捕捉 R34 圆弧的圆心）
指定圆弧的起点: _int 于 （捕捉下部 R7 圆与水平对称中心线的左交点）
指定圆弧的端点(按住 Ctrl 键以切换方向)或 [角度(A)/弦长(L)]: _int 于 （捕捉上部 R7 圆与倾斜对称中心线的左交点）
命令: _arc （绘制 R57 圆弧）
指定圆弧的起点或 [圆心(C)]: C✓
指定圆弧的圆心: _cen 于 （捕捉 R34 圆弧的圆心）
指定圆弧的起点: _int 于 （捕捉下部 R7 圆与水平对称中心线的右交点）
指定圆弧的端点(按住 Ctrl 键以切换方向)或 [角度(A)/弦长(L)]: _int 于 （捕捉上部 R7 圆与倾斜对称中心线的右交点）

③ 单击"默认"选项卡"修改"面板中的"修剪"按钮 ╲，修剪 R7 圆。

④ 单击"默认"选项卡"绘图"面板中的"圆"按钮 ⊙，以 R34 圆的圆心为圆心，绘制半径为 64 的圆。

⑤ 单击"默认"选项卡"修改"面板中的"圆角"按钮 ╱，绘制上部 R10 圆角。

⑥ 单击"默认"选项卡"修改"面板中的"修剪"按钮 ╲，修剪 R64 圆。

⑦ 单击"默认"选项卡"绘图"面板中的"圆弧"按钮 ╱，命令行提示与操作如下：

命令: _arc（绘制下部 R14 圆弧）
指定圆弧的起点或 [圆心(C)]: C✓
指定圆弧的圆心: _cen 于 （捕捉下部 R7 圆的圆心）
指定圆弧的起点: _int 于 （捕捉 R64 圆与水平对称中心线的交点）
指定圆弧的端点(按住 Ctrl 键以切换方向)或 [角度(A)/弦长(L)]: A✓
指定夹角(按住 Ctrl 键以切换方向): -180

⑧ 单击"默认"选项卡"修改"面板中的"圆角"按钮 ╱，绘制下部 R8 圆角，绘制结果如图 7-37 所示。

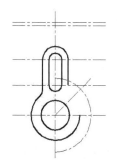

图 7-36 挂轮架中部图形

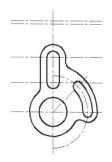

图 7-37 绘制完成挂轮架右部图形

（5）绘制挂轮架上部。

① 单击"默认"选项卡"修改"面板中的"偏移"按钮 ⊂，将竖直对称中心线向右侧偏移 23。

② 将 0 图层设置为当前图层，单击"默认"选项卡"绘图"面板中的"圆"按钮 ⊙，以第二条水平中心线（从上往下数）与竖直对称中心线的交点为圆心，绘制 R26 辅助圆。

③ 将 CSX 图层设置为当前图层，单击"默认"选项卡"绘图"面板中的"圆"按钮 ⊙，以 R26 辅助圆与偏移的竖直中心线的交点为圆心，绘制 R30 圆，绘制结果如图 7-38 所示。

④ 单击"默认"选项卡"修改"面板中的"删除"按钮 ，分别选择偏移形成的竖直中心线以及 R26 圆。

⑤ 单击"默认"选项卡"修改"面板中的"修剪"按钮 ，修剪 R30 圆，修剪为圆弧。

⑥ 单击"默认"选项卡"修改"面板中的"镜像"按钮 ，以竖直对称中心线为镜像轴，镜像所绘制的 R30 圆弧，结果如图 7-39 所示。

⑦ 单击"默认"选项卡"修改"面板中的"圆角"按钮 ，命令行提示与操作如下：

```
命令：_fillet  （绘制最上部 R4 圆弧）
当前设置：模式 = 修剪，半径 = 8.0000
选择第一个对象或[放弃(U)/多段线(P)/半径(R)/修剪(T)/多个(M)]：R↙
指定圆角半径 <8.0000>：4↙
选择第一个对象或[放弃(U)/多段线(P)/半径(R)/修剪(T)/多个(M)]：（选择左侧 R30 圆弧的上端）
选择第二个对象，或按住 Shift 键选择对象以应用角点或 [半径(R)]：（选择右侧 R30 圆弧的上端）
命令：_fillet（绘制左边 R4 圆角）
当前设置：模式 = 修剪，半径 = 4.0000
选择第一个对象或[放弃(U)/多段线(P)/半径(R)/修剪(T)/多个(M)]：T↙   （更改修剪模式）
输入修剪模式选项 [修剪(T)/不修剪(N)] <修剪>：N↙   （选择修剪模式为不修剪）
选择第一个对象或[放弃(U)/多段线(P)/半径(R)/修剪(T)/多个(M)]：（选择左侧 R30 圆弧的下端）
选择第二个对象，或按住 Shift 键选择对象以应用角点或 [半径(R)]：（选择 R18 圆弧的左侧）
命令：_fillet（绘制右侧 R4 圆角）
当前设置：模式 = 不修剪，半径 = 4.0000
选择第一个对象或[放弃(U)/多段线(P)/半径(R)/修剪(T)/多个(M)]：（选择右侧 R30 圆弧的下端）
选择第二个对象，或按住 Shift 键选择对象以应用角点或 [半径(R)]：（选择 R18 圆弧的右侧）
```

⑧ 单击"默认"选项卡"修改"面板中的"修剪"按钮 ，修剪 R30 圆弧，结果如图 7-40 所示。

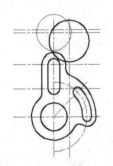
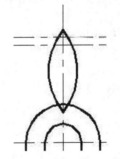
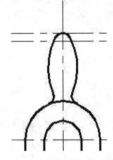

图 7-38 绘制 R30 圆   图 7-39 镜像 R30 圆弧   图 7-40 挂轮架的上部

【选项说明】

（1）多段线：在一条二维多段线的两条直线的节点处插入圆滑的弧。选择多段线后，系统会根据指定的圆弧半径把多段线各顶点用圆弧平滑地连接起来。

（2）修剪：决定在用圆角连接两条边时，是否修剪这两条边，如图 7-41 所示。

（a）修剪方式   （b）不修剪方式

图 7-41 圆角连接

（3）多个：可以同时对多个对象进行圆角编辑，而不必重新启用命令。

（4）按住 Shift 键并选择两条直线，可以快速创建零距离倒角或零半径圆角。

✍ **手把手教你学：**

几种情况下的圆角处理。

（1）当两条线相交或不相连时，利用圆角进行修剪和延伸。

如果将圆角半径设置为 0，则不会创建圆弧，操作对象将被修剪或延伸直到它们相交。当两条线相交或不相连时，使用"圆角"命令可以自动进行修剪和延伸，比使用"修剪"和"延伸"命令更方便。

（2）对平行直线倒圆角。

不仅可以对相交或未连接的线倒圆角，还可以对平行的直线、构造线和射线倒圆角。对平行线进行倒圆角时，软件将忽略原来的圆角设置，自动调整圆角半径，生成一个半圆连接两条直线，绘制键槽或类似零件时比较方便。对平行线倒圆角时第一个选定对象必须是直线或射线，不能是构造线，因为构造线没有端点，但是可以作为圆角的第二个对象。

（3）对多段线加圆角或删除圆角。

如果想在多段线上适合圆角半径的每条线段的顶点处插入相同长度的圆角弧，可在倒圆角时使用"多段线"选项；如果想删除多段线上的圆角和弧线，也可以使用"多段线"选项，只需将圆角设置为 0，"圆角"命令将删除该圆弧线段并延伸直线，直到它们相交。

动手练——绘制内六角螺钉

绘制如图 7-42 所示的内六角螺钉。

扫一扫，看视频

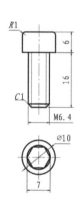

图 7-42 内六角螺钉

📋 **思路点拨：**

源文件：源文件\第 7 章\内六角螺钉.dwg

（1）利用"直线""偏移""圆""正多边形"和"修剪"命令绘制基本形状。

（2）利用"倒圆角"命令进行圆角处理。

7.2.2 "倒角"命令

倒角是指用斜线连接两个不平行的线型对象。可以用斜线连接直线、双向无限长线、射线和多段线。

【执行方式】

- 命令行：CHAMFER。
- 菜单栏：选择菜单栏中的"修改"→"倒角"命令。
- 工具栏：单击"修改"工具栏中的"倒角"按钮╱。
- 功能区：单击"默认"选项卡"修改"面板中的"倒角"按钮╱。

扫一扫，看视频

动手学——绘制销轴

源文件：源文件\第 7 章\销轴.dwg

本实例绘制如图 7-43 所示的销轴。

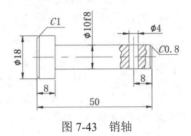

图 7-43　销轴

【操作步骤】

（1）单击"默认"选项卡"图层"面板中的"图层特性"按钮，打开"图层特性管理器"选项板，新建如下 3 个图层。

① 第一个图层命名为"粗实线"图层，线宽为 0.30mm，其他属性采用系统默认设置。

② 第二个图层命名为"中心线"图层，颜色为红色，线型为 CENTER，其他属性采用系统默认设置。

③ 第三个图层命名为"细实线"图层，颜色为蓝色，其他属性采用系统默认设置。

（2）将"中心线"图层设置为当前图层。单击"默认"选项卡"绘图"面板中的"直线"按钮╱，以坐标点 {(135,150), (195,150)} 绘制中心线，绘制结果如图 7-44 所示。

（3）将"粗实线"图层设置为当前图层。单击"默认"选项卡"绘图"面板中的"直线"按钮╱，以坐标点 {(140,150), (140,159), (148,159), (148,150)}{ (148,155), (190,155), (190,150)} 依次绘制直线，绘制结果如图 7-45 所示。

————————————

图 7-44　绘制中心线　　　　　　　　　　　　图 7-45　绘制直线

（4）单击"默认"选项卡"修改"面板中的"倒角"按钮╱，命令行提示与操作如下：

```
命令：_chamfer
（"修剪"模式）当前倒角距离 1 = 0.0000，距离 2 = 0.0000
选择第一条直线或 [放弃(U)/多段线(P)/距离(D)/角度(A)/修剪(T)/方式(E)/多个(M)]：D↙
指定第一个倒角距离 <0.0000>：1↙
指定第二个倒角距离 <1.0000>：↙
选择第一条直线或 [放弃(U)/多段线(P)/距离(D)/角度(A)/修剪(T)/方式(E)/多个(M)]：（选择最左侧的
竖直线）
```

选择第二条直线，或按住 Shift 键选择直线以应用角点或 [距离(D)/角度(A)/方法(M)]:（选择最上面的水平线）

用同样的方法设置倒角距离为 0.8，进行右端倒角，结果如图 7-46 所示。

（5）单击"默认"选项卡"绘图"面板中的"直线"按钮✓，绘制倒角线，结果如图 7-47 所示。

（6）单击"默认"选项卡"修改"面板中的"镜像"按钮⚠，以中心线为轴镜像，结果如图 7-48 所示。

图 7-46　倒角处理　　　　　　　图 7-47　绘制倒角线　　　　　　　图 7-48　镜像处理

（7）单击"默认"选项卡"修改"面板中的"偏移"按钮⚏，将右侧竖直直线向左偏移，偏移距离为 8，并将偏移的直线两端拉长，修改图层为"中心线"图层，结果如图 7-49 所示。

（8）单击"默认"选项卡"修改"面板中的"偏移"按钮⚏，将偏移后的直线继续向两侧偏移，偏移距离为 2，并将偏移后的直线两端拉长，修改图层为"粗实线"图层，然后单击"默认"选项卡"修改"面板中的"修剪"按钮✂，将多余的线条修剪掉，结果如图 7-50 所示。

（9）将"细实线"图层设置为当前图层。单击"默认"选项卡"绘图"面板中的"样条曲线拟合"按钮ℕ，绘制局部剖切线，结果如图 7-51 所示。

（10）将"细实线"图层设置为当前图层。单击"默认"选项卡"绘图"面板中的"图案填充"按钮▨，设置填充图案为 ANSI31，图案填充角度为 0，填充图案比例为 0.5。单击状态栏中的"线宽"按钮═，打开显示线宽功能。最终结果如图 7-43 所示。

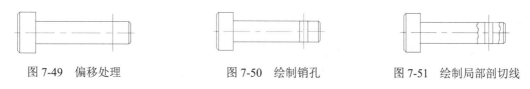

图 7-49　偏移处理　　　　　　　图 7-50　绘制销孔　　　　　　　图 7-51　绘制局部剖切线

【选项说明】

（1）距离：选择倒角的两个斜线距离。斜线距离是指从被连接的对象与斜线的交点到被连接的两个对象的可能交点之间的距离，如图 7-52 所示。这两个斜线距离可以相同也可以不相同，若两者均为 0，则系统不绘制连接的斜线，而是把两个对象延伸至相交，并修剪超出的部分。

（2）角度：选择第一条直线的斜线距离和角度。采用这种方法，斜线连接对象时，需要输入两个参数，分别是斜线与一个对象的斜线距离和斜线与该对象的夹角，如图 7-53 所示。

图 7-52　斜线距离　　　　　　　　　　　　　　图 7-53　斜线距离与夹角

（3）多段线：对多段线的各个交叉点进行倒角编辑。为了得到最好的连接效果，一般设置斜线为相等的值。系统根据指定的斜线距离把多段线的每个交叉点都做斜线连接，连接的斜线成为多段线新的构成部分，如图 7-54 所示。

扫一扫，看视频

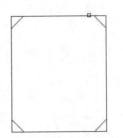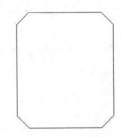

图 7-54　斜线连接多段线

（4）修剪：与圆角连接命令 FILLET 相同，该选项决定连接对象后是否剪切源对象。

（5）方法：决定采用"距离"方式还是"角度"方式来倒角。

（6）多个：同时对多个对象进行倒角编辑。

动手练——绘制传动轴

绘制如图 7-55 所示的传动轴。

图 7-55　传动轴

 思路点拨：

> 源文件：源文件\第 7 章\传动轴.dwg
> （1）利用"直线""偏移"和"修剪"命令绘制传动轴的上半部分。
> （2）利用"倒角"命令进行倒角处理。
> （3）利用"镜像"命令延伸完成传动轴主体绘制。
> （4）利用"圆""直线"和"修剪"命令绘制键槽。

7.3　打断、合并和分解对象

编辑命令除了前面学到的复制类命令、改变位置类命令、改变图形特性的命令、"圆角"和"倒角"命令之外，还有"打断""打断于点""合并"和"分解"命令。

7.3.1　"打断"命令

"打断"命令用于在两个点之间创建间隔，也就是在打断之处存在间隙。

【执行方式】

- ➘　命令行：BREAK。
- ➘　菜单栏：选择菜单栏中的"修改"→"打断"命令。
- ➘　工具栏：单击"修改"工具栏中的"打断"按钮凸。
- ➘　功能区：单击"默认"选项卡"修改"面板中的"打断"按钮凸。

扫一扫，看视频

动手学——删除过长中心线

调用素材：初始文件\第 7 章\修剪过长中心线操作图.dwg

源文件：源文件\第 7 章\删除过长中心线.dwg

将图 7-56（a）中过长的中心线删除。

【操作步骤】

（1）打开初始文件\第 7 章\修剪过长中心线操作图.dwg 文件。

（2）单击"默认"选项卡"修改"面板中的"打断"按钮凸。命令行提示与操作如下：

命令：_BREAK
选择对象：（选择过长的中心线需要打断的地方，如图 7-56（a）所示；这时被选中的中心线高亮显示，如图 7-56（b）所示）
指定第二个打断点或 [第一点(F)]：（指定断开点，在中心线的延长线上选择第二点，多余的中心线被删除）
绘制结果如图 7-56（c）所示。

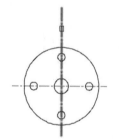
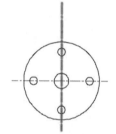
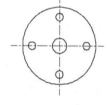

（a）选择要打断的地方　　　　　（b）被选中的中心线高亮显示　　　　　（c）结果

图 7-56　打断对象

✍ 技巧：

　　系统默认打断的方向是沿逆时针方向，所以在选择打断点的先后顺序时，要注意不要把顺序弄反了。

【选项说明】

如果选择"第一点"选项，系统将丢弃前面的第一个选择点，重新提示用户指定两个打断点。

7.3.2　"打断于点"命令

"打断于点"命令用于将对象在某一点处打断，打断之处没有间隙。有效的对象包括直线、圆弧等，但不能是圆、矩形和多边形等封闭图形。此命令与"打断"命令类似。

【执行方式】

↘ 命令行：BREAK。

↘ 工具栏：单击"修改"工具栏中的"打断于点"按钮□。

↘ 功能区：单击"默认"选项卡"修改"面板中的"打断于点"按钮□。

【操作步骤】

命令行提示与操作如下：

命令：_BREAK
选择对象：（选择要打断的对象）
指定第二个打断点或 [第一点(F)]：_F（系统自动执行"第一点"选项）
指定第一个打断点：（选择打断点）
指定第二个打断点：@（系统自动忽略此提示）

7.3.3 "合并"命令

通过"合并"命令可以将直线、圆弧、椭圆弧和样条曲线等独立的对象合并为一个对象。

【执行方式】

↘ 命令行：JOIN。

↘ 菜单栏：选择菜单栏中的"修改"→"合并"命令。

↘ 工具栏：单击"修改"工具栏中的"合并"按钮 ⁺⁺。

↘ 功能区：单击"默认"选项卡"修改"面板中的"合并"按钮 ⁺⁺。

【操作步骤】

命令行提示与操作如下：

命令：JOIN✓
选择源对象或要一次合并的多个对象：（选择一个对象）
选择要合并的对象：（选择另一个对象）
选择要合并的对象：✓

7.3.4 "分解"命令

利用"分解"命令，可以在选择一个对象后将其分解。此时，系统继续给出提示，允许分解多个对象。

【执行方式】

↘ 命令行：EXPLODE。

↘ 菜单栏：选择菜单栏中的"修改"→"分解"命令。

↘ 工具栏：单击"修改"工具栏中的"分解"按钮 ⬚。

↘ 功能区：单击"默认"选项卡"修改"面板中的"分解"按钮 ⬚。

动手学——绘制腰形连接件

源文件：源文件\第 7 章\腰形连接件.dwg

绘制如图 7-57 所示的腰形连接件。

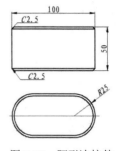

图 7-57 腰形连接件

【操作步骤】

（1）单击"默认"选项卡"图层"面板中的"图层特性"按钮 ，打开"图层特性管理器"选项板，新建如下两个图层。

① 第一个图层命名为"轮廓线"图层，线宽为 0.30mm，其他属性采用系统默认设置。

② 第二个图层命名为"中心线"图层，颜色为红色，线型为 CENTER，其他属性采用系统默认设置。

（2）绘制主视图。

① 绘制矩形。将"轮廓线"图层设置为当前图层。单击"绘图"面板中的"矩形"按钮 ，以两个角点{（65, 200），（165, 250）}为坐标点绘制矩形，绘制结果如图 7-58 所示。

② 分解矩形。单击"默认"选项卡"修改"面板中的"分解"按钮 ，将矩形分解。命令行提示与操作如下：

```
命令：_explode
选择对象：（选择矩形）
找到 1 个
选择对象：↙
```

③ 偏移直线。单击"默认"选项卡"修改"面板中的"偏移"按钮 ，将上侧的水平直线向下偏移 2.5，将下侧的水平直线向上偏移 2.5，结果如图 7-59 所示。

④ 倒角处理。单击"默认"选项卡"修改"面板中的"倒角"按钮 ，角度、距离模式分别为 45°和 2.5，完成主视图的绘制，结果如图 7-60 所示。

图 7-58 绘制矩形

图 7-59 偏移直线

图 7-60 倒角处理

（3）绘制俯视图。

① 绘制中心线。将"中心线"图层设置为当前图层。单击"默认"选项卡"绘图"面板中的"直线"按钮 ，以{（60, 130），（170, 130）}为坐标点绘制一条水平中心线，结果如图 7-61 所示。

② 绘制直线。将"轮廓线"图层设置为当前图层。单击"默认"选项卡"绘图"面板中的"直线"按钮 ，以{（90, 155），（140, 155）}和{（90, 105），（140, 105）}为坐标点绘制两条水平直线，绘制结果如图 7-62 所示。

③ 绘制圆弧。单击"默认"选项卡"绘图"面板中的"圆弧"按钮 ，以坐标点（90,155）为起点，以坐标点（90,105）为终点，绘制半径为 25 的圆弧。

重复"圆弧"命令，以坐标点（140,105）为起点，以坐标点（140,155）为终点，绘制半径为25的圆弧，绘制结果如图 7-63 所示。

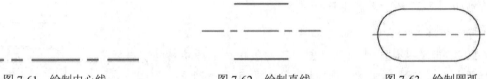

图 7-61　绘制中心线　　　　　图 7-62　绘制直线　　　　　图 7-63　绘制圆弧

④ 偏移直线和圆弧。单击"默认"选项卡"修改"面板中的"偏移"按钮 ⊆，将直线和圆弧分别向内偏移 2.5，最终完成腰形连接件的绘制，结果如图 7-57 所示。

动手练——绘制槽轮

绘制如图 7-64 所示的槽轮。

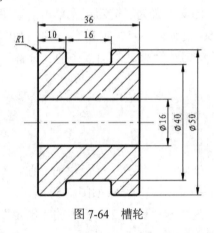

图 7-64　槽轮

扫一扫，看视频

📋 **思路点拨：**

> 源文件：源文件\第 7 章\槽轮.dwg
>
> （1）利用"矩形""分解"和"偏移"命令绘制基本轮廓。
>
> （2）利用"修剪""圆角"命令绘制槽轮外轮廓。
>
> （3）利用"图案填充"命令绘制剖面线。

7.4　综合演练——凸轮卡爪

扫一扫，看视频

源文件：源文件\第 7 章\凸轮卡爪.dwg

本实例绘制如图 7-65 所示的凸轮卡爪。本图是一个控制特定凸轮做间歇性转动的卡爪，该零件的绘制可以说是使用 AutoCAD 二维绘图功能的综合实例。本实例的制作思路是依次绘制凸轮卡爪主视图、剖视图，充分利用多视图投影对应关系，绘制辅助定位直线。

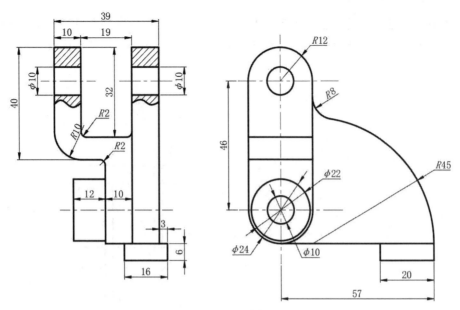

图 7-65　凸轮卡爪

【操作步骤】

1. 配置绘图环境

单击"默认"选项卡"图层"面板中的"图层特性"按钮🗂，打开"图层特性管理器"选项板，新建并设置每个图层，如图 7-66 所示。

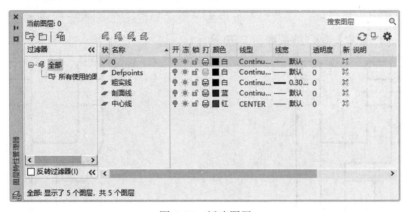

图 7-66　新建图层

2. 绘制凸轮卡爪主视图

（1）将"中心线"图层设置为当前图层。单击"默认"选项卡"绘图"面板中的"直线"按钮╱，绘制两条水平直线，坐标点分别为{（2,18），（44,18）}和{（−5,64），（44,64）}，绘制结果如图 7-67 所示。

（2）将"粗实线"图层设置为当前图层。单击"默认"选项卡"绘图"面板中的"矩形"按钮▭，分别以（0,0）和（42,76）为角点，绘制矩形；单击"默认"选项卡"修改"面板中的"分解"按钮🗗，将绘制的矩形进行分解；单击"默认"选项卡"修改"面板中的"偏移"按钮⊂，将分解后的矩形进行偏移，将最左边的竖直直线向右偏移，偏移距离分别为 7、10、19、26、29、39；将最下边的水平直线向上偏移，偏移距离分别为 6、7、29、36、44、59、69，结果如图 7-68 所示。

图 7-67　绘制水平直线

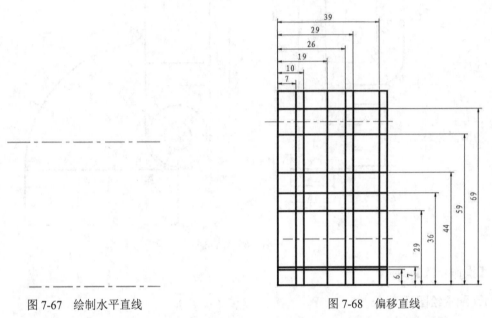

图 7-68　偏移直线

（3）单击"默认"选项卡"修改"面板中的"修剪"按钮，对偏移后的直线进行修剪，修剪后的图形如图 7-69 所示，形成凸轮卡爪主视图的轮廓。

（4）单击"默认"选项卡"修改"面板中的"圆角"按钮，设置圆角半径分别为 10 和 2，对修剪后的图形进行圆角处理，结果如图 7-70 所示。

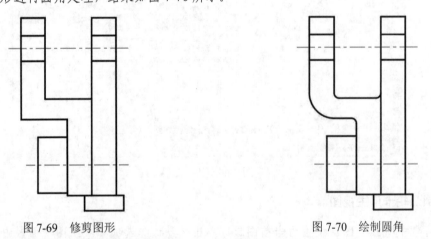

图 7-69　修剪图形　　　　　　　　　　图 7-70　绘制圆角

（5）单击"默认"选项卡"绘图"面板中的"样条曲线拟合"按钮，绘制样条曲线形成局部剖切线；将"剖面线"图层设置为当前图层，单击"默认"选项卡"绘图"面板中的"图案填充"按钮，打开"图案填充创建"选项卡，设置填充图案为 ANSI31，"角度"设置为 0，"比例"设置为 0.5，然后选取剖面边界，绘制剖面线，结果如图 7-71 所示。

（6）单击"默认"选项卡"修改"面板中的"打断"按钮凸，将主视图中上端的水平直线打断，调整水平直线的长度，结果如图 7-72 所示。

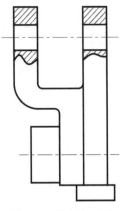
图 7-71　绘制剖面线

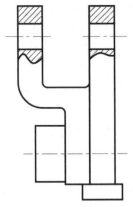
图 7-72　打断水平直线

3. 绘制凸轮卡爪左视图

（1）将"中心线"图层设置为当前图层。单击"默认"选项卡"绘图"面板中的"直线"按钮╱，利用"对象捕捉"和"正交"功能绘制中心线，结果如图 7-73 所示。

（2）将"粗实线"图层设置为当前图层。单击"默认"选项卡"绘图"面板中的"圆"按钮⊙，以上边水平中心线与竖直中心线的交点为圆心，绘制半径为 5 的圆；重复"圆"命令，以下边水平中心线与竖直中心线的交点为圆心，绘制半径分别为 5 和 11 的圆，结果如图 7-74 所示。

图 7-73　绘制中心线

图 7-74　绘制圆

（3）单击"默认"选项卡"绘图"面板中的"多段线"按钮 ⊃，绘制轮廓。命令行提示与操作如下：

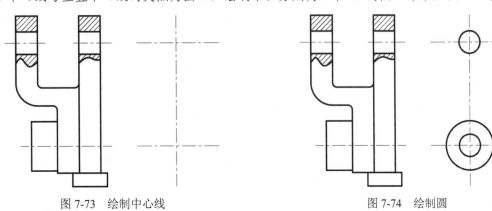

```
命令:_PLINE
指定起点:（按 Shift 键，右击，在弹出的快捷菜单中选择"自"命令）
指定起点: _from 基点:（选择下端两个同心圆的圆心）
指定起点: _from 基点:<偏移>: @-12,0✓
指定下一个点或 [圆弧(A)/半宽(H)/长度(L)/放弃(U)/宽度(W)]: @0,46✓
指定下一个点或 [圆弧(A)/半宽(H)/长度(L)/放弃(U)/宽度(W)]:A✓
指定圆弧的端点或 [角度(A)/圆心(CE)/闭合(CL)/方向(D)/半宽(H)/直线(L)/半径(R)/第二个点(S)/
放弃(U)/宽度(W)]:A✓
指定夹角: -180✓
```

指定圆弧的端点（按住 Ctrl 键以切换方向）或[圆心(CE)/半径(R)]：@24,0↙
指定下一个点或 [圆弧(A)/闭合(C)/半宽(H)/长度(L)/放弃(U)/宽度(W)]：L↙
指定下一个点或 [圆弧(A)/闭合(C)/半宽(H)/长度(L)/放弃(U)/宽度(W)]：@0,-46↙
指定下一个点或 [圆弧(A)/半宽(H)/长度(L)/放弃(U)/宽度(W)]：A↙
指定圆弧的端点或 [角度(A)/圆心(CE)/闭合(CL)/方向(D)/半宽(H)/直线(L)/半径(R)/第二个点(S)/放弃(U)/宽度(W)]：A↙
指定夹角：-180↙
指定圆弧的端点（按住 Ctrl 键以切换方向）或[(CE)/半径(R)]：@-24,0↙
指定圆弧的端点或 [角度(A)/圆心(CE)/闭合(CL)/方向(D)/半宽(H)/直线(L)/半径(R)/第二个点(S)/放弃(U)/宽度(W)]：↙

绘制结果如图 7-75 所示。

（4）单击"默认"选项卡"绘图"面板中的"直线"按钮 ╱，绘制直线。命令行提示与操作如下：

命令：_LINE
指定第一个点：（选择下端半圆与竖直中心线的交点）
指定下一点或[放弃（U）]：@37,0↙
指定下一点或[放弃（U）]：@0,-6↙
指定下一点或[放弃（U）]：@20,0↙
指定下一点或[放弃（U）]：@0,51↙
指定下一点或[放弃（U）]：@-45,0↙

绘制结果如图 7-76 所示。

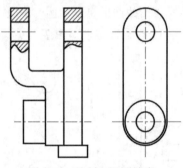

图 7-75　绘制左视图轮廓

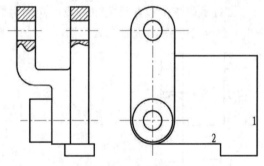

图 7-76　绘制直线

（5）单击"默认"选项卡"修改"面板中的"延伸"按钮 →|，延伸直线。命令行提示与操作如下：

选择边界的边...
EXTEND 选择对象或<全部选择>：（选择图 7-76 中的直线 1）
找到 1 个
选择对象：↙
选择要延伸的对象，或按住 Shift 键选择要延伸的对象，或 [栏选(F)/窗交(C)/投影(P)/边(E)/放弃(U)]：（选择图 7-76 中的直线 2）
选择要延伸的对象，或按住 Shift 键选择要延伸的对象，或 [栏选(F)/窗交(C)/投影(P)/边(E)/放弃(U)]：↙

绘制结果如图 7-77 所示。

（6）单击"默认"选项卡"修改"面板中的"分解"按钮 ⬚，分解步骤（3）绘制的多段线；单击"默认"选项卡"修改"面板中的"圆角"按钮，绘制半径分别为 45 和 8 的圆角，然后利用"直线"命令补全图形，绘制结果如图 7-78 所示。

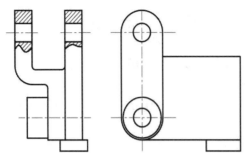

图 7-77 延伸直线

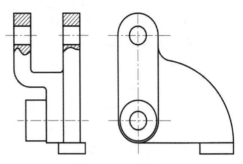

图 7-78 绘制圆角

扫一扫，看视频

（7）单击"默认"选项卡"绘图"面板中的"直线"按钮 ╱，利用"对象捕捉"和"正交"功能绘制直线，然后利用"修剪"命令修剪图形，绘制结果如图 7-79 所示。

动手练——绘制实心带轮

绘制如图 7-80 所示的实心带轮。

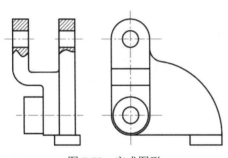

图 7-79 完成图形

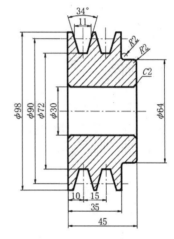

图 7-80 实心带轮

📋 **思路点拨：**

源文件：源文件\第 7 章\实心带轮.dwg

（1）利用"直线""偏移"和"修剪"命令绘制基本轮廓。

（2）利用"直线""延伸"和"镜像"命令绘制斜槽线。

（3）利用"修剪""倒角"和"圆角"命令进行处理。

（4）利用"图案填充"命令进行填充。

7.5 模拟认证考试

1. "拉伸"命令能够按指定的方向拉伸图形，用此命令选择对象的方法只能是（　　）。

    A. 交叉窗口　　　　　　B. 窗口　　　　　　C. 点　　　　　　D. ALL

2. 要剪切与剪切边延长线相交的圆，则需执行的操作为（   ）。

    A. 剪切时按住 Shift 键   B. 剪切时按住 Alt 键

    C. 修改"边"参数为"延伸"   D. 剪切时按住 Ctrl 键

3. 关于"分解"命令（EXPLODE）的描述正确的是（   ）。

    A. 对象分解后颜色、线型和线宽不会改变

    B. 图案分解后图案与边界的关联性仍然存在

    C. 多行文字分解后将变为单行文字

    D. 构造线分解后可得到两条射线

4. 对一个对象进行倒圆角处理之后，有时候发现对象被修剪，有时候发现对象没有被修剪，其原因是（   ）。

    A. 修剪之后应当选择"删除"

    B. 圆角选项里有 T，可以控制对象是否被修剪

    C. 应该先进行倒角再修剪

    D. 用户的误操作

5. 在进行打断操作时，系统要求指定第二打断点，这时输入了@，然后按 Enter 键结束，其结果是（   ）。

    A. 没有实现打断

    B. 在第一打断点处将对象一分为二，打断距离为 0

    C. 从第一打断点处将对象另一部分删除

    D. 系统要求指定第二打断点

6. 分别绘制圆角为 20 的矩形和倒角为 20 的矩形，长均为 100，宽均为 80。它们的面积相比较，（   ）。

    A. 圆角矩形面积大   B. 倒角矩形面积大

    C. 一样大   D. 无法判断

7. 对两条平行的直线倒圆角（FILLET），圆角半径设置为 20，其结果是（   ）。

    A. 不能倒圆角   B. 按半径 20 倒圆角

    C. 系统提示错误   D. 倒出半圆，其直径等于直线间的距离

8. 绘制如图 7-81 所示的卡槽。

9. 绘制如图 7-82 所示的底座。

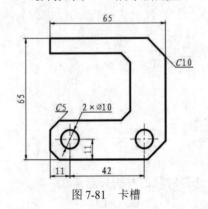

图 7-81　卡槽

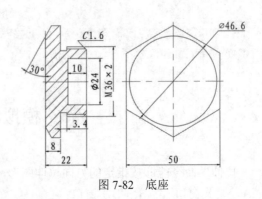

图 7-82　底座

第8章　文本与表格

内容简介

　　文字注释是图形中很重要的一部分内容，在进行各种设计时，通常不仅要绘制图形，还要在图形中标注一些文字，如技术要求、注释说明等，对图形对象进行解释。

　　AutoCAD 提供了多种写入文字的方法。本章将介绍文本的注释和编辑功能。图表在 AutoCAD 图形中也有大量的应用，如明细表、参数表和标题栏等。本章主要内容包括文本样式、文本标注、文本编辑及表格的定义、创建文字等。

内容要点

- ❯ 文本样式
- ❯ 文本标注
- ❯ 文本编辑
- ❯ 表格
- ❯ 综合演练——绘制 A3 样板图
- ❯ 模拟认证考试

案例效果

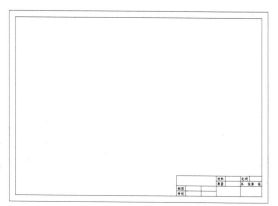

8.1　文　本　样　式

　　在所有 AutoCAD 图形中，文字都有与其相对应的文字样式。当输入文字对象时，AutoCAD 使用当前设置的文字样式。文字样式是用于控制文本基本形状的一组设置。

【执行方式】

- ❯ 命令行：STYLE（或 DDSTYLE，快捷命令：ST）。

> 菜单栏：选择菜单栏中的"格式"→"文字样式"命令。
> 工具栏：单击"文字"工具栏中的"文字样式"按钮 **A**。
> 功能区：单击"默认"选项卡"注释"面板中的"文字样式"按钮 **A**。

【操作步骤】

执行上述操作后，系统打开"文字样式"对话框，如图 8-1 所示。

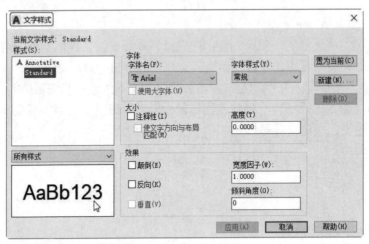

图 8-1 "文字样式"对话框

【选项说明】

（1）"样式"列表框：列出所有已设定的文字样式，或者对已有样式进行相关操作。单击"新建"按钮，系统打开如图 8-2 所示的"新建文字样式"对话框。在该对话框中可以为新建的文字样式输入样式名。❶从"样式"列表框中❷选中要改名的文本样式并右击，❸在弹出的快捷菜单中选择"重命名"命令（见图 8-3），可以为所选文字样式输入新的样式名。

（2）"字体"选项组：用于确定字体样式。文字的字体确定字符的形状。在 AutoCAD 中，除了它固有的 SHX 字体文件之外，还可以使用 TrueType 字体（如宋体、楷体、Italley 等）。一种字体可以设置不同的效果，从而被多种文字样式使用，图 8-4 所示就是同一字体（宋体）的不同样式。

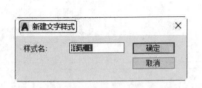

图 8-2 "新建文字样式"对话框

图 8-3 快捷菜单

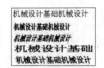

图 8-4 同一字体的不同样式

（3）"大小"选项组：用于确定文字样式使用的字体文件、字体风格和字高。"高度"文本框用于设置创建文字时的固定字高，在用 TEXT 命令输入文字时，AutoCAD 不再提示输入字高参数。如果在此文本框中设置字高为 0，系统会在每一次创建文字时提示输入字高。所以，如果不想固定字高，可以把"高度"文本框中的数值设置为 0。

（4）"效果"选项组。

①"颠倒"复选框：选中该复选框，表示将文字倒置标注，如图 8-5（a）所示。

② “反向”复选框：确定是否将文字反向标注，如图 8-5（b）所示的标注效果。

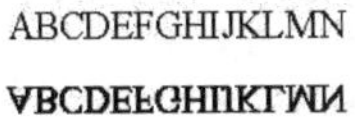
ABCDEFGHIJKLMN

（a）倒置标注

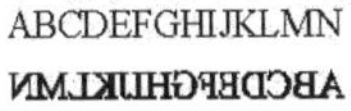
ABCDEFGHIJKLMN

（b）反向标注

图 8-5　文字倒置标注与反向标注

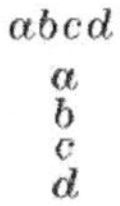
abcd
a
b
c
d

图 8-6　垂直标注文字

③ “垂直”复选框：确定文本是水平标注还是垂直标注。选中该复选框时为垂直标注文字（见图 8-6）；否则为水平标注文字。

④ “宽度因子”文本框：设置宽度系数，确定文本字符的宽高比。当此系数为 1 时，表示将按字体文件中定义的宽高比标注文字。当此系数小于 1 时，字会变窄，反之变宽。图 8-4 所示为在不同宽度系数下标注的文字。

⑤ “倾斜角度”文本框：用于确定文字的倾斜角度。角度为 0°时不倾斜，为正数时向右倾斜，为负数时向左倾斜，效果如图 8-4 所示。

（5）“应用”按钮：确认对文字样式的设置。当创建新的文字样式或对现有文字样式的某些特征进行修改后，都需要单击此按钮，系统才会确认所做的改动。

8.2 文本标注

在绘制图形的过程中，文字传递了很多设计信息。它可能是一个很复杂的文字信息，也可能是一个简短的文字信息。当需要标注的文字信息不太长时，可以利用 TEXT 命令创建单行文字；当需要标注的文字信息很长、很复杂时，可以利用 MTEXT 命令创建多行文字。

8.2.1 单行文本标注

使用“单行文字”命令可以创建一行或多行文字，其中每行文字都是独立的对象，可对其进行移动、格式设置或其他修改。

【执行方式】

- 命令行：TEXT。
- 菜单栏：选择菜单栏中的“绘图”→“文字”→“单行文字”命令。
- 工具栏：单击“文字”工具栏中的“单行文字”按钮A。
- 功能区：单击“默认”选项卡“注释”面板中的“单行文字”按钮A，或者单击“注释”选项卡“文字”面板中的“单行文字”按钮A。

【操作步骤】

命令行提示与操作如下：

```
命令：TEXT↙
```

选择相应的菜单项或在命令行中输入 TEXT 命令后按 Enter 键。命令行提示如下：

当前文字样式：Standard 当前文字高度：0.2000 注释性：否
指定文字的起点或 [对正(J)/样式(S)]:

【选项说明】

（1）指定文字的起点：在此提示下直接在绘图区中选择一点作为输入文字的起点。执行上述命令后，即可在指定位置输入文字。输入后按 Enter 键，文字另起一行，可继续输入文字。待全部输入完后按两次 Enter 键，退出 TEXT 命令。可见，TEXT 命令也可创建多行文本，只是这种多行文本每行是一个对象，不能对多行文本同时进行操作。

✍ **技巧：**

> 只有当前文字样式中设置的字符高度为 0，在使用 TEXT 命令时，系统才出现要求用户确定字符高度的提示。AutoCAD 允许将文本行倾斜排列，图8-7 所示为倾斜角度分别是 0°、45°和-45°时的排列效果。在"指定文字的旋转角度"提示下输入文本行的倾斜角度，或者在绘图区拉出一条直线来指定倾斜角度。

图 8-7 文本行倾斜排列的效果

（2）对正：在"指定文字的起点或"提示下输入 J，用于确定文本的对齐方式，对齐方式决定文本的哪部分与所选插入点对齐。执行此选项，命令行提示如下：

输入选项 [左(L)/居中(C)/右(R)/对齐(A)/中间(M)/布满(F)/左上(TL)/中上(TC)/右上(TR)/左中(ML)/正中(MC)/右中(MR)/左下(BL)/中下(BC)/右下(BR)]:

在此提示下选择一个选项作为文本的对齐方式。当文字水平排列时，AutoCAD 为其定义了如图 8-8 所示的顶线、中线、基线和底线，各种对齐方式如图 8-9 所示，图中大写字母对应上述提示中的各命令。

图 8-8 文本行的底线、基线、中线和顶线

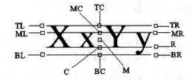

图 8-9 文本的对齐方式

选择"对齐"选项，要求用户指定文本行基线的起点与终点的位置，命令行提示如下：

指定文字基线的第一个端点：（指定文本行基线的起点位置）
指定文字基线的第二个端点：（指定文本行基线的终点位置）
输入文字：（输入一行文本后按 Enter 键）
输入文字：（继续输入文本或直接按 Enter 键结束命令）

输入的文字均匀地分布在指定的两点之间，如果两点之间的连线不水平，则文本行倾斜放置，倾斜角度由两点之间的连线与 X 轴夹角确定；字高、字宽根据两点间的距离、字符的多少以及文字样式中设置的宽度系数自动确定。指定了两点之后，每行输入的字符越多，字宽和字高越小。

其他选项与"对齐"类似，此处不再赘述。

在实际绘图时，有时需要标注一些特殊字符，如直径符号、上划线、下划线、温度符号等，由于这些符号不能直接从键盘上输入，AutoCAD 提供了一些控制码，用于实现这些要求。常用的控制码及功能见表 8-1。

表 8-1　AutoCAD 常用控制码

控　制　码	标注的特殊字符	控　制　码	标注的特殊字符
%%O	上划线	\u+0278	电相位
%%U	下划线	\u+E101	流线
%%D	"度"符号（°）	\u+2261	标识
%%P	正负符号（±）	\u+E102	界碑线
%%C	直径符号（φ）	\u+2260	不相等（≠）
%%%	百分号（%）	\u+2126	欧姆（Ω）
\u+2248	约等于（≈）	\u+03A9	欧米伽（Ω）
\u+2220	角度（∠）	\u+214A	低界线
\u+E100	边界线	\u+2082	下标 2
\u+2104	中心线	\u+00B2	上标 2
\u+0394	差值		

其中，%%O 和%%U 分别是上划线和下划线的开关，第一次出现此符号，开始绘制上划线和下划线，第二次出现此符号，停止绘制上划线和下划线。例如，输入"I want to %%U go to Beijing%%U."，则得到如图 8-10 所示的文本行第一行；输入"50%%D+%%C75%%P12"，则得到如图 8-10 所示的文本行第二行。

I want to go to Beijing

50°+Ø75±12

图 8-10　文本行

8.2.2　多行文本标注

可以将若干文字段落创建为单个多行文字对象，也可以使用文字编辑器格式化文本外观、列和边界。

【执行方式】

↘　命令行：MTEXT（快捷命令：T 或 MT）。

↘　菜单栏：选择菜单栏中的"绘图"→"文字"→"多行文字"命令。

↘　工具栏：单击"绘图"工具栏中的"多行文字"按钮 A，或者单击"文字"工具栏中的"多行文字"按钮 A。

↘　功能区：单击"默认"选项卡"注释"面板中的"多行文字"按钮 A，或者单击"注释"选项卡"文字"面板中的"多行文字"按钮 A。

动手学——标注溢流阀上盖零件技术要求

源文件：源文件\第 8 章\溢流阀上盖零件技术要求.dwg

本实例绘制如图 8-11 所示的溢流阀上盖零件技术要求。

技术要求
1. 铸件不得有任何铸造缺陷。
2. 铸件应经时效处理。
3. 未注铸造圆角R2～R3。

图 8-11　溢流阀上盖零件技术要求

扫一扫，看视频

【操作步骤】

（1）单击"默认"选项卡"注释"面板中的"文字样式"按钮 **A**，打开"文字样式"对话框。单击"新建"按钮，❶打开"新建文字样式"对话框，❷在"样式名"文本框中输入"文字"，如图8-12所示。❸单击"确定"按钮，❹返回"文字样式"对话框，设置新样式参数。❺在"字体名"下拉列表中选择"宋体"，❻设置"宽度因子"为0.8，❼设置"高度"为5，其他参数采用系统默认设置，如图8-13所示。❽单击"置为当前"按钮，将新建的文字样式置为当前。

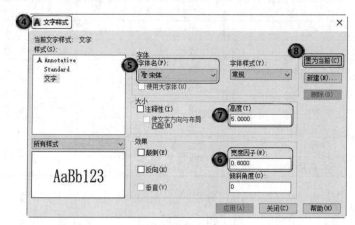

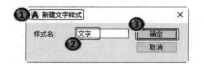

图8-12 新建文字样式　　　　　　　　　　　图8-13 设置"文字"样式

（2）单击"默认"选项卡"注释"面板中的"多行文字"按钮 **A**，在空白处单击，指定第一个角点，向右下角拖动出适当距离并单击，指定第二点，打开多行文字编辑器和"文字编辑器"选项卡，输入技术要求的文字，如图8-14所示。

图8-14 输入文字

（3）将鼠标放置在文本中数字2与文字R之间，单击"文字编辑器"选项卡"插入"面板中的"符号"下拉按钮，打开如图8-15所示的"符号"下拉列表。

（4）选择"其他"命令，❶打开"字符映射表"对话框，如图8-16所示。❷选中"颚化符"字符，❸单击"选择"按钮，❹在"复制字符"文本框中显示加载的字符"~"；❺单击"复制"按钮，复制字符；❻单击右上角的✕按钮，退出对话框。

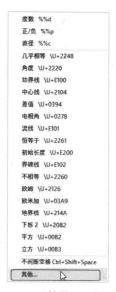

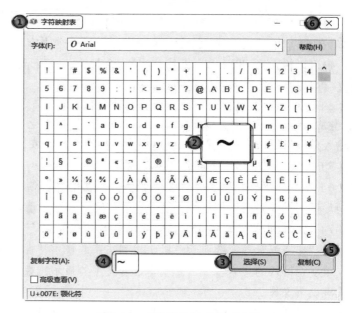

图 8-15 "符号"下拉列表　　　　图 8-16 "字符映射表"对话框

（5）右击，在弹出的快捷菜单中选择"粘贴"命令，完成字符插入，插入结果如图 8-17 所示。

（6）选中字母 R，单击"格式"面板中的"斜体"按钮 I，将字母更改为斜体，采用相同的方式将另一个字母 R 也更改为斜体，结果如图 8-18 所示。

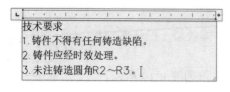

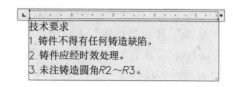

图 8-17 插入字符　　　　图 8-18 修改字体

（7）选中第一行中的"技术要求"，将文字高度更改为 7。最终结果如图 8-11 所示。

【选项说明】

（1）指定对角点：在绘图区选择两个点作为矩形框的两个角点，AutoCAD 以这两个点为对角点构成一个矩形区域，其宽度作为将来要标注的多行文字的宽度，第一个点作为第一行文本顶线的起点。响应后，AutoCAD 打开"文字编辑器"选项卡和多行文字编辑器，可利用此编辑器输入多行文字并对其格式进行设置。关于该对话框中各项的含义及编辑器功能，稍后再详细介绍。

（2）对正：用于确定所标注文字的对齐方式。选择该选项，命令行提示如下：

输入对正方式 [左上(TL)/中上(TC)/右上(TR)/左中(ML)/正中(MC)/右中(MR)/左下(BL)/中下(BC)/右下(BR)] <左上(TL)>:

这些对齐方式与 TEXT 命令中的各对齐方式相同。选择一种对齐方式后按 Enter 键，系统回到上一级提示。

（3）行距：用于确定多行文字的行间距。这里所说的行间距是指相邻两条文本行基线之间的垂直距离。选择此选项，命令行提示如下：

输入行距类型 [至少(A)/精确(E)] <至少(A)>:

在此提示下有"至少"和"精确"两种方式确定行间距。

① 在"至少"方式下，系统根据每行文本中最大的字符自动调整行间距。

② 在"精确"方式下，系统为多行文字赋予一个固定的行间距，可以直接输入一个确切的间距值，也可以输入 nx 的形式。其中，n 是一个具体数，表示行间距设置为单行文字高度的 n 倍，而单行文字高度是本行文本字符高度的 1.66 倍。

（4）旋转：用于确定文本行的倾斜角度。选择该选项，命令行提示如下：

指定旋转角度 <0>：（输入倾斜角度）

输入角度值后按 Enter 键，系统返回到"指定对角点或"提示。

（5）样式：用于确定当前的文字样式。

（6）宽度：用于指定多行文字的宽度。可在绘图区选择一点，与前面确定的第一个角点组成一个矩形框的宽作为多行文字的宽度；也可以输入一个数值，精确设置多行文字的宽度。

（7）栏：根据栏宽、栏间距宽度和栏高组成矩形框。

（8）"文字编辑器"选项卡：用于控制文字的显示特性。可以在输入文字前设置文字的特性，也可以改变已输入的文字特性。要改变已有文字的显示特性，首先应选择要修改的文字。选择文字的方式有以下 3 种。

① 将光标定位到文本开始处，按住鼠标左键，拖动到文本末尾。

② 双击某个文字，则该文字被选中。

③ 快速单击 3 次鼠标，则选中全部内容。

下面介绍"文字编辑器"选项卡中部分选项的功能。

① "文字高度"下拉列表框：用于确定文本的字符高度，可以在文本编辑器中设置输入新的字符高度，也可以从此下拉列表框中选择已设定过的高度值。

② "粗体" **B** 和"斜体" *I* 按钮：用于设置加粗或斜体效果，但这两个按钮只对 TrueType 字体有效，如图 8-19 所示。

③ "删除线"按钮：用于在文字上添加水平删除线，如图 8-19 所示。

④ "下划线" **U** 和"上划线" **Ō** 按钮：用于设置或取消文字的下划线、上划线，如图 8-19 所示。

⑤ "堆叠"按钮：用于层叠所选的文字，也就是创建分数形式。当文本中某处出现 "/" "^" "#" 3 种层叠符号之一时，选中需层叠的文字，才可以层叠文本，二者缺一不可。然后单击此按钮，则符号左边的文字作为分子，右边的文字作为分母，进行层叠。

从入门到实践
从入门到实践
从入门到实践
从入门到实践
从入门到实践

图 8-19　文字样式

AutoCAD 提供了以下 3 种分数形式。

➥　如果选中"abcd/efgh"后单击该按钮，则得到如图 8-20（a）所示的分数形式。

➥　如果选中"abcd^efgh"后单击该按钮，则得到如图 8-20（b）所示的分数形式，此形式多用于标注极限偏差。

➥　如果选中"abcd#efgh"后单击该按钮，则创建斜排的分数形式，如图 8-20（c）所示。

abcd / efgh	abcd / efgh	abcd/efgh
（a）选中"abcd/efgh"	（b）选中"abcd^efgh"	（c）选中"abcd#efgh"

图 8-20　文本层叠

如果选中已经层叠的文本对象后单击该按钮，则恢复到非层叠形式。

⑥ "倾斜角度"文本框 *01*：用于设置文字的倾斜角度。

✍ 技巧：

倾斜角度与斜体效果是两个不同的概念，前者可以设置任意倾斜角度，后者是在任意倾斜角度的基础上设置斜体效果。如图 8-21 所示，第一行倾斜角度为 0°，非斜体效果；第二行倾斜角度为 12°，非斜体效果；第三行倾斜角度为 12°，斜体效果。

⑦ "符号"按钮**@**：用于输入各种符号。单击该按钮，系统打开如图 8-22 所示的符号列表，可以从中选择符号输入到文本中。

度数	%%d
正/负	%%p
直径	%%c
几乎相等	\U+2248
角度	\U+2220
边界线	\U+E100
中心线	\U+2104
差值	\U+0394
电相角	\U+0278
流线	\U+E101
恒等于	\U+2261
初始长度	\U+E200
界碑线	\U+E102
不相等	\U+2260
欧姆	\U+2126
欧米加	\U+03A9
地界线	\U+214A
下标 2	\U+2082
平方	\U+00B2
立方	\U+00B3
不间断空格 Ctrl+Shift+Space	
其他...	

图 8-21　倾斜角度与斜体效果　　　　　　　　　　图 8-22　符号列表

⑧ "字段"按钮**A**：用于插入一些常用或预设字段。单击该按钮，系统打开"字段"对话框，如图 8-23 所示。用户可从中选择字段，插入到标注文本中。

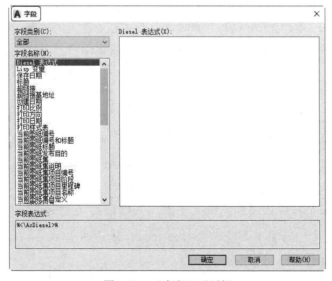

图 8-23　"字段"对话框

⑨ "间距"下拉列表 ：用于增大或减小选定字符之间的空间。1.0 表示设置常规间距，大于 1.0 表示设置增大间距，小于 1.0 表示设置减小间距。

⑩ "宽度因子"下拉列表 ：用于扩展或收缩选定字符。1.0 表示设置代表此字体中字母的常规宽度，可以增大该宽度或减小该宽度。

⑪ "上标"按钮 ：将选定文字转换为上标，即在输入线的上方设置稍小的文字。

⑫ "下标"按钮 ：将选定文字转换为下标，即在输入线的下方设置稍小的文字。

⑬ "项目符号和编号"下拉列表：显示用于创建列表的选项，缩进列表使其与第一个选定的段落对齐。如果清除复选标记，多行文字对象中的所有列表格式都将被删除，各项将被转换为纯文本。

➥ 关闭：如果选择该选项，将从应用了列表格式的选定文字中删除字母、数字和项目符号。不更改缩进状态。

➥ 以数字标记：将带有句点的数字应用于列表项。

➥ 以字母标记：将带有句点的字母应用于列表项。如果列表含有的项多于字母中含有的字母，可以使用双字母继续序列。

➥ 以项目符号标记：将项目符号应用于列表项。

➥ 起点：在列表格式中启动新的字母或数字序列。如果选定的项位于列表中间，则选定项下面未选中的项也将成为新列表的一部分。

➥ 继续：将选定的段落添加到上面最后一个列表，然后继续序列。如果选择了列表项而非段落，选定项下面未选中的项将继续序列。

➥ 允许自动项目符号和编号：在输入时应用列表格式。以下字符可以用作字母和数字后的标点但不能用作项目符号：句点（.）、逗号（,）、右括号（)）、右尖括号（>）、右方括号（]）和右花括号（}）。

➥ 允许项目符号和列表：如果选择该选项，列表格式将应用到外观类似列表的多行文字对象中的所有纯文本。

✧ 拼写检查：确定输入时拼写检查处于打开状态还是关闭状态。

✧ 编辑词典：显示词典对话框，从中可添加或删除在拼写检查过程中使用的自定义词典。

✧ 标尺：在编辑器顶部显示标尺。拖动标尺末尾的箭头可更改文字对象的宽度。列模式处于活动状态时，还显示高度和列夹点。

⑭ 输入文字：选择该选项，系统打开"选择文件"对话框，如图 8-24 所示。在该对话框中，可以选择任意 ASCII 或 RTF 格式的文件。输入的文字保留原始字符格式和样式特性，但可以在多行文字编辑器中编辑和格式化输入的文字。选择要输入的文本文件后，可以替换选定的文字或全部文字，或者在文字边界内将插入的文字附加到选定的文字中。输入文字的文件必须小于 32KB。

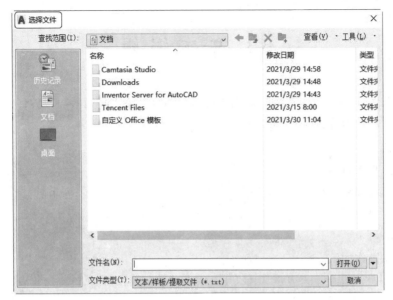

图 8-24　"选择文件"对话框

✍ **手把手教你学：**

单行文字和多行文字的区别如下：

单行文字每行文字都是一个独立的对象，对于不需要多种字体或多行的内容，可以创建单行文字。单行文字对于标签来说是非常方便的。

多行文字可以是一组文字，对于较长、较为复杂的内容，可以创建多行或段落文字。多行文字是由任意行数的文本行或段落组成的，布满指定的宽度，还可以沿垂直方向无限延伸。多行文字中，无论行数是多少，单个编辑任务中创建的每个段落集将构成单个对象，用户可对其进行移动、旋转、删除、复制、镜像或缩放操作。

单行文字和多行文字之间的互相转换。多行文字用"分解"命令分解成单行文字；选中单行文字，然后输入 text2mtext 命令，即可将单行文字转换为多行文字。

动手练——标注齿轮技术要求

绘制如图 8-25 所示的齿轮技术要求。

扫一扫，看视频

1. 当无标准齿轮时，允许检查下列三项代替检查径
向综合公差和一齿径向综合公差
　　a. 齿圈径向跳动公差F_r为0.056
　　b. 齿形公差ff为0.016
　　c. 基节极限偏差$\pm f_{pb}$为0.018
2. 用带凸角的刀具加工齿轮，但齿根不允许有凸
台，允许下凹，下凹深度不大于0.2
3. 未注倒角$C1$
4. 尺寸为$\varnothing 30^{+0.05}_{-0.06}$的孔抛光处理。

图 8-25　齿轮技术要求

📋 **思路点拨：**

源文件：源文件\第 8 章\标注齿轮技术要求.dwg

（1）设置文字样式。
（2）利用"多行文字"命令输入技术要求文字。

8.3 文本编辑

AutoCAD 2022 提供了"文字编辑器"选项卡和多行文字编辑器，可以方便、直观地设置需要的文本样式，或者对已有样式进行修改。

【执行方式】

↳ 命令行：TEXTEDIT。

↳ 菜单栏：选择菜单栏中的"修改"→"对象"→"文字"→"编辑"命令。

↳ 工具栏：单击"文字"工具栏中的"编辑"按钮 。

【操作步骤】

命令行提示与操作如下：

```
命令：TEXTEDIT✓
当前设置：编辑模式 = Multiple
选择注释对象或 [放弃(U)/模式(M)]：
```

【选项说明】

（1）选择注释对象：选取要编辑的文字、多行文字或标注对象。

要求选择想要修改的文本，同时光标变为拾取框。用拾取框选择对象时：

① 如果选择的文本是用 TEXT 命令创建的单行文字，则该文本深色显示，可对其进行修改。

② 如果选择的文本是用 MTEXT 命令创建的多行文字，选择对象后则打开"文字编辑器"选项卡和多行文字编辑器，可根据前面的介绍对各项设置或内容进行修改。

（2）放弃：放弃对文字对象的上一个更改。

（3）模式：控制是否自动重复命令。选择此选项，命令行提示如下：

```
输入文本编辑模式选项 [单个(S)/多个(M)] <Multiple>：
```

① 单个：修改选定的文字对象一次，然后结束命令。

② 多个：允许在命令持续时间内编辑多个文字对象。

8.4 表 格

在以前的 AutoCAD 版本中，要绘制表格必须采用绘制图线或结合"偏移""复制"等编辑命令来完成，这样的操作过程烦琐且复杂，不利于提高绘图效率。自从 AutoCAD 2005 新增加了"表格"绘图功能，创建表格就变得非常容易，用户可以直接插入设置好的表格样式。同时，随着版本的不断更新，表格功能也在精益求精、日趋完善。

8.4.1 定义表格样式

和文本样式一样，所有 AutoCAD 图形中的表格都有与其相对应的表格样式。当插入表格对象时，系统使用当前设置的表格样式。表格样式是用于控制表格基本形状和间距的一组设置。模板文件 acad.dwt 和 acadiso.dwt 中定义了名为 Standard 的默认表格样式。

【执行方式】

- ↳ 命令行: TABLESTYLE。
- ↳ 菜单栏: 选择菜单栏中的"格式"→"表格样式"命令。
- ↳ 工具栏: 单击"样式"工具栏中的"表格样式管理器"按钮 ▦。
- ↳ 功能区: 单击"默认"选项卡"注释"面板中的"表格样式"按钮 ▦。

扫一扫, 看视频

动手学——设置斜齿轮参数表样式

源文件: 源文件\第 8 章\设置斜齿轮参数表样式.dwg

本实例绘制如图 8-26 所示的斜齿轮参数表的表格样式。

【操作步骤】

单击"默认"选项卡"注释"面板中的"表格样式"按钮 ▦, ❶系统打开"表格样式"对话框, 如图 8-27 所示。❷单击"修改"按钮, ❸打开"修改表格样式: Standard"对话框, 如图 8-28 所示。在该对话框中进行设置。❹在"常规"选项卡中, ❺设置填充颜色为"无", ❻对齐方式为"正中", ❼水平页边距和垂直页边距均为 1; ❽在"文字"选项卡中, ❾设置文字样式为 Standard, ❿文字高度为 4, ⓫文字颜色为 ByBlock; ⓬表格方向为"向下"。设置好表格样式后, ⓭单击"确定"按钮退出。

图 8-26 斜齿轮参数表

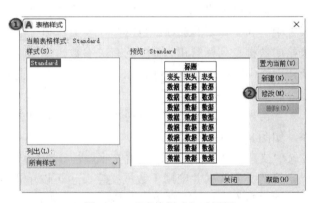

图 8-27 "表格样式"对话框

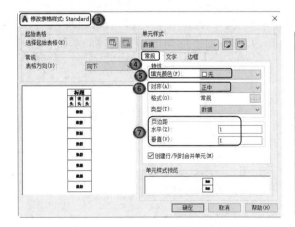

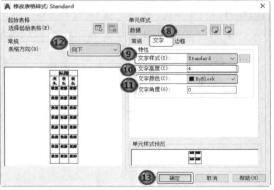

图 8-28 "修改表格样式: Standard"对话框

【选项说明】

（1）"新建"按钮：单击该按钮，系统打开"创建新的表格样式"对话框，如图 8-29 所示。输入新样式名后，❷单击"继续"按钮，❸系统打开"新建表格样式：Standard 副本"对话框，从中可以定义新的表格样式，如图 8-30 所示。

图 8-29　"创建新的表格样式"对话框

图 8-30　"新建表格样式：Standard 副本"对话框

"新建表格样式：Standard 副本"对话框的"单元样式"下拉列表框中有 3 个重要的选项："数据""表头"和"标题"，分别控制表格中数据、列标题和总标题的有关参数，如图 8-31 所示。在"新建表格样式：Standard 副本"对话框中有 3 个重要的选项卡，分别介绍如下。

①"常规"选项卡：用于控制数据栏格与标题栏格的上下位置关系，如图 8-30 所示。

②"文字"选项卡：用于设置文字属性。选择该选项卡，在"文字样式"下拉列表框中可以选择已定义的文字样式并应用于数据文字，也可以单击右侧的 ⋯ 按钮重新定义文字样式；"文字高度""文字颜色"和"文字角度"各选项设定的相应参数格式可供用户选择，如图 8-32 所示。

③"边框"选项卡：用于设置表格的边框属性。下面的边框线按钮用于控制数据边框线的各种形式，如绘制所有数据边框线、只绘制数据边框外部边框线、只绘制数据边框内部边框线、只绘制底部边框线、无边框线等。"线宽""线型"和"颜色"下拉列表框则控制边框线的线宽、线型和颜色；"间距"文本框用于控制单元格边界和内容之间的间距，如图 8-33 所示。

标题		
表头	表头	表头
数据	数据	数据
数据	数据	数据
数据	数据	数据
数据	数据	数据
数据	数据	数据
数据	数据	数据

图 8-31　单元样式

图 8-32　"文字"选项卡

图 8-33　"边框"选项卡

（2）"修改"按钮：用于对当前表格样式进行修改，方式与新建表格样式相同。

8.4.2 创建表格

在设置好表格样式后，用户可以利用 TABLE 命令创建表格。

【执行方式】

- ↘ 命令行：TABLE。
- ↘ 菜单栏：选择菜单栏中的"绘图"→"表格"命令。
- ↘ 工具栏：单击"绘图"工具栏中的"表格"按钮▦。
- ↘ 功能区：单击"默认"选项卡"注释"面板中的"表格"按钮▦，或者单击"注释"选项卡"表格"面板中的"表格"按钮▦。

扫一扫，看视频

动手学——绘制齿轮参数表

源文件： 源文件\第 8 章\齿轮参数表.dwg

本实例绘制如图 8-34 所示的齿轮参数表。绘制表格并对表格进行编辑，最后输入文字。

【操作步骤】

（1）设置表格样式。单击"默认"选项卡"注释"面板中的"表格样式"按钮▦，打开"表格样式"对话框。

（2）单击"修改"按钮，系统打开"修改表格样式：Standard"对话框，如图 8-35 所示。在该对话框中进行如下设置。在"常规"选项卡中，设置水平页边距和垂直页边距都为 1.5；在"文字"选项卡中，设置数据、表头和标题的文字样式为 Standard，文字高度为 4.5，文字颜色为 ByBlock；在"常规"选项卡中，设置填充颜色为"无"，对齐方式为"正中"；在"边框"选项卡"特性"选项组中单击第一个按钮，设置颜色为"洋红"；表格方向为"向下"的表格样式。

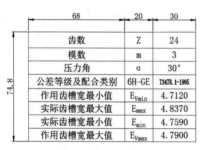

图 8-34 齿轮参数表

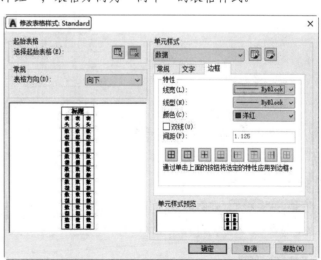

图 8-35 "修改表格样式：Standard"对话框

（3）设置好文字样式后，单击"确定"按钮退出。

（4）创建表格。单击"默认"选项卡"注释"面板中的"表格"按钮▦，❶系统打开"插入表格"对话框，②设置插入方式为"指定插入点"，③将第一行单元样式、第二行单元样式和所有其他行单元样式设置为"数据"，④列和行设置为 3 列 6 行，列宽为 48，行高为 1 行（即行高为 10），如图 8-36 所示。

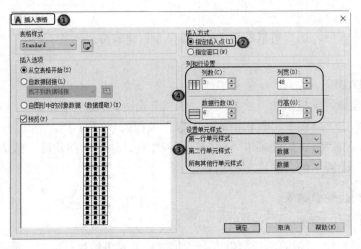

图 8-36 "插入表格"对话框

单击"确定"按钮后，在绘图区指定插入点，即可插入空表格，并显示多行文字编辑器，不输入文字，直接在多行文字编辑器中单击"确定"按钮退出。

（5）单击第一列某一个单元格，出现钳夹点后，将右边钳夹点向右拉，使列宽大约变成 68；用同样的方法，将第二列和第三列的列宽拉成约 15 和 30，结果如图 8-37 所示。

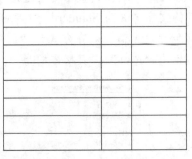

图 8-37 改变列宽

（6）双击单元格，重新打开多行文字编辑器，在各单元格中输入相应的文字或数据。最终结果如图 8-34 所示。

✍ 技巧：

> 如果有多个文本格式一样，可以采用复制后修改文字内容的方法进行表格文字的填充，这样只需双击就可以直接修改表格文字的内容，而不用重新设置每个文本格式。

【选项说明】

（1）"表格样式"选项组：可以在"表格样式"下拉列表框中选择一种表格样式，也可以通过单击右侧的 📝 按钮来新建或修改表格样式。

（2）"插入选项"选项组：指定插入表格的方式。

① "从空表格开始"单选按钮：创建可以手动填充数据的空表格。

② "自数据链接"单选按钮：通过启动数据链接管理器来创建表格。

③ "自图形中的对象数据（数据提取）"单选按钮：通过启动"数据提取"向导来创建表格。

（3）"插入方式"选项组。

① "指定插入点"单选按钮：指定表格左上角的位置。可以使用定点设备，也可以在命令行中输入坐标值。如果表格样式将表格的方向设置为由下而上读取，则插入点位于表格的左下角。

② "指定窗口"单选按钮：指定表格的大小和位置。可以使用定点设备，也可以在命令行中输入坐标值。选中该单选按钮时，行数、列数、列宽和行高取决于窗口的大小以及列和行的设置。

✎ 技巧：

> 在"插入方式"选项组中选中"指定窗口"单选按钮后，列与行设置的两个参数中只能指定一个，另外一个由指定窗口的大小自动等分来确定。

（4）"列和行设置"选项组：指定列和数据行的数目以及列宽和行高。

（5）"设置单元样式"选项组：指定"第一行单元样式""第二行单元样式"和"所有其他行单元样式"分别为标题、表头或数据样式。

动手练——绘制减速器装配图明细表

绘制如图 8-38 所示的减速器装配图明细表。

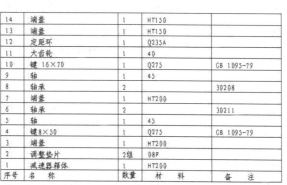

图 8-38 减速器装配图明细表

✐ 思路点拨：

> **源文件：**源文件\第 8 章\减速器装配图明细表.dwg
> （1）设置表格样式。
> （2）插入空表格，并调整列宽。
> （3）重新输入文字和数据。

8.5 综合演练——绘制 A3 样板图

本实例绘制如图 8-39 所示的 A3 样板图。

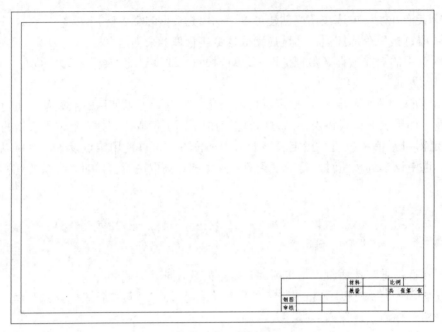

图 8-39　A3 样板图

🔊 注意：

> 所谓样板图，就是将绘制图形通用的一些基本内容和参数事先设置好，绘制出来并以.dwt 格式保存。本实例中绘制的 A3 图纸，可以绘制好图框、标题栏，设置好图层、文字样式、标注样式等，然后作为样板图保存。以后需要绘制 A3 幅面的图形时，可打开此样板图在此基础上绘图。

【操作步骤】

（1）新建文件。单击快速访问工具栏中的"新建"按钮 ⬜，打开"选择样板"对话框，在"打开"下拉菜单中选择"无样板公制"命令，新建空白文件。

（2）设置图层。单击"默认"选项卡"图层"面板中的"图层特性"按钮 ⬚，打开"图层特性管理器"选项板，新建如下两个图层。

① 第一个图层命名为"图框层"图层，颜色为白色，其他属性采用系统默认设置。

② 第二个图层命名为"标题栏"图层，颜色为白色，其他属性采用系统默认设置。

（3）绘制图框。将"图框层"图层设置为当前图层。单击"默认"选项卡"绘图"面板中的"矩形"按钮 ⬜，指定矩形的角点分别为{（0,0），（420,297）}和{（10,10），（410,287）}，分别作为图纸边和图框，绘制结果如图 8-40 所示。

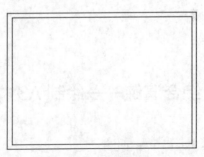

图 8-40　绘制的边框

（4）绘制标题栏。将"标题栏"图层设置为当前图层。

① 单击"默认"选项卡"注释"面板中的"文字样式"按钮 A，❶打开"文字样式"对话框，❷新建"长仿宋体"，❸在"字体名"下拉列表框中选择"仿宋_GB2312"选项，❹设置"高度"为4，其他属性采用系统默认设置，如图8-41所示。❺单击"置为当前"按钮，将新建文字样式置为当前。

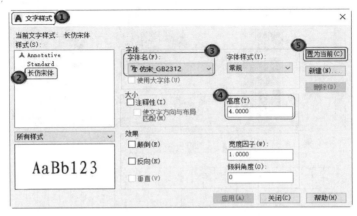

图 8-41　新建"长仿宋体"

② 单击"默认"选项卡"注释"面板中的"表格样式"按钮 ，系统打开"表格样式"对话框，如图8-27所示。

③ 单击"修改"按钮，❶系统打开"修改表格样式：Standard"对话框，❷在"单元样式"下拉列表框中选择"数据"选项。❸在"文字"选项卡中，❹单击"文字样式"下拉列表框右侧的 … 按钮，打开"文字样式"对话框，选择"长仿宋体"，如图8-42所示。❺再切换到"常规"选项卡，❻将"页边距"选项组中的"水平"和"垂直"都设置为1，❼"对齐"设置为"正中"，如图8-43所示。

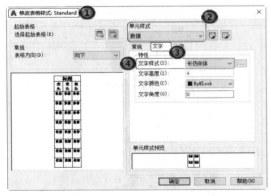

图 8-42　"修改表格样式：Standard"对话框

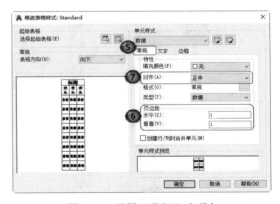

图 8-43　设置"常规"选项卡

④ 单击"确定"按钮，系统回到"表格样式"对话框，单击"关闭"按钮退出。

⑤ 单击"默认"选项卡"注释"面板中的"表格"按钮 ，❶系统打开"插入表格"对话框，❷在"列和行设置"选项组中将"列数"设置为28，"列宽"设置为5，"数据行数"设置为2（加上标题行和表头行共4行），"行高"设置为1行；❸在"设置单元样式"选项组中将"第一行单元样式""第二行单元样式"和"所有其他行单元样式"都设置为"数据"，如图8-44所示。

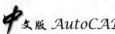

⑥ 在图框线右下角附近指定表格位置，系统生成表格，不输入文字，如图 8-45 所示。

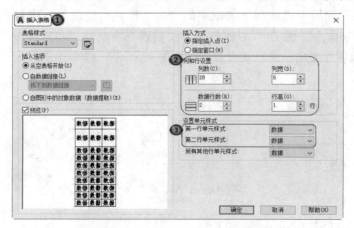

图 8-44　"插入表格"对话框

图 8-45　生成表格

⑦ 单击表格中的任一单元格，系统显示其编辑夹点，右击，❶在弹出的快捷菜单中选择"特性"命令（见图 8-46）；❷系统弹出"特性"选项板，❸将"单元高度"参数改为 8，这样该单元格所在行的高度就统一改为了 8，如图 8-47 所示。用同样的方法将其他行的高度改为 8，如图 8-48 所示。

图 8-46　快捷菜单

图 8-47　"特性"选项板

⑧ 选择 A1 单元格，按住 Shift 键，同时选择右边的 12 个单元格以及下面的 13 个单元格，右击，在弹出的快捷菜单中选择"合并"→"全部"命令（见图 8-49），将这些单元格合并，如图 8-50 所示。用同样的方法合并其他单元格，结果如图 8-51 所示。

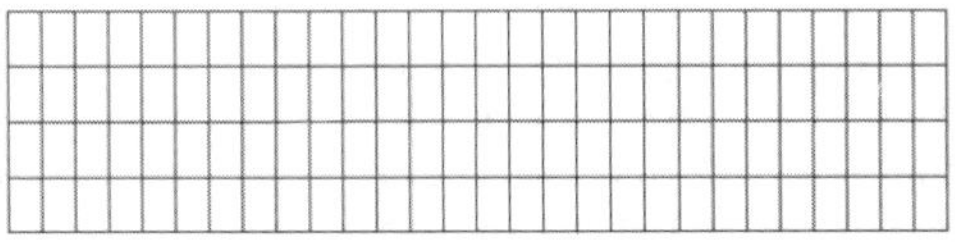

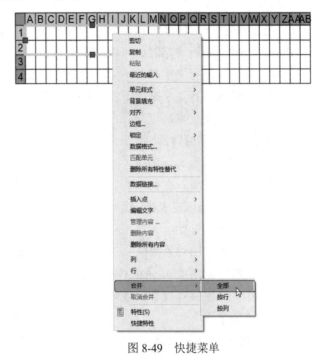

图 8-48　修改表格高度

图 8-49　快捷菜单

图 8-50　合并单元格

图 8-51　完成表格绘制

⑨ 在单元格处双击，将字体设置为"仿宋_GB2312"，文字大小设置为 4，在单元格中输入文字，如图 8-52 所示。

使用同样的方法输入其他单元格文字，结果如图 8-53 所示。

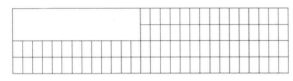

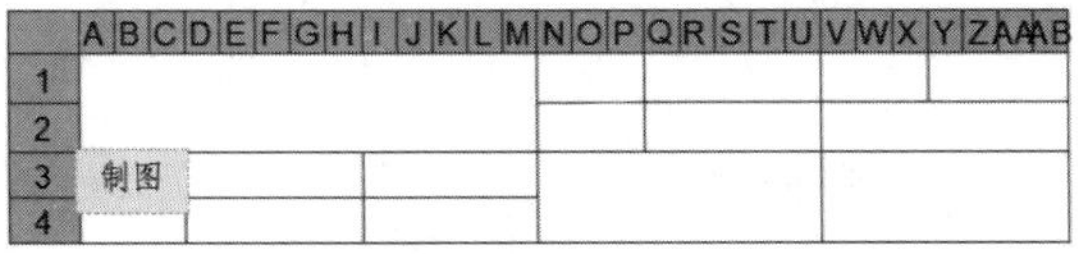

图 8-52　输入文字

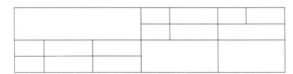

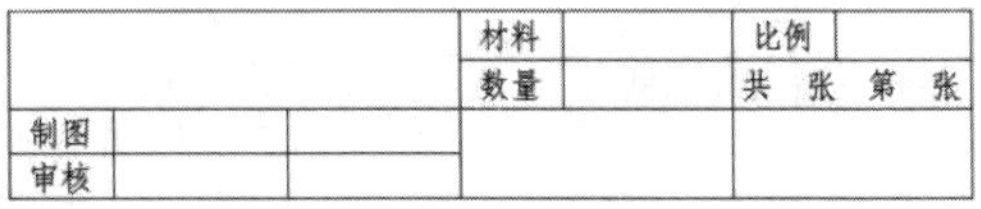

图 8-53　输入标题栏文字

（5）移动标题栏。单击"默认"选项卡"修改"面板中的"移动"按钮 ✛，将刚生成的标题栏准确地移动到图框的右下角。最终结果如图 8-39 所示。

（6）保存样板图。单击快速访问工具栏中的"保存"按钮 📙，输入名称为"A3 样板图 1"，保存绘制好的图形。

8.6　模拟认证考试

1. 在设置文字样式的时候，设置了文字的高度，其效果是（　　）。
   A. 在输入单行文字时，可以改变文字高度
   B. 在输入单行文字时，不可以改变文字高度
   C. 在输入多行文字时，不能改变文字高度
   D. 都能改变文字高度

2. 使用多行文字编辑器时，其中%%C、%%D、%%P 分别表示（　　）。
   A. 直径、度数、下划线　　　　　　B. 直径、度数、正负
   C. 度数、正负、直径　　　　　　　D. 下划线、直径、度数

3. 以下方式不能创建表格的是（　　）。
   A. 从空表格开始　　　　　　　　　B. 自数据链接
   C. 自图形中的对象数据　　　　　　D. 自文件中的数据链接

4. 在正常输入汉字时却显示"?"，原因是（　　）。
   A. 因为文字样式没有设置好　　　　B. 输入错误
   C. 堆叠字符　　　　　　　　　　　D. 字高太高

5. 按如图 8-54 所示设置文字样式，则文字的宽度因子是（　　）。
   A. 0　　　　　　　　　　　　　　　B. 0.5
   C. 1　　　　　　　　　　　　　　　D. 无效值

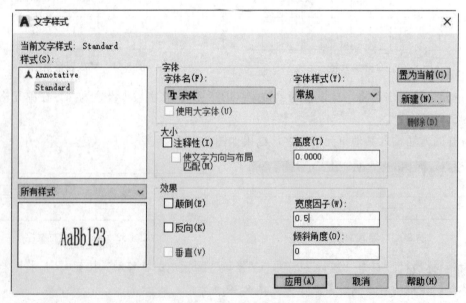

图 8-54　文字样式

6. 利用 MTEXT 命令输入如图 8-55 所示的技术要求。

7. 绘制如图 8-56 所示的斜齿轮参数表。

法面模数	m_n	2
齿数	z	82
法向压力角	α	20°
齿顶高系数	h^*	1
顶隙系数	c^*	0.2500
螺旋角	β	15.6°
旋向		右
变位系数	x	0
精度等级		8-7-7HK
全齿高	h	5.6250
中心距及偏差		135±0.021
配对齿轮	图号	
	齿数	60

公差组	检验项目	代号	公差
I	齿圈径向跳动公差	F_r	0.0630
	公法线长度变动公差	F_W	0.0500
II	基节极限偏差	f_{pb}	±0.016
	齿形公差	f_f	0.0130
III	齿向公差	$F_β$	0.0160
公法线平均长度及其偏差			
跨测齿数		K	9

技术要求：
1. Ø20的孔配做。
2. 未注倒角C1。

图 8-55　技术要求　　　　　图 8-56　斜齿轮参数表

第 9 章 尺 寸 标 注

内容简介

尺寸标注是绘图设计过程中相当重要的一个环节。由于图形的主要作用是表达物体的形状，而物体各部分的真实大小和各部分之间的确切位置只能通过尺寸标注来表达。因此，没有正确的尺寸标注，绘制出的图样对于加工制造就没有意义。AutoCAD 提供了方便、准确的尺寸标注功能。

内容要点

- ➷ 尺寸样式
- ➷ 标注尺寸
- ➷ 引线标注
- ➷ 几何公差
- ➷ 编辑尺寸标注
- ➷ 综合演练——溢流阀上盖设计
- ➷ 模拟认证考试

案例效果

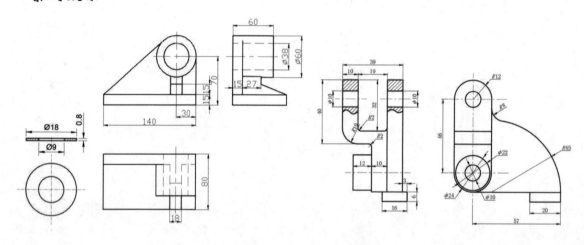

9.1 尺 寸 样 式

组成尺寸标注的尺寸线、尺寸界线、尺寸文本和尺寸箭头可以采用多种形式。尺寸标注以什么形态出现，取决于当前所采用的尺寸标注样式。标注样式决定尺寸标注的形式，包括尺寸线、尺寸界线、尺寸箭头和中心标记的形式，以及尺寸文本的位置、特性等。在 AutoCAD 2022 中，用户可以利用"标注样式管理器"对话框设置自己需要的尺寸标注样式。

9.1.1　新建或修改尺寸样式

在进行尺寸标注前，先要创建尺寸标注的样式。如果用户不创建尺寸样式而直接进行标注，系统使用默认名称为 Standard 的尺寸样式。如果用户认为使用的标注样式的某些设置不合适，也可以修改标注样式。

【执行方式】

> ↘ 命令行：DIMSTYLE（快捷命令：D）。
> ↘ 菜单栏：选择菜单栏中的"格式"→"标注样式"命令，或者选择菜单栏中的"标注"→"标注样式"命令。
> ↘ 工具栏：单击"标注"工具栏中的"标注样式"按钮 ↙。
> ↘ 功能区：单击"默认"选项卡"注释"面板中的"标注样式"按钮 ↙。

【操作步骤】

执行上述操作后，系统打开"标注样式管理器"对话框，如图 9-1 所示。利用该对话框可以方便、直观地定制和浏览尺寸标注样式，包括创建新的标注样式、修改已存在的标注样式、设置当前尺寸标注样式、样式重命名和删除已有的标注样式等。

【选项说明】

（1）"置为当前"按钮：单击该按钮，把在"样式"列表框中选择的样式设置为当前标注样式。

（2）"新建"按钮：创建新的尺寸标注样式。单击该按钮，系统打开"创建新标注样式"对话框，如图 9-2 所示。

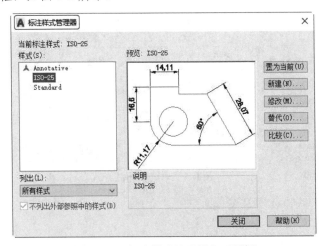

图 9-1　"标注样式管理器"对话框

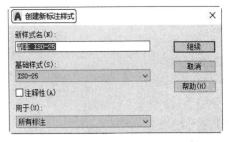

图 9-2　"创建新标注样式"对话框

利用"创建新标注样式"对话框可创建一个新的尺寸标注样式，下面介绍其中各选项的功能。

① "新样式名"文本框：为新的尺寸标注样式命名。

② "基础样式"下拉列表框：选择创建新样式所基于的标注样式。单击"基础样式"下拉列表框，打开当前已有的样式列表，从中选择一个作为定义新样式的基础，新的样式是在所选样式的基础上修改一些特性得到的。

③ "用于" 下拉列表框：指定新样式应用的尺寸类型。单击该下拉列表框，打开尺寸类型列表，如果新建样式应用于所有尺寸，则选择 "所有标注" 选项；如果新建样式只应用于特定的尺寸标注（如只在标注直径时使用此样式），则选择相应的尺寸类型。

④ "继续" 按钮：各选项设置好以后，单击该按钮，打开 "新建标注样式：副本 ISO-25" 对话框，如图 9-3 所示。利用该对话框可以对新标注样式的各项特性进行设置。该对话框中各部分的含义和功能将在后面介绍。

（3）"修改" 按钮：修改一个已存在的尺寸标注样式。单击该按钮，打开 "修改标注样式" 对话框。该对话框中的各选项与 "新建标注样式：副本 ISO-25" 对话框完全相同，可对已有标注样式进行修改。

（4）"替代" 按钮：设置临时覆盖尺寸标注样式。单击该按钮，打开 "替代当前样式" 对话框。该对话框中各选项与 "新建标注样式：副本 ISO-25" 对话框完全相同，用户可改变选项的设置，以覆盖原来的设置，但这种修改只对指定的尺寸标注起作用，而不影响当前其他尺寸标注的设置。

（5）"比较" 按钮：比较两个尺寸标注样式在参数上的区别，或者浏览一个尺寸标注样式的参数设置。单击该按钮，打开 "比较标注样式" 对话框，如图 9-4 所示。可以把比较结果复制到剪贴板上，然后再粘贴到其他 Windows 应用软件上。

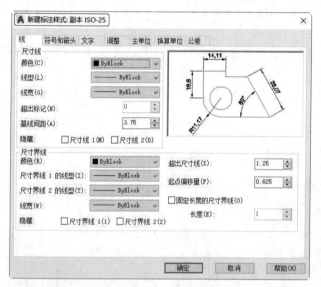

图 9-3 "新建标注样式：副本 ISO-25" 对话框

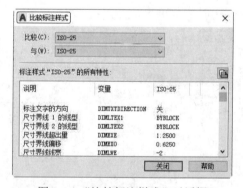

图 9-4 "比较标注样式" 对话框

9.1.2 线

在 "新建标注样式：副本 ISO-25" 对话框中，第 1 个选项卡就是 "线" 选项卡，如图 9-3 所示。该选项卡用于设置尺寸线、尺寸界线的形式和特性。现对该选项卡中的各选项分别进行介绍。

1. "尺寸线" 选项组

"尺寸线" 选项组用于设置尺寸线的特性，其中各选项的含义如下：

（1）"颜色"（"线型""线宽"）下拉列表框：用于设置尺寸线的颜色（线型、线宽）。

（2）"超出标记"微调框：当尺寸箭头设置为短斜线、短波浪线等时，或者尺寸线上没有箭头时，可利用此微调框设置尺寸线超出尺寸界线的距离。

（3）"基线间距"微调框：设置以基线方式标注尺寸时，相邻两尺寸线之间的距离。

（4）"隐藏"复选框组：确定是否隐藏尺寸线及相应的箭头。选中"尺寸线 1"（"尺寸线 2"）复选框，表示隐藏第一（二）段尺寸线。

2."尺寸界线"选项组

"尺寸界线"选项组用于确定尺寸界线的特性，其中各选项的含义如下：

（1）"颜色"（"线宽"）下拉列表框：用于设置尺寸界线的颜色（线宽）。

（2）"尺寸界线 1 的线型"（"尺寸界线 2 的线型"）下拉列表框：用于设置第 1（2）条尺寸界线的线型。

（3）"超出尺寸线"微调框：用于确定尺寸界线超出尺寸线的距离。

（4）"起点偏移量"微调框：用于确定尺寸界线的实际起点相对于指定尺寸界线起点的偏移量。

（5）"隐藏"复选框组：用于确定是否隐藏尺寸界线。

（6）"固定长度的尺寸界线"复选框：选中该复选框，系统以固定长度的尺寸界线标注尺寸，可以在其下面的"长度"文本框中输入长度值。

3."尺寸样式"显示框

在"新建标注样式：副本 ISO-25"对话框的右上方有一个"尺寸样式"显示框，该显示框以样例的形式显示用户设置的尺寸样式。

9.1.3 符号和箭头

在"新建标注样式：副本 ISO-25"对话框中，第 2 个选项卡是"符号和箭头"选项卡，如图 9-5 所示。该选项卡用于设置箭头、圆心标记、弧长符号和半径折弯标注的形式和特性，下面对该选项卡中的各选项分别进行介绍。

1."箭头"选项组

"箭头"选项组用于设置尺寸箭头的形式。AutoCAD 提供了多种箭头形状，列在"第一个"和"第二个"下拉列表框中。另外，还允许采用用户自定义的箭头形状。两个尺寸箭头可以采用相同的形式，也可以采用不同的形式。

（1）"第一个"下拉列表框：用于设置第一个尺寸箭头的形式。单击此下拉列表框，打开各种箭头形式，其中列出了各类箭头的形状及名称。一旦选择了第一个箭头的类型，第二个箭头则自动与其匹配，要想第二个箭头取不同的形状，可在"第二个"下拉列表框中设置。

如果选择了"用户箭头"选项，则打开如图 9-6 所示的"选择自定义箭头块"对话框，可以事先把自定义的箭头存成一个图块，在该对话框中输入该图块名即可。

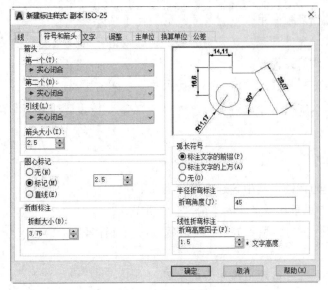

图 9-5　"符号和箭头"选项卡

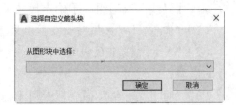

图 9-6　"选择自定义箭头块"对话框

（2）"第二个"下拉列表框：用于设置第二个尺寸箭头的形式，可以与第一个尺寸箭头的形式不同。

（3）"引线"下拉列表框：用于设置引线箭头的形式，与"第一个"下拉列表框的设置类似。

（4）"箭头大小"微调框：用于设置尺寸箭头的大小。

2．"圆心标记"选项组

"圆心标记"选项组用于设置半径标注、直径标注和中心标注中的中心标记和中心线形式。其中各项含义如下：

（1）"无"单选按钮：选中该单选按钮，既不产生中心标记，也不产生中心线。

（2）"标记"单选按钮：选中该单选按钮，中心标记为一个点记号。

（3）"直线"单选按钮：选中该单选按钮，中心标记采用中心线的形式。

（4）"大小"微调框：用于设置中心标记和中心线的大小和粗细。

3．"折断标注"选项组

"折断标注"选项组用于控制折断标注的间距宽度。

4．"弧长符号"选项组

"弧长符号"选项组用于控制弧长标注中圆弧符号的显示，其中 3 个单选按钮的含义介绍如下：

（1）"标注文字的前缀"单选按钮：选中该单选按钮，将弧长符号放在标注文字的左侧，如图 9-7（a）所示。

（2）"标注文字的上方"单选按钮：选中该单选按钮，将弧长符号放在标注文字的上方，如图 9-7（b）所示。

（3）"无"单选按钮：选中该单选按钮，不显示弧长符号，如图 9-7（c）所示。

5."半径折弯标注"选项组

"半径折弯标注"选项组用于控制折弯（Z字形）半径标注的显示。半径折弯标注通常在中心点位于页面外部时创建。在"折弯角度"文本框中可以输入连接半径折弯标注的尺寸界线和尺寸线的横向直线角度，如图9-8所示。

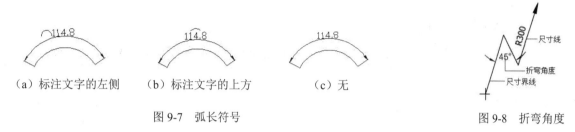

（a）标注文字的左侧 　（b）标注文字的上方 　（c）无

图9-7 弧长符号 　　　　　　　　　　　　　　图9-8 折弯角度

6."线性折弯标注"选项组

"线性折弯标注"选项组用于控制线性折弯标注的显示。当标注不能精确表示实际尺寸时，常将折弯线添加到线性标注中。通常，实际尺寸比所需值小。

9.1.4 文字

在"新建标注样式：副本 ISO-25"对话框中，第3个选项卡是"文字"选项卡，如图9-9所示。该选项卡用于设置尺寸文本的形式、布置、对齐方式等，下面对该选项卡中的各选项分别进行介绍。

图9-9 "文字"选项卡

1."文字外观"选项组

（1）"文字样式"下拉列表框：用于选择当前尺寸文本采用的文字样式。

（2）"文字颜色"下拉列表框：用于设置尺寸文本的颜色。

（3）"填充颜色"下拉列表框：用于设置标注中文字背景的颜色。

（4）"文字高度"微调框：用于设置尺寸文本的字高。如果选用的文本样式中已设置了具体的字高（不是0），则此处的设置无效；如果文本样式中设置的字高为0，才以此处设置为准。

（5）"分数高度比例"微调框：用于确定尺寸文本的比例系数。

（6）"绘制文字边框"复选框：选中该复选框，AutoCAD在尺寸文本的周围加上边框。

2．"文字位置"选项组

（1）"垂直"下拉列表框：用于确定尺寸文本相对于尺寸线在垂直方向的对齐方式，如图9-10所示。

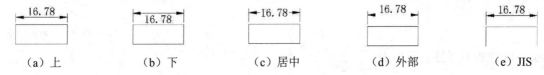

（a）上   （b）下   （c）居中   （d）外部   （e）JIS

图9-10　尺寸文本在垂直方向的对齐方式

（2）"水平"下拉列表框：用于确定尺寸文本相对于尺寸线和尺寸界线在水平方向的对齐方式。单击此下拉列表框，可从中选择的对齐方式有5种，分别为居中、第一条尺寸界线、第二条尺寸界线、第一条尺寸界线上方、第二条尺寸界线上方，如图9-11所示。

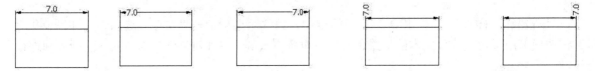

（a）居中 （b）第一条尺寸界线 （c）第二条尺寸界线 （d）第一条尺寸界线上方 （e）第二条尺寸界线上方

图9-11　尺寸文本在水平方向的对齐方式

（3）"观察方向"下拉列表框：用于控制标注文字的观察方向（可用系统变量 DIMTXTDIRECTION 设置）。

（4）"从尺寸线偏移"微调框：当尺寸文本放在断开的尺寸线中间时，该微调框用于设置尺寸文本与尺寸线之间的距离。

3．"文字对齐"选项组

该选项组用于控制尺寸文本的排列方向。

（1）"水平"单选按钮：选中该单选按钮，尺寸文本沿水平方向放置。不论标注什么方向的尺寸，尺寸文本总保持水平。

（2）"与尺寸线对齐"单选按钮：选中该单选按钮，尺寸文本沿尺寸线方向放置。

（3）"ISO 标准"单选按钮：选中该单选按钮，当尺寸文本在尺寸界线之间时，沿尺寸线方向放置；当尺寸文本在尺寸界线之外时，沿水平方向放置。

9.1.5 调整

在"新建标注样式：副本 ISO-25"对话框中，第 4 个选项卡是"调整"选项卡，如图9-12所

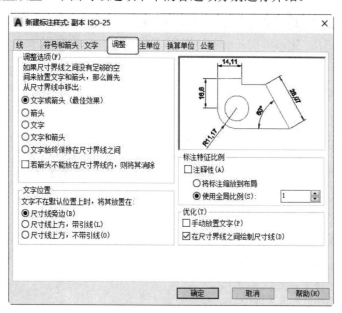

示。该选项卡根据两条尺寸界线之间的空间，设置将尺寸文本、尺寸箭头放置在两条尺寸界线内或外。如果空间允许，AutoCAD 总是把尺寸文本和箭头放置在尺寸界线之间；如果空间不够，则根据本选项卡的各项设置放置。下面对该选项卡中的各选项分别进行介绍。

图 9-12　"调整"选项卡

1."调整选项"选项组

（1）"文字或箭头"单选按钮：选中该单选按钮，如果空间允许，把尺寸文本和箭头都放置在两条尺寸界线之间；如果两条尺寸界线之间只够放置尺寸文本，则把尺寸文本放置在尺寸界线之间，而把箭头放置在尺寸界线之外；如果只够放置箭头，则把箭头放置在里面，把尺寸文本放在外面；如果两尺寸界线之间既放置不下文本，也放置不下箭头，则把两者均放置在外面。

（2）"文字和箭头"单选按钮：选中该单选按钮，如果空间允许，把尺寸文本和箭头都放置在两尺寸界线之间；否则，把尺寸文本和箭头都放置在尺寸界线外面。

其他选项含义类似，此处不再赘述。

2."文字位置"选项组

"文字位置"选项组用于设置尺寸文本的位置，包括"尺寸线旁边""尺寸线上方，带引线"和"尺寸线上方，不带引线"，如图 9-13 所示。

（a）尺寸线旁边　　　　（b）尺寸线上方，带引线　　　　（c）尺寸线上方，不带引线

图 9-13　尺寸文本的位置

3."标注特征比例"选项组

（1）"注释性"复选框：指定标注为注释性。注释性对象和样式用于控制注释对象在模型空间或布局中显示的尺寸和比例。

（2）"将标注缩放到布局"单选按钮：根据当前模型空间视口和图纸空间之间的比例确定比例因子。当在图纸空间而不是模型空间视口中工作时，或者当系统变量TILEMODE被设置为1时，将使用默认的比例因子1。

（3）"使用全局比例"单选按钮：确定尺寸的整体比例系数。其右侧的"比例值"微调框可以用于选择需要的比例。

4."优化"选项组

"优化"选项组用于设置附加的尺寸文本布置选项，包含以下两个选项。

（1）"手动放置文字"复选框：选中该复选框，标注尺寸时由用户确定尺寸文本的放置位置，忽略前面的对齐设置。

（2）"在尺寸界线之间绘制尺寸线"复选框：选中该复选框，不论尺寸文本在尺寸界线之间还是在外面，AutoCAD 均在两条尺寸界线之间绘出一尺寸线；否则，当尺寸界线之间放不下尺寸文本而将其放在外面时，尺寸界线之间无尺寸线。

9.1.6 主单位

在"新建标注样式：副本 ISO-25"对话框中，第 5 个选项卡是"主单位"选项卡，如图 9-14 所示。该选项卡用于设置尺寸标注的主单位和精度，以及为尺寸文本添加固定的前缀或后缀。下面对该选项卡中的各选项分别进行介绍。

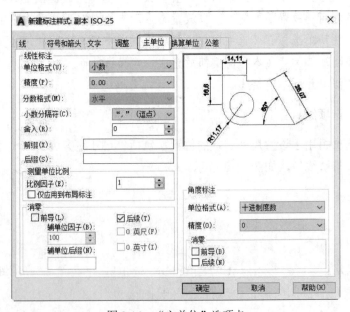

图9-14 "主单位"选项卡

1．"线性标注"选项组

"线性标注"选项组用于设置标注长度型尺寸时采用的单位和精度。

（1）"单位格式"下拉列表框：用于确定标注尺寸时使用的单位制（角度型尺寸除外）。在其下拉列表框中，AutoCAD 2022 提供了"科学""小数""工程""建筑""分数"和"Windows 桌面"6 种单位制，用户可根据需要选择。

（2）"精度"下拉列表框：用于确定标注尺寸时的精度，也就是精确到小数点后几位。

✍ 技巧：

> 精度设置一定要和用户的需求吻合，如果设置的精度过低，标注会出现误差。

（3）"分数格式"下拉列表框：用于设置分数的形式。AutoCAD 2022 提供了"水平""对角"和"非堆叠"3 种形式供用户选用。

（4）"小数分隔符"下拉列表框：用于确定十进制单位（Decimal）的分隔符。AutoCAD 2022 提供了句点（.）、逗点（,）和空格 3 种形式。系统默认的小数分隔符是逗点，所以每次标注尺寸时要注意把小数分隔符设置为句点。

（5）"舍入"微调框：用于设置除角度之外的尺寸测量圆整规则。在文本框中输入一个值，如果输入 1，则所有测量值均为整数。

（6）"前缀"文本框：为尺寸标注设置固定前缀。可以输入文本，也可以利用控制符产生特殊字符，这些文本将被加在所有尺寸文本之前。

（7）"后缀"文本框：为尺寸标注设置固定后缀。

2．"测量单位比例"选项组

"测量单位比例"选项组用于确定 AutoCAD 自动测量尺寸时的比例因子。其中"比例因子"微调框用于设置除角度之外所有尺寸测量的比例因子。例如，用户确定比例因子为 2，AutoCAD 则把实际测量为 1 的尺寸标注为 2。如果选中"仅应用到布局标注"复选框，则设置的比例因子只适用于布局标注。

3．"消零"选项组

"消零"选项组用于设置是否省略标注尺寸时的 0。

（1）"前导"复选框：选中该复选框，省略尺寸值处于高位的 0。例如，0.50000 标注为.50000。

（2）"后续"复选框：选中该复选框，省略尺寸值小数点后末尾的 0。例如，8.5000 标注为 8.5，而 30.0000 标注为 30。

（3）"0 英尺""英寸"复选框：选中该复选框，采用"工程"和"建筑"单位制时，如果尺寸值小于 1 英尺（英寸）时，省略英尺（英寸）。例如，0'-6 1/2" 标注为 6 1/2"。

4．"角度标注"选项组

"角度标注"选项组用于设置标注角度时采用的角度单位。

9.1.7 换算单位

在"新建标注样式：副本 ISO-25"对话框中，第 6 个选项卡是"换算单位"选项卡，如图 9-15 所示。该选项卡用于对替换单位的设置。下面对该选项卡中的各选项分别进行介绍。

图 9-15 "换算单位"选项卡

1. "显示换算单位"复选框

选中该复选框，则替换单位的尺寸值也同时显示在尺寸文本上。

2. "换算单位"选项组

"换算单位"选项组用于设置替换单位，其中各选项的含义如下：

（1）"单位格式"下拉列表框：用于设置替换单位采用的单位制。

（2）"精度"下拉列表框：用于设置替换单位的精度。

（3）"换算单位倍数"微调框：用于设置主单位和替换单位的转换因子。

（4）"舍入精度"微调框：用于设置替换单位的圆整规则。

（5）"前缀"文本框：用于设置替换单位文本的固定前缀。

（6）"后缀"文本框：用于设置替换单位文本的固定后缀。

3. "消零"选项组

（1）"辅单位因子"微调框：将辅单位的数量设置为一个单位。它用于在距离小于一个单位时以辅单位为单位计算标注距离。例如，如果单位后缀为 m 而辅单位后缀以 cm 显示，则输入 100。

（2）"辅单位后缀"文本框：用于设置标注值辅单位中包含的后缀。可以输入文字，或者使用控制代码显示特殊符号。例如，输入 cm 可将.96m 显示为 96cm。

其他选项含义与"主单位"选项卡中"消零"选项组含义类似，此处不再赘述。

4．"位置"选项组

"位置"选项组用于设置替换单位尺寸标注的位置。

9.1.8 公差

在"新建标注样式：副本 ISO-25"对话框中，第 7 个选项卡是"公差"选项卡，如图 9-16 所示。该选项卡用于确定标注公差的方式。下面对该选项卡中的各选项分别进行介绍。

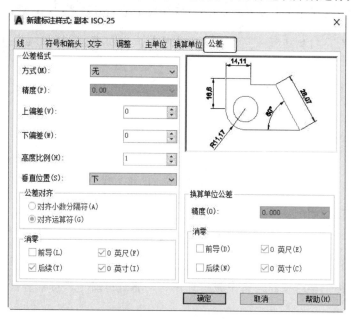

图 9-16 "公差"选项卡

1．"公差格式"选项组

"公差格式"选项组用于设置公差的标注方式。

（1）"方式"下拉列表框：用于设置公差标注的方式。AutoCAD 提供了 5 种标注公差的方式，分别是"无""对称""极限偏差""极限尺寸"和"基本尺寸"，其中"无"表示不标注公差，其他 4 种标注情况如图 9-17 所示。

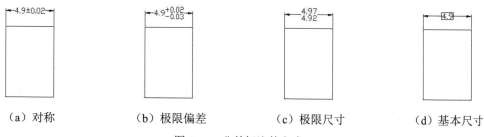

（a）对称 （b）极限偏差 （c）极限尺寸 （d）基本尺寸

图 9-17 公差标注的方式

（2）"精度"下拉列表框：用于设置公差标注的精度。

✍ 技巧：

> 公差标注的精度设置一定要准确，否则标注出的公差值会出现错误。

（3）"上偏差"（"下偏差"）微调框：用于设置尺寸的上（下）偏差。

（4）"高度比例"微调框：用于设置公差文本的高度比例，即公差文本的高度与一般尺寸文本的高度之比。

✍ 技巧：

> 国家标准规定，公差文本的高度是一般尺寸文本高度的 0.5 倍，用户要注意设置。

（5）"垂直位置"下拉列表框：用于控制"对称"和"极限偏差"形式公差标注的文本对齐方式，如图 9-18 所示。

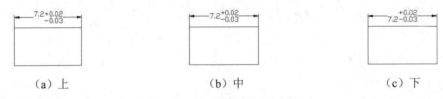

| (a) 上 | (b) 中 | (c) 下 |

图 9-18　公差文本的对齐方式

2．"公差对齐"选项组

"公差对齐"选项组用于在堆叠时，控制上偏差值和下偏差值的对齐。

（1）"对齐小数分隔符"单选按钮：选中该单选按钮，通过值的小数分隔符堆叠值。

（2）"对齐运算符"单选按钮：选中该单选按钮，通过值的运算符堆叠值。

3．"消零"选项组

"消零"选项组用于控制是否禁止输出前导 0 和后续 0，以及 0 英尺和 0 英寸部分（可用系统变量 DIMTZIN 设置）。

4．"换算单位公差"选项组

"换算单位公差"选项组用于对形位公差标注的替换单位进行设置，各选项的设置方法与前面相同。

9.2　标 注 尺 寸

正确地进行尺寸标注是设计绘图工作中非常重要的一个环节。AutoCAD 2022 提供了方便、快捷的尺寸标注方法，可以通过执行命令实现，也可以利用菜单或工具按钮实现。本节重点介绍如何对各种类型的尺寸进行标注。

9.2.1　线性标注

线性标注用于标注图形对象的线性距离或长度，包括水平标注、垂直标注和旋转标注 3 种类型。

【执行方式】

- ➜ 命令行：DIMLINEAR（缩写名：DIMLIN）。
- ➜ 菜单栏：选择菜单栏中的"标注"→"线性"命令。
- ➜ 工具栏：单击"标注"工具栏中的"线性"按钮⊢。
- ➜ 快捷命令：D+L+I。
- ➜ 功能区：单击"默认"选项卡"注释"面板中的"线性"按钮⊢。

扫一扫，看视频

动手学——标注垫片尺寸

调用素材：初始文件\第 9 章\垫片.dwg

源文件：源文件\第 9 章\标注垫片尺寸.dwg

本实例标注如图 9-19 所示的垫片尺寸。

【操作步骤】

（1）打开初始文件\第 9 章\垫片.dwg 文件，如图 9-20 所示。

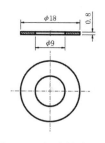

图 9-19　标注垫片尺寸

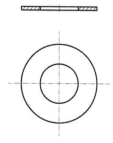

图 9-20　垫片

（2）单击"默认"选项卡"注释"面板中的"标注样式"按钮⊢，打开"标注样式管理器"对话框，如图 9-1 所示。

由于系统的标注样式不符合要求，因此，根据图 9-19 中的标注样式，对标注样式进行设置。单击"新建"按钮，❶打开"创建新标注样式"对话框，如图 9-21 所示，❷在"用于"下拉列表框中选择"线性标注"选项，❸然后单击"继续"按钮，❹打开"新建标注样式：ISO-25：线性"对话框，如图 9-22 所示。❺选择"符号和箭头"选项卡，❻设置"箭头大小"为3；❼选择"文字"选项卡，❽单击文字样式后边的按钮，打开"文字样式"对话框，设置字体为"仿宋_GB2312"，然后单击"应用"按钮，关闭"文字样式"对话框，❾设置"文字高度"为4，其他选项保持系统默认设置，单击"确定"按钮，返回"标注样式管理器"对话框。单击"置为当前"按钮，将设置的标注样式置为当前标注样式，单击"关闭"按钮。

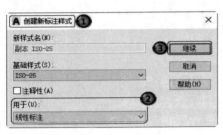

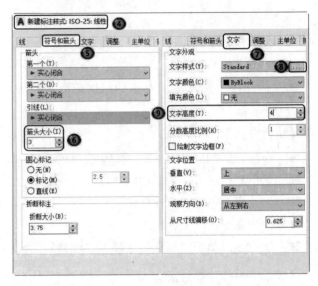

图 9-21 "创建新标注样式"对话框   图 9-22 "新建标注样式：ISO-25：线性"对话框

（3）单击"注释"选项卡"标注"面板中的"线性"按钮┠┤，标注主视图内径。命令行提示与操作如下：

```
命令：_DIMLINEAR
指定第一个尺寸界线原点或<选择对象>：（选择垫片内孔的左下角）
指定第二条尺寸界线原点：（选择垫片内孔的右下角）
指定尺寸线位置或 [多行文字(M)/文字(T)/角度(A)/水平(H)/垂直(V)/旋转(R)]：T✓
输入标注文字<9>：%%C9✓
指定尺寸线位置或 [多行文字(M)/文字(T)/角度(A)/水平(H)/垂直(V)/旋转(R)]：（指定尺寸线位置）
```

标注结果如图 9-23 所示。

（4）单击"注释"选项卡"标注"面板中的"线性"按钮┠┤，标注其他水平与竖直方向的尺寸，方法与上面相同，此处不再赘述。最后结果如图 9-19 所示。

图 9-23 标注内径尺寸

【选项说明】

（1）指定尺寸线位置：用于确定尺寸线的位置。用户可移动鼠标选择合适的尺寸线位置，然后按 Enter 键或单击，AutoCAD 则自动测量要标注线段的长度并标注出相应的尺寸。

（2）多行文字：用多行文字编辑器确定尺寸文本。

（3）文字：用于在命令行提示下输入或编辑尺寸文本。选择该选项后，命令行提示如下：

输入标注文字 <默认值>：

其中的默认值是 AutoCAD 自动测量得到的被标注线段的长度，直接按 Enter 键即可采用此长度值，也可输入其他数值代替默认值。当尺寸文本中包含默认值时，可使用尖括号"< >"表示默认值。

（4）角度(A)：用于确定尺寸文本的倾斜角度。

（5）水平：水平标注尺寸，不论标注什么方向的线段，尺寸线总保持水平放置。

（6）垂直：垂直标注尺寸，不论标注什么方向的线段，尺寸线总保持垂直放置。

（7）旋转：输入尺寸线旋转的角度值，旋转标注尺寸。

9.2.2　对齐标注

对齐标注是指所标注尺寸的尺寸线与两条尺寸界线起点间的连线平行。

【执行方式】

- ↘ 命令行：DIMALIGNED（快捷命令：DAL）。
- ↘ 菜单栏：选择菜单栏中的"标注"→"对齐"命令。
- ↘ 工具栏：单击"标注"工具栏中的"对齐"按钮 ↖。
- ↘ 功能区：单击"默认"选项卡"注释"面板中的"对齐"按钮 ↖，或者单击"注释"选项卡"标注"面板中的"对齐"按钮 ↖。

【操作步骤】

命令行提示与操作如下：

```
命令：DIMALIGNED✓
指定第一个尺寸界线原点或 <选择对象>：
指定第二条尺寸界线原点：
指定尺寸线位置或[多行文字(M)/文字(T)/角度(A)]：
```

【选项说明】

这种命令标注的尺寸线与所标注轮廓线平行，标注起点到终点之间的距离尺寸。

9.2.3　基线标注

基线标注用于产生一系列基于同一尺寸界线的尺寸标注，适用于长度尺寸、角度和坐标标注。在使用基线标注方式之前，应该先标注出一个相关的尺寸作为基线标准。

【执行方式】

- ↘ 命令行：DIMBASELINE（快捷命令：DBA）。
- ↘ 菜单栏：选择菜单栏中的"标注"→"基线"命令。
- ↘ 工具栏：单击"标注"工具栏中的"基线"按钮 ⊟。
- ↘ 功能区：单击"注释"选项卡"标注"面板中的"基线"按钮 ⊟。

【操作步骤】

命令行提示与操作如下：

```
命令：DIMBASELINE✓
指定第二条尺寸界线原点或 [选择(S)/放弃(U)] <选择>：
```

【选项说明】

（1）指定第二条尺寸界线原点：直接确定另一个尺寸的第二条尺寸界线的起点，AutoCAD 以上次标注的尺寸为基准标注，标注出相应尺寸。

（2）选择：在上述提示下直接按 Enter 键，命令行提示如下：

```
选择基准标注：（选取作为基准的尺寸标注）
```

9.2.4　连续标注

连续标注又叫尺寸链标注，用于产生一系列连续的尺寸标注，后一个尺寸标注均把前一个尺寸标注的第二条尺寸界线作为它的第一条尺寸界线。适用于长度型尺寸、角度型尺寸和坐标标注。在使用连续标注方式之前，应该先标注出一个相关的尺寸。

【执行方式】

- ➥ 命令行：DIMCONTINUE（快捷命令：DCO）。
- ➥ 菜单栏：选择菜单栏中的"标注"→"连续"命令。
- ➥ 工具栏：单击"标注"工具栏中的"连续"按钮⊢⊢⊣。
- ➥ 功能区：单击"注释"选项卡"标注"面板中的"连续"按钮⊢⊢⊣。

✍ 技巧：

> 基线（或平行）标注和连续（或尺寸链）标注是一系列基于线性标注的连续标注，连续标注是首尾相连的多个标注。在创建基线或连续标注之前，必须创建线性、对齐或角度标注。可从当前任务最近创建的标注中以增量方式创建基线标注。

扫一扫，看视频

动手学——标注支座尺寸

调用素材： *初始文件\第 9 章\支座.dwg*

源文件： *源文件\第 9 章\标注支座尺寸.dwg*

本实例标注如图 9-24 所示的支座尺寸。

【操作步骤】

（1）打开初始文件\第 9 章\支座.dwg 文件，如图 9-25 所示。

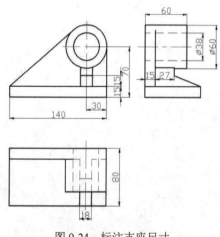

图 9-24　标注支座尺寸

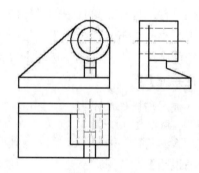

图 9-25　支座

（2）单击"默认"选项卡"注释"面板中的"标注样式"按钮┗━，打开"标注样式管理器"对话框，单击"新建"按钮，打开"创建新标注样式"对话框，在"用于"下拉列表框中选择"线性标注"选项，然后单击"继续"按钮，打开"新建标注样式"对话框。选择"符号和箭头"选项卡，设置"箭头大小"为 3；选择"文字"选项卡，单击文字样式后边的按钮……，打开"文字样式"对话框,设置字体为"仿宋_GB2312",然后单击"应用"按钮,关闭"文字样式"对话框;设置"文字高度"为 4,其他选项采用系统默认设置,单击"确定"按钮,返回"标注样式管理器"对话框。单击"置为当前"按钮,将设置的标注样式置为当前标注样式,单击"关闭"按钮。

(3)将"尺寸标注"图层设置为当前图层,单击"默认"选项卡"注释"面板中的"线性"按钮┌┐,标注 M10 尺寸。命令行提示与操作如下:

```
命令:_dimlinear
指定第一个尺寸界线原点或 <选择对象>:(打开对象捕捉功能,捕捉主视图底板右下角点 1,如图 9-26 所示)
指定第二条尺寸界线原点:(捕捉竖直中心线下端点 2,如图 9-26 所示)
指定尺寸线位置或[多行文字(M)/文字(T)/角度(A)/水平(H)/垂直(V)/旋转(R)]:将(尺寸放置到图形的下方)
标注文字 = 30
```

绘制结果如图 9-26 所示。

(4)单击"注释"选项卡"标注"面板中的"基线"按钮┌┐,进行基线标注。命令行提示与操作如下:

```
命令:_dimbaseline
指定第二个尺寸界线原点或 [选择(S)/放弃(U)] <选择>:(捕捉主视图底板左下角点)
标注文字 = 140
```

绘制结果如图 9-27 所示。

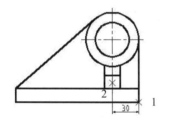

图 9-26 标注线性尺寸 30

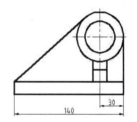

图 9-27 基线标注

(5)单击"默认"选项卡"注释"面板中的"线性"按钮┌┐,捕捉主视图底板右下角点和右上角点,标注线性尺寸 15。

(6)单击"注释"选项卡"标注"面板中的"连续"按钮┟┟┟,标注尺寸 15。命令行提示与操作如下:

```
命令:_DIMCONTINUE
指定第二条尺寸界线原点或 [放弃(U)/选择(S)]<选择>:(捕捉交点 1 为第二条尺寸界线起点)
标注文字=90
指定第二条尺寸界线原点或 [放弃(U)/选择(S)]<选择>:✓
选择连续标注:✓
```

绘制结果如图 9-28 所示。

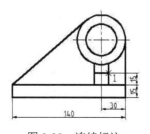

图 9-28 连续标注

（7）继续标注其他线性尺寸和连续尺寸，结果如图 9-24 所示。

✍ 技巧：

> AutoCAD 允许用户利用连续标注方式和基线标注方式进行角度标注，如图 9-29 所示。
>
>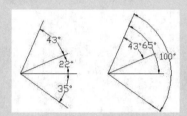
>
> 图 9-29　连续方式和基线方式角度标注

9.2.5　直径标注

直径标注用于圆或圆弧的直径尺寸标注。

【执行方式】

- ⮞　命令行：DIMDIAMETER（快捷命令：DDI）。
- ⮞　菜单栏：选择菜单栏中的"标注"→"直径"命令。
- ⮞　工具栏：单击"标注"工具栏中的"直径"按钮 ◌。
- ⮞　功能区：单击"默认"选项卡"注释"面板中的"直径"按钮 ◌，或者单击"注释"选项卡"标注"面板中的"直径"按钮 ◌。

动手学——标注胶木球尺寸

扫一扫，看视频

调用素材：*初始文件\第 9 章\胶木球.dwg*

源文件：*源文件\第 9 章\标注胶木球尺寸.dwg*

本实例标注如图 9-30 所示的胶木球尺寸。

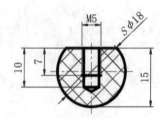

图 9-30　标注胶木球尺寸

【操作步骤】

（1）打开初始文件\第 9 章\胶木球.dwg 文件，如图 9-31 所示。

（2）单击"默认"选项卡"注释"面板中的"线性"按钮 ⊢，依照图 9-30 所示的胶木球标注线性尺寸，结果如图 9-32 所示。

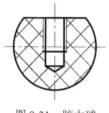

图 9-31　胶木球

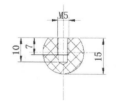

图 9-32　标注线性尺寸

（3）单击"默认"选项卡"注释"面板中的"直径"按钮⃠，标注直径。命令行提示与操作如下：

```
命令：DIMDIAMETER↙
选择圆弧或圆：（选择要标注直径的圆弧）
标注文字 = 18
指定尺寸线位置或 [多行文字(M)/文字(T)/角度(A)]：t↙
输入标注文字 <18>：s%%c18
指定尺寸线位置或 [多行文字(M)/文字(T)/角度(A)]：（适当指定一个位置）
```

绘制结果如图 9-30 所示。

【选项说明】

（1）尺寸线位置：确定尺寸线的角度和标注文字的位置。如果未将标注放置在圆弧上而导致标注指向圆弧外，则 AutoCAD 会自动绘制圆弧延伸线。

（2）多行文字：显示文字编辑器，可以用它编辑标注文字。要添加前缀或后缀，请在生成的测量值前后输入前缀或后缀。用控制代码和 Unicode 字符串输入特殊字符或符号。

（3）文字：自定义标注文字，生成的标注测量值显示在尖括号 "<>" 中。

（4）角度：修改标注文字的角度。

9.2.6　角度标注

角度标注用于圆弧包含角、两条非平行线的夹角以及三点之间夹角的标注。

【执行方式】

- ↘　命令行：DIMANGULAR（快捷命令：DAN）。
- ↘　菜单栏：选择菜单栏中的"标注"→"角度"命令。
- ↘　工具栏：单击"标注"工具栏中的"角度"按钮◹。
- ↘　功能区：单击"默认"选项卡"注释"面板中的"角度"按钮◹，或者单击"注释"选项卡"标注"面板中的"角度"按钮◹。

动手学——标注压紧螺母尺寸

调用素材：初始文件\第 9 章\压紧螺母.dwg

源文件：源文件\第 9 章\标注压紧螺母尺寸.dwg

本实例标注如图 9-33 所示的压紧螺母尺寸。

【操作步骤】

（1）打开初始文件\第 9 章\压紧螺母.dwg 文件，如图 9-34 所示。

扫一扫，看视频

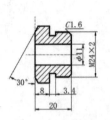

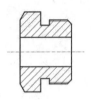
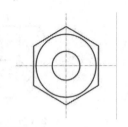

图 9-33　标注压紧螺母尺寸　　　　　　　　　　图 9-34　压紧螺母

（2）将"尺寸标注"图层设置为当前图层。按 9.2.1 节相同方法设置标注样式。

（3）单击"默认"选项卡"注释"面板中的"线性"按钮├┤，标注线性尺寸，结果如图 9-35 所示。

（4）单击"默认"选项卡"注释"面板中的"直径"按钮◯，标注直径尺寸，结果如图 9-36 所示。

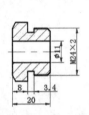
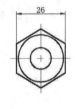

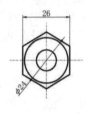

图 9-35　线性尺寸标注　　　　　　　　　　图 9-36　直径尺寸标注

（5）单击"默认"选项卡"注释"面板中的"标注样式"按钮┗┛，❶在系统弹出的"标注样式管理器"对话框的"样式"列表框中，❷选择已经设置的"机械制图"样式，❸单击"新建"按钮，❹在弹出的"创建新标注样式"对话框中的"用于"下拉列表中选择"角度标注"，如图 9-37 所示。❺单击"继续"按钮，❻弹出"新建标注样式：副本 机械制图"对话框，❼在"文字"选项卡"文字对齐"选项组中，❽选中"水平"单选按钮，其他选项采用系统默认设置，如图 9-38 所示。❾单击"确定"按钮，回到"标注样式管理器"对话框，❿样式列表中新增加了"机械制图"样式下的"角度"标注样式，如图 9-39 所示。⓫单击"关闭"按钮，"角度"标注样式被设置为当前标注样式，并只对角度标注有效。

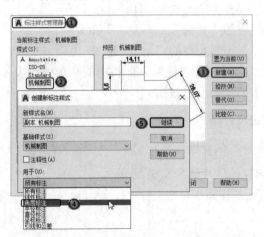

图 9-37　创建新标注样式

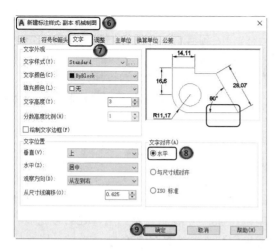

图 9-38 "新建标注样式：副本 机械制图"对话框

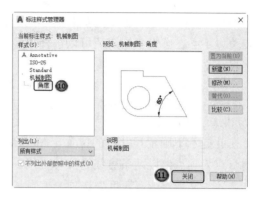

图 9-39 "标注样式管理器"对话框

📢 **注意：**

> 在《机械制图》国家标准（GB/T4457.4—2002）中规定，角度的尺寸数字必须水平放置，所以这里要对角度尺寸的标注样式进行重新设置。

（6）标注角度尺寸。单击"默认"选项卡"注释"面板中的"角度"按钮△，对图形进行角度尺寸标注。命令行提示与操作如下：

```
命令：_dimangular
选择圆弧、圆、直线或 <指定顶点>：（选择主视图上倒角的斜线）
选择第二条直线：（选择主视图最左端竖直线）
指定标注弧线位置或 [多行文字(M)/文字(T)/角度(A)/象限点(Q)]：（选择合适位置）
标注文字 = 53
```

标注结果如图 9-40 所示。

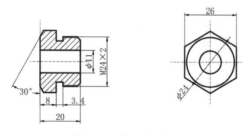

图 9-40 标注角度尺寸

（7）标注倒角尺寸 C1.6。该尺寸标注的方法在下一节讲述，这里暂时不讲。最终结果如图 9-33 所示。

【选项说明】

（1）选择圆弧：标注圆弧的中心角。当用户选择一段圆弧后，命令行提示如下：

指定标注弧线位置或 [多行文字(M)/文字(T)/角度(A)/象限点(Q)]：（确定尺寸线的位置或选取某一项）

在此提示下确定尺寸线的位置，AutoCAD 系统按自动测量得到的值标注出相应的角度，在此之前，用户可以选择"多行文字""文字"或"角度"选项，通过多行文字编辑器或命令行来输入或定制尺寸文本，以及指定尺寸文本的倾斜角度。

（2）选择圆：标注圆上某段圆弧的中心角。当用户选择圆上的一点后，命令行提示如下：

指定角的第二个端点：（选取另一点，该点可以在圆上，也可以不在圆上）
指定标注弧线位置或 [多行文字(M)/文字(T)/角度(A)/象限点(Q)]：

AutoCAD 系统标出一个角度值，该角度以圆心为顶点，两条尺寸界线通过所选取的两点，第二点可以不必在圆上。用户还可以选择"多行文字""文字"或"角度"选项，编辑其尺寸文本或指定尺寸文本的倾斜角度。

（3）选择直线：标注两条直线之间的夹角。当用户选择一条直线后，命令行提示如下：

选择第二条直线：（选取另外一条直线）
指定标注弧线位置或 [多行文字(M)/文字(T)/角度(A)/象限点(Q)]：

在此提示下确定尺寸线的位置，AutoCAD 系统自动标出两条直线之间的夹角。该角以两条直线的交点为顶点，以两条直线为尺寸界线，所标注角度取决于尺寸线的位置。用户还可以选择"多行文字""文字"或"角度"选项，编辑其尺寸文本或指定尺寸文本的倾斜角度。

（4）指定顶点：直接按 Enter 键，命令行提示如下：

指定角的顶点：（指定顶点）
指定角的第一个端点：（输入角的第一个端点）
指定角的第二个端点：（输入角的第二个端点）
指定标注弧线位置或 [多行文字(M)/文字(T)/角度(A)/象限点(Q)]：（输入一点作为角的顶点）

给定尺寸线的位置，根据指定的 3 个点标注出角度，如图 9-41 所示。另外，用户还可以选择"多行文字""文字"或"角度"选项，编辑其尺寸文本或指定尺寸文本的倾斜角度。

（5）指定标注弧线位置：指定尺寸线的位置并确定绘制延伸线的方向。指定位置之后，DIMANGULAR 命令将结束。

（6）多行文字：显示多行文字编辑器，可用它来编辑标注文字。要添加前缀或后缀，需在生成的测量值前后输入前缀或后缀。

图 9-41　利用 DIMANGULAR 命令标注 3 个点确定的角度

（7）文字：自定义标注文字，生成的标注测量值显示在尖括号 "< >" 中。输入标注文字，或者按 Enter 键接收生成的测量值。要包括生成的测量值，需用尖括号 "<>" 表示生成的测量值。

（8）角度：修改标注文字的角度。

（9）象限点：指定标注应锁定到的象限。打开象限后，将标注文字放置在角度标注外时，尺寸线会延伸超过延伸线。

9.2.7　半径标注

半径标注用于圆或圆弧的半径尺寸标注。

【执行方式】

 ↘ 命令行：DIMRADIUS（快捷命令：DRA）。
 ↘ 菜单栏：选择菜单栏中的"标注"→"半径"命令。
 ↘ 工具栏：单击"标注"工具栏中的"半径"按钮。
 ↘ 功能区：单击"默认"选项卡"注释"面板中的"半径"按钮，或者单击"注释"选项卡"标注"面板中的"半径"按钮。

扫一扫，看视频

动手学——标注阀杆尺寸

调用素材：初始文件\第 9 章\标注阀杆尺寸.dwg

源文件：源文件\第 9 章\标注阀杆尺寸.dwg

本实例标注如图 9-42 所示的阀杆尺寸。

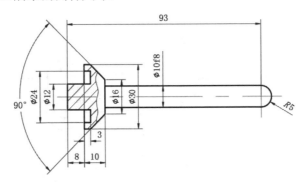

图 9-42　标注阀杆尺寸

【操作步骤】

（1）打开初始文件\第 9 章\标注阀杆尺寸.dwg 文件。

（2）将"尺寸标注"图层设置为当前图层。按 9.2.1 小节相同方法设置标注样式。

（3）单击"默认"选项卡"注释"面板中的"线性"按钮，标注线性尺寸，结果如图 9-43 所示。

（4）单击"默认"选项卡"注释"面板中的"半径"按钮，标注圆弧尺寸，命令行提示与操作如下：

```
命令：_DIMRADIUS
选择圆弧或圆：（选择右端的圆弧）
标注文字=5
指定尺寸线位置或 [多行文字(M)/文字(T)/角度(A)]：（指定尺寸线位置）
```

标注结果如图 9-44 所示。

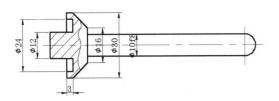

图 9-43　标注线性尺寸

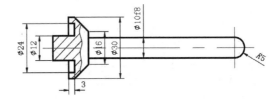

图 9-44　标注半径尺寸

（5）设置角度标注样式。按 9.2.6 小节相同方法设置角度标注样式。

（6）标注角度尺寸。单击"默认"选项卡"注释"面板中的"角度"按钮，对图形进行角度尺寸标注，结果如图 9-45 所示。

（7）标注基线尺寸。先单击"默认"选项卡"注释"面板中的"线性"按钮，标注线性尺寸 93，再单击"注释"选项卡"标注"面板中"连续"下拉菜单中的"基线"按钮，标注基线尺寸 8。命令行提示与操作如下：

```
命令: _dimbaseline
指定第二个尺寸界线原点或 [放弃(U)/选择(S)] <选择>:(选择尺寸界线)
标注文字 = 8
指定第二个尺寸界线原点或 [放弃(U)/选择(S)] <选择>:↙
```

选择刚标注的基线标注,利用钳夹功能将尺寸线移动到合适的位置,结果如图 9-46 所示。

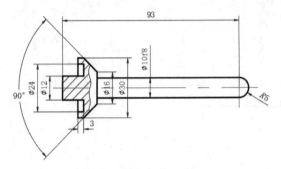

图 9-45　标注角度尺寸　　　　　　　图 9-46　标注基线尺寸

（8）标注连续尺寸。单击"注释"选项卡"标注"面板中的"连续"按钮╟╢,标注连续尺寸 10。最终结果如图 9-42 所示。

9.2.8　折弯标注

【执行方式】

- 命令行:DIMJOGGED(快捷命令:DJO 或 JOG)。
- 菜单栏:选择菜单栏中的"标注"→"折弯"命令。
- 工具栏:单击"标注"工具栏中的"折弯"按钮╱。
- 功能区:单击"默认"选项卡"注释"面板中的"折弯"按钮╱,或者单击"注释"选项卡"标注"面板中的"折弯"按钮╱。

【操作步骤】

命令行提示与操作如下:

```
命令: DIMJOGGED↙
选择圆弧或圆:(选择圆弧或圆)
指定中心位置替代:(指定一点)
标注文字 = 50
指定尺寸线位置或 [多行文字(M)/文字(T)/角度(A)]:(指定一点或选择某一选项)
```

指定折弯位置,如图 9-47 所示。

图 9-47　折弯标注

扫一扫，看视频

动手练——标注挂轮架尺寸

标注如图 9-48 所示的挂轮架尺寸。

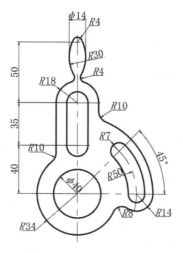

图 9-48　标注挂轮架尺寸

🗒 **思路点拨:**

> **调用素材:** 初始文件\第 9 章\挂轮架.dwg
>
> **源文件:** 源文件\第 9 章\挂轮架.dwg
>
> (1) 设置尺寸标注样式。
>
> (2) 标注半径尺寸、连续尺寸和线性尺寸。
>
> (3) 标注直径尺寸和角度尺寸。

9.3　引 线 标 注

AutoCAD 提供了引线标注功能，利用该功能不仅可以标注特定的尺寸，如圆角、倒角等，还可以实现在图中添加多行旁注、说明。在引线标注中指引线可以是折线，也可以是曲线，指引线端部可以有箭头，也可以没有箭头。

9.3.1　一般引线标注

LEADER 命令可以创建灵活多样的引线标注形式，可根据需要把指引线设置为折线或曲线。指引线可带箭头，也可不带箭头。注释文本可以是多行文本，也可以是形位公差；可以从图形其他部位复制，也可以是一个图块。

【执行方式】

命令行：LEADER。

【操作步骤】

命令行提示与操作如下：

命令：LEADER✓
指定引线起点：（指定一点）
指定下一点：（指定一点）
指定下一点或 [注释(A)/格式(F)/放弃(U)] <注释>：
指定第一个引线点或 [设置(S)] <设置>：

【选项说明】

（1）指定下一点：直接输入一点，AutoCAD 以前面的点绘制出折线作为指引线。

（2）注释：输入注释文字，为系统默认选项。在此提示下直接按 Enter 键，命令行提示如下：

输入注释文字的第一行或 <选项>：

① 输入注释文字：在此提示下输入第一行文字后按 Enter 键，可继续输入第二行文字，如此反复执行，直到输入全部注释文字，然后在此提示下直接按 Enter 键，AutoCAD 会在指引线终端标注出所输入的多行文字，并结束 LEADER 命令。

② 直接按 Enter 键：如果在上面的提示下直接按 Enter 键，命令行提示如下：

输入注释选项 [公差(T)/副本(C)/块(B)/无(N)/多行文字(M)] <多行文字>：

在此提示下选择一个注释选项或直接按 Enter 键选择系统默认的"多行文字"选项。其中，各选项的含义如下：

↳ 公差：标注形位公差。

↳ 副本：把已由 LEADER 命令创建的注释复制到当前指引线的末端。

执行该选项，命令行提示如下：

选择要复制的对象：

在此提示下选取已创建的注释文字，AutoCAD 把它复制到当前指引线的末端。

↳ 块：插入块，把已经定义好的图块插入到指引线的末端。

执行该选项，命令行提示如下：

输入块名或 [?]：

在此提示下输入一个已定义好的图块名，AutoCAD 把该图块插入到指引线的末端；或者输入"?"列出当前已有图块，用户可从中选择。

↳ 无：不进行注释，没有注释文字。

↳ 多行文字：用多行文字编辑器标注注释文字并定制文字格式，为系统默认选项。

（3）格式：确定指引线的形式。选择该选项，命令行提示如下：

输入引线格式选项 [样条曲线(S)/直线(ST)/箭头(A)/无(N)] <退出>：
（选择指引线形式，或者直接按 Enter 键回到上一级提示）

① 样条曲线：设置指引线为样条曲线。

② 直线：设置指引线为直线。

③ 箭头：在指引线的起始位置画箭头。

④ 无：在指引线的起始位置不画箭头。

⑤ 退出：该选项为默认选项，选择该选项退出"格式"选项，返回"指定下一点或"提示，并且指引线形式按系统默认方式设置。

9.3.2 快速引线标注

利用 QLEADER 命令可快速生成指引线及注释，而且可以通过命令行优化对话框进行用户自定义，由此可以消除不必要的命令行提示，提高工作效率。

【执行方式】

命令行：QLEADER。

【操作步骤】

命令行提示与操作如下：

```
命令：QLEADER✓
指定第一个引线点或 [设置(S)] <设置>：
```

【选项说明】

（1）指定第一个引线点：在上面的提示下确定一点作为指引线的第一点。命令行提示如下：

```
指定下一点：（输入指引线的第二个点）
指定下一点：（输入指引线的第三个点）
```

AutoCAD 提示用户输入点的数目由"引线设置"对话框确定。输入完指引线的点后，命令行提示如下：

```
指定文字宽度 <0.0000>：（输入多行文本的宽度）
输入注释文字的第一行 <多行文字(M)>：
```

此时，有两种命令输入选择，含义如下：

① 输入注释文字的第一行：在命令行输入第一行文字。

② 多行文字：打开多行文字编辑器，输入编辑多行文字。

直接按 Enter 键，结束 QLEADER 命令，并把多行文字标注在指引线的末端附近。

（2）设置：直接按 Enter 键或输入 S，打开"引线设置"对话框，允许对引线标注进行设置。该对话框包含"注释""引线和箭头""附着"3 个选项卡，下面分别进行介绍。

①"注释"选项卡如图 9-49 所示。用于设置引线标注中注释文本的类型、多行文字的格式并确定注释文字是否多次使用。

图 9-49 "注释"选项卡

②"引线和箭头"选项卡如图 9-50 所示。用于设置引线标注中指引线和箭头的形式。其中，

"点数"选项组用于设置执行 QLEADER 命令时，AutoCAD 提示用户输入的点的数目。例如，设置点数为 3，执行 QLEADER 命令时，当用户在提示下指定 3 个点后，AutoCAD 自动提示用户输入注释文字。注意，设置的点数要比用户希望的指引线段数多 1，可利用微调框进行设置。如果选中"无限制"复选框，AutoCAD 会一直提示用户输入点直到连续按两次 Enter 键为止。"角度约束"选项组用于设置第一段和第二段指引线的角度约束。

③"附着"选项卡如图 9-51 所示。用于设置注释文字和指引线的相对位置。如果最后一段指引线指向右边，系统自动把注释文字放在右侧；反之，放在左侧。利用该选项卡左侧和右侧的单选按钮分别设置位于左侧和右侧的注释文字与最后一段指引线的相对位置，两者可相同可不相同。

图 9-50 "引线和箭头"选项卡

图 9-51 "附着"选项卡

9.3.3 多重引线

多重引线可创建为箭头优先、引线基线优先或内容优先。

1. 多重引线样式

多重引线样式可以控制引线的外观，包括基线、引线、箭头和内容的格式。

【执行方式】

- ➥ 命令行：MLEADERSTYLE。
- ➥ 菜单栏：选择菜单栏中的"格式"→"多重引线样式"命令。
- ➥ 功能区：单击"默认"选项卡"注释"面板中的"多重引线样式"按钮 ⌐⌐。

【操作步骤】

执行上述操作后，系统打开"多重引线样式管理器"对话框，如图 9-52 所示。利用该对话框可方便、直观地设置当前多重引线样式，以及创建、修改和删除多重引线样式。

【选项说明】

（1）"置为当前"按钮：单击该按钮，将"样式"列表框中选择的多重引线样式设置为当前样式。

（2）"新建"按钮：创建新的多重引线样式。单击该按钮，系统打开"创建新多重引线样式"对话框，如图 9-53 所示。利用该对话框可创建一个新的多重引线样式，下面对各项功能进行介绍。

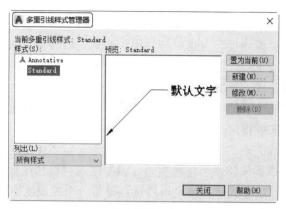

图9-52　"多重引线样式管理器"对话框

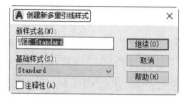

图9-53　"创建新多重引线样式"对话框

①"新样式名"文本框：为新的多重引线样式命名。

②"基础样式"下拉列表框：选择创建新样式所基于的多重引线样式。单击"基础样式"下拉列表框，打开当前已有的样式列表，从中选择一个作为定义新样式的基础，新的样式是在所选样式的基础上修改一些特性得到的。

③"继续"按钮：各选项设置好以后，单击该按钮，系统打开"修改多重引线样式：Standard"对话框，如图9-54所示。利用该对话框可对新多重引线样式的各项特性进行设置。

（3）"修改"按钮：单击该按钮，系统打开"修改多重引线样式：Standard"对话框，可以对已有样式进行修改。

"修改多重引线样式：Standard"对话框中各选项说明如下：

（1）"引线格式"选项卡，如图9-54所示。

①"常规"选项组：设置引线的外观。其中，"类型"下拉列表框用于设置引线的类型，列表中有"直线""样条曲线"和"无"3个选项，分别表示引线为直线、样条曲线或没有引线；可分别在"颜色""线型"和"线宽"下拉列表框中设置引线的颜色、线型和线宽。

②"箭头"选项组：设置箭头的样式和大小。

③"引线打断"选项组：设置引线打断时的打断距离。

（2）"引线结构"选项卡，如图9-55所示。

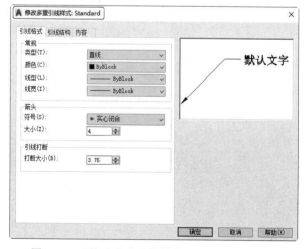

图9-54　"修改多重引线样式：Standard"对话框

图9-55　"引线结构"选项卡

①"约束"选项组：控制多重引线的结构。其中，"最大引线点数"复选框用于确定是否要指定引线端点的最大数量；"第一段角度"和"第二段角度"复选框分别用于确定是否设置反映引线中第一段直线和第二段直线方向的角度。选中复选框后，可以在对应的输入框中指定角度。需要说明的是，一旦指定了角度，对应线段的角度方向会按设置值的整数倍变化。

②"基线设置"选项组：设置多重引线中的基线。其中，"自动包含基线"复选框用于确定引线中是否含基线，还可以通过"设置基线距离"复选框指定基线的长度。

③"比例"选项组：设置多重引线标注的缩放关系。"注释性"复选框用于确定多重引线样式是否为注释性样式；"将多重引线缩放到布局"单选按钮表示将根据当前模型空间视口和图纸空间之间的比例确定比例因子；"指定比例"单选按钮用于为所有多重引线标注设置一个缩放比例。

（3）"内容"选项卡，如图 9-56 所示。

①"多重引线类型"下拉列表框：设置多重引线标注的类型。列表中有"多行文字""块"和"无"3 个选项，即表示由多重引线标注出的对象分别是多行文字、块或没有内容。

②"文字选项"选项组：如果在"多重引线类型"下拉列表框中选中"多行文字"，则会显示出此选项组，用于设置多重引线标注的文字内容。其中，"默认文字"文本框用于确定所采用的文字样式；"文字角度"下拉列表框用于确定文字的倾斜角度；"文字颜色"下拉列表框和"文字高度"组合框分别用于确定文字的颜色和高度；"始终左对正"复选框用于确定是否使文字左对齐；"文字加框"复选框用于确定是否要为文字加边框。

③"引线连接"选项组："水平连接"单选按钮表示引线终点位于所标注文字的左侧或右侧；"垂直连接"单选按钮表示引线终点位于所标注文字的上方或下方。

如果在"多重引线类型"下拉列表框中选中"块"，表示多重引线标注的对象是块，此时的"内容"选项卡如图 9-57 所示。"源块"下拉列表框用于确定多重引线标注使用的块对象；"附着"下拉列表框用于指定块与引线的关系；"颜色"下拉列表框用于指定块的颜色，但一般采用 ByBlock。

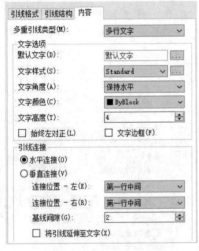

图 9-56　"内容"选项卡

图 9-57　"块"多重引线类型

2. 多重引线标注

【执行方式】

↘　命令行：MLEADER。

➥ 菜单栏：选择菜单栏中的"标注"→"多重引线"命令。

➥ 工具栏：单击"多重引线"工具栏中的"多重引线"按钮 ⟋○。

➥ 功能区：单击"默认"选项卡"注释"面板中的"多重引线"按钮 ⟋○。

【操作步骤】

命令行提示与操作如下：

```
命令：_MLEADER
指定引线箭头的位置或 [引线基线优先(L)/内容优先(C)/选项(O)] <选项>：
指定引线箭头的位置：
```

【选项说明】

（1）引线箭头的位置：指定多重引线对象的箭头的位置。

（2）引线基线优先：指定多重引线对象的基线的位置。如果先前绘制的多重引线对象是基线优先，则后续的多重引线也将先创建基线（除非另外指定）。

（3）内容优先：指定与多重引线对象相关联的文字或块的位置。如果先前绘制的多重引线对象是内容优先，则后续的多重引线对象也将先创建内容（除非另外指定）。

（4）选项：指定用于放置多重引线对象的选项。输入 O，命令行提示如下：

```
输入选项 [引线类型(L)/引线基线(A)/内容类型(C)/最大节点数(M)/第一个角度(F)/第二个角度(S)/退
出选项(X)] <退出选项>：
```

① 引线类型：指定要使用的引线类型。

② 内容类型：指定要使用的内容类型。

③ 最大节点数：指定新引线的最大节点数。

④ 第一个角度：约束新引线中的第一个点的角度。

⑤ 第二个角度：约束新引线中的第二个点的角度。

⑥ 退出选项：返回到第一个 MLEADER 命令提示。

动手学——标注销轴尺寸

扫一扫，看视频

调用素材：初始文件\第 9 章\销轴.dwg

源文件：源文件\第 9 章\标注销轴尺寸.dwg

本实例标注如图 9-58 所示的销轴尺寸。

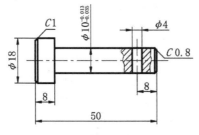

图 9-58 标注销轴尺寸

【操作步骤】

（1）打开初始文件\第 9 章\销轴.dwg 文件，如图 9-59 所示。

（2）将"尺寸标注"图层设置为当前图层。按 9.2.1 小节相同方法设置标注样式。

中文版 *AutoCAD* 2022机械设计从入门到精通（实战案例版）

（3）单击"默认"选项卡"注释"面板中的"线性"按钮┠┥，标注销轴的线性尺寸，结果如图 9-60 所示。

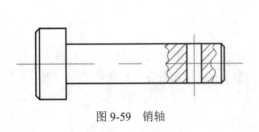

图 9-59 销轴

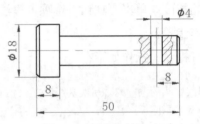

图 9-60 标注线性尺寸

（4）单击"默认"选项卡"注释"面板中的"标注样式"按钮┢┛，在系统弹出的"标注样式管理器"对话框"样式"列表中，选择已经设置的"机械制图"样式，单击"替代"按钮，❶打开"替代当前样式：机械制图"对话框，❷在其中的"公差"选项卡中，❸选择"样式"为"极限偏差"，❹选择"精度"为 0.000，❺在"上偏差"文本框中输入-0.013，❻在"下偏差"文本框中输入 0.035，❼在"高度比例"文本框中输入 0.5，❽在"垂直位置"下拉列表框中选择"中"，如图 9-61 所示。❾打开"主单位"选项卡，❿在"前缀"文本框中输入%%c，如图 9-62 所示。⓫单击"确定"按钮，退出"替代当前样式：机械制图"对话框，再单击"关闭"按钮，退出"标注样式管理器"对话框。

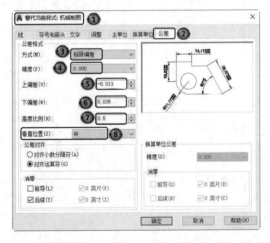

图 9-61 设置"公差"选项卡

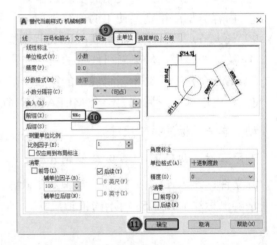

图 9-62 设置"主单位"选项卡

📢 注意：

（1）"上偏差"（"下偏差"）文本框中的数值不能随意填写，应该查阅相关工程手册中的标准公差数值，本实例标注的是基准尺寸为 10 的孔公差系列为 H8 的尺寸，查阅相关手册，上偏差为+22μm（即 0.022），下偏差为 0。这样一来，每次标注新的不同的公差值的公差尺寸，就要重新设置一次替代标注样式，相对烦琐。当然，也可以采取另一种相对简单的方法，后面会讲述，读者注意体会。

（2）系统默认在下偏差数值前加一个"−"号，如果下偏差为正值，一定要在"下偏差"文本框中输入一个负值。

（3）"精度"一定要选择为 0.000，即小数点后三位数字，否则显示的偏差会出错。

（4）"高度比例"文本框中一定要输入 0.5，这样竖直堆放在一起的两个偏差数字的总高度就和前面的基准数值高度相近，符合《机械制图》相关标准。

（5）"垂直位置"下拉列表框中选择"中"，可以使偏差数值与前面的基准数值对齐，相对美观，也符合《机械制图》相关标准。

（6）在"主单位"选项卡的"前缀"文本框中输入%%c 的目的是要标注线性尺寸的直径符号φ。这里不能采用标注普通的不带偏差值的线性尺寸的处理方式，通过重新输入文字值来处理，因为重新输入文字时无法输入上下偏差值（其实可以，但非常烦琐，一般读者很难掌握，这里就不再介绍）。

（5）单击"默认"选项卡"注释"面板中的"线性"按钮├─┤，标注销轴的公差尺寸，结果如图 9-63 所示。

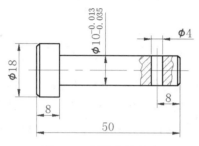

图 9-63   标注公差尺寸

（6）在命令行中输入 LEADER，标注倒角尺寸。命令行提示与操作如下：

```
命令：LEADER↙
指定第一个引线点或 [设置(S)] <设置>:输入 s↙（系统打开"引线设置"对话框，分别按如图 9-64 和
图 9-65 所示进行设置，最后确定退出）
指定第一个引线点或 [设置(S)] <设置>:（指定销轴左上倒角点）
指定下一点:（适当指定下一点）
指定下一点:（适当指定下一点）
指定文字宽度 <0>:3↙
输入注释文字的第一行 <多行文字(M)>: C1↙
输入注释文字的下一行:
```

图 9-64   设置注释   图 9-65   设置引线或箭头

结果如图 9-66 所示，单击"默认"选项卡"修改"面板中的"分解"按钮☐，将引线标注分解，单击"默认"选项卡"修改"面板中的"移动"按钮✛，将倒角数值 C1 移动到合适位置，结果如图 9-67 所示。

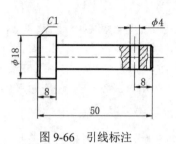

图 9-66　引线标注

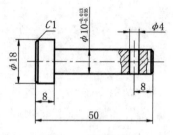

图 9-67　调整位置

（7）选择菜单栏中"标注"→"多重引线"命令，标注销轴右端倒角。命令行提示与操作如下：

```
命令：_mleader
指定引线箭头的位置或 [引线基线优先(L)/内容优先(C)/选项(O)] <选项>：（指定销轴右上倒角点）
指定引线基线的位置：（适当指定下一点）
```

系统打开多行文字编辑器，输入倒角文字 C0.8，完成多重引线标注。单击"默认"选项卡"修改"面板中的"分解"按钮 ，将引线标注分解，单击"默认"选项卡"修改"面板中的"移动"按钮 ，将倒角数值 C0.8 移动到合适位置。最终结果如图 9-58 所示。

📢 注意：

> 对于 45° 倒角，可以标注 C_i，C1 表示 1×1 的 45° 倒角。如果倒角不是 45°，就必须按常规尺寸标注的方法进行标注。

扫一扫，看视频

动手练——标注齿轮轴套尺寸

标注如图 9-68 所示的齿轮轴套尺寸。

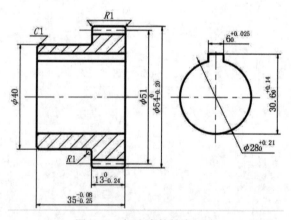

图 9-68　标注齿轮轴套尺寸

📋 思路点拨：

> 调用素材：初始文件\第 9 章\齿轮轴套.dwg
>
> 源文件：源文件\第 9 章\齿轮轴套.dwg
>
> （1）设置文字样式和标注样式。
>
> （2）标注线性尺寸和半径尺寸。
>
> （3）用引线命令标注圆角半径尺寸和倒角尺寸。
>
> （4）标注带偏差的尺寸。

9.4　几　何　公　差

为方便机械设计工作，AutoCAD 提供了标注形状、位置公差的功能，称为形位公差。在新版《机械制图》国家标准中改为"几何公差"。几何公差的标注形式如图 9-69 所示，主要包括指引线、特征符号、公差值和附加符号、基准代号及附加符号。

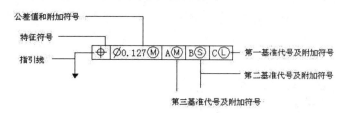

图 9-69　几何公差标注

【执行方式】

❧ 命令行：TOLERANCE（快捷命令：TOL）。

❧ 菜单栏：选择菜单栏中的"标注"→"公差"命令。

❧ 工具栏：单击"标注"工具栏中的"公差"按钮。

❧ 功能区：单击"注释"选项卡"标注"面板中的"公差"按钮。

扫一扫，看视频

动手学——标注凸轮卡爪尺寸

调用素材：初始文件\第 9 章\凸轮卡爪.dwg

源文件：源文件\第 9 章\标注凸轮卡爪尺寸.dwg

本实例标注如图 9-70 所示的凸轮卡爪尺寸。

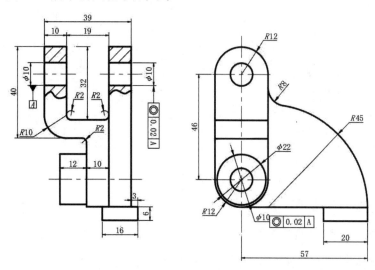

图 9-70　标注凸轮卡爪

【操作步骤】

（1）打开初始文件\第 9 章\凸轮卡爪.dwg 文件，以图 9-70 为参考对图形进行标注。

（2）在标注前首先对标注样式进行设置。单击"默认"选项卡"注释"面板下拉菜单中的"标注样式"按钮，①打开"标注样式管理器"对话框，如图9-71所示；②单击"新建"按钮 新建(N)... ，③打开"创建新标注样式"对话框，④在"新样式名"文本框中输入"线性"，如图9-72所示。⑤单击"继续"按钮，⑥打开"新建标注样式：线性"对话框，⑦选择"符号和箭头"选项卡，⑧设置"箭头大小"为1.5，如图9-73所示；⑨选择"文字"选项卡，⑩单击"文字样式"后面的按钮 ... ，设置文字样式为"仿宋_GB2312"，单击"应用"按钮，关闭对话框，⑪设置"文字高度"为2.5，其他属性采用系统默认设置，如图9-74所示。⑫单击"确定"按钮，返回"标注样式管理器"对话框，重复上述步骤分别创建"直径"和"半径"标注样式，设置"文字对齐"为"ISO标准"样式，将"线性"标注样式置为当前。

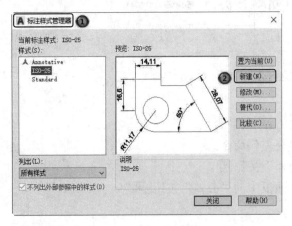

图9-71 "标注样式管理器"对话框

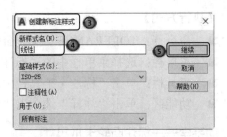

图9-72 "创建新标注样式"对话框

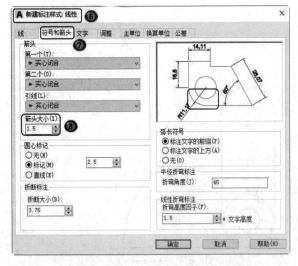

图9-73 "符号和箭头"选项卡设置

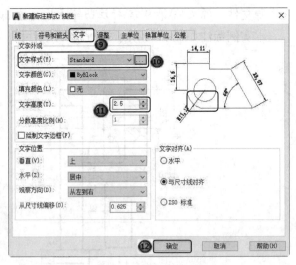

图9-74 "文字"选项卡设置

（3）将"细实线"图层设置为当前图层。单击"注释"选项卡"标注"面板中的"线性"按钮 ┠┤ ，标注不包含直径符号的线性尺寸，结果如图9-75所示。

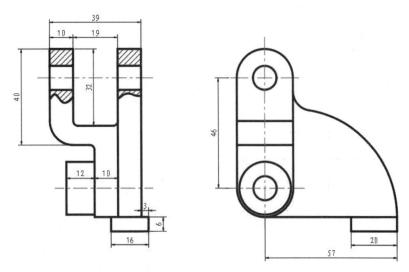

图 9-75　标注线性尺寸

（4）单击"注释"选项卡"标注"面板中的"线性"按钮┞┤，标注 φ10 的线性尺寸。命令行提示与操作如下：

```
命令：_DIMLINEAR
指定第一条尺寸界线原点或 <选择对象>：（选择起点）
指定第二条尺寸界线原点：（选择终点）
指定尺寸线位置或 [多行文字(M)/文字(T)/角度(A)/水平(H)/垂直(V)/旋转(R)]：T↙
输入标注文字<10>：%%c10↙
[多行文字(M)/文字(T)/角度(A)/水平(H)/垂直(V)/旋转(R)]：（指定尺寸线位置）↙
```

重复"线性"标注，标注另一侧的 φ10 线性尺寸，结果如图 9-76 所示。

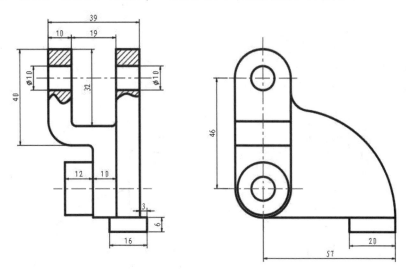

图 9-76　标注直径

（5）将"半径"标注样式置为当前，单击"注释"选项卡"标注"面板中的"半径"按钮，标注 R45 的半径尺寸。命令行提示与操作如下：

```
命令：_DIMRADIUS
选择圆弧或圆：（选择左视图中半径为 45 的圆）
```

标注文字=45
指定尺寸线位置或 [多行文字(M)/文字(T)/角度(A)]：t↙
输入标注文字<9>：R45↙
指定尺寸线位置或 [多行文字(M)/文字(T)/角度(A)]：（指定尺寸线位置）

重复"半径"标注，标注其他半径尺寸，结果如图 9-77 所示。

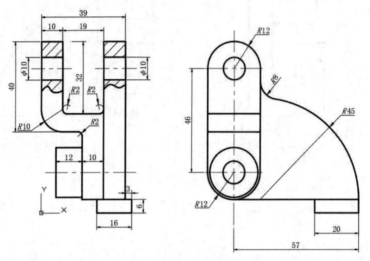

图 9-77　标注半径

（6）将"直径"标注样式置为当前，单击"注释"选项卡"标注"面板中的"直径"按钮◯，标注 $\phi22$ 的直径尺寸。命令行提示与操作如下：

命令：_DIMDIAMETER
选择圆弧或圆：（选择左视图中直径为 22 的圆）
标注文字=22
指定尺寸线位置或 [多行文字(M)/文字(T)/角度(A)]：t↙
输入标注文字<9>：%%c22↙
指定尺寸线位置或 [多行文字(M)/文字(T)/角度(A)]：（指定尺寸线位置）

重复"直径"标注，标注其他直径尺寸，结果如图 9-78 所示。

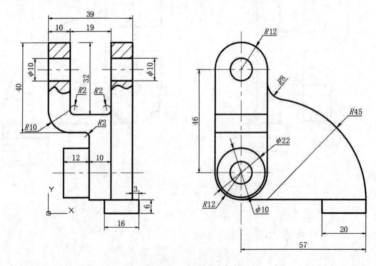

图 9-78　标注圆直径

（7）绘制引线。命令行提示与操作如下：

```
命令：_LEADER
指定引线起点：（指定引线起点）
指定下一点（指定另一点）
指定下一点或 [注释(A)/格式(F)/放弃(U)]<注释>：（指定下一点）
指定下一点或 [注释(A)/格式(F)/放弃(U)]<注释>：✓
```

（8）标注形位公差。单击"注释"选项卡"标注"面板下拉菜单中的"形位公差"按钮⊞⅃，打开"形位公差"对话框，如图 9-79 所示。单击"符号"按钮，打开"特征符号"对话框，如图 9-80 所示。在其中选择项目符号，然后填写公差数值和基准代号，单击"确定"按钮，将其放置在绘图区引线位置。

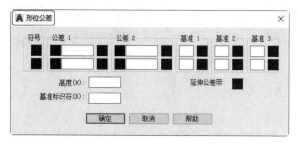

图 9-79　"形位公差"对话框

图 9-80　"特征符号"对话框

✍ 技巧：

> 也可以直接在此步先标注"形位公差"，然后再进行引线标注。

（9）标注其他形位公差。用同样的方法完成凸轮卡爪其他形位公差标注，结果如图 9-81 所示。

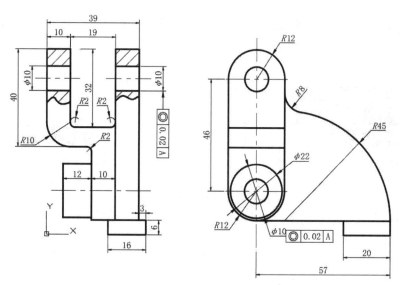

图 9-81　标注形位公差

（10）绘制基准符号。单击"默认"选项卡"绘图"面板中的"多边形"按钮⬠和"多行文字"按钮A，绘制基准符号，如图 9-82 所示。标注完成的凸轮卡爪如图 9-83 所示。

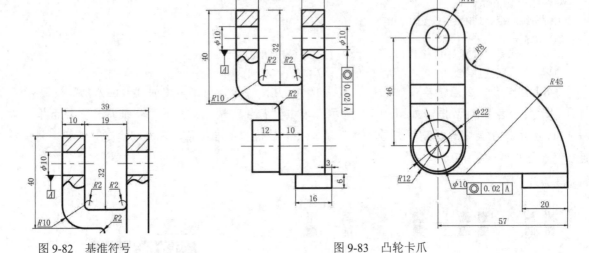

图 9-82　基准符号　　　　　　　　　　　　　图 9-83　凸轮卡爪

【选项说明】

（1）符号：用于设定或改变公差代号。单击下面的黑块，系统打开如图 9-84 所示的"特征符号"对话框，可从中选择需要的公差代号。

（2）公差 1（公差 2）：用于产生第 1（2）个公差的公差值及"附加符号"。白色文本框左侧的黑块控制是否在公差值之前加一个直径符号，单击它，则出现一个直径符号，再次单击，则消失。白色文本框用于确定公差值，在其中输入一个具体数值。右侧的黑块用于插入"包容条件"符号，单击它，系统打开如图 9-85 所示的"附加符号"对话框，用户可从中选择所需符号。

（3）基准 1（基准 2、基准 3）：用于确定第 1（2、3）个基准代号及材料状态符号。在白色文本框中输入一个基准代号。单击其右侧的黑块，系统打开"包容条件"列表框，可以从中选择适当的"包容条件"符号。

图 9-84　"特征符号"对话框　　　　　　　　　　　图 9-85　"附加符号"对话框

（4）"高度"文本框：用于确定标注复合形位公差的高度。

（5）延伸公差带：单击该黑块，在复合公差带后面加一个复合公差符号，如图 9-86（d）所示，其他形位公差标注见图 9-86 其他示例。

（a）示例 1　　　　（b）示例 2　　　　（c）示例 3　　　　（d）示例 4　　　　（e）示例 5

图 9-86　形位公差标注举例

（6）"基准标识符"文本框：用于产生一个标识符号，用一个字母表示。

扫一扫,看视频

✍ 技巧:

> 在"形位公差"对话框中有两行可以同时对形位公差进行设置,从而实现复合形位公差的标注。如果两行中输入的公差代号相同,则得到如图 9-86(e)所示的形式。

动手练——标注阀盖尺寸

标注如图 9-87 所示的阀盖尺寸。

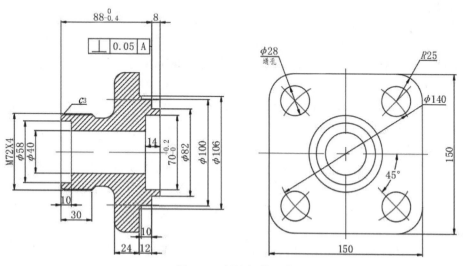

图 9-87 标注阀盖尺寸

📋 思路点拨:

> **调用素材:**初始文件\第 9 章\阀盖.dwg
> **源文件:**源文件\第 9 章\阀盖.dwg
> (1)设置文字样式和标注样式。
> (2)标注线性尺寸和半径尺寸。
> (3)标注阀盖主视图中的形位公差。

9.5 编辑尺寸标注

AutoCAD 允许对已创建好的尺寸标注进行编辑修改,包括修改尺寸文本的内容、改变尺寸文本的位置、使尺寸文本倾斜一定的角度等,还可以对尺寸界线进行编辑。

9.5.1 尺寸编辑

利用 DIMEDIT 命令可以修改已有尺寸标注的文本内容、把尺寸文本倾斜一定的角度,还可以对尺寸界线进行修改,使其旋转一定角度从而标注一条直线在某一方向上的投影尺寸。DIMEDIT

命令可以同时对多个尺寸标注进行编辑。

【执行方式】

- ➥ 命令行：DIMEDIT（快捷命令：DED）。
- ➥ 菜单栏：选择菜单栏中的"标注"→"对齐文字"→"默认"命令。
- ➥ 工具栏：单击"标注"工具栏中的"编辑标注"按钮。
- ➥ 功能区：单击"注释"选项卡"标注"面板中"倾斜"按钮 $\not\vdash$ 。

【操作步骤】

命令行提示与操作如下：

命令：DIMEDIT✓
输入标注编辑类型 [默认(H)/新建(N)/旋转(R)/倾斜(O)] <默认>：

【选项说明】

（1）默认：按尺寸标注样式中设置的默认位置和方向放置尺寸文本，如图 9-88（a）所示。选择该选项，命令行提示如下：

选择对象：（选择要编辑的尺寸标注）

（2）新建：选择该选项，系统打开多行文字编辑器，可利用该编辑器对尺寸文本进行修改。

（3）旋转：改变尺寸文本行的倾斜角度。尺寸文本的中心点不变，使文本沿指定的角度方向倾斜排列，如图 9-88（b）所示。若输入角度为 0，则按"新建标注样式"对话框"文字"选项卡中设置的默认方向排列。

（4）倾斜：修改长度型尺寸标注的尺寸界线，使其倾斜一定角度，与尺寸线不垂直，如图 9-88（c）所示。

9.5.2 尺寸文本编辑

利用 DIMTEDIT 命令可以改变尺寸文本的位置，使其位于尺寸线上的左端、右端或中间，而且可以使尺寸文本倾斜一定的角度。

【执行方式】

- ➥ 命令行：DIMTEDIT。
- ➥ 菜单栏：选择菜单栏中的"标注"→"对齐文字"→除"默认"命令外其他命令。
- ➥ 工具栏：单击"标注"工具栏中的"编辑标注文字"按钮。
- ➥ 功能区：单击"注释"选项卡"标注"面板中的"文字角度"按钮、"左对正"按钮 、"居中对正"按钮 、"右对正"按钮 。

【操作步骤】

命令行提示与操作如下：

命令：DIMTEDIT✓
选择标注：（选择一个尺寸标注）
为标注文字指定新位置或 [左对齐(L)/右对齐(R)/居中(C)/默认(H)/角度(A)]：

【选项说明】

（1）为标注文字指定新位置：更新尺寸文本的位置。用鼠标把文本拖动到新的位置，这时系统变量 DIMSHO 为 ON。

（2）左（右）对齐：使尺寸文本沿尺寸线左（右）对齐，如图 9-88（d）和（e）所示。该选项只对长度型、半径型、直径型尺寸标注起作用。

（3）居中：把尺寸文本放在尺寸线上的中间位置，如图 9-88（a）所示。

（4）默认：把尺寸文本按默认位置放置。

（5）角度：改变尺寸文本行的倾斜角度。

（a）默认　　　　　（b）旋转　　　　　（c）倾斜　　　　　（d）左对齐　　　　　（e）右对齐

图 9-88　尺寸标注的编辑

动手学——编辑凸轮卡爪尺寸

扫一扫，看视频

调用素材：初始文件\第 9 章\标注凸轮卡爪的尺寸.dwg

源文件：源文件\第 9 章\编辑凸轮卡爪尺寸.dwg

本实例编辑如图 9-89 所示的凸轮卡爪尺寸。

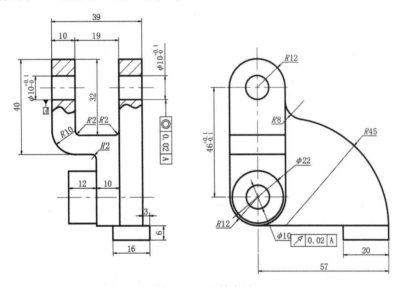

图 9-89　　凸轮卡爪

【操作步骤】

（1）利用尺寸编辑命令修改凸轮卡爪尺寸标注，标注带有公差的标注。在命令行中输入 DIMEDIT，命令行提示与操作如下：

```
命令：DIMEDIT↙
输入标注编辑类型　[默认(H)/新建(N)/旋转(R)/倾斜(O)]默认：N↙
```

此时弹出"文字编辑器"选项框，并且在绘图区弹出一个文本框，在文本框中输入"%%c10+0.1^-0"，然后选中+0.1^-0，利用"文字编辑器"中的"堆叠"按钮，将选中的文字堆叠，输入完标注后单击"文字编辑器"选项卡中的"关闭"按钮。

```
选择对象：（选择主视图中⌀10 的线性标注）↙
```

结果如图 9-90 所示。

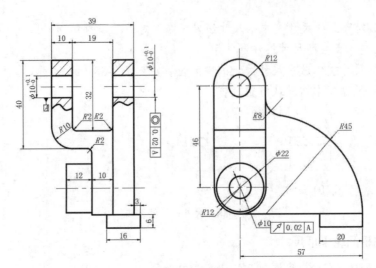

图 9-90　编辑尺寸

（2）在命令行中输入 DIMEDIT，命令行提示与操作如下：

命令：DIMEDIT✓
输入标注编辑类型 [默认(H)/新建(N)/旋转(R)/倾斜(O)]默认：N✓

此时弹出"文字编辑器"选项框，并且在绘图区弹出一个文本框，在文本框中输入
"46+0.1^-0.1"，然后选中+0.1^-0.1，利用"文字编辑器"中的"堆叠"按钮 ，将选中的文字堆
叠，输入完标注后单击"文字编辑器"选项卡中的"关闭"按钮。

选择对象：（选择左视图中为 46 的线性标注）✓

最终结果如图 9-89 所示。

动手练——标注传动轴尺寸

标注如图 9-91 所示的传动轴尺寸。

扫一扫，看视频

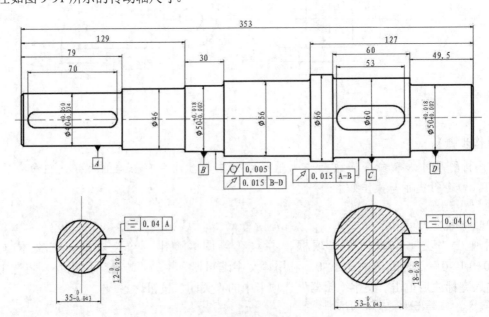

图 9-91　标注传动轴尺寸

📋 思路点拨：

> **调用素材：**初始文件\第 9 章\传动轴.dwg
> **源文件：**源文件\第 9 章\传动轴.dwg
> （1）标注普通尺寸。
> （2）标注形位公差。

扫一扫，看视频

9.6 综合演练——溢流阀上盖设计

源文件：源文件\第 9 章\溢流阀上盖.dwg

本实例绘制如图 9-92 所示的溢流阀上盖。

✏️ 手把手教你学：

> 溢流阀是一种液压压力控制阀，在液压设备中主要起定压溢流、稳压、系统卸荷和安全保护作用。图 9-92 所示是一个溢流阀上盖零件图，从图中可以看到其结构比较简单，呈左右对称结构，主视图与剖视图都有其相关性，用一个视图就可以将零件表达清楚。本实例是对前面几个章节讲述的绘图功能和命令的综合运用，主要运用绘图、修改和注释等功能和命令绘制。

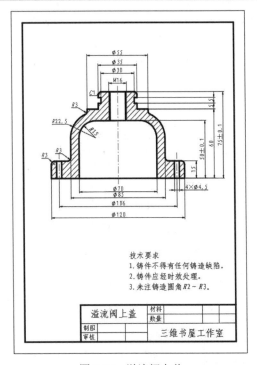

图 9-92 溢流阀上盖

1. 配置绘图环境

单击"默认"选项卡"图层"面板中的"图层特性"按钮，打开"图层特性管理器"选项板，新建并设置每个图层，创建好的图层如图 9-93 所示。

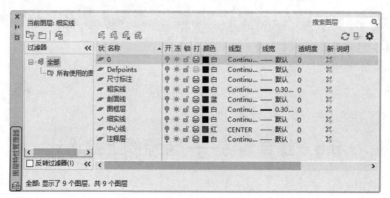

图 9-93 创建好的图层

2．绘制溢流阀上盖

（1）将"中心线"图层设置为当前图层。单击"默认"选项卡"绘图"面板中的"直线"按钮，绘制一条竖直中心线，端点坐标分别为（0,-5）和（0,80）。

（2）将"粗实线"图层设置为当前图层。单击"默认"选项卡"绘图"面板中的"直线"按钮，绘制一条水平直线，端点坐标分别为（-60,0）和（0,0），绘制结果如图 9-94 所示。

（3）偏移直线。单击"默认"选项卡"修改"面板中的"偏移"按钮，将竖直中心线向左偏移，偏移距离分别为 7、15、17.5、27.5、35、42.5 和 60，将偏移后的中心线改为"粗实线"；将水平直线向上偏移，偏移距离分别为 15、50、57.5、60、65、70 和 75，结果如图 9-95 所示。

（4）修剪图形。单击"默认"选项卡"修改"面板中的"修剪"按钮，将图形进行修剪，结果如图 9-96 所示。

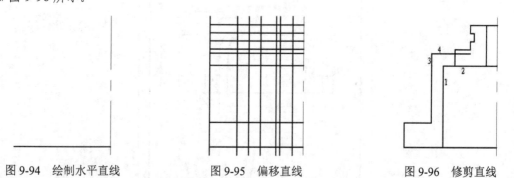

图 9-94 绘制水平直线　　　　图 9-95 偏移直线　　　　图 9-96 修剪直线

（5）绘制圆角。单击"默认"选项卡"修改"面板中的"圆角"按钮，对图形进行圆角处理。命令行提示与操作如下：

```
命令：FILLET✓
当前设置：模式=修剪，半径=0.0000
选择第一个对象或 [放弃(U)/多段线(P)/半径(R)/修剪(T)/多个(M)]：R✓
选择第一个对象或 [放弃(U)/多段线(P)/半径(R)/修剪(T)/多个(M)]：r
指定圆角半径<0.0000> 15✓
选择第一个对象或 [放弃(U)/多段线(P)/半径(R)/修剪(T)/多个(M)]：（选择图 9-96 中所示的直线 1）
选择第二个对象，或按住 Shift 键选择对象以应用角点或 [半径(R)]：（选择图 9-96 中所示的直线 2）
命令：FILLET
```

当前设置：模式=修剪，半径=10.0000
选择第一个对象或 [放弃(U)/多段线(P)/半径(R)/修剪(T)/多个(M)]: R↙
选择第一个对象或 [放弃(U)/多段线(P)/半径(R)/修剪(T)/多个(M)]: r
指定圆角半径<0.0000> 22.5↙
选择第一个对象或 [放弃(U)/多段线(P)/半径(R)/修剪(T)/多个(M)]: (选择图9-96中所示的直线3)
选择第二个对象或按住Shift键选择对象以应用角点或 [半径(R)]: (选择图9-96中所示的直线4)

重复"圆角"命令，绘制其他圆角，圆角半径为3，然后利用"删除"命令删除多余的直线，结果如图9-97所示。

（6）绘制倒角。单击"默认"选项卡"修改"面板中的"倒角"按钮，对图形进行倒角处理。命令行提示与操作如下：

命令: CHAMFER↙
（"修剪"模式）当前倒角距离1=0.0000，距离2=0.0000
选择第一条直线或 [放弃(U)/多段线(P)/距离(D)/角度(A)/修剪(E)/多个(M)]: D↙
选择第一条直线或 [放弃(U)/多段线(P)/距离(D)/角度(A)/修剪(E)/多个(M)]: D
指定第一个倒角距离<0.0000>: 2↙
指定第二个倒角距离<0.0000>: 2↙
选择第一条直线或 [放弃(U)/多段线(P)/距离(D)/角度(A)/修剪(E)/多个(M)]:
（选择图9-97中所示的直线1）
选择第二条直线，或按住Shift键选择直线以应用角点或 [距离(D)/角度(A)/方法(M)]: (选择图9-97中所示的直线2)

绘制结果如图9-98所示。

（7）偏移直线。单击"默认"选项卡"修改"面板中的"偏移"按钮，将竖直中心线向左偏移，偏移距离为8，将偏移后的中心线改为"细实线"，然后利用"修改"面板中的"修剪"命令，修剪图形，结果如图9-99所示；重复"偏移"命令，将竖直中心线向左偏移，偏移距离分别为50.75、53和55.25，然后将偏移后的两侧的直线改为"粗实线"，利用"修剪"和"打断"命令修改图形，结果如图9-100所示。

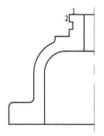 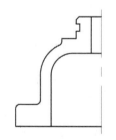 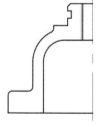 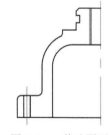

图9-97 绘制圆角　　图9-98 绘制倒角　　图9-99 修剪图形　　图9-100 修改图形

（8）图案填充。单击"默认"选项卡"绘图"面板中的"图案填充"按钮，❶打开"图案填充创建"选项卡，❷选择填充图案为ANSI31，其他设置如图9-101所示，❸然后单击"拾取点"按钮，选取填充边界，结果如图9-102所示。

图9-101 "图案填充创建"选项卡

（9）单击"默认"选项卡"修改"面板中的"镜像"按钮 ⚠ ，以竖直中心线为对称轴镜像图形。命令行提示与操作如下：

```
命令：_MIRROR
选择对象：（竖直中心线左侧所有的图形）↙
指定镜像线的第一点：（选择竖直中心线的上端点）
指定镜像线的第二点：（选择竖直中心线的下端点）
要删除源对象吗？[是(Y)/否(N)]<N> n↙
```

镜像效果如图 9-103 所示。

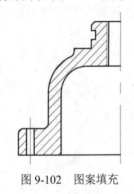

图 9-102　图案填充　　　　　　　　　　　　　　　图 9-103　镜像图形

3. 标注溢流阀上盖

（1）单击"默认"选项卡"注释"面板中的"标注样式"按钮 ，❶打开"标注样式管理器"对话框，如图 9-104 所示。

由于系统的标注样式有些不符合要求，因此需要对标注样式进行设置。❷单击"修改"按钮，❸打开"修改标注样式：ISO-25"对话框，如图 9-105 所示。❹选择"文字"选项卡，❺单击文字样式后边的按钮 … ，打开"文字样式"对话框，设置字体为"仿宋_GB2312"，然后单击"应用"按钮，关闭"文字样式"对话框；❻设置"文字高度"为 4，❼选择"文字对齐"为"ISO 标准"模式，其他选项保持系统默认设置，❽单击"确定"按钮，返回到"标注样式管理器"对话框。❾单击"置为当前"按钮，将设置的标注样式置为当前标注样式，❿单击"关闭"按钮。

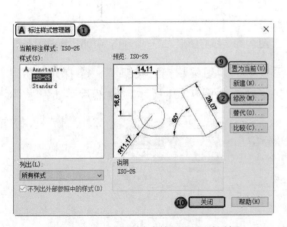

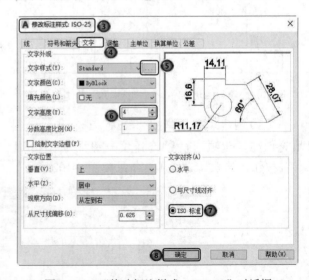

图 9-104　"标注样式管理器"对话框　　　　　　　　图 9-105　"修改标注样式：ISO-25"对话框

（2）单击"注释"选项卡"标注"面板中的"线性"按钮⊢，标注不带公差的线性尺寸，结果如图9-106所示。

（3）单击"注释"选项卡"标注"面板中的"线性"按钮⊢，标注带公差的线性尺寸。命令行提示与操作如下：

```
命令：_DIMLINEAR
指定第一条尺寸界线原点或 <选择对象>：（选择起点）
指定第二条尺寸界线原点：（选择终点）
指定尺寸线位置或 [多行文字(M)/文字(T)/角度(A)/水平(H)/垂直(V)/旋转(R)]：T✓
输入标注文字<10>：50%%p0.1✓
[多行文字(M)/文字(T)/角度(A)/水平(H)/垂直(V)/旋转(R)]：（指定尺寸线位置）✓
命令：_DIMLINEAR
指定第一条尺寸界线原点或 <选择对象>：（选择起点）
指定第二条尺寸界线原点：（选择终点）
指定尺寸线位置或 [多行文字(M)/文字(T)/角度(A)/水平(H)/垂直(V)/旋转(R)]：T✓
输入标注文字<10>：75%%p0.1✓
[多行文字(M)/文字(T)/角度(A)/水平(H)/垂直(V)/旋转(R)]：（指定尺寸线位置）✓
```

结果如图9-107所示。

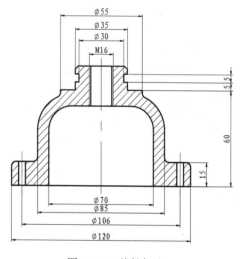

图9-106　线性标注

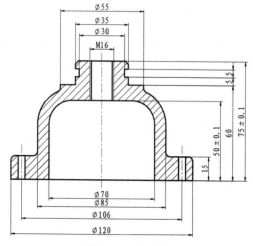

图9-107　公差标注

（4）单击"注释"选项卡"标注"面板中的"线性"按钮⊢，标注 4×ϕ4.5 的螺栓孔尺寸。命令行提示与操作如下：

```
命令：_DIMLINEAR
指定第一条尺寸界线原点或 <选择对象>：（选择起点）
指定第二条尺寸界线原点：（选择终点）
指定尺寸线位置或 [多行文字(M)/文字(T)/角度(A)/水平(H)/垂直(V)/旋转(R)]：T✓
输入标注文字<10>：4×%%c4.5✓
[多行文字(M)/文字(T)/角度(A)/水平(H)/垂直(V)/旋转(R)]：（指定尺寸线位置）✓
```

结果如图9-108所示。

（5）单击"注释"选项卡"标注"面板中的"半径"按钮⟋，标注半径尺寸。命令行提示与操作如下：

```
命令：_DIMRADIUS
选择圆弧或圆：（选择图形中左上方处最大的圆角）
```

标注文字=22.5
指定尺寸线位置或 [多行文字(M)/文字(T)/角度(A)]：t↙
输入标注文字<9>：R22.5↙

重复"圆角"命令，标注其他圆角，结果如图 9-109 所示。

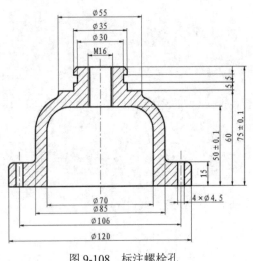

图 9-108　标注螺栓孔

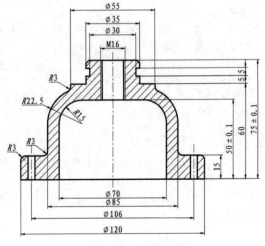

图 9-109　公差半径

（6）在命令行中输入 QLEADER，标注倒角尺寸。命令行提示与操作如下：

命令：QLEADER↙
指定第一个引线点或[设置(S)]<设置>：S↙

打开"引线设置"对话框，设置箭头为"无"，单击"确定"按钮，关闭对话框。命令行提示与操作如下：

指定第一个引线点或[设置(S)]<设置>：（选择左上角倒角中点）
指定下一点：（沿倒角方向指定第二点）
指定下一点：（沿水平方向指定第三点）
指定文字宽度<0>：4↙
输入注释文字的第一行<多行文字(M)>：↙

打开"文字编辑器"选项卡及文本框，输入 C1，并将 C 设置为斜体，然后在空白处单击，完成倒角的标注，结果如图 9-110 所示。

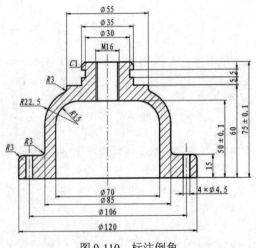

图 9-110　标注倒角

4．绘制图框及标题栏

（1）将"细实线"图层设置为当前图层。单击"默认"选项卡"绘图"面板中的"矩形"按钮 ▢，绘制矩形。命令行提示与操作如下：

```
命令：_RECTANG
指定第一个角点或[倒角(C)标高(E)圆角(F)厚度(T)宽度(W)]：（在绘图区单击一点）
指定另一个角点或[面积(A)尺寸(D)旋转(R)]：@210,297✓
```

（2）单击"默认"选项卡"修改"面板中的"偏移"按钮 ⊂，将绘制的矩形向内侧偏移，偏移距离为 10，并将偏移后的矩形改为"图框层"，结果如图 9-111 所示。

（3）单击"默认"选项卡"修改"面板中的"分解"按钮 ⬚，将偏移的图框分解；然后利用"偏移"和"修剪"命令绘制标题栏，结果如图 9-112 所示。

图 9-111 绘制图框

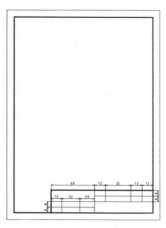

图 9-112 绘制标题栏

（4）将"注释层"设置为当前图层。单击"默认"选项卡"注释"面板中的"多行文字"按钮 A，填写标题栏。命令行提示与操作如下：

```
命令：MTEXT✓
指定第一角点：（在绘图区域单击一点）
指定对角点或[高度(H)对正(J)行距(L)旋转(R)样式(S)宽度(W)栏(C)]：（在绘图区单击另一点）
```

此时弹出文字编辑器和文本框，设置文字高度为 6，在文本框中输入"溢流阀上盖"，如图 9-113 所示。重复单击"多行文字"按钮，填写其他标题栏及技术要求，结果如图 9-114 所示。

图 9-113 填写标题栏

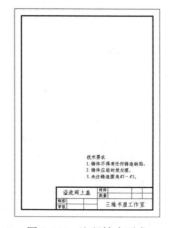

图 9-114 注释技术要求

扫一扫，看视频

（5）单击"默认"选项卡"修改"面板中的"移动"按钮 ✛，将图框、标题栏及技术要求移动到适当位置。最终结果如图9-92所示。

动手练——标注斜齿轮尺寸

标注斜齿轮零件图，如图9-115所示。

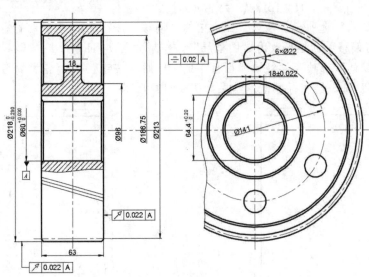

图 9-115　标注斜齿轮尺寸

📋 思路点拨：

源文件：源文件\第9章\斜齿轮.dwg
（1）设置文字样式和标注样式。
（2）标注普通尺寸。
（3）标注形位公差。

9.7　模拟认证考试

1. 如果选择的比例因子为2，则长度为50的直线将被标注为（　　　）。

A. 100

B. 50

C. 25

D. 询问，然后由设计者指定

2. 图和已标注的尺寸同时放大2倍，其结果是（　　　）。

A. 尺寸值是原尺寸的2倍

B. 尺寸值不变，字高是原尺寸的2倍

C. 尺寸箭头是原尺寸的2倍

D. 原尺寸不变

3. 将尺寸标注对象如尺寸线、尺寸界线、箭头和文字作为单一的对象，下面变量中必须被设置为ON的是（　　　）。

A. DIMON　　　　B. DIMASZ　　　　C. DIMASO　　　　D. DIMEXO

4. 尺寸公差中的上下偏差可以在线性标注的（　　）中堆叠起来。

A．多行文字　　　　B．文字　　　　　C．角度　　　　　D．水平

5. 不能作为多重引线线型类型的是（　　）。

A．直线　　　　　　B．多段线　　　　C．样条曲线　　　D．以上均可以

6. 新建一个标注样式，此标注样式的基准标注为（　　）。

A．ISO-25　　　　　　　　　　　B．当前标注样式

C．应用最多的标注样式　　　　　D．命名最靠前的标注样式

7. 标注如图 9-116 所示的曲柄。

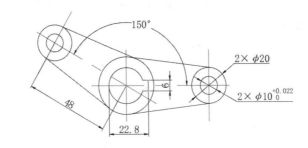

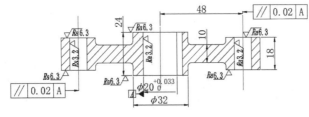

图 9-116　曲柄

8. 标注如图 9-117 所示的泵轴。

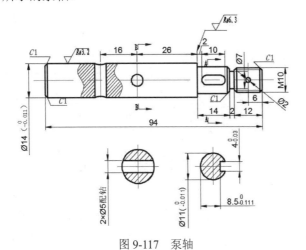

图 9-117　泵轴

第 10 章　辅助绘图工具

内容简介

为了提高系统整体的图形设计效率，并有效地管理整个系统的所有图形设计文件，AutoCAD
推出了大量的集成化绘图工具。利用设计中心和工具选项板，用户可以建立自己的个性化图库，也
可以利用其他用户提供的资源快速准确地进行图形设计。

本章主要介绍查询工具、图块、设计中心、工具选项板等知识。

内容要点

- ↳ 对象查询
- ↳ 图块
- ↳ 图块属性
- ↳ 设计中心
- ↳ 工具选项板
- ↳ 模拟认证考试

案例效果

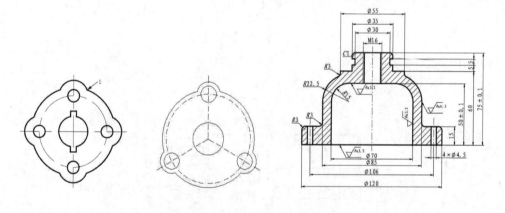

10.1　对象查询

在绘制图形或阅读图形的过程中，有时需要即时查询图形对象的相关数据，如对象之间的距
离、建筑平面图室内面积等。为了方便查询，AutoCAD 提供了相关的查询命令。

10.1.1　查询距离

测量两点之间的距离和角度。

【执行方式】

↳　命令行：DIST。

↳　菜单栏：选择菜单栏中的"工具"→"查询"→"距离"命令。

↳　工具栏：单击"查询"工具栏中的"距离"按钮 ⟺ 。

↳　功能区：单击"默认"选项卡"实用工具"面板中的"距离"按钮 ⟺ 。

扫一扫，看视频

动手学——查询垫片属性

调用素材：*初始文件\第 10 章\垫片.dwg*

源文件：*源文件\第 10 章\垫片.dwg*

在图 10-1 中通过查询垫片的属性来熟悉查询命令的用法。

【操作步骤】

（1）打开初始文件\第 10 章\垫片.dwg 文件，如图 10-1 所示。

（2）选择菜单栏中的"工具"→"查询"→"点坐标"命令，查询点 1 的坐标值。命令行提示与操作如下：

```
命令：_ID 指定点：
X = 13.8748     Y = 40.7000     Z = 0.0000
```

要进行更多查询，重复以上步骤即可。

（3）单击"默认"选项卡"实用工具"面板中的"距离"按钮 ⟺ ，快速计算出任意指定的两点之间的距离。命令行提示与操作如下：

```
命令：_MEASUREGEOM
输入一个选项 [距离(D)/半径(R)/角度(A)/面积(AR)/体积(V)/快速(Q)/模式(M)/退出(X)] <距离>：
_distance
指定第一个点：（见图 10-1）
指定第二个点或 [多个点(M)]：（见图 10-2）
距离 = 86.0000，XY 平面中的倾角 = 251，与 XY 平面的夹角 = 0
X 增量 = -27.7496，Y 增量 = -81.4000，Z 增量 = 0.0000
输入一个选项 [距离(D)/半径(R)/角度(A)/面积(AR)/体积(V)/快速(Q)/模式(M)/退出(X)] <距离>：✓
```

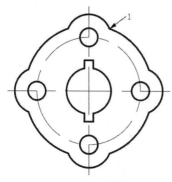

图 10-1　垫片零件图

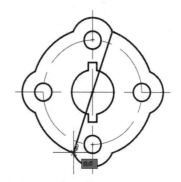

图 10-2　查询垫片两点之间距离

（4）单击"默认"选项卡"绘图"面板中的"面域"按钮 ⊙ ，选取中间的轴孔创建面域。

（5）单击"默认"选项卡"实用工具"面板中的"面积"按钮 ⟺ ，计算一系列指定点之间的面积和周长，命令行提示与操作如下：

```
命令：_MEASUREGEOM
输入一个选项[距离(D)/半径(R)/角度(A)/面积(AR)/体积(V)/快速(Q)/模式(M)/退出(X)] <距离>:_area
指定第一个角点或 [对象(O)/增加面积(A)/减少面积(S)/退出(X)] <对象(O)>:o✓
选择对象：（选取步骤（4）创建的面域）
区域 = 768.0657，修剪的区域 = 0.0000，周长 = 115.3786
输入一个选项[距离(D)/半径(R)/角度(A)/面积(AR)/体积(V)/快速(Q)/模式(M)/退出(X)] <面积>: x✓
```

✍ 技巧：

图形查询功能主要是通过一些查询命令来完成的，这些命令在"查询"工具栏中基本都可以找到。利用查询工具，可以查询点的坐标、距离、面积、面域和质量特性。

【选项说明】

查询结果的各个选项的说明如下。

（1）距离：两点之间的三维距离。

（2）XY 平面中的倾角：两点之间连线在 XY 平面上的投影与 X 轴的夹角。

（3）与 XY 平面的夹角：两点之间连线与 XY 平面的夹角。

（4）X 增量：第二点 X 坐标相对于第一点 X 坐标的增量。

（5）Y 增量：第二点 Y 坐标相对于第一点 Y 坐标的增量。

（6）Z 增量：第二点 Z 坐标相对于第一点 Z 坐标的增量。

10.1.2　查询对象状态

显示图形的统计信息、模式和范围。

【执行方式】

➤　命令行：STATUS。

➤　菜单栏：选择菜单栏中的"工具"→"查询"→"状态"命令。

【操作步骤】

执行上述命令后，系统自动切换到"AutoCAD 文本窗口-法兰盘.dwg"对话框，显示当前所有文件的状态，包括文件中的各种参数状态以及文件所在磁盘的使用状态，如图 10-3 所示。

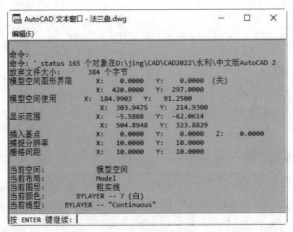

图 10-3　"AutoCAD 文本窗口-法兰盘.dwg"对话框

扫一扫，看视频

列表显示、点坐标、时间、系统变量等查询工具与查询对象状态的方法和功能相似，这里不再赘述。

动手练——查询法兰盘属性

查询如图 10-4 所示的法兰盘的属性。

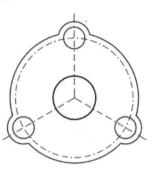

图 10-4　法兰盘

思路点拨：

> 调用素材：初始文件\第 10 章\法兰盘.dwg
>
> 源文件：源文件\第 10 章\法兰盘.dwg
>
> （1）利用"距离"命令查询法兰盘中任意两点之间的距离。
>
> （2）利用"面积"命令查询 3 个小圆圆心所围成的面积。

10.2　图　　块

图块又称块，它是由一组图形对象组成的集合。一组对象一旦被定义为图块，它们将成为一个整体，选中图块中任意一个图形对象即可选中图块中所有对象。AutoCAD 把一个图块作为一个对象进行编辑、修改等操作，用户可以根据绘图需要把图块插入到图中指定的位置，在插入时还可以指定不同的缩放比例和旋转角度。如果需要对组成图块的单个图形对象进行修改，还可以利用"分解"命令把图块分解成若干个对象。图块还可以重新定义，一旦被重新定义，整个图中基于该块的对象都将随之改变。

10.2.1　定义图块

将图形创建一个整体形成块，方便在作图时插入同样的图形，不过这个块只相对于这个图纸，其他图纸不能插入此块。

【执行方式】

➦　命令行：BLOCK（快捷命令：B）。

➦　菜单栏：选择菜单栏中的"绘图"→"块"→"创建"命令。

- 工具栏：单击"绘图"工具栏中的"创建块"按钮。
- 功能区：单击"默认"选项卡"块"面板中的"创建"按钮，或者单击"插入"选项卡"块定义"面板中的"创建块"按钮。

动手学——创建圆形插板图块

调用素材：初始文件\第 10 章\圆形插板.dwg

源文件：源文件\第 10 章\创建圆形插板图块.dwg

将如图 10-5 所示的图形定义为图块，取名为"圆形插板"并保存。

【操作步骤】

（1）单击快速访问工具栏中的"打开"按钮，打开初始文件\第 10 章\圆形插板.dwg 文件。

（2）单击"默认"选项卡"块"面板下拉菜单中的"创建"按钮，❶打开"块定义"对话框，如图 10-6 所示。

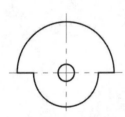

图 10-5　圆形插板

图 10-6　"块定义"对话框

（3）❷在"名称"下拉列表框中输入"圆形插板"。

（4）❸单击"拾取点"按钮切换到作图屏幕，选择圆形插板的圆心为插入基点，返回"块定义"对话框。

（5）❹单击"选择对象"按钮切换到作图屏幕，选择如图 10-5 所示的对象后，按 Enter 键返回"块定义"对话框。

（6）❺单击"确定"按钮关闭对话框。

【选项说明】

（1）"基点"选项组：确定图块的基点，系统默认值是（0,0,0），也可以在下面的 X、Y、Z 文本框中输入块的基点坐标值。单击"拾取点"按钮，系统临时切换到绘图区，在绘图区中选择一点后，返回"块定义"对话框，把选择的点作为图块的放置基点。

（2）"对象"选项组：用于选择制作图块的对象，以及设置图块对象的相关属性。把图 10-7（a）中的正五边形定义为图块，图 10-7（b）为选中"删除"单选按钮的结果，图 10-7（c）为选中"保留"单选按钮的结果。

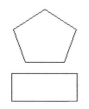 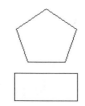

（a）将正五边形定义为图块　　（b）选中"删除"单选按钮的结果　　（c）选中"保留"单选按钮的结果

图 10-7　设置图块对象

（3）"设置"选项组：指定从 AutoCAD 设计中心拖动图块时用于测量图块的单位，以及缩放、分解和超链接等设置。

（4）"在块编辑器中打开"复选框：选中该复选框，可以在块编辑器中定义动态块，后面将详细介绍。

（5）"方式"选项组：指定块的行为。

①"注释性"复选框：指定在图纸空间中块参照的方向与布局方向匹配。

②"按统一比例缩放"复选框：指定是否阻止块参照不按统一比例缩放。

③"允许分解"复选框：指定块参照是否可以被分解。

10.2.2　图块的存盘

利用 BLOCK 命令定义的图块保存在其所属的图形中，该图块只能在该图形中插入，而不能插入到其他的图形中。但是有些图块在许多图形中要经常用到，这时可以利用 WBLOCK 命令把图块以图形文件的形式（扩展名为.dwg）写入磁盘。图形文件可以在任意图形中利用 INSERT 命令插入。

【执行方式】

↳　命令行：WBLOCK（快捷命令：W）。

↳　功能区：单击"插入"选项卡"块定义"面板中的"写块"按钮。

动手学——写圆形插板图块

调用素材：初始文件\第 10 章\圆形插板.dwg

源文件：源文件\第 10 章\圆形插板.dwg

将图 10-5 中的圆形插板图形，利用"写块"命令定义为图块。

扫一扫，看视频

【操作步骤】

（1）单击快速访问工具栏中的"打开"按钮，打开初始文件\第 10 章\圆形插板.dwg 文件。

（2）在命令行中输入 WBLOCK，❶打开"写块"对话框，如图 10-8 所示。❷在"源"选项组中选中"块"单选按钮，❸在右侧的下拉列表框中选择"圆形插板"，❹进行其他相关设置后单击"确定"按钮退出。

图 10-8　"写块"对话框

257

【选项说明】

（1）"源"选项组：确定要保存为图形文件的图块或图形对象。选中"块"单选按钮，单击右侧的下拉列表框，在其展开的列表中选择一个图块，将其保存为图形文件；选中"整个图形"单选按钮，则把当前的整个图形保存为图形文件；选中"对象"单选按钮，则把不属于图块的图形对象保存为图形文件。对象的选择通过"对象"选项组来完成。

（2）"基点"选项组：用于选择图形。

（3）"目标"选项组：用于指定图形文件的名称、保存路径和插入单位。

✍ 手把手教你学：

> 创建图块与写块的区别如下：
>
> 创建图块是内部图块，在一个文件内定义的图块，可以在该文件内部自由使用，内部图块一旦被定义，它就和文件同时被存储和打开。写块是外部图块，将"块"以主文件的形式写入磁盘，其他图形文件也可以使用它，要注意这是内部图块和外部图块的一个重要区别。

10.2.3 图块的插入

在 AutoCAD 绘图过程中，可根据需要随时把已经定义好的图块或图形文件插入到当前图形的任意位置，在插入的同时还可以改变图块的大小、将其旋转一定角度或把图块分解等。插入图块的方法有多种，本小节将逐一进行介绍。

【执行方式】

↳ 命令行：INSERT（快捷命令：I）。

↳ 菜单栏：选择菜单栏中的"插入"→"块"命令。

↳ 工具栏：单击"插入"工具栏中的"插入块"按钮 🗗，或者单击"绘图"工具栏中的"插入块"按钮 🗗。

↳ 功能区：单击"默认"选项卡"块"面板中的❶"插入"下拉菜单，或者单击"插入"选项卡"块"面板中的"插入"下拉菜单，❷在弹出的下拉列表中选择相应的选项，如图 10-9 所示。

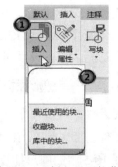

图 10-9 "插入"下拉菜单

动手学——标注溢流阀上盖粗糙度

调用素材：*初始文件\第 10 章\溢流阀上盖*.dwg

源文件：*源文件\第 10 章\溢流阀上盖*.dwg

本实例标注如图 10-10 所示的溢流阀上盖粗糙度。

扫一扫，看视频

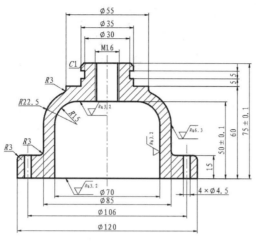

图 10-10 溢流阀上盖

【操作步骤】

（1）单击快速访问工具栏中的"打开"按钮🗁，打开初始文件\第 10 章\溢流阀上盖.dwg 文件。

（2）将"注释层"设置为当前图层。单击"默认"选项卡"绘图"面板中的"直线"按钮／，在空白处捕捉一点，依次输入点坐标（@-5,0）（@5<-60）（@10<60）和（@5,0），绘制粗糙度符号，绘制结果如图 10-11 所示。

（3）单击"默认"选项卡"注释"面板中的"多行文字"按钮A，输入粗糙度数值 Ra3.2，并将 R 设置为斜体，如图 10-12 所示。

图 10-11 粗糙度符号 　　　　　　　　　　　　　　图 10-12 输入数值

（4）单击"默认"选项卡"块"面板中的"创建"按钮，❶打开"块定义"对话框；❷在"名称"下拉列表框中输入"粗糙度"，❸单击"拾取点"按钮，选择粗糙度符号下端点；返回"块定义"对话框，❹单击"选择对象"按钮，选择粗糙度；返回"块定义"对话框，❺选中"删除"单选按钮，如图 10-13 所示；❻单击"确定"按钮，将粗糙度符号转换为块。

图 10-13 "块定义"对话框

（5）单击"默认"选项卡"块"面板"插入"下拉菜单中的"最近使用的块"选项，❶ 系统弹出"块"选项板，如图 10-14 所示，❷选择"当前图形"选项卡。❸在"预览列表"中选择粗糙度符号，插入到"溢流阀上盖"的适当位置。❹选中"旋转"复选框，旋转粗糙度符号，结果如图 10-15 所示。

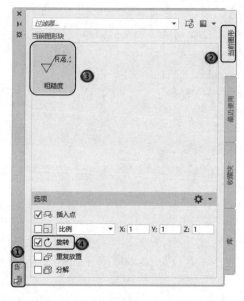

图 10-14　"块"选项板

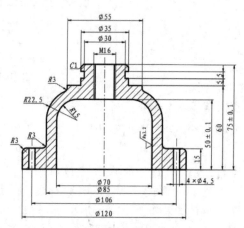

图 10-15　插入"粗糙度"块

（6）在命令行中输入 LEADER，绘制引线，绘制结果如图 10-16 所示。重复"插入"命令，插入"粗糙度"符号，利用"分解"命令分解"粗糙度"符号，将 Ra3.2 改为 Ra6.3，结果如图 10-17 所示。

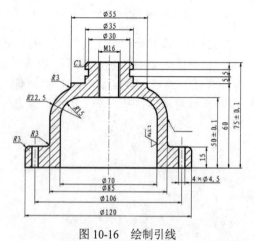

图 10-16　绘制引线

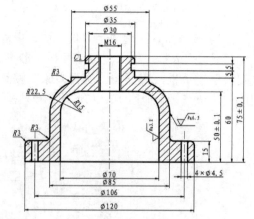

图 10-17　修改"粗糙度"块

（7）插入其他粗糙度符号，结果如图 10-10 所示。

【选项说明】

（1）"当前图形"选项卡：显示当前图形中可用块定义的预览或列表。

（2）"最近使用"选项卡：显示当前和上一个任务中最近插入或创建的块定义的预览或列表。

这些块可能来自各种图形。

（3）"选项"下拉列表。

①"插入点"复选框：指定插入点，插入图块时该点与图块的基点重合。可以在绘图区指定该点，也可以在下面的文本框中输入坐标值。

②"比例"复选框：确定插入图块时的缩放比例。图块被插入到当前图形中时，可以以任意比例放大或缩小。图 10-18（a）所示为被插入的图块，图 10-18（b）所示为按比例系数 1.5 插入该图块的结果，图 10-18（c）所示为按比例系数 0.5 插入该图块的结果。X 轴方向和 Y 轴方向的比例系数也可以不同，如插入的图块 X 轴方向的比例系数为 1，Y 轴方向的比例系数为 1.5，结果如图 10-18（d）所示。另外，比例系数还可以是一个负数，当为负数时表示插入图块的镜像，其结果如图 10-19 所示。

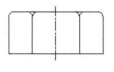

（a）插入的图块

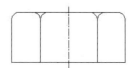

（b）按比例系数 1.5 插入图块

（c）按比例系数 0.5 插入图块

（d）X 轴方向的比例系数为 1，Y 轴方向的比例系数为 1.5

图 10-18　取不同比例系数插入图块的结果

X 比例=1，Y 比例=1　　　X 比例=-1，Y 比例=1　　　X 比例=1，Y 比例=-1　　　X 比例=-1，Y 比例=-1

图 10-19　取比例系数为负值插入图块的结果

③"旋转"复选框：指定插入图块时的旋转角度。图块被插入到当前图形中时，可以绕其基点旋转一定的角度，角度可以是正数（表示沿逆时针方向旋转），也可以是负数（表示沿顺时针方向旋转）。图 10-20（b）所示为图块旋转 30°后插入的结果，图 10-20（c）所示为图块旋转-30°后插入的结果。

（a）图块　　　　　　　（b）旋转 30°后插入　　　　　　　（c）旋转-30°后插入

图 10-20　以不同旋转角度插入图块的结果

如果选中"在屏幕上指定"复选框，系统切换到绘图区，在绘图区选择一点，AutoCAD 自动测量插入点与该点连线和 X 轴正方向之间的夹角，并把它作为块的旋转角。也可以在"角度"文本框中直接输入插入图块时的旋转角度。

④"重复放置"复选框：控制是否自动重复块插入。如果选中该复选框，系统将自动提示其他插入点，直到按 Esc 键取消命令。如果取消选中该复选框，将插入指定的块一次。

⑤"分解"复选框：选中该复选框，则在插入块的同时将其分解，插入图形中的组成块的对象不再是一个整体，可以对每个对象单独进行编辑操作。

扫一扫，看视频

动手练——标注表面粗糙度符号

标注如图 10-21 所示的阀盖零件表面粗糙度符号。

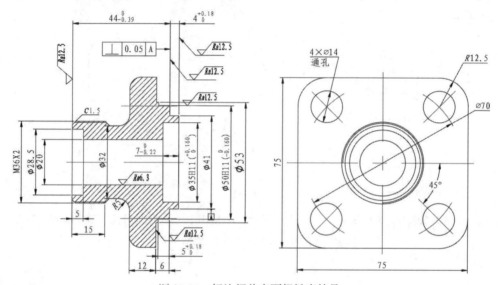

图 10-21　标注阀盖表面粗糙度符号

思路点拨：

> 调用素材：初始文件\第 10 章\阀盖.dwg
> 源文件：源文件\第 10 章\阀盖.dwg
> （1）利用"直线"命令绘制表面粗糙度符号。
> （2）利用"写块"命令创建表面粗糙度图块。
> （3）利用"插入块"命令插入表面粗糙度图块。
> （4）利用"多行文字"命令输入表面粗糙度数值。

10.3　图块属性

图块除了包含图形对象以外，还可以具有非图形信息，如把一个椅子的图形定义为图块后，还可以把椅子的号码、材料、重量、价格和说明等文本信息一并加入图块中。图块的这些非图形信息，叫作图块的属性，它是图块的一个组成部分，与图形对象一起构成一个整体。在插入图块时，AutoCAD 把图形对象连同属性一起插入到图形中。

10.3.1　定义图块属性

属性是将数据附着到块上的标签或标记。属性中包含的数据包括零件编号、价格、注释和物主的名称等。

【执行方式】

➥　命令行：ATTDEF（快捷命令：ATT）。

➥　菜单栏：选择菜单栏中的"绘图"→"块"→"定义属性"命令。

➥　功能区：单击"默认"选项卡"块"面板中的"定义属性"按钮✎，或者单击"插入"选项卡"块定义"面板中的"定义属性"按钮✎。

扫一扫，看视频

动手学——定义"粗糙度"图块属性

调用素材： *初始文件\第 10 章\溢流阀上盖.dwg*

源文件： *源文件\第 10 章\溢流阀上盖.dwg*

本实例是利用定义"粗糙度"图块属性标注溢流阀上盖粗糙度，如图 10-22 所示。

【操作步骤】

（1）单击快速访问工具栏中的"打开"按钮🗁，打开初始文件\第 10 章\溢流阀上盖.dwg 文件。

（2）将"注释层"设置为当前图层。单击"默认"选项卡"绘图"面板中的"直线"按钮╱，在空白处捕捉一点，依次输入点坐标（@-5,0）（@5<-60）（@10<60）和（@5,0），绘制粗糙度符号，绘制结果如图 10-23 所示。

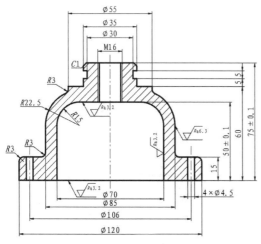

图 10-22　溢流阀上盖

图 10-23　粗糙度符号

（3）选择"默认"选项卡"块"面板下拉菜单中的"定义属性"按钮✎，❶打开"属性定义"对话框，在其中进行如图 10-24 所示的设置；❷单击"确定"按钮，将 RA 放置于水平直线下边的适当位置，如图 10-25 所示；重复"定义属性"命令，设置"属性定义"对话框，将粗糙度数值放置于水平直线下边的适当位置，如图 10-26 所示。

图 10-24 "属性定义"对话框   图 10-25 粗糙度符号 1   图 10-26 粗糙度符号 2

（4）在命令行中输入 WBLOCK，按 Enter 键，打开"写块"对话框。单击"拾取点"按钮，选择图形的下尖点为基点，单击"选择对象"按钮，选择上面的图形为对象，在"文件名和路径"栏中指定路径并输入名称"粗糙度"，单击"确定"按钮退出。

（5）单击"默认"选项卡的"块"面板"插入"下拉菜单中的"最近使用的块"选项，系统弹出"块"选项板，单击选项板顶部的 按钮，找到保存的"粗糙度"图块，单击"打开"按钮，在"预览列表"中选择"粗糙度"图块并指定插入点。弹出"编辑属性"对话框，单击"确定"按钮，如图 10-27 所示。双击"粗糙度"符号，①打开"增强属性编辑器"对话框，如图 10-28 所示。②选择 RA，③然后选择"文字选项"选项卡，④设置"倾斜角度"为 15，如图 10-29 所示。⑤单击"确定"按钮，将"粗糙度"图块插入到"溢流阀上盖"的适当位置。单击"旋转"按钮，旋转粗糙度，结果如图 10-30 所示。

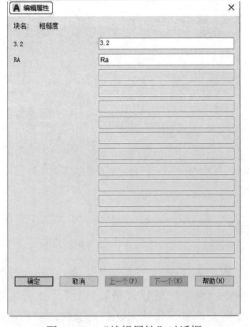

图 10-27 "编辑属性"对话框

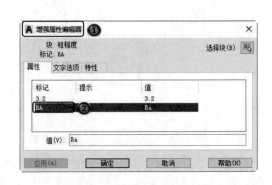

图 10-28 "增强属性编辑器"对话框

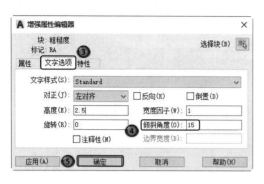

图 10-29　设置倾斜角度

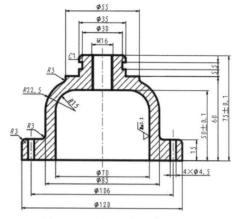

图 10-30　插入"粗糙度"图块

（6）重复上述方法，将其他"粗糙度"图块插入到图形中的适当位置。

【选项说明】

（1）"模式"选项组：用于确定属性的模式。

①"不可见"复选框：选中该复选框，属性为不可见显示方式，即插入图块并输入属性值后，属性值在图中并不显示。

②"固定"复选框：选中该复选框，属性值为常量，即属性值在属性定义时给定，在插入图块时系统不再提示输入属性值。

③"验证"复选框：选中该复选框，当插入图块时，系统重新显示属性值，提示用户验证该值是否正确。

④"预设"复选框：选中该复选框，当插入图块时，系统自动把事先设置好的默认值赋给属性，从而不再提示输入属性值。

⑤"锁定位置"复选框：锁定块参照中属性的位置。解锁后，属性可以相对于使用夹点编辑块的其他部分移动，并且可以调整多行文字属性的大小。

⑥"多行"复选框：选中该复选框，可以指定属性值包含多行文字，可以指定属性的边界宽度。

（2）"属性"选项组：用于设置属性值。在每个文本框中，AutoCAD 允许输入不超过 256 个字符。

①"标记"文本框：输入属性标签。属性标签可由除空格和感叹号以外的所有字符组成，系统自动把小写字母改为大写字母。

②"提示"文本框：输入属性提示。属性提示是插入图块时系统要求输入属性值的提示，如果不在此文本框中输入文字，则以属性标签作为提示。如果在"模式"选项组中选中"固定"复选框，即设置属性为常量，则不需设置属性提示。

③"默认"文本框：设置默认的属性值。可以把使用次数较多的属性值作为默认值，也可以不设置默认值。

（3）"插入点"选项组：用于确定属性文本的位置。可以在插入时由用户在图形中确定属性文本的位置，也可以在 X、Y、Z 文本框中直接输入属性文本的位置坐标。

（4）"文字设置"选项组：用于设置属性文本的对齐方式、文本样式、字高和倾斜角度。

（5）"在上一个属性定义下对齐"复选框：选中该复选框表示把属性标签直接放在前一个属性下面，而且该属性继承前一个属性的文本样式、字高和倾斜角度等特性。

10.3.2 修改属性的定义

在定义图块之前，可以对属性的定义进行修改，不仅可以修改属性标签，还可以修改属性提示和属性默认值。

【执行方式】

> 命令行：TEXTEDIT。
> 菜单栏：选择菜单栏中的"修改"→"对象"→"文字"→"编辑"命令。

【操作步骤】

命令行提示与操作如下：

```
命令：TEXTEDIT↙
当前设置：编辑模式 = Multiple
选择注释对象或 [放弃(U)/模式(M)]：
```

选择定义的图块，打开"编辑属性定义"对话框，如图 10-31 所示。

【选项说明】

该对话框表示修改属性的"标记""提示"和"默认"值，可在各文本框中对各项进行修改。

图 10-31 "编辑属性定义"对话框

10.3.3 图块属性编辑

当属性被定义到图块中，甚至图块被插入到图形中之后，用户还可以对图块属性进行编辑。利用 ATTEDIT 命令可以通过对话框对指定图块的属性值进行修改，利用 ATTEDIT 命令不仅可以修改属性值，还可以对属性的位置、文本等其他设置进行修改。

【执行方式】

> 命令行：ATTEDIT（快捷命令：ATE）。
> 菜单栏：选择菜单栏中的"修改"→"对象"→"属性"→"单个"命令。
> 工具栏：单击"修改 II"工具栏中的"编辑属性"按钮 。
> 功能区：单击"默认"选项卡"块"面板中的"编辑属性"按钮 。

【操作步骤】

命令行提示与操作如下：

```
命令：ATTEDIT↙
选择块参照：
```

执行上述命令后，光标变为拾取框，选择要修改属性的图块，打开如图 10-27 所示的"编辑属性"对话框。对话框中显示出所选图块中包含的前 8 个属性值，用户可对这些属性值进行修改。如果该图块中还有其他属性，可单击"上一个"和"下一个"按钮对它们进行查看和修改。

　　当用户通过菜单栏或工具栏执行上述命令时，系统打开"增强属性编辑器"对话框，如图 10-32 所示。该对话框不仅可以编辑属性值，还可以编辑属性的文字选项、图层、线型、颜色等特性值。

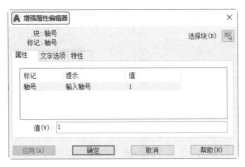

图 10-32　"增强属性编辑器"对话框

　　另外，还可以通过"块属性管理器"对话框来编辑属性。单击"默认"选项卡"块"面板中的"块属性管理器"按钮 ，❶ 系统打开"块属性管理器"对话框，如图 10-33 所示。❷ 单击"编辑"按钮，❸ 系统打开"编辑属性"对话框，如图 10-34 所示，可以通过该对话框编辑属性。

图 10-33　"块属性管理器"对话框

图 10-34　"编辑属性"对话框

扫一扫，看视频

动手练——标注带属性的表面结构符号

标注如图 10-35 所示的阀盖零件表面结构符号。

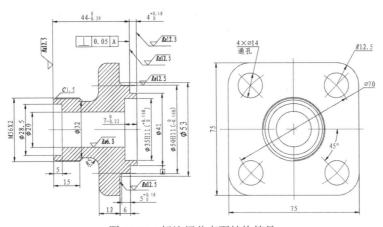

图 10-35　标注阀盖表面结构符号

📝 **思路点拨：**

> 调用素材：初始文件\第 10 章\阀盖.dwg
>
> 源文件：源文件\第 10 章\阀盖.dwg
>
> （1）利用"直线"命令绘制表面结构符号。
>
> （2）利用"定义属性"命令和"写块"命令创建表面结构图块。
>
> （3）利用"插入块"命令插入表面结构图块并输入属性值。

10.4　设 计 中 心

使用 AutoCAD 设计中心可以很容易地组织设计内容，并把它们拖动到自己的图形中。可以使用 AutoCAD 设计中心窗口的内容显示框观察使用 AutoCAD 设计中心资源管理器所浏览的资源的相关项目。

10.4.1　启动设计中心

【执行方式】

❯ 命令行：ADCENTER（快捷命令：ADC）。

❯ 菜单栏：选择菜单栏中的"工具"→"选项板"→"设计中心"命令。

❯ 工具栏：单击"标准"工具栏中的"设计中心"按钮▦。

❯ 功能区：单击"视图"选项卡"选项板"面板中的"设计中心"按钮▦。

❯ 快捷键：Ctrl+2。

【操作步骤】

执行上述操作后，系统打开 DESIGNCENTER 选项板。第一次启动设计中心时，默认打开"文件夹"选项卡。内容显示区采用大图标显示，左边的资源管理器显示系统的树形结构，浏览资源的同时，在内容显示区显示所浏览的资源的有关项目或内容，如图 10-36 所示。

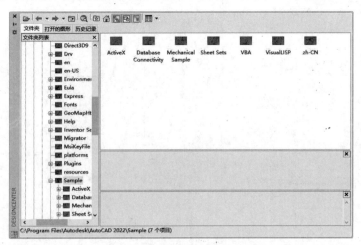

图 10-36　DESIGNCENTER 选项板

在该区域中，左侧方框为 AutoCAD 设计中心的资源管理器，右侧方框为 AutoCAD 设计中心的内容显示框。其中，上面窗口为文件显示框，中间窗口为图形预览显示框，下面窗口为说明文本显示框。

可以利用鼠标拖动边框的方法改变 AutoCAD 设计中心资源管理器和内容显示区以及 AutoCAD 绘图区的大小，但内容显示区的最小尺寸应能显示两列大图标。

如果要改变 AutoCAD 设计中心的位置，可以按住鼠标左键并拖动它，松开鼠标左键后，AutoCAD 设计中心便处于当前位置，到达新位置后，仍可用鼠标改变各窗口的大小。也可以通过设计中心边框左上方的"自动隐藏"按钮自动隐藏设计中心。

10.4.2　插入图块

在利用 AutoCAD 绘制图形时，可以将图块插入到图形中。将一个图块插入到图形中时，块定义就被复制到图形数据库中。在一个图块被插入图形之后，如果原来的图块被修改，则插入到图形中的图块也会随之改变。

当其他命令正在执行时，不能插入图块到图形中。例如，如果在插入图块时，命令行窗口正在执行一个命令，此时光标就会变成一个带斜线的圆，提示操作无效。另外，一次只能插入一个图块。

AutoCAD 设计中心提供了两种插入图块的方法，分别是"利用鼠标指定比例和旋转角度方式"与"精确指定坐标、比例和旋转角度方式"。

1．利用鼠标指定比例和旋转角度方式插入图块

系统根据光标拉出的线段长度、角度确定比例与旋转角度，插入图块的步骤如下：

（1）从文件夹列表或查找结果列表中选择要插入的图块，按住鼠标左键，将其拖动到打开的图形中。松开鼠标左键，此时选择的图块被插入到当前打开的图形中。利用当前设置的捕捉方式，可以将图块插入到存在的任何图形中。

（2）在绘图区单击，指定一点作为插入点，移动鼠标，光标位置点与插入点之间的距离为缩放比例，单击确定比例。采用同样的方法移动鼠标，光标指定位置和插入点的连线与水平线的夹角为旋转角度。被选择的图块就根据光标指定的比例和角度插入到图形中。

2．精确指定坐标、比例和旋转角度方式插入图块

利用该方法可以设置插入图块的参数，插入图块的步骤如下：

（1）从文件夹列表或查找结果列表中选择要插入的图块，拖动图块到打开的图形中。

（2）右击，可以选择快捷菜单中的"比例""旋转"等命令，如图 10-37 所示。

（3）在相应的命令行提示下输入比例和旋转角度等数值，被选择的图块根据指定的参数插入到图形中。

图 10-37　快捷菜单

10.5 工具选项板

工具选项板中的选项卡提供了组织、共享和放置块及填充图案的有效方法。工具选项板还可以包含由第三方开发人员提供的自定义工具。

10.5.1 打开工具选项板

可在工具选项板中整理块、图案填充和自定义工具。

【执行方式】

❧ 命令行：TOOLPALETTES（快捷命令：TP）。

❧ 菜单栏：选择菜单栏中的"工具"→"选项板"→"工具选项板"命令。

❧ 工具栏：单击"标准"工具栏中的"工具选项板"按钮 ▦。

❧ 功能区：单击"视图"选项卡"选项板"面板中的"工具选项板"按钮 ▦。

❧ 快捷键：Ctrl+3。

【操作步骤】

执行上述操作后，系统自动打开"工具选项板-所有选项板"，如图 10-38 所示。

在"工具选项板-所有选项板"中，系统提供了一些常用图形选项卡，这些常用图形可以便于用户绘图。

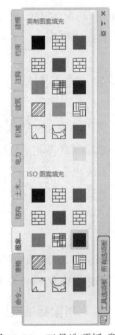

图 10-38 工具选项板-所有选项板

10.5.2 新建工具选项板

用户可以创建新的工具选项板，有利于个性化绘图，也能够满足特殊绘图需要。

【执行方式】

❧ 命令行：CUSTOMIZE。

❧ 菜单栏：选择菜单栏中的"工具"→"自定义"→"工具选项板"命令。

❧ 快捷菜单：选择快捷菜单中的"自定义"命令。

【操作步骤】

执行上述操作后，系统打开"自定义"对话框，如图 10-39 所示。在"选项板"列表框中右击，在弹出的快捷菜单中选择"新建选项板"命令。在"选项板"列表框中出现一个"新建选项板"选项卡，可以为其命名，确定后，工具选项板中就增加了一个新的选项卡，如图 10-40 所示。

图 10-39 "自定义"对话框

图 10-40 "新建"选项板选项卡

扫一扫，看视频

动手学——从设计中心创建选项板

将图形、块和图案填充从设计中心拖动到工具选项板中。

【操作步骤】

（1）单击"视图"选项卡"选项板"面板中的"设计中心"按钮，❶打开 DESIGNCENTER 选项板。

（2）在 DesignCenter 文件夹上右击，❷在弹出的快捷菜单中选择"创建块的工具选项板"命令，如图 10-41 所示。设计中心中存储的图元就出现在❸"工具选项板-所有选项板"中新建的❹DesignCenter 选项卡中，如图 10-42 所示。

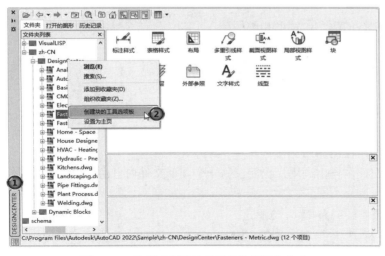

图 10-41 选择"创建块的工具选项板"命令

图 10-42 新创建的工具选项板

这样就可以将设计中心与工具选项板结合起来，建立一个快捷方便的工具选项板。将工具选项板中的图形拖动到另一个图形中时，图形将作为块插入。

10.6 模拟认证考试

1. 下列方法不能插入创建好的块的是（   ）。
   A. 从 Windows 资源管理器中将图形文件图标拖动到 AutoCAD 绘图区域插入块
   B. 从设计中心插入块
   C. 利用"粘贴"命令（PASTECLIP）插入块
   D. 利用"插入"命令（INSERT）插入块

2. 将不可见的属性修改为可见的命令是（   ）。
   A. EATTEDIT   B. BATTMAN   C. ATTEDIT   D. DDEDIT

3. 在 AutoCAD 中，下列选项中的两种操作均可打开设计中心的是（   ）。
   A. Ctrl+3，ADC   B. Ctrl+2，ADC
   C. Ctrl+3，AGC   D. Ctrl+2，AGC

4. 在设计中心里，单击"收藏夹"，则会（   ）。
   A. 出现搜索界面   B. 定位到 home 文件夹
   C. 定位到 DesignCenter 文件夹   D. 定位到 autodesk 文件夹

5. 属性定义框中"提示"栏的作用是（   ）。
   A. 提示输入属性值插入点   B. 提示输入新的属性值
   C. 提示输入属性值所在图层   D. 提示输入新的属性值的字高

6. 图形无法通过设计中心更改的是（   ）。
   A. 大小   B. 名称   C. 位置   D. 外观

7. 下列选项不能用块属性管理器进行修改的是（   ）。
   A. 属性文字如何显示
   B. 属性的个数
   C. 属性所在的图层和属性行的颜色、宽度和类型
   D. 属性的可见性

8. 在属性定义框中，（   ）选框若不设置，将无法定义块属性。
   A. 固定   B. 标记   C. 提示   D. 默认

9. 用 BLOCK 命令定义的内部图块，下列说法正确的是（   ）。
   A. 只能在定义它的图形文件内自由调用
   B. 只能在另一个图形文件内自由调用
   C. 既能在定义它的图形文件内自由调用，也能在另一个图形文件内自由调用
   D. 两者都不能调用

10. 带属性的块经分解后，属性显示为（   ）。
    A. 属性值   B. 标记   C. 提示   D. 不显示

第 11 章　零件图的绘制

内容简介

零件图是生产中指导制造和检验零件的主要依据，因此本章将通过一些零件图绘制实例，结合前面学习过的平面图形的绘制命令、编辑命令和尺寸标注命令，详细介绍零件图的绘制。

内容要点

- ↘ 零件图简介
- ↘ 零件图绘制的一般过程
- ↘ 溢流阀阀体的绘制
- ↘ 模拟认证考试

案例效果

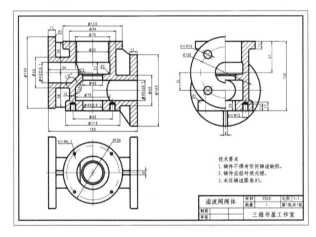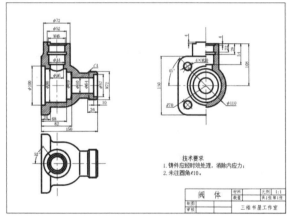

11.1　零件图简介

零件图是反映设计者意图以及生产部门组织生产的重要技术文件，因此它不仅要将零件的材料和内、外结构形状及大小表达清楚，而且还要对零件的加工、检验、测量提供必要的技术要求。一张完整的零件图应包含下列内容。

（1）一组视图：包括视图、剖视图、剖面图、局部放大图等，用以表达零件的内、外形状和结构。

（2）完整的尺寸：标出零件上结构的大小、结构之间的位置关系。

（3）技术要求：用以说明零件在制造和检验时应达到的技术要求，如表面粗糙度、尺寸公差、形状和位置公差以及表面处理和材料热处理等。

（4）标题栏：位于零件图的右下角，用以填写零件的名称、材料、比例、数量、图号以及设计、制图、校核人员签名等。

11.2　零件图绘制的一般过程

在绘制零件图时，应根据零件的结构特点、用途及主要加工方法确定零件图的表达方案；还应对零件的结构形状进行分析，确定零件的视图表达方案。以下是零件图的一般绘制过程及绘图过程中需要注意的问题。

（1）在绘制零件图之前，应根据图纸的幅面大小和版式的不同，分别建立符合机械制图国家标准的若干机械图样模板。模板中包括图纸幅面、图层、使用文字的一般样式、尺寸标注的一般样式等，这样在绘制零件图时，就可以直接调用建立好的模板进行绘制，有利于提高工作效率。

（2）使用绘图命令和编辑命令完成图形的绘制。在绘制过程中，应根据结构的对称性、重复性等特征，灵活运用镜像、阵列、多重复制等编辑操作，避免不必要的重复劳动，提高绘图效率。

（3）标注尺寸、表面粗糙度、尺寸公差等。将标注内容分类，可以先标注线性尺寸、角度尺寸、直径及半径尺寸等操作比较简单、直观的尺寸，然后标注带有尺寸公差的尺寸，最后再标注形位公差及表面粗糙度。

由于在 AutoCAD 中没有提供表面粗糙度符号，而且关于形位公差的标注也存在着一些不足，如符号不全和代号不一致等。因此，可以通过建立外部块、外部参照的方式形成用户自定义和使用的图形库，或者开发进行表面粗糙度和形位公差标注的应用程序，以达到标注这些技术要求的目的。

（4）填写标题栏并保存图形文件。

11.3　溢流阀阀体的绘制

扫一扫，看视频

本实例绘制如图 11-1 所示的溢流阀阀体零件图。

✍ **手把手教你学：**

在绘制阀体之前，首先应该对阀体进行系统的分析。根据机械制图国家标准，需要确定零件图的图幅，零件图中要表达的内容，零件各部分的线型、线宽、公差与公差标注样式以及粗糙度等。另外，还需要确定要用几个视图才能清楚地表达该零件。根据国家标准和工程分析，要将阀体表达清楚、完整，需要一个主视剖视图、俯视图和一个左视剖视图。为了将图形表达得更加清楚，选择绘图的比例为 1∶1，图幅为 A2。

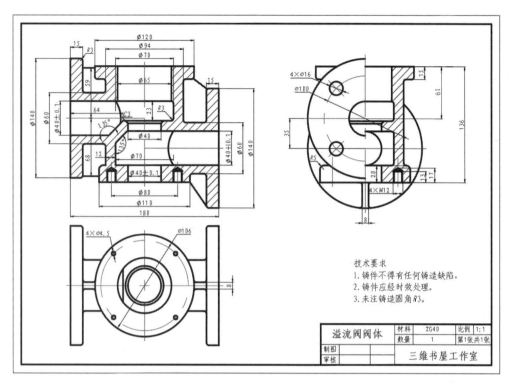

图 11-1 溢流阀阀体零件图

11.3.1 调入样板图

（1）选择快速访问工具栏中的"新建"命令，打开"选择样板"对话框，在该对话框中选择需要的样板图，如图 11-2 所示。

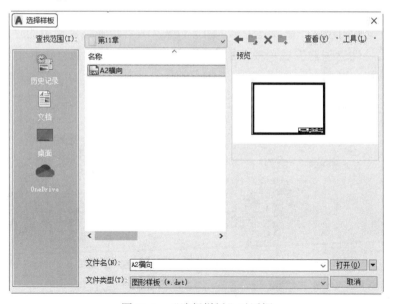

图 11-2 "选择样板"对话框

（2）选择已经绘制好的样板图后，单击"打开"按钮，返回绘图区域。同时，选择的样板图也会出现在绘图区域内，其中样板图左下端点坐标为（0,0），如图11-3所示。

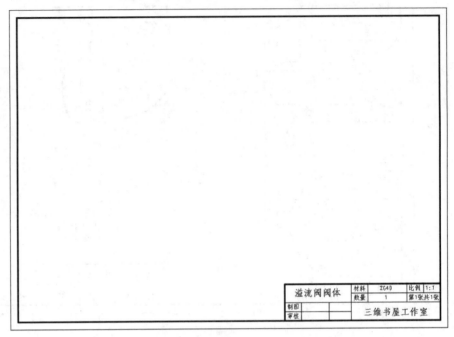

图 11-3　插入的样板图

11.3.2　设置图层与标注样式

（1）设置图层。根据机械制图国家标准，溢流阀阀体的外轮廓用粗实线绘制，填充线用细实线绘制，中心线用点画线绘制。

根据以上分析设置图层。在命令行中输入 LAYER，或者选择菜单栏中的"格式"→"图层"命令，打开"图层特性管理器"选项板，用户可以参照前面介绍的命令在其中创建需要的图层，图11-4所示为创建好的图层。

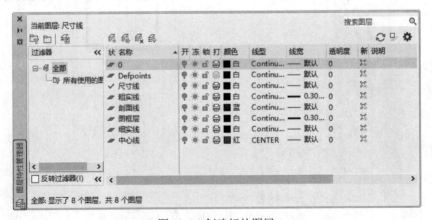

图 11-4　创建好的图层

（2）设置标注样式。

使用 DDIM 命令，或者选择"默认"选项卡"注释"面板下拉菜单中的"标注样式"命令，①打开"标注样式管理器"对话框，如图 11-5 所示。该对话框中显示了当前的标注样式，②用户可根据需要单击"新建"按钮创建"机械标注"样式。然后单击"继续"按钮，③打开"新建标注样式：机械标注"对话框，设置需要的标注样式。④选择"符号和箭头"选项卡，⑤设置箭头大小为4，如图11-6所示；⑥选择"文字"选项卡，⑦单击"文字样式"后面的按钮，设置文字样式为 Standard，⑧设置文字高度为 6，⑨设置文字对齐方式为"ISO 标准"，如图 11-7 所示。然后将"机械标注"置为当前，关闭"标注样式管理器"对话框。

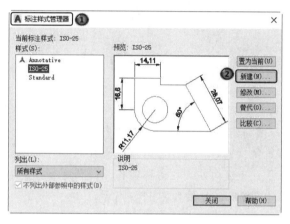

图 11-5 "标注样式管理器"对话框

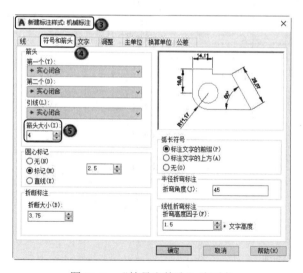

图 11-6 "符号和箭头"选项卡

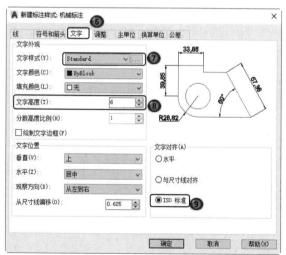

图 11-7 "文字"选项卡

11.3.3 绘制主视图

主视图全剖视图主要由直线和圆弧构成，可以通过直线和圆等绘图工具绘制，并通过偏移、修剪、倒角和圆角等修改命令修改。以下为绘制主视图的方法和步骤。

（1）将"中心线"图层设置为当前图层。根据阀体的尺寸，绘制阀体中心线。单击"默认"选项卡"绘图"面板中的"直线"按钮 ／，绘制中心线。命令行提示与操作如下：

```
命令: _LINE
指定第一个点: 65,300✓
指定下一点或 [放弃(U)]: @190,0✓
指定下一点或 [放弃(U)]: ✓
命令: _LINE
指定第一个点: 65,265✓
指定下一点或 [放弃(U)]: @190,0✓
指定下一点或 [放弃(U)]: ✓
命令: _LINE
指定第一个点: 160,366✓
指定下一点或 [放弃(U)]: @0,-160✓
指定下一点或 [放弃（U)]: ✓
```

绘制结果如图 11-8 所示。

（2）将"粗实线"图层设置为当前图层。根据阀体的尺寸，绘制阀体外轮廓线。单击"默认"选项卡"修改"面板中的"偏移"按钮 ⊑，偏移直线，将水平直线 A 向上偏移，偏移距离分别为 30、35、46、61 和 70；重复"偏移"命令，将水平直线 A 向下偏移，偏移距离分别为 5、30、55、65、70、75 和 105；将竖直直线向左、右对称偏移，偏移距离分别为 47、55、60、75 和 90。并将偏移后的直线设置为"粗实线"，结果如图 11-9 所示。

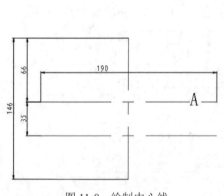

图 11-8　绘制中心线

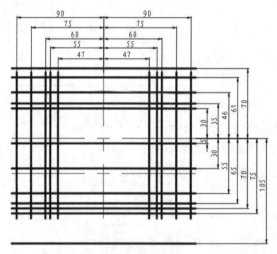

图 11-9　偏移直线

（3）单击"默认"选项卡"修改"面板中的"修剪"按钮 和"延长"按钮 ，修改图形，结果如图 11-10 所示。

（4）单击"默认"选项卡"修改"面板中的"偏移"按钮 ⊑，偏移直线，将水平直线 A 向上偏移，偏移距离为 20；重复"偏移"命令，将水平直线 A 向下偏移，偏移距离分别为 3、15、20 和 55；将竖直直线向左偏移，偏移距离分别为 20、26、32.5、35 和 43；将竖直直线向右偏移，偏移距离分别为 20、32.5 和 35。并将偏移后的直线设置为"粗实线"，结果如图 11-11 所示。

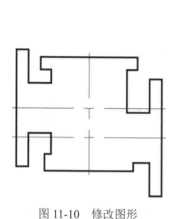

图 11-10 修改图形

图 11-11 偏移直线

（5）单击"默认"选项卡"修改"面板中的"修剪"按钮，修剪图形，结果如图 11-12 所示；连接图 11-12 中的 1、2 点，然后删除多余的直线，结果如图 11-13 所示。

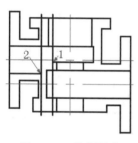

图 11-12 修剪图形

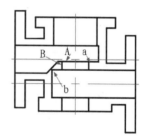

图 11-13 连接直线

（6）单击"默认"选项卡"修改"面板中的"倒角"按钮，修改图形。命令行提示与操作如下：

```
命令：CHAMFER↙
（"修剪"模式）当前倒角距离 1 = 0.0000，距离 2 = 0.0000
选择第一条直线或 [放弃(U)/多段线(P)/距离(D)/角度(A)/修剪(T)/方式(E)/多个(M)]：T↙
输入修剪模式选项[修剪(T)/不修剪(N)]<修剪>：N↙
选择第一条直线或 [放弃(U)/多段线(P)/距离(D)/角度(A)/修剪(T)/方式(E)/多个(M)]：D↙
指定第一个倒角距离 <0.0000>：3↙
指定第二个倒角距离 <3.0000>：3↙
选择第一条直线或 [放弃(U)/多段线(P)/距离(D)/角度(A)/修剪(T)/方式(E)/多个(M)]：（用鼠标选择图
11-13 中的直线 A）
选择第二条直线：（用鼠标选择图 11-13 中的直线 B）
```

依次使用该命令绘制图 11-13 中 A 处和 B 处的倒角，相应的尺寸为 C3 和 C14，然后补全图形，结果如图 11-14 所示。

（7）单击"默认"选项卡"绘图"面板中的"直线"按钮，绘制直线。命令行提示与操作如下：

```
命令：_LINE
指定第一个点：85,359↙
指定下一点或 [放弃(U)]：@15,0↙
```

指定下一点或 [放弃(U)]:↙
命令：_LINE
指定第一个点：85,232↙
指定下一点或 [放弃(U)]：@20,0↙
指定下一点或 [放弃(U)]:↙

重复"直线"命令，连接阀盖处的角点，绘制其他加强筋，绘制结果如图 11-15 所示。

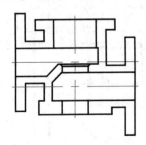

图 11-14　绘制倒角

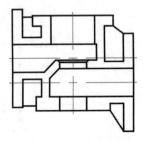

图 11-15　绘制筋板

（8）单击"默认"选项卡"绘图"面板中的"圆"按钮⊙，绘制圆，然后利用"修剪"命令修剪圆，形成相贯线。命令行提示与操作如下：

命令：_CIRCLE
指定圆的圆心或 [三点(3P)/两点(2P)/切点、切点、半径(T)]：

按住 Shift 键，然后右击，在弹出的快捷菜单中选择"自"命令，如图 11-16 所示。

正在恢复执行 CIRCLE 命令
指定圆的圆心或 [三点(3P)/两点(2P)/切点、切点、半径(T)]：_from 基点：（选择图 11-15 中较上的水平中心线与最左端竖直直线的交点为基点）
指定圆的圆心或 [三点(3P)/两点(2P)/切点、切点、半径(T)]：_from 基点：<偏移>@26,0↙
指定圆的半径或 [直径(D)]：35↙
命令：_CIRCLE
指定圆的圆心或 [三点(3P)/两点(2P)/切点、切点、半径(T)]：

按住 Shift 键，然后右击，在弹出的快捷菜单中选择"自"命令。

正在恢复执行 CIRCLE 命令
指定圆的圆心或 [三点(3P)/两点(2P)/切点、切点、半径(T)]：_from 基点：（选择图 11-15 中较下的水平中心线与最右端竖直直线的交点为基点）
指定圆的圆心或 [三点(3P)/两点(2P)/切点、切点、半径(T)]：_from 基点：<偏移>@-26,0↙
指定圆的半径或 [直径(D)]：35↙

绘制完圆后，利用"修剪"命令修剪图形，结果如图 11-17 所示。

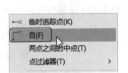

图 11-16　快捷菜单

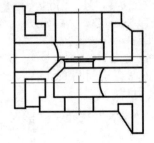

图 11-17　绘制相贯线

（9）将"中心线"图层设置为当前图层。单击"默认"选项卡"绘图"面板中的"直线"按

钮 ，绘制中心线。命令行提示与操作如下：

```
命令：_LINE
指定第一点：120,220↙
指定下一点或 [放弃(U)]：@0,28↙
指定下一点或 [放弃(U)]：↙
```

将绘制的中心线向两侧偏移，偏移距离分别为4.8和6，将与之相交的水平直线向上偏移，偏移距离分别为13和14.5，然后利用"修剪""绘图""镜像"等命令绘制图形，并将线段设置为合适图层，结果如图 11-18 所示。

（10）单击"默认"选项卡"修改"面板中的"圆角"按钮 ，绘制圆角。命令行提示与操作如下：

```
当前设置：模式=修剪，半径=0.0000
选择第一个对象或[放弃(U)/多段线(P)/半径(R)/修剪(T)/多个(M)]：R↙
选择第一个对象或[放弃(U)/多段线(P)/半径(R)/修剪(T)/多个(M)]：r 指定圆角半径<0.0000>：5↙
选择第一个对象或[放弃(U)/多段线(P)/半径(R)/修剪(T)/多个(M)]：（选择图 11-18 中的线段 1）
选择第二个对象，或按住 Shift 键选择对象以应用角点或[半径(R)]：（选择图 11-18 中的线段 2）
```

重复"圆角"命令绘制其他圆角，设置圆角半径为3，结果如图 11-19 所示。

图 11-18　绘制螺栓孔

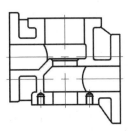
图 11-19　绘制圆角

（11）将"剖面线"图层设置为当前图层。单击"默认"选项卡"绘图"面板中的"图案填充"按钮 ，❶打开"图案填充创建"选项卡，❷设置填充图案为 ANSI31，其他设置如图 11-20 所示。❸然后单击"拾取点"按钮选择填充边界，绘制剖面线，再利用"修剪"命令修剪过长的中心线，完成溢流阀阀体主视图的绘制，结果如图 11-21 所示。

图 11-20　"图案填充创建"选项卡

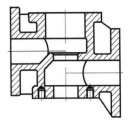
图 11-21　溢流阀阀体主视图

11.3.4 绘制左视图

在绘制左视图前，首先应该分析一下该部分的结构，该部分主要由圆弧和直线组成，可以通过圆和直线等绘图工具绘制，并通过偏移、修剪、倒角和圆角等修改命令修改。以下为绘制左视图的方法和步骤。

（1）将"中心线"图层设置为当前图层。单击"默认"选项卡"绘图"面板中的"直线"按钮／，绘制中心线。命令行提示与操作如下：

```
命令: _LINE
指定第一个点: 350,300↙
指定下一点或 [放弃(U)]: @150,0↙
指定下一点或 [放弃(U)]:↙
命令: _LINE
指定第一个点: 350,265↙
指定下一点或 [放弃(U)]: @150,0↙
指定下一点或 [放弃(U)]:↙
命令: _LINE
指定第一个点: 425,190↙
指定下一点或 [放弃(U)]: @0,185↙
指定下一点或 [放弃(U)]: ↙
```

绘制结果如图 11-22 所示。

（2）将"粗实线"图层设置为当前图层。单击"默认"选项卡"绘图"面板中的"圆"按钮⊙，绘制圆。命令行提示与操作如下：

```
命令: _CIRCLE
指定圆的圆心或[三点(3P)/两点(2P)/切点、切点、半径(T)]：（选择图 11-22 较上的水平中心线与竖直中心线的交点为圆心）
指定圆的半径或[直径(D)]: 70↙
```

重复"圆"命令，绘制半径分别为 50 和 20 的同心圆，并将半径为 50 的圆设置为"中心线"；继续"圆"命令，以较下的水平中心线与竖直直线的交点为圆心绘制半径分别为 70 和 20 的圆，结果如图 11-23 所示。

（3）单击"默认"选项卡"修改"面板中的"修剪"按钮﹨，修剪图形，结果如图 11-24 所示。

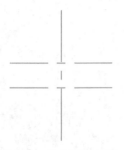

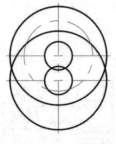

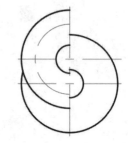

图 11-22　绘制中心线　　　　图 11-23　绘制圆　　　　图 11-24　修剪图形

（4）将"中心线"图层设置为当前图层。单击"默认"选项卡"绘图"面板中的"直线"按钮／，以较上侧圆的圆心为起点，绘制与水平直线成 135° 角的直线，然后将"粗实线"图层设置为当前图层，利用"圆"命令以斜线与半径为 50 的圆的交点为圆心绘制半径为 8 的圆，利用"修剪"命令修剪斜线，结果如图 11-25 所示。

（5）单击"默认"选项卡"修改"面板中的"镜像"按钮 ⚠，镜像步骤（4）绘制的螺栓孔。命令行提示与操作如下：

```
命令：_MIRROR
选择对象：（选择步骤（4）中绘制的圆与斜直线）
找到 1 个，总计 2 个
选择对象：✓
指定镜像线的第一点：（选择较上的水平直线的左端点）
指定镜像线的第二点：（选择较上的水平直线的右端点）
要删除源对象吗？[是(Y)/否(N)]<否>：✓
```

绘制结果如图 11-26 所示。

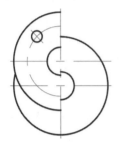

图 11-25 绘制螺栓孔

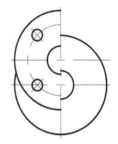

图 11-26 镜像螺栓孔

（6）单击"默认"选项卡"修改"面板中的"偏移"按钮 ⊆，将较上的水平中心线向上偏移，偏移距离分别为 20、46 和 61，将较上的水平中心线向下偏移，偏移距离分别为 3、6、15、55 和 75；重复"偏移"命令，将竖直直线向左偏移，偏移距离分别为 4、55 和 60，将竖直直线向右偏移，偏移距离分别为 4、20、32.5、35、47、55 和 60，结果如图 11-27 所示。

（7）单击"默认"选项卡"修改"面板中的"修剪"按钮 ，修剪图形，结果如图 11-28 所示。

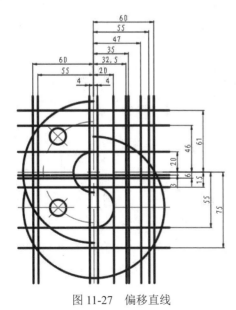

图 11-27 偏移直线

图 11-28 修剪图形

（8）单击"默认"选项卡"修改"面板中的"复制"按钮，将主视图右侧的螺栓孔复制到左视图的适当位置。命令行提示与操作如下：

```
命令：_COPY
选择对象：（利用框选选择主视图中右侧的螺栓孔及其竖直中心线）
选择对象：指定对角点：找到 9 个
选择对象：✓
复制模式=多个
指定基点或[位移(D)/模式(O)]<位移>：（选择螺栓孔竖直中心线的下端点为基点）
指定第二个点或[阵列(A)]<使用第一个点作为位移>：@265,0✓
指定第二个点或[阵列(A)/退出(E)/放弃(U)]<退出>：✓
```

绘制结果如图 11-29 所示。

（9）单击"默认"选项卡"修改"面板中的"倒角"按钮，绘制倒角。命令行提示与操作如下：

```
命令：CHAMFER✓
（"修剪"模式）当前倒角距离 1 = 14.0000，距离 2 =14.0000
选择第一条直线或 [放弃(U)/多段线(P)/距离(D)/角度(A)/修剪(T)/方式(E)/多个(M)]：D✓
指定第一个倒角距离 <0.0000>：3✓
指定第二个倒角距离 <3.0000>：3✓
选择第一条直线或 [放弃(U)/多段线(P)/距离(D)/角度(A)/修剪(T)/方式(E)/多个(M)]：（用鼠标选择图 11-29 中的直线 A）
选择第二条直线：（用鼠标选择图 11-29 中的直线 B）
```

绘制结果如图 11-30 所示。

（10）单击"默认"选项卡"修改"面板中的"圆角"按钮，绘制圆角。命令行提示与操作如下：

```
当前设置：模式=修剪，半径=5.0000
选择第一个对象或[放弃(U)/多段线(P)/半径(R)/修剪(T)/多个(M)]：R✓
选择第一个对象或[放弃(U)/多段线(P)/半径(R)/修剪(T)/多个(M)]：r指定圆角半径<5.0000>：5✓
选择第一个对象或[放弃(U)/多段线(P)/半径(R)/修剪(T)/多个(M)]：（选择图 11-30 中的线段 1）
选择第二个对象，或按住 Shift 键选择对象以应用角点或[半径(R)]：（选择图 11-30 中的线段 2）
```

重复"圆角"命令绘制其他圆角，设置圆角半径为3，结果如图 11-31 所示。

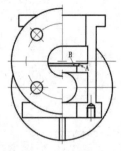
图 11-29　复制螺栓孔

图 11-30　绘制倒角

图 11-31　绘制圆角

（11）将"剖面线"图层设置为当前图层。单击"默认"选项卡"绘图"面板中的"图案填充"按钮，❶打开"图案填充创建"选项卡，❷设置填充图案为 ANSI31，其他设置如图 11-32 所示。❸然后单击"拾取点"按钮选择填充边界，绘制剖面线，完成溢流阀阀体左视图的绘制，结果如图 11-33 所示。

图 11-32 "图案填充创建"选项卡　　　　图 11-33 溢流阀阀体左视图

11.3.5 绘制俯视图

在绘制俯视图前,首先应该分析该部分的结构,该部分主要由圆和直线组成,可以通过圆和直线等绘图工具绘制,并通过偏移、修剪、倒角和圆角等修改命令修改。以下为绘制俯视图的方法和步骤。

(1) 将"中心线"图层设置为当前图层。单击"默认"选项卡"绘图"面板中的"直线"按钮 ╱,绘制中心线。命令行提示与操作如下:

```
命令: _LINE
指定第一个点: 65,100✓
指定下一点或 [放弃(U)]: @190,0✓
指定下一点或 [放弃(U)]:✓
命令: _LINE
指定第一个点: 160,35✓
指定下一点或 [放弃(U)]: @0,130✓
指定下一点或 [放弃(U)]:✓
```

绘制结果如图 11-34 所示。

(2) 将"粗实线"图层设置为当前图层。单击"默认"选项卡"绘图"面板中的"圆"按钮 ⊙,绘制圆。命令行提示与操作如下:

```
命令: _CIRCLE
指定圆的圆心或[三点(3P)/两点(2P)/切点、切点、半径(T)]:(选择水平中心线与竖直中心线的交点为圆心)
指定圆的半径或 [直径(D)]: 60✓
```

重复"圆"命令绘制其他同心圆,半径分别为 53、32.5、23 和 20,并将半径为 53 的圆设置为"中心线"图层,结果如图 11-35 所示。

图 11-34 绘制中心线　　　　　　　　图 11-35 绘制圆

(3) 单击"默认"选项卡"绘图"面板中的"直线"按钮 ╱,以圆的圆心为起点,绘制与水平直线成 135° 角的直线,然后将绘制的斜直线设置为"中心线"图层;单击"默认"选项卡"绘图"面板中的"圆"按钮 ⊙,以斜线与半径为 53 的圆的交点为圆心绘制直径为 4.5 的圆,利用"修剪"命令修剪斜线，结果如图 11-36 所示。

（4）单击"默认"选项卡"修改"面板中的"环形阵列"按钮，阵列绘制螺栓孔及斜中心线。命令行提示与操作如下：

```
命令：_ARRAYPOLAR
选择对象：（选择螺栓孔及斜中心线）
选择对象：指定对角点：找到 2 个
选择对象：↙
指定阵列的中心点或 [基点(B)/旋转轴(A)]：（选择水平中心线与竖直中心线的交点为阵列的中心点）
选择夹点以编辑阵列或 [关联(AS)/基点(B)/项目(I)/项目间角度(A)/填充角度(F)/行(ROW)/层(L)/旋
转项目(ROT)/退出(X)]<退出>：I↙
输入阵列中的项目数或 [表达式(E)]<6>：4↙
选择夹点以编辑阵列或 [关联(AS)/基点(B)/项目(I)/项目间角度(A)/填充角度(F)/行(ROW)/层(L)/旋
转项目(ROT)/退出(X)]<退出>：↙
```

绘制结果如图 11-37 所示。

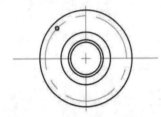

图 11-36 绘制螺栓孔

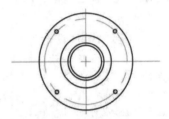

图 11-37 阵列螺栓孔

（5）单击"默认"选项卡"修改"面板中的"偏移"按钮，将水平中心线向上、下两侧偏移，偏移距离分别为 4、30 和 70；将竖直中心线向左、右两侧偏移，偏移距离分别为 75 和 90，结果如图 11-38 所示。

（6）单击"默认"选项卡"修改"面板中的"修剪"按钮，修剪图形；然后单击"绘图"面板中的"直线"按钮，利用对象捕捉功能及正交功能绘制直线，如图 11-39 所示；然后修改图形，结果如图 11-40 所示。

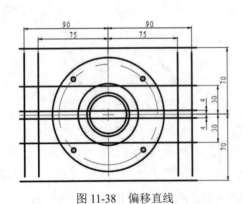

图 11-38 偏移直线

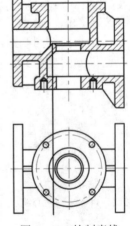

图 11-39 绘制直线

（7）单击"默认"选项卡"修改"面板中的"圆角"按钮，绘制圆角，设置圆角半径为 3，结果如图 11-41 所示。

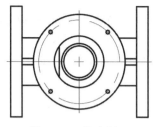

图 11-40　修改图形

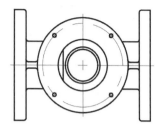

图 11-41　绘制圆角

11.3.6　标注阀体

在图形绘制完成后，还要对图形进行标注，该零件图的标注包括线性标注、带公差的标注、角度标注、半径标注、直线标注、引线标注等。下面着重介绍引线标注倒角和带公差的标注。

（1）单击"默认"选项卡"注释"面板中的"线性标注"按钮 ⊢⊣，标注阀体主视图的右端孔直径。命令行提示与操作如下：

```
命令: _DIMLINEAR
指定第一个尺寸界线原点或<选择对象>:（选择端孔直径的上端点）
指定第二个尺寸界线原点:（选择端孔直径的下端点）
指定尺寸线位置或[多行文字(M)/文字(T)/角度(A)/水平(H)/垂直(V)/旋转(R)]: T✓
输入标注文字<40>:%%c40%%p0.1
指定尺寸线位置或[多行文字(M)/文字(T)/角度(A)/水平(H)/垂直(V)/旋转(R)]:（指定尺寸线位置）
```

绘制结果如图 11-42 所示。

（2）在命令行中输入 QLEADER，标注倒角尺寸。命令行提示与操作如下：

```
命令: QLEADER✓
指定第一个引线点或[设置(S)]<设置>: S✓
```

打开"引线设置"对话框，设置箭头为"无"，单击"确定"按钮，关闭对话框。

```
指定第一个引线点或[设置(S)]<设置>:（选择图 11-42 中的倒角中点）
指定下一点:（沿倒角方向指定第二点）
指定下一点:（沿水平方向指定第三点）
指定文字宽度<0>: ✓
输入注释文字的第一行<多行文字(M)>: ✓
```

打开"文字编辑器"选项卡及文本框，输入 C3，并将字母 C 设置为斜体，然后在空白处单击，完成倒角的标注，结果如图 11-43 所示。

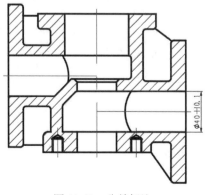

图 11-42　公差标注

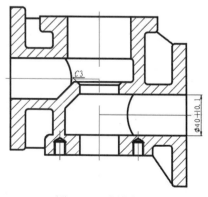

图 11-43　倒角标注

除了上面介绍的标注外，本实例还需要标注其他尺寸。在 AutoCAD 中可以方便地标注多种类型的尺寸，标注的外观由当前尺寸标注样式控制，如果尺寸外观不符合用户的要求，则可以通过调整标注样式进行修改，这里不再详细介绍，读者可以参照其他实例中的相应介绍进行学习。

11.3.7 注释技术要求

单击"默认"选项卡"注释"面板中的"多行文字"按钮 **A**，标注技术要求。命令行提示与操作如下：

当前文字样式："Standard" 文字高度：4.5 注释性：否
指定第一个角点：（在绘图区域中单击一点）
指定对角点或[高度(H)/对正(J)/行距(L)/旋转(R)/样式(S)/宽度(W)/栏(C)]：（在绘图区域单击另一点）

此时弹出"文字编辑器"和文本框，设置文字高度为 7.5，在文本框中输入技术要求，然后利用"移动"命令将技术要求移动到适当位置。最终结果如图 11-1 所示。

动手练——绘制阀体零件图

绘制如图 11-44 所示的阀体零件图。

扫一扫，看视频

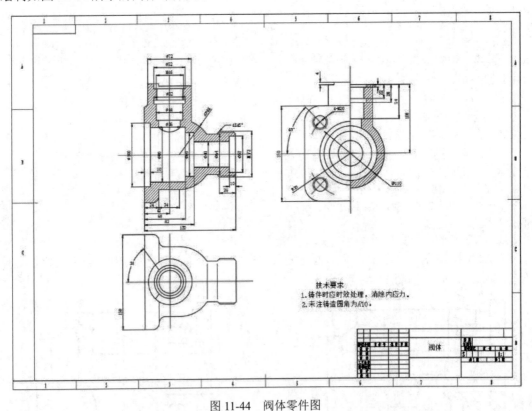

图 11-44 阀体零件图

📋 **思路点拨：**

源文件：源文件\第 11 章\阀体.dwg
（1）绘制三视图。

（2）标注尺寸和技术要求。

（3）标注粗糙度。

（4）绘制和插入样板图。

11.4 模拟认证考试

1. 绘制如图 11-45 所示的止动垫圈零件图。

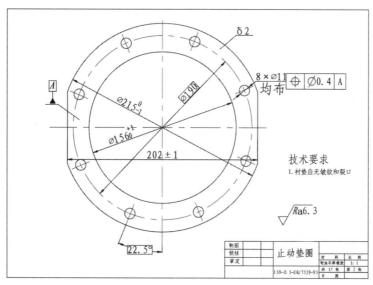

图 11-45 止动垫圈零件图

2. 绘制如图 11-46 所示的异型连接板零件图。

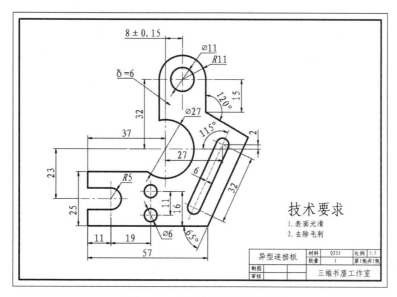

图 11-46 异型连接板零件图

第 12 章 装配图的绘制

内容简介

装配图是表达机器、部件或组件的图样。在产品设计中，一般先绘制出装配图，然后根据装配图绘制零件图；在产品制造中，机器、部件、组件的工作都必须根据装配图来进行。使用和维修机器时，也往往需要通过装配图来了解机器的构造。因此，装配图在生产中起着非常重要的作用。

内容要点

- 装配图简介
- 装配图的一般绘制过程与方法
- 溢流阀装配图的绘制
- 模拟认证考试

案例效果

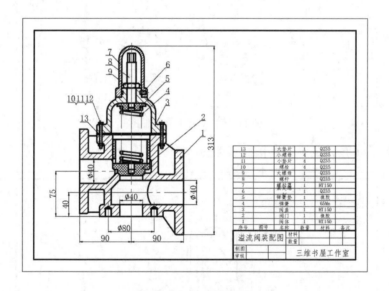

12.1 装配图简介

下面简要介绍装配图的一些基本知识。

12.1.1 装配图的内容

一幅完整的装配图应包括下列内容（见图 12-1）。

（1）一组视图。装配图由一组视图组成，用以表达各组成零件的相互位置和装配关系，部件或机器的工作原理和结构特点。

（2）必要的尺寸。必要的尺寸包括部件或机器的性能规格尺寸、零件之间的配合尺寸、外形尺寸、部件或机器的安装尺寸和其他重要尺寸等。

（3）技术要求。说明部件或机器的装配、安装、检验和运转的技术要求，一般用文字写出。

（4）零部件序号、明细栏和标题栏。在装配图中，应对每个不同的零部件编写序号，并在明细栏中依次填写序号、名称、件数、材料和备注等内容。标题栏与零件图中的标题栏相同。

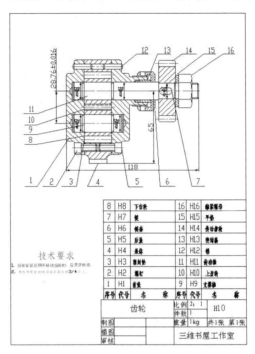

图 12-1　齿轮装配图

12.1.2　装配图的特殊表达方法

装配图的特殊表达方法主要有 4 种，具体如下：

（1）沿结合面剖切或拆卸画法：在装配图中，为了表达部件或机器的内部结构，可以采用沿结合面剖切画法，即假想沿某些零件的结合面剖切，此时，在零件的结合面上不画剖面线，而被剖切的零件一般都应画出剖面线；在装配图中，为了表达被遮挡部分的装配关系或其他零件，可以采用拆卸画法，即假想拆去一个或几个零件，只画出所要表达部分的视图。

（2）假想画法：为了表示运动零件的极限位置，或者与该部件有装配关系但又不属于该部件的其他相邻零件（或部件），可以用双点画线画出其轮廓。

（3）夸大画法：对于薄片零件、细丝弹簧、微小间隙等，若按它们的实际尺寸在装配图中很难画出或难以明显表示时，均可不按比例而采用夸大画法绘制。

（4）简化画法：在装配图中，零件的工艺结构，如圆角、倒角、退刀槽等可不画出。对于若干相同的零件组，如螺栓连接等，可详细地画出一组或几组，其余只需用点画线表示其装配位置即可。

12.1.3 装配图中零、部件序号的编写

为了便于读图和管理图样，以及做好生产准备工作，装配图中所有零、部件都必须编写序号，且同一装配图中相同零、部件只编写一个序号，并将其填写在标题栏上方的明细栏中。

1. 装配图中序号编写的常见形式

装配图中序号的编写形式有 3 种，如图 12-2 所示。在所指的零、部件的可见轮廓内画一圆点，然后从圆点开始画指引线（细实线），在指引线的末端画一水平线或圆（均为细实线），在水平线上或圆内注写序号，序号的字高应比尺寸数字大两号，如图 12-2（a）所示；在指引线的末端也可以不画水平线或圆，直接注写序号，序号的字高应比尺寸数字大两号，如图 12-2（b）所示；对于很薄的零件或涂黑的剖面，可用箭头代替圆点，箭头指向该部分的轮廓，如图 12-2（c）所示。

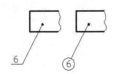

（a）序号在指引线上或圆内　　　　（b）序号在指引线附近　　　　（c）箭头代替圆点

图 12-2　序号的编写形式

2. 编写序号的注意事项

指引线相互不能相交，不能与剖面线平行，必要时可以将指引线画成折线，但是只允许曲折一次，如图 12-3 所示。

序号应按照水平或垂直方向顺时针（或逆时针）依次排列整齐，并尽可能均匀地分布；一组紧固件以及装配关系清楚的零件组，可采用公共指引线，如图 12-4 所示。

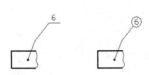 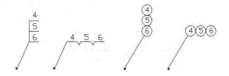

图 12-3　指引线为折线　　　　　　　图 12-4　零件组的编号形式

装配图中的标准化组件，如滚动轴承、电动机等，可看作一个整体，只编写一个序号；部件中的标准件可以与非标准件同样地编写序号，也可以不编写序号，而将标准件的数量与规格直接用指引线标明在图中。

12.2　装配图的一般绘制过程与方法

12.2.1　装配图的一般绘制过程

装配图的绘制过程与零件图相似，但又具有自身的特点，装配图的一般绘制过程如下：

（1）在绘制装配图之前，同样需要根据图纸幅面大小和版式的不同，分别建立符合机械制图国家标准的机械图样模板。模板中包括图纸幅面、图层、文字样式、尺寸标注样式等。这样，在绘制装配图时就可以直接调用建立好的模板进行绘图，以提高工作效率。

（2）使用装配图的绘制方法绘制图形，这些方法将在 12.2.2 小节详细介绍。

（3）对装配图进行尺寸标注。

（4）编写零部件序号。利用快速引线标注命令 QLEADER 绘制编写序号的指引线及标注序号。

（5）绘制明细栏（也可以将明细栏的单元格创建为图块，用到时插入即可），填写标题栏及明细栏，标注详细的技术要求。

（6）保存图形文件。

12.2.2 装配图的绘制方法

装配图的绘制方法基本有 4 种，具体如下：

（1）零件图块插入法：将组成部件或机器的各个零件的图形先创建为图块，然后再按零件之间的相对位置关系将零件图块逐个插入到当前图形中，绘制出装配图的一种方法。

（2）图形文件插入法：由于在 AutoCAD 2022 中，图形文件可以利用插入块命令 INSERT 在不同的图形中直接插入，因此，可以用直接插入零件图形文件的方法来绘制装配图。该方法与零件图块插入法极其相似，不同的是，此时插入基点为零件图形的左下角坐标（0,0），这样在绘制装配图时就无法准确地确定零件图形在装配图中的位置。为了使图形插入时能准确地放到需要的位置，在绘制完零件图形后，应首先用定义基点命令 BASE 设置插入基点，然后再保存文件，这样在用插入块命令 INSERT 将该图形文件插入时，就以定义的基点为插入点进行插入，从而完成装配图的绘制。

（3）直接绘制：对于一些比较简单的装配图，可以直接利用 AutoCAD 的二维绘图及编辑命令，按照装配图的绘图步骤将其绘制出来。在绘制过程中，还要利用对象捕捉及正交等绘图辅助工具进行精确绘图，并用对象追踪来保证视图之间的投影关系。

（4）利用设计中心拼画装配图：在 AutoCAD 设计中心可以直接插入其他图形中定义的图块，但是一次只能插入一个图块。图块被插入到图形中后，如果原来的图块被修改，则插入到图形中的图块也会随之改变。

利用 AutoCAD 2022 设计中心，用户除了可以方便地插入其他图形中的图块，还可以插入其他图形中的标注样式、图层、线型、文字样式及外部引用等图形元素。具体步骤为：单击选取想要插入的图形元素，并将其拖放到绘图区内。如果用户想一次插入多个对象，则可以通过按住 Shift 键或 Ctrl 键选取多个对象。

12.3 溢流阀装配图的绘制

扫一扫，看视频

本实例绘制如图 12-5 所示的溢流阀装配图。

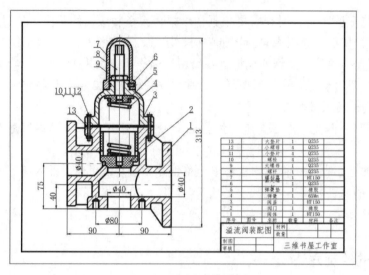

图 12-5　溢流阀装配图

13		大垫片	1	Q235	
12		小螺母	4	Q235	
11		小垫片	4	Q235	
10		螺栓	4	Q235	
9		大螺母	1	Q235	
8		螺杆	1	Q235	
7		罩仔盖	1	HT150	
6			1	Q235	
5		弹簧垫	1	橡胶	
4		弹簧	1	65Mn	
3		阀盖	1	HT150	
2		阀门	1	橡胶	
1		阀体	1	HT150	
序号	图号	名称	数量	材料	备注

✍️ **手把手教你学：**

> 溢流阀装配图的绘制是系统使用 AutoCAD 2022 二维绘图功能的综合实例。溢流阀主要由阀体、阀门、弹簧、垫片、弹簧垫、阀盖、螺杆、罩子等组成。本实例的绘制思路是，首先将绘制图形中的零件图生成图块，然后将这些图块插入到装配图中，再修改装配图中的其他零件，最后添加尺寸标注、图框和标题栏等，完成溢流阀装配图的设计。

12.3.1　设置绘图环境

（1）建立新文件。启动 AutoCAD 2022 应用程序，单击快速访问工具栏中的"新建"按钮，打开"选择样板"对话框，单击"打开"按钮后面的下拉菜单中的按钮▼，以"无样板打开-公制"方式新建文件，并将文件另存为"溢流阀装配图"。

（2）创建新图层。单击"默认"选项卡"图层"面板中的"图层特性"按钮，打开"图层特性管理器"选项板，设置图层，设置好的图层如图 12-6 所示。

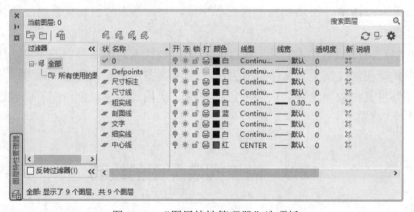

图 12-6　"图层特性管理器"选项板

12.3.2　装配溢流阀

（1）装配阀体。单击快速访问工具栏中的"打开"按钮，打开"选择文件"对话框，打开源文件\第 12 章\阀体.dwg 文件，选择"阀体"中的所有图形，选择菜单栏中的"编辑"→"带基点复制"命令，指定基点为（0,0）；将窗口切换到"溢流阀装配图"，选择菜单栏中的"编辑"→"粘贴为块"命令，指定插入点为（0,0），结果如图 12-7 所示。

（2）装配阀门。

① 单击快速访问工具栏中的"打开"按钮，打开"选择文件"对话框，打开源文件\第 12 章\阀门.dwg 文件，选择"阀门"中的所有图形，选择菜单栏中的"编辑"→"带基点复制"命令，指定基点为（0,0）；将窗口切换到"溢流阀装配图"，选择菜单栏中的"编辑"→"粘贴为块"命令，指定插入点为（0,0），结果如图 12-8 所示。

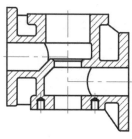

图 12-7　插入阀体

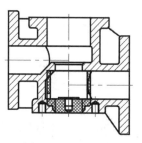

图 12-8　插入阀门

② 单击"修改"面板中的"移动"按钮，移动阀门。命令行提示与操作如下：

```
命令：_MOVE
选择对象：（选择阀门图块）
选择对象：找到 1 个
选择对象：✓
指定基点或[位移]<位移>：0,0✓
指定第二个点或<使用第一个点作为位移>：@0,68✓
```

移动结果如图 12-9 所示。

③ 单击"修改"面板中的"分解"按钮，将阀体和阀门进行分解。命令行提示与操作如下：

```
命令：_EXPLODE
选择对象：（选择阀体图块和阀门图块）
选择对象：找到 1 个，总计 2 个
选择对象：✓
```

④ 单击"修改"面板中的"修剪"按钮，修剪图形中多余的直线，结果如图 12-10 所示。

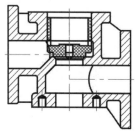

图 12-9　移动阀门

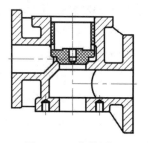

图 12-10　修剪图形

（3）装配大垫片。

① 单击快速访问工具栏中的"打开"按钮 🖿，打开"选择文件"对话框，打开源文件\第 12 章\大垫片.dwg 文件，选择"大垫片"中的所有图形，选择菜单栏中的"编辑"→"带基点复制"命令，指定基点为（0,0）；将窗口切换到"溢流阀装配图"，选择菜单栏中的"编辑"→"粘贴为块"命令，指定插入点为（0,0），结果如图 12-11 所示。

② 单击"修改"面板中的"移动"按钮 ✛，移动大垫片。命令行提示与操作如下：

```
命令：_MOVE
选择对象：（选择大垫片图块）
选择对象：找到 1 个
选择对象：✓
指定基点或[位移]<位移>：0,0✓
指定第二个点或<使用第一个点作为位移>：@0,136✓
```

移动结果如图 12-12 所示。

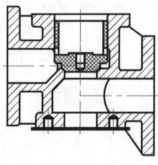
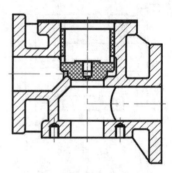

图 12-11　插入大垫片　　　　　　图 12-12　移动大垫片

（4）装配阀盖。

① 单击快速访问工具栏中的"打开"按钮 🖿，打开"选择文件"对话框，打开源文件\第 12 章\阀盖.dwg 文件，选择"阀盖"中的所有图形，选择菜单栏中的"编辑"→"带基点复制"命令，指定基点为（0,0）；将窗口切换到"溢流阀装配图"，选择菜单栏中的"编辑"→"粘贴为块"命令，指定插入点为（0,0），结果如图 12-13 所示。

② 单击"修改"面板中的"移动"按钮 ✛，移动阀盖。命令行提示与操作如下：

```
命令：_MOVE
选择对象：（选择阀盖图块）
选择对象：找到 1 个
选择对象：✓
指定基点或[位移]<位移>：0,0✓
指定第二个点或<使用第一个点作为位移>：@0,138✓
```

移动结果如图 12-14 所示。

（5）装配弹簧垫。

① 单击快速访问工具栏中的"打开"按钮 🖿，打开"选择文件"对话框，打开源文件\第 12 章\弹簧垫.dwg 文件，选择"弹簧垫"中的所有图形，选择菜单栏中的"编辑"→"带基点复制"命令，指定基点为（0,0）；将窗口切换到"溢流阀装配图"，选择菜单栏中的"编辑"→"粘贴为块"命令，指定插入点为（0,0），结果如图 12-15 所示。

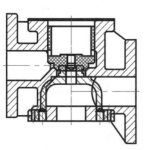

图 12-13　插入阀盖

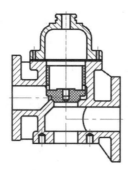

图 12-14　移动阀盖

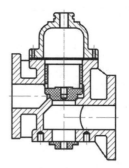

图 12-15　插入弹簧垫

② 单击"修改"面板中的"移动"按钮 ✛，移动弹簧垫。命令行提示与操作如下：

```
命令：_MOVE
选择对象：（选择弹簧垫图块）
选择对象：找到 1 个
选择对象：✓
指定基点或[位移]<位移>：0,0✓
指定第二个点或<使用第一个点作为位移>：@0,188
```

移动结果如图 12-16 所示。

③ 单击"修改"面板中的"分解"按钮 ⬚，将阀盖和弹簧垫进行分解。命令行提示与操作如下：

```
命令：_EXPLODE
选择对象：（选择阀盖图块和弹簧垫图块）
选择对象：找到 1 个，总计 2 个
选择对象：✓
```

④ 放大图形，可以看到弹簧垫上边两侧的角点与阀盖重合，因此需要修剪掉。单击"修改"面板中的"修剪"按钮 ✂，修剪图形中多余的直线，结果如图 12-17 所示。

（6）装配螺杆罩。

① 单击快速访问工具栏中的"打开"按钮 ➚，打开"选择文件"对话框，打开源文件\第 12 章\螺杆罩.dwg 文件，选择"螺杆罩"中的所有图形，选择菜单栏中的"编辑"→"带基点复制"命令，指定基点为（0,0）；将窗口切换到"溢流阀装配图"，选择菜单栏中的"编辑"→"粘贴为块"命令，指定插入点为（0,0），结果如图 12-18 所示。

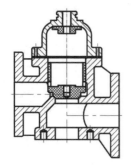

图 12-16　移动弹簧垫

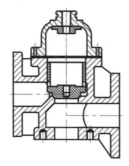

图 12-17　修剪弹簧垫

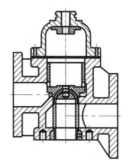

图 12-18　插入螺杆罩

② 单击"修改"面板中的"移动"按钮 ✛，移动螺杆罩。命令行提示与操作如下：

```
命令：_MOVE
选择对象：（选择螺杆罩图块）
```

选择对象: 找到 1 个
选择对象: ↙
指定基点或[位移]<位移>: 0,0↙
指定第二个点或<使用第一个点作为位移>: @0,198↙

移动结果如图 12-19 所示。

③ 单击"修改"面板中的"分解"按钮🖽，将阀盖和弹簧垫进行分解。命令行提示与操作如下：

命令: _EXPLODE
选择对象: （选择阀盖和弹簧垫图块）
选择对象: 找到 1 个
选择对象: ↙

④ 单击"修改"面板中的"修剪"按钮🖫，修剪图形中多余的直线，结果如图 12-20 所示。

（7）装配弹簧。

① 单击快速访问工具栏中的"打开"按钮🖾，打开"选择文件"对话框，打开源文件\第 12 章\弹簧.dwg 文件，选择"弹簧"中的所有图形，选择菜单栏中的"编辑"→"带基点复制"命令，指定基点为（0,0）；将窗口切换到"溢流阀装配图"，选择菜单栏中的"编辑"→"粘贴为块"命令，指定插入点为（0,0），结果如图 12-21 所示。

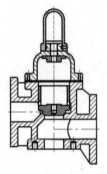 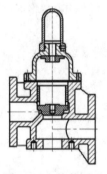 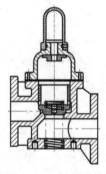

图 12-19　移动螺杆罩　　　　　图 12-20　修剪图形　　　　　图 12-21　插入弹簧

② 单击"修改"面板中的"移动"按钮➕，移动弹簧。命令行提示与操作如下：

命令: _MOVE
选择对象: （选择弹簧图块）
选择对象: 找到 1 个
选择对象: ↙
指定基点或[位移]<位移>: 0,0↙
指定第二个点或<使用第一个点作为位移>: @0,88↙

移动结果如图 12-22 所示。

③ 单击"修改"面板中的"分解"按钮，将弹簧进行分解🖽。命令行提示与操作如下：

命令: _EXPLODE
选择对象: （选择弹簧图块）
选择对象: 找到 1 个
选择对象: ↙

④ 单击"修改"面板中的"修剪"按钮🖫，修剪图形中多余的直线，结果如图 12-23 所示。

（8）装配螺杆。

① 单击快速访问工具栏中的"打开"按钮🖾，打开"选择文件"对话框，打开源文件\第 12

章\螺杆.dwg 文件，选择"螺杆"中的所有图形，选择菜单栏中的"编辑"→"带基点复制"命令，指定基点为(0,0)；将窗口切换到"溢流阀装配图"，选择菜单栏中的"编辑"→"粘贴为块"命令，指定插入点为（0,0），结果如图 12-24 所示。

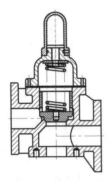

图 12-22 移动弹簧

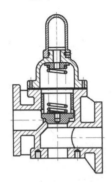

图 12-23 修剪图形

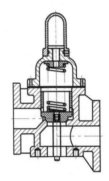

图 12-24 插入螺杆

② 单击"修改"面板中的"移动"按钮✛，移动螺杆。命令行提示与操作如下：

命令：_MOVE
选择对象：（选择螺杆图块）
选择对象：找到 1 个
选择对象：↙
指定基点或[位移]<位移>：0,0↙
指定第二个点或<使用第一个点作为位移>：@0,188↙

移动结果如图 12-25 所示。

③ 单击"修改"面板中的"分解"按钮🗗，将螺杆进行分解。命令行提示与操作如下：

命令：_EXPLODE
选择对象：（选择螺杆图块）
选择对象：找到 1 个
选择对象：↙

④ 单击"修改"面板中的"修剪"按钮ⵗ，修剪图形中多余的直线，结果如图 12-26 所示。

（9）装配大螺母。

① 单击快速访问工具栏中的"打开"按钮▷，打开"选择文件"对话框，打开源文件\第 12 章\大螺母.dwg 文件，选择"大螺母"中的所有图形，选择菜单栏中的"编辑"→"带基点复制"命令，指定基点为（0,0）；将窗口切换到"溢流阀装配图"，选择菜单栏中的"编辑"→"粘贴为块"命令，指定插入点为（0,0），结果如图 12-27 所示。

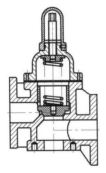

图 12-25 移动螺杆

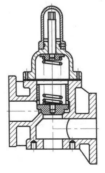

图 12-26 修剪螺杆

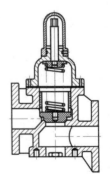

图 12-27 插入大螺母

② 单击"修改"面板中的"移动"按钮✛，移动大螺母。命令行提示与操作如下：

命令：_MOVE
选择对象：（选择大螺母图块）
选择对象：找到 1 个
选择对象：↙
指定基点或[位移]<位移>：0,0↙
指定第二个点或<使用第一个点作为位移>：@0,213↙

移动结果如图 12-28 所示。

③ 单击"修改"面板中的"分解"按钮◰，将大螺母进行分解。命令行提示与操作如下：

命令：_EXPLODE
选择对象：（选择大螺母图块）
选择对象：找到 1 个
选择对象：↙

④ 单击"修改"面板中的"修剪"按钮✄，修剪图形中多余的直线，结果如图 12-29 所示。

（10）装配螺栓。

① 单击快速访问工具栏中的"打开"按钮▱，打开"选择文件"对话框，打开源文件\第 12
章\螺栓.dwg 文件，选择"螺栓"中的所有图形，选择菜单栏中的"编辑"→"带基点复制"命
令，指定基点为（0,0）；将窗口切换到"溢流阀装配图"，选择菜单栏中的"编辑"→"粘贴为块"
命令，指定插入点为（0,0），结果如图 12-30 所示。

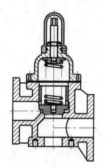 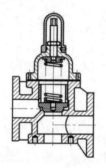 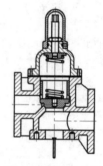

图 12-28 移动大螺母　　　　图 12-29 修剪图形　　　　图 12-30 插入螺栓

② 单击"修改"面板中的"移动"按钮✛，移动螺栓。命令行提示与操作如下：

命令：_MOVE
选择对象：（选择螺栓图块）
选择对象：找到 1 个
选择对象：↙
指定基点或[位移]<位移>：0,0↙
指定第二个点或<使用第一个点作为位移>：@-53,153↙

移动结果如图 12-31 所示。

③ 单击"修改"面板中的"分解"按钮◰，将螺栓和大垫片进行分解。命令行提示与操作
如下：

命令：_EXPLODE
选择对象：（选择螺栓图块和大垫片图块）
选择对象：找到 1 个，总计 2 个
选择对象：↙

④ 单击"修改"面板中的"修剪"按钮✄，修剪图形中多余的直线，结果如图 12-32 所示。

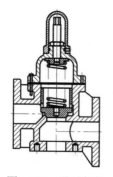

图 12-31 移动螺栓

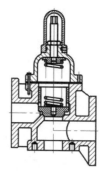

图 12-32 修剪图形

（11）装配小垫片。

① 单击快速访问工具栏中的"打开"按钮🗁，打开"选择文件"对话框，打开源文件\第 12 章\小垫片.dwg 文件，选择"小垫片"中的所有图形，选择菜单栏中的"编辑"→"带基点复制"命令，指定基点为（0,0）；将窗口切换到"溢流阀装配图"，选择菜单栏中的"编辑"→"粘贴为块"命令，指定插入点为（0,0），结果如图 12-33 所示。

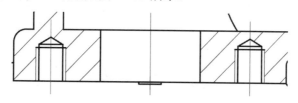

图 12-33 插入小垫片

② 单击"修改"面板中的"移动"按钮✥，移动小垫片。命令行提示与操作如下：

命令：_MOVE
选择对象：（选择小垫片图块）
选择对象：找到 1 个
选择对象：↙
指定基点或[位移]<位移>：0,0↙
指定第二个点或<使用第一个点作为位移>：@-53,121↙

移动结果如图 12-34 所示。

③ 单击"修改"面板中的"分解"按钮🗗，将小垫片进行分解。命令行提示与操作如下：

命令：_EXPLODE
选择对象：（选择小垫片图块）
选择对象：找到 1 个，总计 2 个
选择对象：↙

④ 单击"修改"面板中的"修剪"按钮🗲，修剪图形中多余的直线，结果如图 12-35 所示。

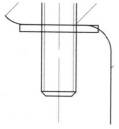

图 12-34 移动小垫片

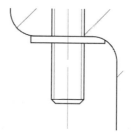

图 12-35 修剪图形

（12）装配小螺母。

① 单击快速访问工具栏中的"打开"按钮，打开"选择文件"对话框，打开源文件\第 12 章\小螺母.dwg 文件，选择"小螺母"中的所有图形，选择菜单栏中的"编辑"→"带基点复制"命令，指定基点为（0,0）；将窗口切换到"溢流阀装配图"，选择菜单栏中的"编辑"→"粘贴为块"命令，指定插入点为（0,0），结果如图 12-36 所示。

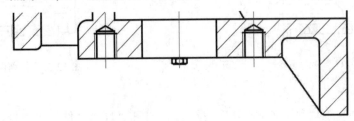

图 12-36　插入小螺母

② 单击"修改"面板中的"移动"按钮，移动小螺母。命令行提示与操作如下：

命令：_MOVE
选择对象：（选择小螺母图块）
选择对象：找到 1 个
选择对象：↙
指定基点或[位移]<位移>：0,0↙
指定第二个点或<使用第一个点作为位移>：@-53,120.2↙

移动结果如图 12-37 所示。

③ 单击"修改"面板中的"分解"按钮，将小螺母进行分解。命令行提示与操作如下：

命令：_EXPLODE
选择对象：（选择小螺母图块）
选择对象：找到 1 个
选择对象：↙

④ 单击"修改"面板中的"修剪"按钮，修剪图形中多余的直线，结果如图 12-38 所示。

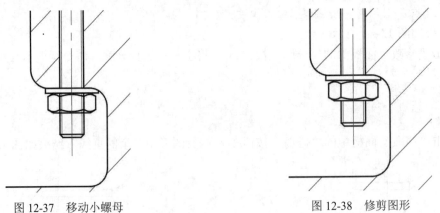

图 12-37　移动小螺母　　　　　　　　　　　图 12-38　修剪图形

（13）装配紧定螺钉。

① 单击快速访问工具栏中的"打开"按钮，打开"选择文件"对话框，打开源文件\第 12 章\紧定螺钉.dwg 文件，选择"紧定螺钉"中的所有图形，选择菜单栏中的"编辑"→"带基点复

制"命令,指定基点为(0,0);将窗口切换到"溢流阀装配图",选择菜单栏中的"编辑"→"粘贴为块"命令,指定插入点为(0,0),结果如图 12-39 所示。

② 单击"修改"面板中的"移动"按钮✛,移动紧定螺钉。命令行提示与操作如下:

```
命令:_MOVE
选择对象:(选择紧定螺钉图块)
选择对象:找到 1 个
选择对象:↙
指定基点或[位移]<位移>:0,0↙
指定第二个点或<使用第一个点作为位移>:@15,205.5↙
```

移动结果如图 12-40 所示。

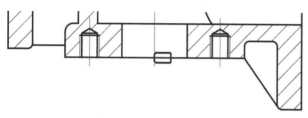

图 12-39 插入紧定螺钉

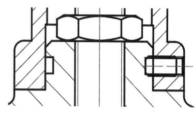

图 12-40 移动紧定螺钉

(14)镜像螺栓、小垫片和小螺母。

① 单击"修改"面板中的"镜像"按钮△,镜像螺栓、小垫片和小螺母。命令行提示与操作如下:

```
命令:_MIRROR
选择对象:(选择螺栓、小垫片和小螺母图块)
选择对象:找到 1 个,总计 54 个
选择对象:↙
指定镜像线的第一点:0,0↙
指定镜像线的第二点:0,100↙
要删除源对象吗?[是(Y)/否(N)]<否>:↙
```

镜像结果如图 12-41 所示。

② 单击"修改"面板中的"修剪"按钮✂,修剪图形中多余的直线,结果如图 12-42 所示。

图 12-41 镜像紧固件

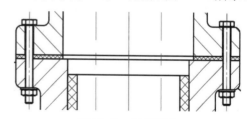

图 12-42 修剪图形

12.3.3 标注溢流阀

(1)将"尺寸线"图层设置为当前图层。单击"默认"选项卡"注释"面板下拉菜单中的"标注样式"按钮┗,❶打开"标注样式管理器"对话框,如图 12-43 所示。❷单击"修改"按钮，❸打开"修改标注样式：ISO-25"对话框，❹设置"箭头大小"为 5，如图 12-44 所示；❺设置"文字高度"为 10，❻设置"文字样式"为 Standard，如图 12-45 所示。❼单击"确定"按钮，返回"标注样式管理器"对话框，将 ISO-25 置为当前；单击"关闭"按钮，关闭对话框。

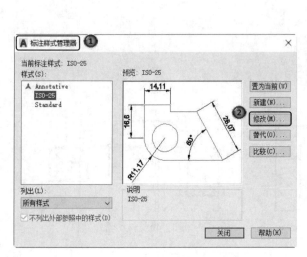

图 12-43　"标注样式管理器"对话框　　　　　图 12-44　设置"箭头大小"

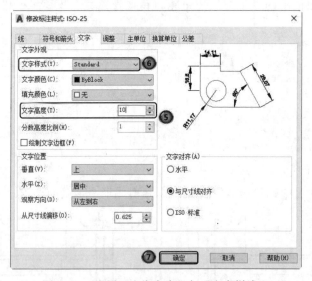

图 12-45　设置"文字高度"与"文字样式"

（2）单击"注释"面板中的"线性"按钮 ⊢⊣，标注溢流阀装配图。命令行提示与操作如下：

```
命令：_DIMLINEAR
指定第一个尺寸界线原点或<选择对象>：（选择装配图阀体下端的一个螺栓孔中心线端点）
指定第二个尺寸界线原点：（选择装配图阀体下端的另一个螺栓孔中心线端点）
[多行文字(M)/文字(T)/角度(A)/水平(H)/垂直(V)/旋转(R)]：T↙
输入标注文字<80>：%%c80
[多行文字(M)/文字(T)/角度(A)/水平(H)/垂直(V)/旋转(R)]：（指定尺寸线位置）
```

标注结果如图 12-46 所示。

继续使用"线性"标注命令标注其他尺寸,结果如图 12-47 所示。

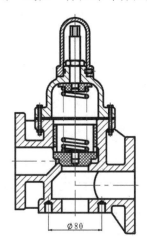

图 12-46 标注"螺栓孔"距离

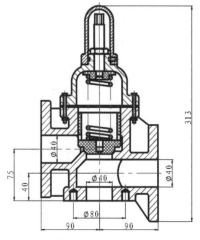

图 12-47 尺寸标注

（3）在命令行输入 LEADER,绘制引线,然后用"多行文字"命令标注序号,结果如图 12-48 所示。

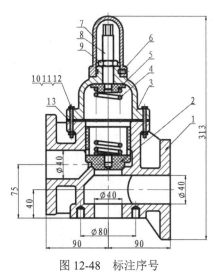

图 12-48 标注序号

12.3.4 调入图框层及材料明细表

（1）调入图框层。

单击快速访问工具栏中的"打开"按钮 🗁 ,打开"选择文件"对话框,打开源文件\第 12 章\图框.dwg 文件,选择"图框"中的所有图形,选择菜单栏中的"编辑"→"复制"命令,将窗口切换到"溢流阀装配图",选择菜单栏中的"编辑"→"粘贴"命令,将"图框"粘贴到适当位置,结果如图 12-49 所示。

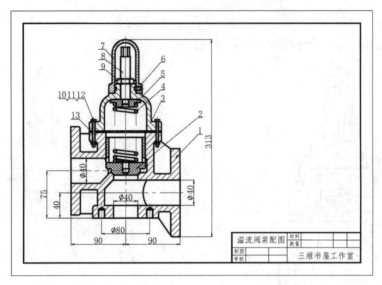

图 12-49　调入图框层

（2）调入材料明细表。

① 单击"注释"面板下拉菜单中的"表格样式"按钮▦，❶打开"表格样式"对话框，如图 12-50 所示。❷单击"修改"按钮，❸打开"修改表格样式：Standard"对话框，❹选择"表格方向"为"向下"；❺选择"常规"选项卡，❻设置"填充颜色"为"无"，❼"对齐"方式为"正中"，❽"水平页边距"和"垂直页边距"为 1，如图 12-51 所示；❾选择"文字"选项卡，❿设置"文字高度"为 6，其他选项为系统默认设置，如图 12-52 所示。⓫单击"确定"按钮，返回"表格样式"对话框，将设置好的表格样式置为当前。单击"关闭"按钮，关闭对话框。

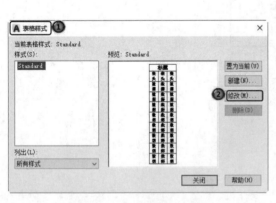

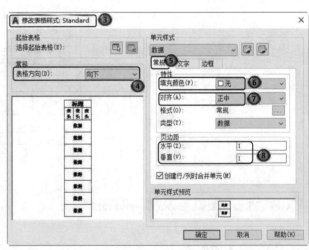

图 12-50　"表格样式"对话框　　　　　　　　图 12-51　"常规"选项卡

② 单击"注释"面板中的"表格"按钮▦，❶打开"插入表格"对话框，❷设置"列数"为 6，❸"列宽"为 35，❹"数据行数"为 12，❺"行高"为 1 行，❻"设置单元样式"均为"数据"，如图 12-53 所示。❼单击"确定"按钮，插入明细表，如图 12-54 所示。

③ 在表格的左下角单元格中单击 3 次，打开"文字编辑器"选项卡，编辑材料编辑器，在表格中填写"序号"，继续填写其他内容，结果如图 12-55 所示。

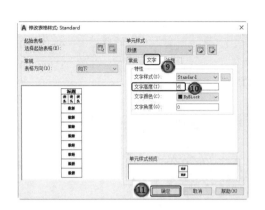

图 12-52　"文字"选项卡

图 12-53　"插入表格"对话框

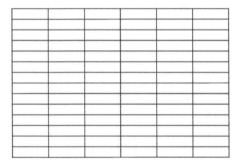

图 12-54　插入明细表

13		大垫片	1	Q235	
12		小螺母	4	Q235	
11		小垫片	1	Q235	
10		螺栓	4	Q235	
9		大螺母	1	Q235	
8		螺杆	1	Q235	
7		螺杆罩	1	HT150	
6		紧定螺钉	1	Q235	
5		弹簧垫	1	橡胶	
4		弹簧	1	65Mn	
3		阀盖	1	HT150	
2		阀门	1	橡胶	
1		阀体	1	HT150	
序号	图号	名称	数量	材料	备注

图 12-55　编写明细表

④ 选择明细表，将明细表移动到图框层的适当位置，结果如图 12-56 所示。

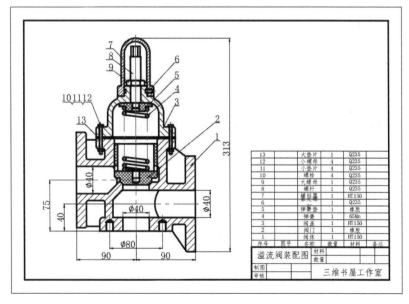

图 12-56　溢流阀装配图

扫一扫，看视频

动手练——绘制球阀装配图

绘制如图 12-57 所示的球阀装配图。

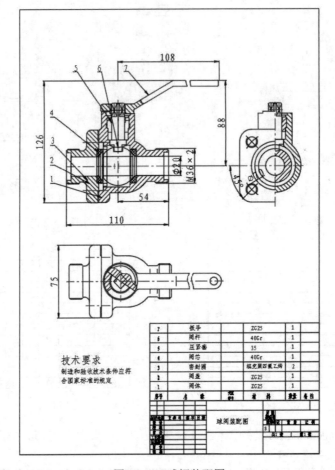

图 12-57　球阀装配图

思路点拨：

源文件：源文件\第 12 章\球阀装配图.dwg

（1）绘制三视图。

（2）标注尺寸和技术要求。

（3）标注序号和调入明细表。

（4）绘制和插入样板图。

12.4　模拟认证考试

绘制如图 12-58 所示的手压阀装配图。

源文件：源文件\第 12 章\手压阀装配图.dwg

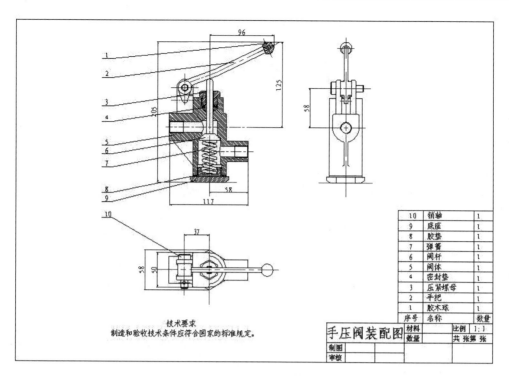

技术要求
制造和验收技术条件应符合国家的标准规定。

10	销轴	1
9	底座	1
8	胶垫	1
7	弹簧	1
6	阀杆	1
5	阀体	1
4	密封垫	1
3	压紧螺母	1
2	手把	1
1	胶木球	1
序号	名称	数量

手压阀装配图

材料		比例	1：1
数量		共 张第 张
制图		
审核		

图 12-58　手压阀装配图

第 13 章　图纸布局与出图

内容简介

对于施工图而言，其输出设备主要是打印机，打印输出的图纸将成为施工人员施工的主要依据。在打印时，需要确定纸张的大小、输出比例以及打印线宽、颜色等相关内容。

内容要点

- ❯ 视口与空间
- ❯ 出图
- ❯ 模拟认证考试

案例效果

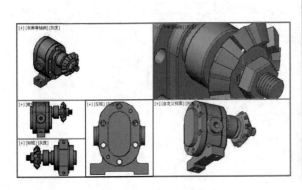
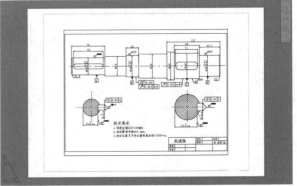

13.1　视口与空间

视口与空间是与图形显示和控制相关的两个重要概念，下面进行简要介绍。

13.1.1　视口

绘图区可以被划分为多个相邻的非重叠视口，在每个视口都可以进行平移和缩放操作，也可以进行三维视图设置与三维动态观察，如图 13-1 所示。

1. 新建视口

【执行方式】

- ❯ 命令行：VPORTS。
- ❯ 菜单栏：选择菜单栏中的"视图"→"视口"→"新建视口"命令。

➦ 工具栏：单击"视口"工具栏中的"显示'视口'对话框"按钮 🔲。
➦ 功能区：单击"视图"选项卡"模型视口"面板中的"视口配置"下拉按钮 🔲，打开"视口配置"下拉列表，如图 13-2 所示。

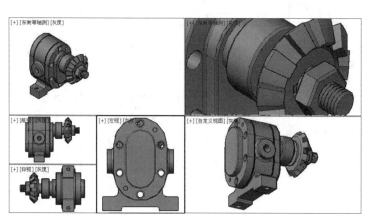

图 13-1　视口

图 13-2　"视口配置"下拉列表

动手学——创建多个视口

调用素材：*初始文件\第 13 章\传动轴.dwg*

源文件：*源文件\第 13 章\创建多个视口.dwg*

扫一扫，看视频

【操作步骤】

（1）打开初始文件\第 13 章\传动轴.dwg 文件。

（2）选择菜单栏中的"视图"→"视口"→"新建视口"命令，系统打开如图 13-3 所示的
① "视口"对话框中的 ② "新建视口"选项卡。

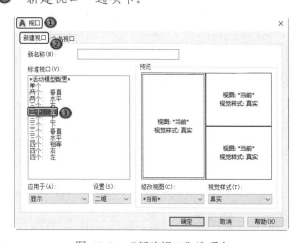

图 13-3　"新建视口"选项卡

（3）❸在"标准视口"列表框中选择"三个：左"选项，其他采用系统默认设置。也可以直接在"视图"选项卡"模型视口"面板"视口配置"下拉列表中选择"三个：左"选项。

（4）单击"确定"按钮，在窗口中创建3个视口，如图13-4所示。

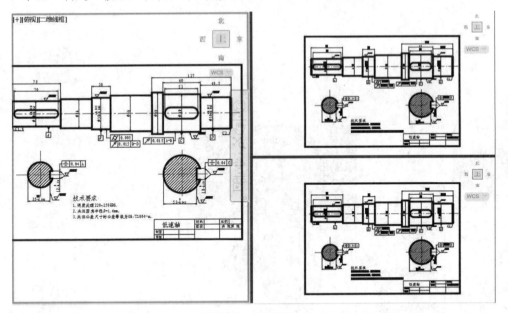

图 13-4　创建视口

2. 命名视口

【执行方式】

- ↳ 菜单栏：选择菜单栏中的"视图"→"视口"→"命名视口"命令。
- ↳ 工具栏：单击"视口"工具栏中的"显示'视口'对话框"按钮。
- ↳ 功能区：单击"视图"选项卡"模型视口"面板中的"命名"按钮。

【操作步骤】

执行上述操作后，系统打开如图13-5所示的"视口"对话框的"命名视口"选项卡，该选项卡用于显示保存在图形文件中的视口配置。其中，"当前名称"提示行用于显示当前视口名称；"命名视口"列表框用于显示保存的视口配置；"预览"显示框用于预览被选择的视口配置。

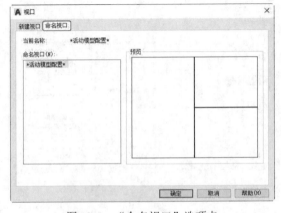

图 13-5　"命名视口"选项卡

13.1.2　模型空间与图纸空间

AutoCAD 可以在两个环境中完成绘图和设计工作，即模型空间和图纸空间。模型空间又可分为平铺式和浮动式。大部分设计和绘图工作都是在平铺式模型空间中完成的，而图纸空间是模拟手工绘图的空间，它是为绘制平面图而准备的一张虚拟图纸，是一个二维空间的工作环境。从某种意义上说，图纸空间就是为布局图面、打印出图而设计的，还可以在其中添加边框、注释、标题和尺寸标注等内容。

在模型空间和图纸空间中，都可以进行输出设置。在绘图区底部有"模型"选项卡及一个或多个"布局"选项卡，如图 13-6 所示。选择"模型"或"布局"选项卡，可以在它们之间进行空间的切换，如图 13-7 和图 13-8 所示。

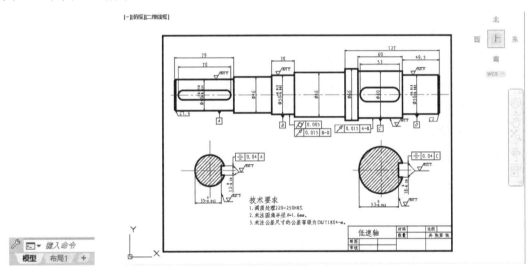

图 13-6　"模型"选项卡和"布局"选项卡　　　　　　　　　图 13-7　模型空间

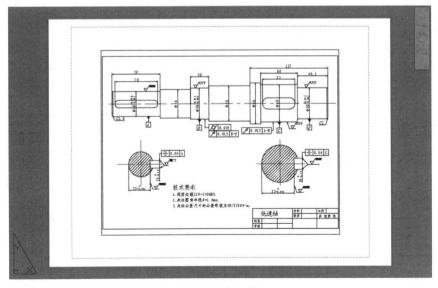

图 13-8　布局空间

13.2 出 图

出图是计算机绘图的最后一个环节，正确地出图需要正确的设置，下面简要讲述出图的基本设置。

13.2.1 打印设备的设置

最常见的打印设备有打印机和绘图仪。在输出图样时，首先要添加和配置要使用的打印设备。

1. 打开打印设备

【执行方式】

↘ 命令行：PLOTTERMANAGER。

↘ 菜单栏：选择菜单栏中的"文件"→"绘图仪管理器"命令。

↘ 功能区：单击"输出"选项卡"打印"面板中的"绘图仪管理器"按钮🖶。

【操作步骤】

执行上述命令后，打开如图 13-9 所示的窗口。

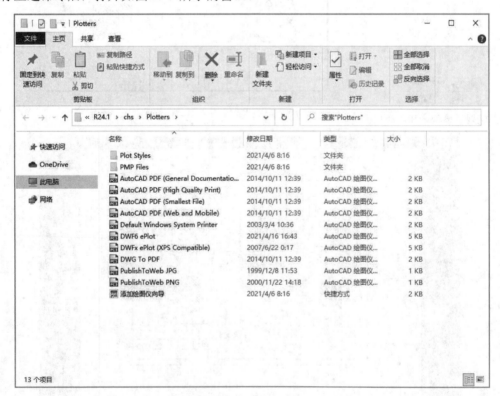

图 13-9 Plotters 窗口

（1）选择菜单栏中的"工具"→"选项"命令，❶打开"选项"对话框。

（2）❷选择"打印和发布"选项卡，❸单击"添加或配置绘图仪"按钮，如图13-10所示。

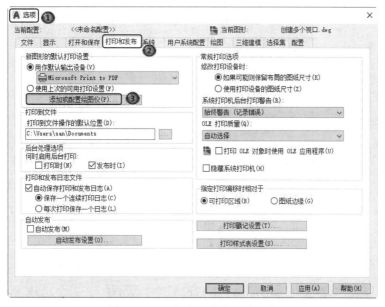

图13-10 "打印和发布"选项卡

（3）此时，系统打开Plotters窗口，如图13-9所示。

（4）如果要添加新的绘图仪器或打印机，可双击Plotters窗口中的"添加绘图仪向导"选项，❹打开如图13-11所示的"添加绘图仪-简介"对话框，按向导提示逐步完成添加。

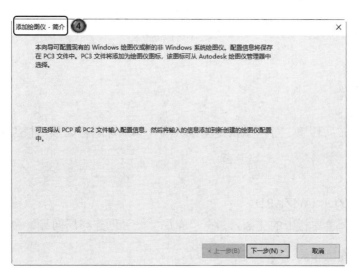

图13-11 "添加绘图仪-简介"对话框

2. 绘图仪配置编辑器

双击Plotters窗口中的绘图仪配置图标，如PublishToWeb JPG.pc3。打开"绘图仪配置编辑器-PublishToWeb JPG.pc3"对话框，从中可以对绘图仪进行相关设置，如图13-12所示。

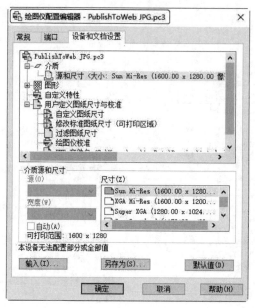

图 13-12　"绘图仪配置编辑器-PublishToWeb JPG.pc3"对话框

在"绘图仪配置编辑器-PublishToWeb JPG.pc3"对话框中有 3 个选项卡，可根据需要进行配置。

✍ 手把手教你学：

> 输出图像文件的方法如下：
> 选择菜单栏中的"文件"→"输出"命令，或者直接在命令行中输入 EXPORT，系统将打开"输出"对话框，在"保存类型"下拉列表框中选择"*.bmp"格式，单击"保存"按钮，在绘图区选中要输出的图形后按 Enter 键，要输出的图形便被输出为".bmp"格式的图形文件。

13.2.2　创建布局

图纸空间是图纸布局环境，可用于指定图纸大小、添加标题栏、显示模型的多个视图及创建图形标注和注释。

【执行方式】

➢　命令行：LAYOUTWIZARD。

➢　菜单栏：选择菜单栏中的"插入"→"布局"→"创建布局向导"命令。

动手学——创建图纸布局

源文件： 源文件\第 13 章\传动轴.dwg

【操作步骤】

本实例创建如图 13-13 所示的图纸布局。

扫一扫，看视频

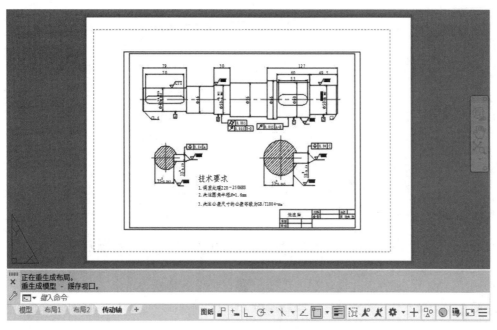

图 13-13　图纸布局

（1）选择菜单栏中的"插入"→"布局"→"创建布局向导"命令，❶打开"创建布局-开始"对话框。❷在"输入新布局的名称"文本框中输入新布局名称为"传动轴"，❸单击"下一步"按钮，如图 13-14 所示。

（2）进入"创建布局-打印机"对话框，为新布局选择配置的绘图仪，❹这里选择"DWG To PDF.pc3"，❺单击"下一步"按钮，如图 13-15 所示。

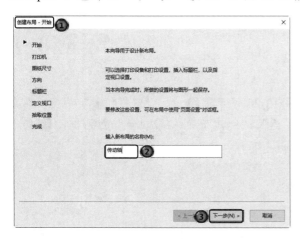

图 13-14　"创建布局-开始"对话框

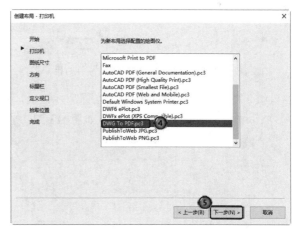

图 13-15　"创建布局-打印机"对话框

（3）进入"创建布局-图纸尺寸"对话框，❻在图纸尺寸下拉列表中选择"ISO A3（420.00×297.00 毫米）"，❼图形单位选择"毫米"，❽单击"下一步"按钮，如图 13-16 所示。

（4）进入"创建布局-方向"对话框，❾选择图形在图纸上的方向为"横向"，❿单击"下一步"按钮，如图 13-17 所示。

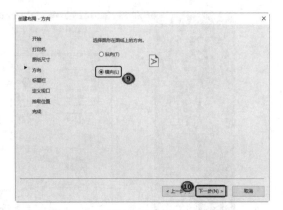

图 13-16　"创建布局-图纸尺寸"对话框　　　　图 13-17　"创建布局-方向"对话框

（5）进入"创建布局-标题栏"对话框，此零件图中带有标题栏，⑪所以这里选择"无"，⑫单击"下一步"按钮，如图 13-18 所示。

（6）进入"创建布局-定义视口"对话框，⑬视口设置选择"单个"，⑭视口比例选择"按图纸空间缩放"，⑮单击"下一步"按钮，如图 13-19 所示。

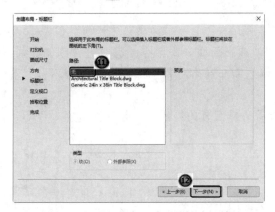

图 13-18　"创建布局-标题栏"对话框　　　　图 13-19　"创建布局-定义视口"对话框

（7）进入"创建布局-拾取位置"对话框，如图 13-20 所示。⑯单击"选择位置"按钮，在布局空间中指定图纸的放置位置，如图 13-21 所示。返回"创建布局-拾取位置"对话框，⑰单击"下一步"按钮。

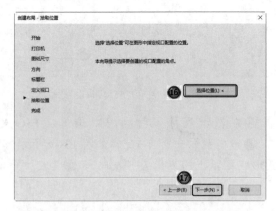

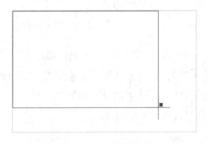

图 13-20　"创建布局-拾取位置"对话框　　　　图 13-21　指定图纸的放置位置

（8）进入"创建布局-完成"对话框，⑱单击"完成"按钮，完成新图纸布局的创建，如图 13-22 所示。系统自动返回到布局空间，显示新创建的布局"传动轴"。

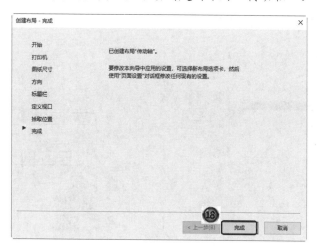

图 13-22　完成"传动轴"布局的创建

13.2.3　页面设置

页面设置可以对打印设备和其他影响最终输出的外观和格式进行设置，并将这些设置应用到其他布局中。在"模型"选项卡中完成图形的绘制之后，可以通过单击"布局"选项卡开始创建要打印的布局。页面设置中指定的各种设置和布局将一起存储在图形文件中，可以随时修改页面设置中的参数。

【执行方式】

➥ 命令行：PAGESETUP。

➥ 菜单栏：选择菜单栏中的"文件"→"页面设置管理器"命令。

➥ 功能区：单击"输出"选项卡"打印"面板中的"页面设置管理器"按钮。

➥ 快捷菜单：在模型空间或布局空间中右击"模型"或"布局"选项卡，在弹出的快捷菜单中选择"页面设置管理器"命令，如图 13-23 所示。

图 13-23　选择"页面设置管理器"命令

扫一扫，看视频

动手学——设置页面布局

调用素材：初始文件\第 13 章\创建图纸布局.dwg

【操作步骤】

（1）单击"输出"选项卡"打印"面板中的"页面设置管理器"按钮，❶打开"页面设置管理器"对话框，如图 13-24 所示。在该对话框中，可以完成新建布局、修改原有布局、输入存在的布局和将某一布局置为当前等操作。

（2）❷在"页面设置管理器"对话框中单击"新建"按钮，❸打开"新建页面设置"对话框，如图13-25所示。

图13-24　"页面设置管理器"对话框　　　　　图13-25　"新建页面设置"对话框

（3）❹在"新页面设置名"文本框中输入新建页面的名称，如"传动轴-布局1"，❺单击"确定"按钮，❻打开"页面设置-传动轴"对话框，如图13-26所示。

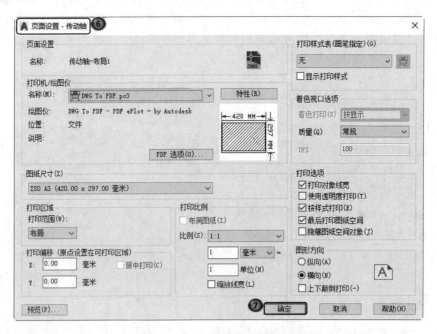

图13-26　"页面设置-传动轴"对话框

（4）在"页面设置-传动轴"对话框中，可以设置布局和打印设备并预览布局的结果。对于一个布局，可利用"页面设置-传动轴"对话框来完成其设置，虚线表示图纸中当前配置的图纸尺寸和绘图仪的可打印区域。设置完成后，❼单击"确定"按钮。

13.2.4　从模型空间输出图形

从模型空间输出图形时，需要在打印时指定图纸尺寸，即在"打印"对话框中选择要使用的图纸尺寸。在该对话框中列出的图纸尺寸取决于在"打印"或"页面设置"对话框中选定的打印机或绘图仪。

【执行方式】

- ↘　命令行：PLOT。
- ↘　菜单栏：选择菜单栏中的"文件"→"打印"命令。
- ↘　工具栏：单击"标准"工具栏中的"打印"按钮🖨。
- ↘　功能区：单击"输出"选项卡"打印"面板中的"打印"按钮🖨。

扫一扫，看视频

动手学——打印传动轴零件图

源文件：源文件\第 13 章\传动轴.dwg

本实例打印如图 13-27 所示的传动轴零件图。

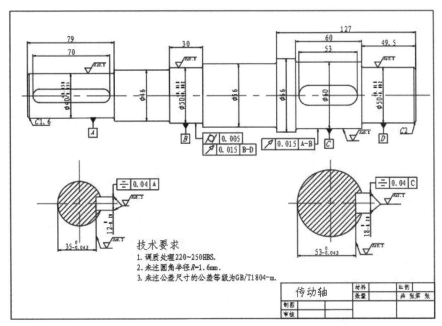

图 13-27　传动轴零件图

【操作步骤】

（1）打开初始文件\第 13 章\传动轴.dwg 文件，如图 13-27 所示。

（2）单击"输出"选项卡"打印"面板中的"打印"按钮🖨，执行打印操作。

（3）❶打开"打印-模型"对话框，❷在该对话框中设置打印机名称为"DWG To PDF.pc3"，❸设置图纸尺寸为"ISO A3（420.00×297.00 毫米）"，❹设置打印范围为"窗口"，选取传动轴图纸的两角点，选中❺"布满图纸"复选框和❻"居中打印"复选框，❼选择图形方向为

"横向"，其他采用系统默认设置，如图 13-28 所示。

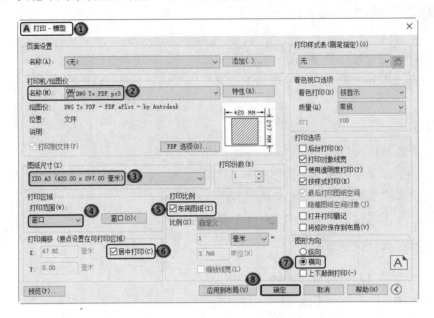

图 13-28 "打印-模型"对话框

（4）完成所有的设置后，⑧单击"确定"按钮，⑨打开"浏览打印文件"对话框，将图纸保存到指定位置，⑩单击"保存"按钮，如图 13-29 所示。

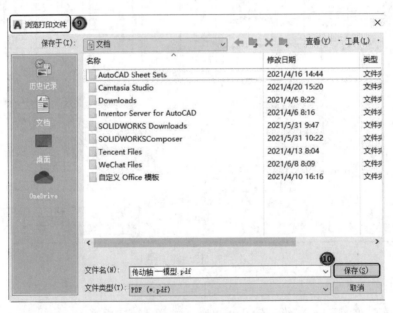

图 13-29 "浏览打印文件"对话框

（5）单击"预览"按钮，打印预览效果如图 13-30 所示。按 Esc 键，退出打印预览并返回"打印"对话框。

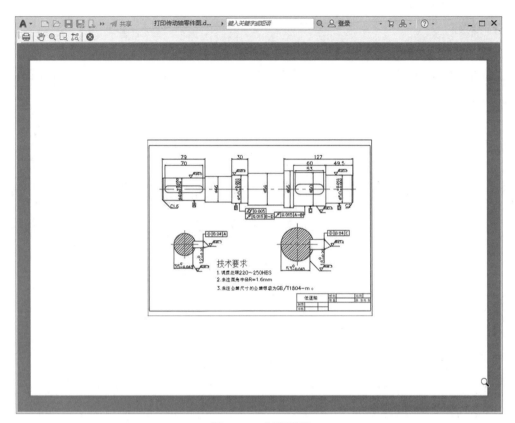

图 13-30 打印预览

【选项说明】

"打印-模型"对话框中的各项功能介绍如下：

（1）"页面设置"选项组：列出了图形中已命名或已保存的页面设置，可以将这些已保存的页面设置作为当前页面设置，也可以单击"添加"按钮，基于当前设置创建一个新的页面设置。

（2）"打印机/绘图仪"选项组：用于指定打印时使用已配置的打印设备。在"名称"下拉列表框中列出了可用的 PC3 文件或系统打印机，可以从中进行选择。设备名称前面的图标用于识别是 PC3 文件还是系统打印机。

（3）"打印份数"微调框：用于指定要打印的份数。当打印到文件时，此微调框不可用。

（4）"应用到布局"按钮：单击此按钮，可将当前打印设置应用到当前布局中。

其他选项与"页面设置-传动轴"对话框中的相同，此处不再赘述。

13.2.5 从图纸空间输出图形

从图纸空间输出图形时，根据打印的需要进行相关参数的设置，首先应在"页面设置-布局 1"对话框中指定图纸的尺寸。

动手学——打印预览传动轴零件图

源文件：源文件\第 13 章\传动轴.dwg

扫一扫，看视频

【操作步骤】

（1）打开初始文件\第 13 章\传动轴.dwg 文件。

（2）将视图空间切换到"布局 1"，如图 13-31 所示。在"布局 1"选项卡上右击，❶在弹出的快捷菜单中选择"页面设置管理器"命令，如图 13-32 所示。

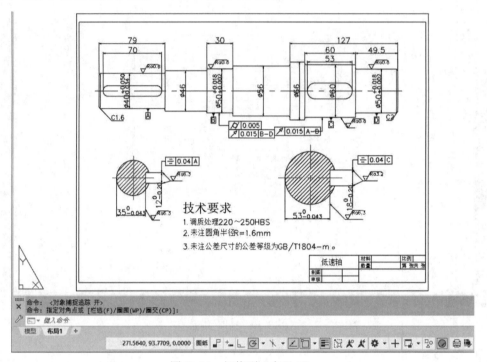

图 13-31　切换到"布局 1"

（3）❷打开"页面设置管理器"对话框，如图 13-33 所示。❸单击"新建"按钮，❹打开"新建页面设置"对话框，如图 13-34 所示。

图 13-32　快捷菜单

图 13-33　"页面设置管理器"对话框

（4）**⑤**在"新建页面设置"对话框的"新页面设置名"文本框中输入"传动轴"，如图 13-34 所示。

（5）**⑥**单击"确定"按钮，**⑦**打开"页面设置-布局 1"对话框，根据打印的需要进行相关参数的设置，如图 13-35 所示。

图 13-34 创建"传动轴"新页面

图 13-35 "页面设置-布局 1"对话框

（6）设置完成后，**⑧**单击"确定"按钮，**⑨**返回到"页面设置管理器"对话框。**⑩**在"页面设置"列表框中选择"传动轴"选项，**⑪**单击"置为当前"按钮，将其设置为当前布局，如图 13-36 所示。

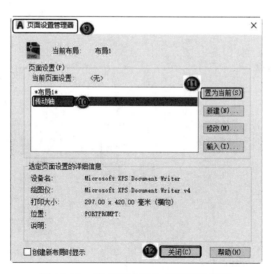

图 13-36 将"传动轴"布局置为当前

（7）**⑫**单击"关闭"按钮，完成"传动轴"布局的创建，如图 13-37 所示。

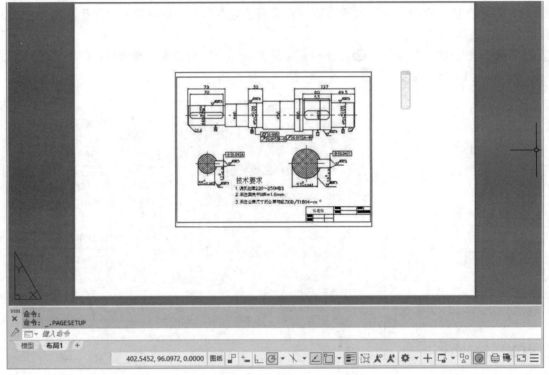

图 13-37 完成"传动轴"布局的创建

（8）单击"输出"选项卡"打印"面板中的"打印"按钮，打开"打印-布局 1"对话框，如图 13-38 所示。不需要重新设置，❷单击左下方的"预览"按钮 预览(P)...，打印预览效果如图 13-39 所示。

（9）如果对预览效果满意，在预览窗口中右击，在弹出的快捷菜单中选择"打印"命令，即可完成传动轴零件图的打印。

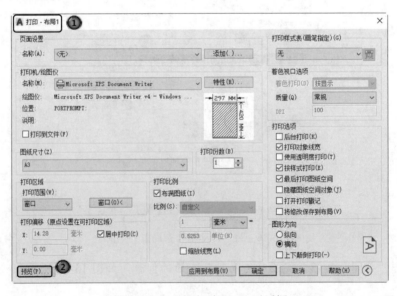

图 13-38 "打印-布局 1"对话框

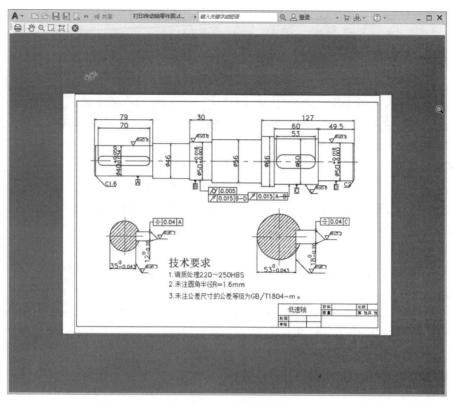

图 13-39　打印预览效果

动手练——打印齿轮轴零件图

本练习要求读者熟练地掌握各种工程图的出图方法。

扫一扫，看视频

📋 **思路点拨：**

> 源文件：源文件\第 13 章\齿轮轴.dwg
> 设置打印设备、页面布局后出图，如图 13-40 所示。

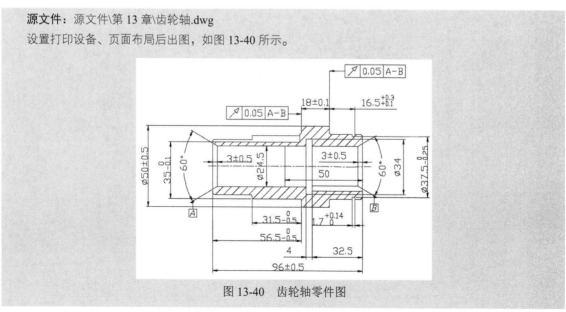

图 13-40　齿轮轴零件图

13.3　模拟认证考试

1．将当前图形生成 4 个视口，在一个视口中新画一个圆并将全图平移，（　　　）。

    A．其他视口生成圆也同步平移　　　　　　B．其他视口不生成圆但同步平移

    C．其他视口生成圆但不平移　　　　　　　D．其他视口不生成圆也不平移

2．在布局中旋转视口，如果不希望视口中的视图随视口旋转，则应（　　　）。

    A．将视图约束固定　　　　　　　　　　　B．将视图放在锁定层

    C．设置 VPROTATEASSOC=0　　　　　　D．设置 VPROTATEASSOC=1

3．要查看图形中的全部对象，下列操作中恰当的是（　　　）。

    A．在 ZOOM 下执行 P 命令　　　　　　　B．在 ZOOM 下执行 A 命令

    C．在 ZOOM 下执行 S 命令　　　　　　　D．在 ZOOM 下执行 W 命令

4．在 AutoCAD 中，使用"打印"对话框可以指定是否在每个输出图形的某个角落上显示绘图标记，以及是否产生日志文件，下列选项中正确的是（　　　）。

    A．打印到文件　　　　B．打开打印戳记　　　　C．后台打印　　　　D．样式打印

5．如果要合并两个视口，必须（　　　）。

    A．是模型空间视口并且共享长度相同的公共边

    B．在模型空间合并

    C．在布局空间合并

    D．一样大小

6．利用"缩放""平移"命令查看如图 13-41 所示的箱体零件图。

7．设置打印设备、页面布局后，将如图 13-41 所示的箱体零件图出图。

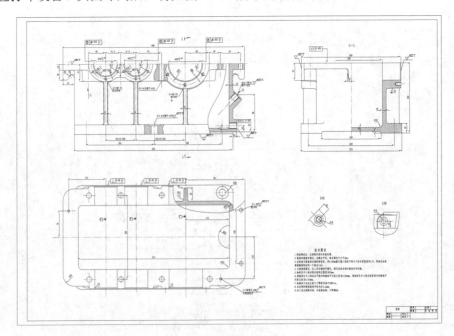

图 13-41　箱体零件图

第 14 章　三维造型基础知识

内容简介

　　随着 AutoCAD 技术的普及，越来越多的工程技术人员使用 AutoCAD 进行工程设计。虽然在工程设计中，通常都使用二维图形描述三维图形，但是由于三维图形的逼真效果，可以通过三维立体图形直接得到透视图或平面效果图。因此，计算机三维设计越来越受到工程技术人员的青睐。

　　本章主要介绍三维坐标系统、动态观察三维图形、显示形式、渲染实体等知识。

内容要点

- ❯ 三维坐标系统
- ❯ 动态观察
- ❯ 显示形式
- ❯ 渲染实体
- ❯ 模拟认证考试

案例效果

14.1　三维坐标系统

　　AutoCAD 2022 使用的是笛卡儿坐标系。其使用的直角坐标系有两种类型：一种是世界坐标系（WCS），另一种是用户坐标系（UCS）。绘制二维图形时，常用的坐标系是 WCS，由系统默认提供。WCS 又称通用坐标系或绝对坐标系。对于二维绘图来说，WCS 足以满足用户要求。为了方便创建三维模型，AutoCAD 2022 允许用户根据自己的需求设定坐标系，即 UCS。合理创建 UCS，可以方便地创建三维模型。

　　AutoCAD 有两种视图显示方式，分别是模型空间和图纸空间。模型空间使用单一视图显示，通常使用的都是这种显示方式；图纸空间能够在绘图区创建图形的多视图，用户可以对其中每个视图进行单独操作。在系统默认情况下，当前 UCS 与 WCS 重合。图 14-1（a）所示为模型空间下的 UCS 图标，通常放在绘图区左下角处；也可以将它放在当前 UCS 的实际坐标原点位置，如

图 14-1（b）所示。图 14-1（c）所示为布局空间下的坐标系图标。

（a）模型空间下的 UCS 图标 　　　（b）实际坐标原点位置的 UCS 图标 　　　（c）布局空间下的坐标系图标

图 14-1　坐标系图标

14.1.1　右手法则与坐标系

在 AutoCAD 中，通过右手法则确定直角坐标系 Z 轴的正方向和绕轴线旋转的正方向的方法称之为"右手法则"。这是因为用户只需要简单地使用右手即可确定所需要的坐标信息。

在 AutoCAD 中，输入坐标采用绝对坐标和相对坐标两种形式，格式如下：

➥　绝对坐标格式：X,Y,Z。

➥　相对坐标格式：@X,Y,Z。

AutoCAD 可以用柱面坐标和球面坐标定义点的位置。

柱面坐标系统类似于二维极坐标输入，由该点在 XY 平面的投影点到 Z 轴的距离、该点与坐标原点的连线在 XY 平面的投影与 X 轴的夹角、该点沿 Z 轴的距离来定义，格式如下：

➥　绝对坐标格式：XY 距离 < 角度,Z 距离。

➥　相对坐标格式：@ XY 距离 < 角度,Z 距离。

例如，绝对坐标 10<60,20 表示该点在 XY 平面的投影点距离 Z 轴 10 个单位，该投影点与原点在 XY 平面的连线相对于 X 轴的夹角为 60°，沿 Z 轴离原点 20 个单位的一个点，如图 14-2 所示。

在球面坐标系统中，三维球面坐标的输入也类似于二维极坐标的输入。球面坐标系统由坐标点到原点的距离、该点与坐标原点的连线在 XY 平面内的投影与 X 轴的夹角、该点与坐标原点的连线与 XY 平面的夹角来定义，格式如下：

➥　绝对坐标格式：XYZ 距离 <XY 平面内投影角度 < 与 XY 平面夹角。

➥　相对坐标格式：@ XYZ 距离 <XY 平面内投影角度 < 与 XY 平面夹角。

例如，坐标 10<60<15 表示该点距离原点为 10 个单位，该点与原点的连线在 XY 平面内的投影与 X 轴成 60° 夹角，该点与原点的连线与 XY 平面成 15° 夹角，如图 14-3 所示。

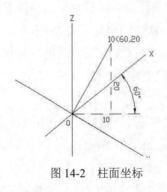 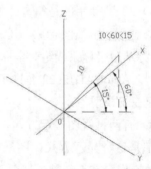

图 14-2　柱面坐标 　　　　　　　　　　　图 14-3　球面坐标

14.1.2　坐标系设置

可以利用相关命令对坐标系进行设置，具体方法如下。

【执行方式】

- ➘ 命令行：UCSMAN（快捷命令：UC）。
- ➘ 菜单栏：选择菜单栏中的"工具"→"命名 UCS"命令。
- ➘ 工具栏：单击 UCSII 工具栏中的"命名 UCS"按钮⌸。
- ➘ 功能区：单击"视图"选项卡"坐标"面板中的"UCS，命名 UCS"按钮⌸。

【操作步骤】

执行上述操作后，系统打开如图 14-4 所示的 UCS 对话框。

【选项说明】

（1）"命名 UCS"选项卡：该选项卡用于显示已有的 UCS 及设置当前坐标系，如图 14-4 所示。

在"命名 UCS"选项卡中，用户可以将 WCS、上一次使用的 UCS 或某一命名的 UCS 设置为当前坐标。其具体方法是，从列表框中选择某一坐标系，单击"置为当前"按钮。还可以利用"详细信息"按钮，了解指定坐标系相对于某一坐标系的详细信息。其具体步骤是，单击"详细信息"按钮，系统打开如图 14-5 所示的"UCS 详细信息"对话框，该对话框详细说明了用户所选坐标系的原点及 X、Y 和 Z 轴的方向。

图 14-4　UCS 对话框

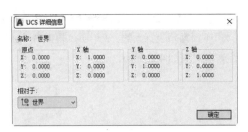

图 14-5　"UCS 详细信息"对话框

（2）"正交 UCS"选项卡：该选项卡用于将 UCS 设置成某一正交模式，如图 14-6 所示。其中，"深度"列用于定义 UCS 的 XY 平面上的正投影与通过 UCS 原点平行平面之间的距离。

（3）"设置"选项卡：该选项卡用于设置 UCS 图标的显示形式、应用范围等，如图 14-7 所示。

图 14-6　"正交 UCS"选项卡

图 14-7　"设置"选项卡

14.1.3 创建坐标系

在三维绘图的过程中，有时需要根据操作的要求转换坐标系，此时就需要新建一个坐标系来取代原来的坐标系。

【执行方式】

- ➥ 命令行：UCS。
- ➥ 菜单栏：选择菜单栏中的"工具"→"新建 UCS"命令。
- ➥ 工具栏：单击 UCS 工具栏中的 UCS 按钮 ↳。
- ➥ 功能区：单击"视图"选项卡"坐标"面板中的 UCS 按钮 ↳。

【操作步骤】

命令行提示与操作如下：

```
命令：UCS✓
当前 UCS 名称：*世界*
指定 UCS 的原点或[面(F)/命名(NA)/对象(OB)/上一个(P)/视图(V)/世界(W)/X/Y/Z/Z轴(ZA)]<世界>：
```

【选项说明】

（1）指定 UCS 的原点：使用一点、两点或三点定义一个新的 UCS。如果指定单个点 1，当前 UCS 的原点将会移动而不会更改 X、Y 和 Z 轴的方向。选择该选项，命令行提示与操作如下：

```
指定 X 轴上的点或 <接受>：（继续指定 X 轴通过的点 2 或直接按 Enter 键，接受原坐标系 X 轴为新坐标系的 X 轴）
指定 XY 平面上的点或 <接受>：（继续指定 XY 平面通过的点 3 以确定 Y 轴或直接按 Enter 键，接受原坐标系 XY 平面为新坐标系的 XY 平面，根据右手法则，相应的 Z 轴也同时确定）
```

示意图如图 14-8 所示。

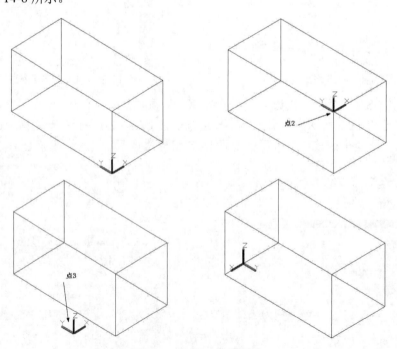

图 14-8　指定 UCS 的原点

（2）面：将 UCS 与三维实体的选定面对齐。要选择一个面，在此面的边界内或面的边上单击，被选中的面将高亮显示，UCS 的 X 轴将与找到的第一个面上最近的边对齐。选择该选项，命令行提示与操作如下：

选择实体面、曲面或网格：（选择面）
输入选项 [下一个(N)/X 轴反向(X)/Y 轴反向(Y)] <接受>：✓（结果如图 14-9 所示）

如果选择"下一个"选项，系统将 UCS 定位于邻接的面或选定边的后向面。

（3）对象：根据选定三维对象定义新的坐标系，如图 14-10 所示。新建 UCS 的拉伸方向（Z 轴正方向）与选定对象的拉伸方向相同。选择该选项，命令行提示与操作如下：

选择对齐 UCS 的对象：（选择对象）

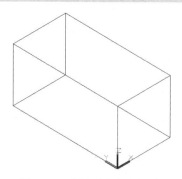

图 14-9 选择面确定坐标系

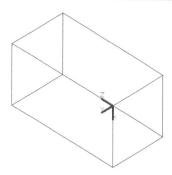

图 14-10 选择对象确定坐标系

对于大多数对象，新 UCS 的原点位于离选定对象最近的顶点处，并且 X 轴与一条边对齐或相切。对于平面对象，UCS 的 XY 平面与该对象所在的平面对齐。对于复杂对象，将重新定位原点，但是轴的当前方向保持不变。

（4）视图：以垂直于观察方向（平行于屏幕）的平面为 XY 平面，创建新的坐标系。UCS 原点保持不变。

（5）世界：将当前 UCS 设置为 WCS。WCS 是所有 UCS 的基准，不能被重新定义。

✎ 技巧：

该选项不能用于下列对象：三维多段线、三维网格和构造线。

（6）X/Y/Z：绕指定轴旋转当前 UCS。

（7）Z 轴：利用指定的 Z 轴的正半轴定义 UCS。

14.1.4 动态 UCS

打开动态 UCS 的具体操作方法是单击状态栏中的"允许/禁止动态 UCS"按钮。

（1）可以使用动态 UCS 在三维实体的平整面上创建对象，而无须手动更改 UCS 方向。在执行命令的过程中，当将光标移动到面上方时，动态 UCS 会临时将 UCS 的 XY 平面与三维实体的平整面对齐，如图 14-11 所示。

（2）动态 UCS 激活后，指定的点和绘图工具（如极轴追踪和栅格）都将与动态 UCS 建立的临时 UCS 相关联。

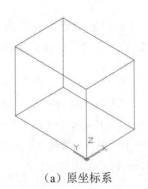

（a）原坐标系　　　　　　　　（b）绘制圆柱体时的动态 UCS

图 14-11　动态 UCS

14.2　动态观察

AutoCAD 2022 提供了具有交互控制功能的三维动态观测器。利用三维动态观测器，用户可以实时地控制和改变当前视口中创建的三维视图，以达到期望的效果。动态观察分为三类，分别是受约束的动态观察、自由动态观察和连续动态观察，下面分别进行介绍。

14.2.1　受约束的动态观察

3DORBIT 命令可以在当前视口中激活三维动态观察视图，并且将显示三维动态观察光标图标。

【执行方式】

➤ 命令行：3DORBIT（快捷命令：3DO）。
➤ 菜单栏：选择菜单栏中的"视图"→"动态观察"→"受约束的动态观察"命令。
➤ 快捷菜单：启用交互式三维视图后，在视口中右击，在弹出的快捷菜单中选择"其他导航模式"→"受约束的动态观察"命令，如图 14-12 所示。

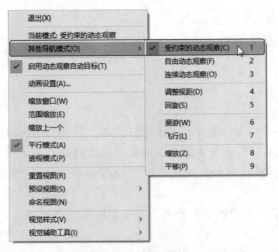

图 14-12　快捷菜单

- 工具栏：单击"动态观察"工具栏中的"受约束的动态观察"按钮 ，或者单击"三维导航"工具栏中的"受约束的动态观察"按钮 。
- 功能区：单击"视图"选项卡"导航"面板中的"动态观察"下拉菜单中的"动态观察"按钮 。

【操作步骤】

执行上述操作后，视图的目标将保持静止，而视点将围绕目标移动。但是，从用户的视点看起来就像三维模型正在随着光标的移动而旋转，用户可以以此方式指定模型的任意视图。

系统显示三维动态观察光标图标。如果水平拖动鼠标，相机将平行于 WCS 的 XY 平面移动；如果垂直拖动鼠标，相机将沿 Z 轴移动，如图 14-13 所示。

图 14-13　受约束的三维动态观察

✍ 技巧：

> 3DORBIT 命令处于活动状态时，无法编辑对象。

14.2.2　自由动态观察

3DFORBIT 在当前视口中激活三维自由动态观察视图。

【执行方式】

- 命令行：3DFORBIT。
- 菜单栏：选择菜单栏中的"视图"→"动态观察"→"自由动态观察"命令。
- 快捷菜单：启用交互式三维视图后，在视口中右击，在弹出的快捷菜单中选择"自由动态观察"命令。
- 工具栏：单击"动态观察"工具栏中的"自由动态观察"按钮 ，或者单击"三维导航"工具栏中的"自由动态观察"按钮 。
- 功能区：单击"视图"选项卡"导航"面板中的"动态观察"下拉菜单中的"自由动态观察"按钮 。

【操作步骤】

执行上述操作后，在当前视口出现 1 个绿色的大圆，在大圆上有 4 个绿色的小圆，如图 14-14 所示。此时通过拖动鼠标就可以对视图进行旋转观察。

在三维动态观察器中，查看目标的点被固定，用户可以利用鼠标控制相机位置绕观察对象得到动态的观测效果。当光标在绿

图 14-14　自由动态观察

色大圆的不同位置进行拖动时，光标的表现形式是不同的，视图的旋转方向也不同。视图的旋转由光标的表现形式和其位置决定，光标在不同位置有⊙、⬡、⬠、⬡ 4 种表现形式，可分别对对象进行不同形式的旋转。

14.2.3　连续动态观察

在三维空间中连续旋转视图。

【执行方式】

⮕　命令行：3DCORBIT。

⮕　菜单栏：选择菜单栏中的"视图"→"动态观察"→"连续动态观察"命令。

⮕　快捷菜单：启用交互式三维视图后，在视口中右击，在弹出的快捷菜单中选择"连续动态观察"命令。

⮕　工具栏：单击"动态观察"工具栏中的"连续动态观察"按钮，或者单击"三维导航"工具栏中的"连续动态观察"按钮。

⮕　功能区：单击"视图"选项卡"导航"面板中的"动态观察"下拉菜单中的"连续动态观察"按钮。

【操作步骤】

执行上述操作后，在绘图区出现动态观察图标，按住鼠标左键拖动，图形按鼠标拖动的方向旋转，旋转速度为鼠标拖动的速度，如图 14-15 所示。

✍ 技巧：

> 如果设置了相对于当前 UCS 的平面视图，就可以在当前视图用绘制二维图形的方法在三维对象的相应面上绘制图形。

动手练——动态观察泵盖

动态观察如图 14-16 所示的泵盖。

扫一扫，看视频

图 14-15　连续动态观察

图 14-16　泵盖

📋 思路点拨：

> **调用素材：**初始文件\第 14 章\泵盖.dwg
>
> **源文件：**源文件\第 14 章\泵盖.dwg
>
> （1）打开三维动态观察器。
>
> （2）灵活利用三维动态观察器的各种工具进行动态观察。

AutoCAD 还提供一些其他的观察工具，如漫游、飞行和相机等功能，读者可以自行尝试操作和使用，这里不再赘述。

14.3　显　示　形　式

在 AutoCAD 中，三维实体有多种显示形式，包括二维线框、三维线框、三维消隐、真实、概念、消隐显示等。

14.3.1　视觉样式

零件的不同视觉样式呈现出不同的视觉效果。如果要形象地展示模型效果，可以切换为概念样式；如果要表达模型的内部结构，可以切换为线框样式。

【执行方式】

- ↳ 命令行：VSCURRENT。
- ↳ 菜单栏：选择菜单栏中的"视图"→"视觉样式"→"二维线框"命令。
- ↳ 工具栏：单击"视觉样式"工具栏中的"二维线框"按钮 ⬚。
- ↳ 功能区：单击"视图"选项卡"视觉样式"面板中的"二维线框"按钮。

【操作步骤】

命令行提示与操作如下：

```
命令:VSCURRENT↙
输入选项 [二维线框(2)/线框(W)/隐藏(H)/真实(R)/概念(C)/着色(S)/带边缘着色(E)/灰度(G)/勾画
(SK)/X 射线(X)/其他(O)] <二维线框>:
```

【选项说明】

（1）二维线框：用直线和曲线表示对象的边界。光栅和 OLE 对象、线型和线宽都是可见的。即使将 COMPASS 系统变量的值设置为 1，它也不会出现在二维线框视图中。图 14-17 所示为吊耳的二维线框图。

（2）线框：显示对象时利用直线和曲线表示边界。显示一个已着色的三维 UCS 图标。光栅和 OLE 对象、线型及线宽不可见。可将 COMPASS 系统变量设置为 1 来查看坐标球，将显示应用到对象的材质颜色。图 14-18 所示为吊耳的三维线框图。

（3）隐藏：显示用三维线框表示的对象并隐藏表示后向面的直线。图 14-19 所示为吊耳的隐藏图。

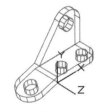

图 14-17　吊耳的二维线框图

图 14-18　吊耳的三维线框图

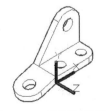

图 14-19　吊耳的隐藏图

（4）真实：着色多边形平面间的对象，并使对象的边平滑化。如果已为对象附着材质，将显示已附着到对象材质。图 14-20 所示为吊耳的真实图。

（5）概念：着色多边形平面间的对象，并使对象的边平滑化。着色使用冷色和暖色之间的过渡，效果缺乏真实感，但是可以更方便地查看模型的细节。图 14-21 所示为吊耳的概念图。

（6）着色：产生平滑的着色模型。图 14-22 所示为吊耳的着色图。

（7）带边缘着色：产生平滑、带有可见边的着色模型。图 14-23 所示为吊耳的带边缘着色图。

图 14-20　吊耳的真实图　　图 14-21　吊耳的概念图　　图 14-22　吊耳的着色图　　图 14-23　吊耳的带边缘着色图

（8）灰度：使用单色面颜色模式可以产生灰色效果。图 14-24 所示为吊耳的灰度图。

（9）勾画：使用外伸和抖动产生手绘效果。图 14-25 所示为吊耳的勾画图。

（10）X 射线：更改面的不透明度使整个场景变成部分透明。图 14-26 所示为吊耳的 X 射线图。

图 14-24　吊耳的灰度图　　　　图 14-25　吊耳的勾画图　　　　图 14-26　吊耳的 X 射线图

（11）其他：选择该选项，命令行提示与操作如下：

输入视觉样式名称 [?]:

可以输入当前图形中的视觉样式名称，或者输入 "?"，以显示名称列表并重复该提示。

14.3.2　视觉样式管理器

视觉样式用于控制视口中模型边和着色的显示，可以在视觉样式管理器中创建和更改视觉样式的设置。

【执行方式】

- 命令行：VISUALSTYLES。
- 菜单栏：选择菜单栏中的"视图"→"视觉样式"→"视觉样式管理器"命令，或者选择菜单栏中的"工具"→"选项板"→"视觉样式"命令。
- 工具栏：单击"视觉样式"工具栏中的"管理视觉样式"按钮🖼。
- 功能区：单击"视图"选项卡"视觉样式"面板中"视觉样式"下拉菜单中的"视觉样式管理器"按钮。

扫一扫，看视频

动手学——更改吊耳的概念视觉效果

调用素材：初始文件\第 14 章\吊耳.dwg

源文件：源文件\第 14 章\更改吊耳的概念视觉效果.dwg

本实例更改吊耳的概念视觉效果，如图 14-27 所示。

✍ **技巧：**

图 14-27 所示为按图 14-21 进行设置后的概念图显示结果，读者可以与图 14-21 进行比较，观察它们之间的差别。

【操作步骤】

（1）打开初始文件\第 14 章\吊耳.dwg 文件并将视觉效果设置为概念图，如图 14-28 所示。

图 14-27 吊耳概念视觉效果

图 14-28 吊耳

（2）单击"视图"选项卡"视觉样式"面板"视觉样式"下拉菜单中的"视觉样式管理器"按钮，打开如图 14-29 所示的"视觉样式管理器"选项板。

（3）❶在选项板中选取"概念"视觉样式，❷更改光源质量为"镶嵌面的"，❸颜色为"单色"，❹阴影显示为"地面阴影"，❺显示为"无"，如图 14-30 所示。

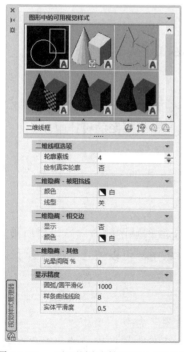

图 14-29 "视觉样式管理器"选项板

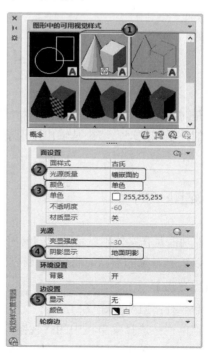

图 14-30 设置概念

扫一扫，看视频

（4）更改概念视觉效果后的吊耳如图 14-27 所示。

动手练——改变泵盖显示形式

改变如图 14-31 所示的泵盖的显示形式。

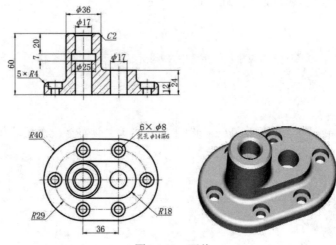

图 14-31　泵盖

思路点拨：

调用素材：初始文件\第 14 章\泵盖.dwg

源文件：源文件\第 14 章\泵盖.dwg

（1）利用视觉样式管理器更改泵盖的视觉样式。
（2）灵活利用三维动态观察器的各种工具进行动态观察。

14.4　渲染实体

渲染是对三维图形对象加上颜色和材质因素或灯光、背景、场景等因素的操作，能够更真实地表达图形的外观和纹理。渲染是输出图形前的关键步骤，尤其是在效果图的设计中。

14.4.1　贴图

贴图的功能是在实体附着带纹理的材质后，调整实体或面上纹理贴图的方向。当材质被映射后，调整材质以适应对象的形状。将合适的材质贴图类型应用到对象中，可以使之更加适合于对象。

【执行方式】
- 命令行：MATERIALMAP。
- 菜单栏：选择菜单栏中的"视图"→"渲染"→"贴图"命令。
- 工具栏：单击"渲染"工具栏中的"贴图"按钮或"贴图"工具栏中的"贴图"按钮。

【操作步骤】

命令行提示与操作如下：

命令：MATERIALMAP↙

选择选项[长方体(B)/平面(P)/球面(S)/柱面(C)/复制贴图至(Y)/重置贴图(R)] <长方体>：

【选项说明】

（1）长方体：将图像映射到类似长方体的实体上。该图像将在对象的每个面上重复使用。

（2）平面：将图像映射到对象上，就像将其从幻灯片投影器投影到二维曲面上一样，图像不会失真，但是会被缩放以适应对象。该贴图最常用于面。

（3）球面：在水平和垂直两个方向上同时使图像弯曲。纹理贴图的顶边在球体的"北极"压缩为一个点；同样，底边在"南极"压缩为一个点。

（4）柱面：将图像映射到圆柱形对象上，水平边将一起弯曲，但顶边和底边不会弯曲。图像的高度将沿圆柱体的轴进行缩放。

（5）复制贴图至：将贴图从原始对象或面应用到选定对象。

（6）重置贴图：将 UV 坐标重置为贴图的默认坐标。

14.4.2 材质

材质的处理分为"材质浏览器"和"材质编辑器"两种编辑方式。

1. 附着材质

【执行方式】

- ➥ 命令行：RMAT。
- ➥ 命令行：MATBROWSEROPEN。
- ➥ 菜单栏：选择菜单栏中的"视图"→"渲染"→"材质浏览器"命令。
- ➥ 工具栏：单击"渲染"工具栏中的"材质浏览器"按钮 ▥。
- ➥ 功能区：单击"视图"选项卡"选项板"面板中的"材质浏览器"按钮 ▥，或者单击"可视化"选项卡"材质"面板中的"材质浏览器"按钮 ▥。

2. 设置材质

【执行方式】

- ➥ 命令行：MATEDITDROPEN。
- ➥ 菜单栏：选择菜单栏中的"视图"→"渲染"→"材质编辑器"命令。
- ➥ 工具栏：单击"渲染"工具栏中的"材质编辑器"按钮 ▥。
- ➥ 功能区：单击"视图"选项卡"选项板"面板中的"材质编辑器"按钮 ▥，或者单击"可视化"选项卡"材质"面板中的"材质编辑器"按钮 ▥。

动手学——对吊耳添加材质

调用素材：初始文件\第 14 章\吊耳.dwg

源文件：源文件\第 14 章\对吊耳添加材质.dwg

本实例对吊耳添加材质，如图 14-32 所示。

扫一扫，看视频

【操作步骤】

（1）打开初始文件\第 14 章\吊耳.dwg 文件，如图 14-33 所示。

图 14-32　添加材质后的吊耳　　　　　　　　　　　　　图 14-33　吊耳

（2）单击"可视化"选项卡"材质"面板中的"材质浏览器"按钮，①打开"材质浏览器"选项板，选择②"主视图"→③"Autodesk库"→④"金属"选项，如图 14-34 所示。⑤选择"焊接-黄铜"材质，拖动到吊耳上，将视觉样式设置为真实，如图 14-35 所示。

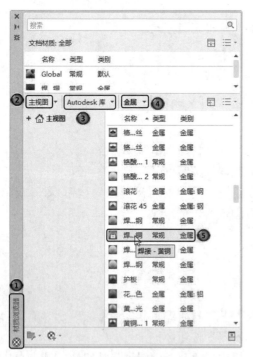

图 14-34　"材质浏览器"选项板　　　　　　　　　　　　

图 14-35　黄铜吊耳

（3）在"材质浏览器"选项板的"文档材质"中双击刚添加的"焊接-黄铜"材质，①打开如图 14-36 所示的"材质编辑器"选项板，②选中"染色"复选框，③显示"染色"颜色条框，单击颜色条框，④弹出"选择颜色"对话框，⑤设置 RGB 颜色为 204,0,0，如图 14-37 所示，⑥单击"确定"按钮。最终结果如图 14-32 所示。

图 14-36　"材质编辑器"选项板

图 14-37　选择颜色

扫一扫，看视频

动手练——设置泵盖材质

设置如图 14-38 所示的泵盖的材质。

图 14-38　泵盖

📋 **思路点拨：**

> **调用素材：** 初始文件\第 14 章\泵盖.dwg
> **源文件：** 源文件\第 14 章\泵盖.dwg
> 设置泵盖的材质和颜色。

14.4.3　渲染

与线框图像或着色图像相比，渲染的图像使人更容易想象三维对象的形状和大小。渲染对象也使设计者更容易表达其设计思想。

1. 高级渲染设置

【执行方式】

➥ 命令行：RPREF（快捷命令：RPR）。

➥ 菜单栏：选择菜单栏中的"视图"→"渲染"→"高级渲染设置"命令。

> 工具栏：单击"渲染"工具栏中的"高级渲染设置"按钮 。
> 功能区：单击"视图"选项卡"选项板"面板中的"高级渲染设置"按钮。

2. 渲染操作

【执行方式】

> 命令行：RENDER（快捷命令：RR）。
> 功能区：单击"可视化"选项卡"渲染"面板中的"渲染到尺寸"按钮。

动手学——渲染吊耳

调用素材：*初始文件\第 14 章\对吊耳添加材质.dwg*

源文件：*源文件\第 14 章\渲染吊耳.dwg*

本实例对添加材质后的吊耳进行渲染，如图 14-39 所示。

图 14-39　渲染吊耳

【操作步骤】

（1）打开初始文件\第 14 章\对吊耳添加材质.dwg 文件。

（2）选择菜单栏中的"视图"→"渲染"→"高级渲染设置"命令，打开"渲染预设管理器"选项板，设置渲染位置为"视口"，渲染精确性为"高"，其他采用系统默认设置，如图 14-40 所示。

（3）单击"可视化"选项卡"渲染"面板中的"渲染到尺寸"按钮，对吊耳进行渲染，结果如图 14-39 所示。

（4）选择菜单栏中的"视图"→"渲染"→"高级渲染设置"命令，①打开"渲染预设管理器"选项板，②设置渲染位置为"窗口"，③渲染精确性为"草稿"，其他采用系统默认设置，如图 14-41 所示。

图 14-40　"渲染预设管理器"选项板

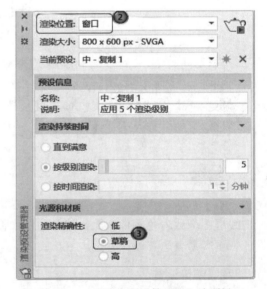

图 14-41　"渲染预设管理器"选项板

（5）单击"可视化"选项卡"渲染"面板中的"渲染到尺寸"按钮，打开渲染窗口对吊耳进行渲染，结果如图 14-42 所示。

扫一扫，看视频

动手练——渲染泵盖

渲染如图 14-43 所示的泵盖。

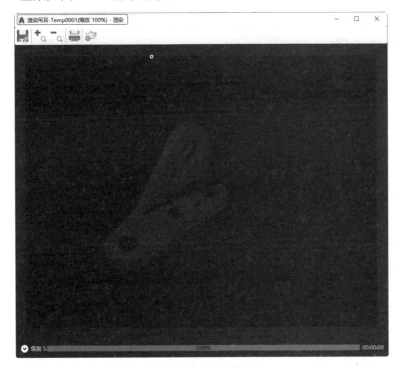

图 14-42 渲染窗口

图 14-43 泵盖

思路点拨：

调用素材：初始文件\第 14 章\泵盖.dwg

源文件：源文件\第 14 章\泵盖.dwg

（1）设置泵盖的材质和颜色。

（2）单击"可视化"选项卡"渲染"面板中的"渲染到尺寸"按钮渲染泵盖。

14.5 模拟认证考试

1. 在对三维模型进行操作时，下列说法错误的是（   ）。

   A. 消隐指的是显示用三维线框表示的对象并隐藏表示后方的直线

   B. 在三维模型使用着色后，利用"重画"命令可停止着色图形以网格显示

   C. 用于着色操作的面板名称是视觉样式

   D. 在命令行中可以用 SHADEMODE 命令配合参数实现着色操作

2. 在三点定义 UCS 时，其中第三点表示为（   ）。

   A. 坐标系原点   B. X 轴正方向

   C. Y 轴正方向   D. Z 轴正方形

3．如果需要在实体表面另外绘制二维截面轮廓，则下列命令可以用于建立绘图平面的是
（　　）。

    A．建模工具　　　　　　　　　　　　B．实体编辑工具

    C．UCS　　　　　　　　　　　　　　D．三维导航工具

4．利用三维动态观察器观察图 14-44 所示的箱体三维模型。

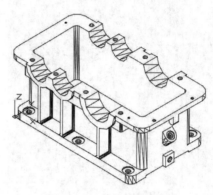

图 14-44　箱体三维模型

5．给图 14-44 所示的图形添加材质并渲染。

第 15 章　三维曲面造型

内容简介

本章主要介绍不同三维曲面造型的绘制方法、曲面操作和曲面编辑，具体内容包括三维多段线、三维面、长方体、圆柱体以及偏移曲面、过渡曲面、提高平滑度等。

内容要点

- 基本三维绘制
- 绘制基本三维网格
- 绘制三维网格
- 曲面操作
- 网格编辑
- 模拟认证考试

案例效果

 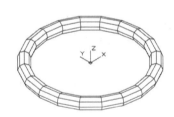 

15.1　基本三维绘制

在三维图形中，有一些最基本的图形元素，它们是组成三维图形的基本要素。下面分别进行讲解。

15.1.1　绘制三维多段线

前面讲述过二维多段线，三维多段线与二维多段线类似，也是由具有宽度的线段和圆弧组成，只是这些线段和圆弧是空间的。

【执行方式】

- 命令行：3DPLOY。
- 菜单栏：选择菜单栏中的"绘图"→"三维多段线"命令。
- 功能区：单击"默认"选项卡"绘图"面板中的"三维多段线"按钮。

【操作步骤】

命令行提示与操作如下：

命令：3DPLOY↙
指定多段线的起点：（指定某一点或者输入坐标点）
指定直线的端点或 [放弃(U)]：（指定下一点）
指定直线的端点或 [闭合(C)/放弃(U)]：（指定下一点）

15.1.2 绘制三维面

三维面是指以空间 3 个点或 4 个点组成一个面。可以通过任意指定 3 个点或 4 个点来绘制三维面。下面讲述其绘制方法。

【执行方式】

➧ 命令行：3DFACE（快捷命令：3F）。
➧ 菜单栏：选择菜单栏中的"绘图"→"建模"→"网格"→"三维面"命令。

【操作步骤】

命令行提示与操作如下：

命令：3DFACE↙
指定第一点或 [不可见(I)]：（指定某一点或输入 I）

【选项说明】

（1）指定第一点：输入某一点的坐标或用鼠标确定某一点，以定义三维面的起点。在输入第一点后，可按顺时针或逆时针方向输入其余的点，以创建普通三维面。如果在输入第 4 点后按 Enter 键，则以指定的第 4 点生成一个空间的三维平面。如果在提示下继续输入第二个平面上的第 3 点和第 4 点坐标，则生成第二个平面。该平面以第一个平面的第 3 点和第 4 点作为第二个平面的第 1 点和第 2 点，创建第二个三维平面。继续输入点可以创建用户要创建的平面，按 Enter 键结束。

（2）不可见：控制三维面各边的可见性，以便创建有孔对象的正确模型。如果在输入某一边之前输入 I，则可以使该边不可见。图 15-1 所示为创建一长方体时某一边使用 I 命令与不使用 I 命令的视图对比。

(a) 不可见边　　　　　(b) 可见边

图 15-1　使用 I 命令与不使用 I 命令的视图对比

15.1.3 绘制三维网格

在 AutoCAD 中可以指定多个点来组成三维网格，这些点按指定的顺序来确定其空间位置。下面简要介绍其具体方法。

【执行方式】

命令行：3DMESH。

【操作步骤】

命令行提示与操作如下：

命令：3DMESH↙

输入 M 方向上的网格数量：（输入 2~256 之间的值）
输入 N 方向上的网格数量：（输入 2~256 之间的值）
指定顶点(0,0)的位置：（输入第一行第一列的顶点坐标）
指定顶点(0,1)的位置：（输入第一行第二列的顶点坐标）
指定顶点(0,2)的位置：（输入第一行第三列的顶点坐标）
...
指定顶点(0,N-1)的位置：（输入第一行第 N 列的顶点坐标）
指定顶点(1,0)的位置：（输入第二行第一列的顶点坐标）
指定顶点(1,1)的位置：（输入第二行第二列的顶点坐标）
...
指定顶点(1,N-1)的位置：（输入第二行第 N 列的顶点坐标）
...
指定顶点(M-1,N-1)的位置：（输入第 M 行第 N 列的顶点坐标）
图 15-2 所示为绘制的三维网格表面。

图 15-2　三维网格表面

15.1.4　绘制三维螺旋线

利用此命令可以创建二维螺旋或三维弹簧。

【执行方式】

- ❧ 命令行：HELIX。
- ❧ 菜单栏：选择菜单栏中的"绘图"→"螺旋"命令。
- ❧ 工具栏：单击"建模"工具栏中的"螺旋"按钮 ❧。
- ❧ 功能区：单击"默认"选项卡"绘图"面板中的"螺旋"按钮 ❧。

动手学——绘制螺旋线

源文件：源文件\第 15 章\螺旋线.dwg
本实例绘制如图 15-3 所示的螺旋线。

扫一扫，看视频

图 15-3　螺旋线

 技巧：

可以通过拖曳的方式动态确定螺旋线的各尺寸。

【操作步骤】

（1）单击"可视化"选项卡"视图"面板中的"西南等轴测"按钮 ❧，将视图切换到西南等轴测视图。

（2）单击"默认"选项卡"绘图"面板中的"螺旋"按钮 ❧，在坐标原点处创建螺旋线。命令行提示与操作如下：

```
命令：_HELIX
圈数 = 3.0000    扭曲=CCW
指定底面的中心点：0,0,0
指定底面半径或 [直径(D)] <1.0000>: 50
指定顶面半径或 [直径(D)] <50.0000>: 30
指定螺旋高度或 [轴端点(A)/圈数(T)/圈高(H)/扭曲(W)] <1.0000>: 60
```

绘制结果如图 15-3 所示。

【选项说明】

（1）指定螺旋高度：指定螺旋线的高度。执行该选项，即输入高度值后按 Enter 键，即可绘制出对应的螺旋线。

（2）轴端点：确定螺旋线轴的另一端点位置。执行该选项，命令行提示如下：

指定轴端点：

在此提示下指定轴端点的位置即可。指定轴端点后，所绘螺旋线的轴线沿螺旋线底面中心点与轴端点的连线方向，即螺旋线底面不再与 UCS 的 XY 面平行。

（3）圈数：设置螺旋线的圈数（默认值为 3，最大值为 500）。执行该选项，命令行提示如下：

输入圈数：

在此提示下输入圈数值即可。

（4）圈高：指定螺旋线一圈的高度（即圈间距，又称为节距，指螺旋线旋转一圈后，沿轴线方向移动的距离）。执行该选项，命令行提示如下：

指定圈间距：

根据提示响应即可。

（5）扭曲：确定螺旋线的旋转方向（即旋向）。执行该选项，命令行提示如下：

输入螺旋的扭曲方向 [顺时针(CW)/逆时针(CCW)] <CCW>：

根据提示响应即可。

15.2　绘制基本三维网格

网格模型由使用多边形表示来定义三维形状的顶点、边和面组成。三维基本图元与三维基本形体表面类似，有长方体表面、圆柱体表面、棱锥面、楔体表面、球面、圆锥面、圆环面等。但是与实体模型不同的是，网格模型没有质量特性。

15.2.1　绘制网格长方体

给定长、宽、高，绘制一个立方壳面。

【执行方式】

- ➷ 命令行：MESH。
- ➷ 菜单栏：选择菜单栏中的"绘图"→"建模"→"网格"→"图元"→"长方体"命令。
- ➷ 工具栏：单击"平滑网格图元"工具栏中的"网格长方体"按钮▦。
- ➷ 功能区：单击"三维工具"选项卡"建模"面板中的"网格长方体"按钮▦。

【操作步骤】

命令行提示与操作如下：

命令：MESH↙
当前平滑度设置为：0
输入选项 [长方体(B)/圆锥体(C)/圆柱体(CY)/棱锥体(P)/球体(S)/楔体(W)/圆环体(T)/设置(SE)]
<长方体>:B↙

指定第一个角点或 [中心(C)]:
指定其他角点或 [立方体(C)/长度(L)]:
指定高度或 [两点(2P)]:

【选项说明】

（1）指定第一个角点：设置网格长方体的第一个角点。

（2）中心：设置网格长方体的中心。

（3）立方体：将网格长方体的所有边设置为长度相等。

（4）指定高度：设置网格长方体沿 Z 轴的高度。

（5）两点（高度）：基于两点之间的距离设置网格长方体的高度。

15.2.2　绘制网格圆锥体

给定圆心、底圆半径和顶圆半径，绘制一个圆锥体。

【执行方式】

➤　命令行：MESH。

➤　菜单栏：选择菜单栏中的"绘图"→"建模"→"网格"→"图元"→"圆锥体"命令。

➤　工具栏：单击"平滑网格图元"工具栏中的"网格圆锥体"按钮 。

➤　功能区：单击"三维工具"选项卡"建模"面板中的"网格圆锥体"按钮 。

【操作步骤】

命令行提示与操作如下：

命令: _MESH
当前平滑度设置为: 0
输入选项 [长方体(B)/圆锥体(C)/圆柱体(CY)/棱锥体(P)/球体(S)/楔体(W)/圆环体(T)/设置(SE)]
<圆锥体>: _CONE
指定底面的中心点或[三点(3P)/两点(2P)/切点、切点、半径(T)/椭圆(E)]:
指定底面半径或 [直径(D)]:
指定高度或 [两点(2P)/轴端点(A)/顶面半径(T)] <100.0000>:

【选项说明】

（1）指定底面的中心点：设置网格圆锥体底面的中心点。

（2）三点：通过指定三点设置网格圆锥体的位置、大小和平面。

（3）两点（直径）：根据两点定义网格圆锥体的底面直径。

（4）切点、切点、半径：定义具有指定半径，且半径与两个对象相切的网格圆锥体的底面。

（5）椭圆：指定网格圆锥体的椭圆底面。

（6）指定底面半径：设置网格圆锥体底面的半径。

（7）直径：设置网格圆锥体的底面直径。

（8）指定高度：设置网格圆锥体沿与底面所在平面垂直的轴的高度。

（9）两点（高度）：通过指定两点之间的距离定义网格圆锥体的高度。

（10）轴端点：设置网格圆锥体的顶点的位置或网格圆锥体平截面顶面的中心位置。轴端点的方向可以为三维空间中的任意位置。

（11）顶面半径：指定创建网格圆锥体平截面时圆锥体的顶面半径。

15.2.3　绘制网格圆柱体

【执行方式】

- ➤　命令行：MESH。
- ➤　菜单栏：选择菜单栏中的"绘图"→"建模"→"网格"→"图元"→"圆柱体"命令。
- ➤　工具栏：单击"平滑网格图元"工具栏中的"网格圆柱体"按钮🖳。
- ➤　功能区：单击"三维工具"选项卡"建模"面板中的"网格圆柱体"按钮🖳。

【操作步骤】

命令行提示与操作如下：

```
命令：_MESH
当前平滑度设置为：0
输入选项 [长方体(B)/圆锥体(C)/圆柱体(CY)/棱锥体(P)/球体(S)/楔体(W)/圆环体(T)/设置(SE)]
<圆柱体>：_CYLINDER
指定底面的中心点或 [三点(3P)/两点(2P)/切点、切点、半径(T)/椭圆(E)]：
指定底面半径或 [直径(D)]：
指定高度或 [两点(2P)/轴端点(A)] <100>：
```

【选项说明】

（1）指定底面的中心点：设置网格圆柱体底面的中心点。

（2）三点：通过指定三点设置网格圆柱体的位置、大小和平面。

（3）两点：通过指定两点设置网格圆柱体底面的直径。

（4）切点、切点、半径：定义具有指定半径，且半径与两个对象相切的网格圆柱体的底面。如果指定的条件可生成多种结果，则将使用最近的切点。

（5）椭圆：指定网格圆柱体的椭圆底面。

（6）指定底面半径：设置网格圆柱体底面的半径。

（7）直径：设置网格圆柱体的底面直径。

（8）指定高度：设置网格圆柱体沿与底面所在平面垂直的轴的高度。

（9）轴端点：设置网格圆柱体顶面的位置。轴端点的方向可以为三维空间中的任意位置。

15.2.4　绘制网格棱锥体

给定棱台各顶点，绘制一个棱台，或者给定棱锥各顶点，绘制一个棱锥。

【执行方式】

- ➤　命令行：MESH。
- ➤　菜单栏：选择菜单栏中的"绘图"→"建模"→"网格"→"图元"→"棱锥体"命令。

- ⬎　工具栏：单击"平滑网格图元"工具栏中的"网格棱锥体"按钮 ⬟。
- ⬎　功能区：单击"三维工具"选项卡"建模"面板中的"网格棱锥体"按钮 ⬟。

【操作步骤】

命令行提示与操作如下：

```
命令：_MESH
当前平滑度设置为：0
输入选项 [长方体(B)/圆锥体(C)/圆柱体(CY)/棱锥体(P)/球体(S)/楔体(W)/圆环体(T)/设置(SE)]
<棱锥体>：_PYRAMID
4 个侧面   外切
指定底面的中心点或 [边(E)/侧面(S)]：
指定底面半径或 [内接(I)] <50>：:
指定高度或 [两点(2P)/轴端点(A)/顶面半径(T)] <100>：
```

【选项说明】

（1）指定底面的中心点：设置网格棱锥体底面的中心点。

（2）边：设置网格棱锥体底面一条边的长度，与指定的两点所指明的长度一样。

（3）侧面：设置网格棱锥体的侧面数，输入 3~32 的正值。

（4）指定底面半径：设置网格棱锥体底面的半径。

（5）内接：指定网格棱锥体的底面是内接的，还是绘制在底面半径内。

（6）指定高度：设置网格棱锥体沿与底面所在的平面垂直的轴的高度。

（7）两点（高度）：通过指定两点之间的距离定义网格棱锥体的高度。

（8）轴端点：设置网格棱锥体顶点的位置或网格棱锥体平截面顶面的中心位置。轴端点的方向可以为三维空间中的任意位置。

（9）顶面半径：指定创建网格棱锥体平截面时网格棱锥体的顶面半径。

15.2.5　绘制网格球体

给定圆心和半径，绘制一个球体。

【执行方式】

- ⬎　命令行：MESH。
- ⬎　菜单栏：选择菜单栏中的"绘图"→"建模"→"网格"→"图元"→"球体"命令。
- ⬎　工具栏：单击"平滑网格图元"工具栏中的"网格球体"按钮 ⬤。
- ⬎　功能区：单击"三维工具"选项卡"建模"面板中的"网格球体"按钮 ⬤。

【操作步骤】

命令行提示与操作如下：

```
命令：_MESH
当前平滑度设置为：0
输入选项 [长方体(B)/圆锥体(C)/圆柱体(CY)/棱锥体(P)/球体(S)/楔体(W)/圆环体(T)/设置(SE)]
<球体>：_SPHERE
指定中心点或 [三点(3P)/两点(2P)/切点、切点、半径(T)]：
指定半径或 [直径(D)] <214.2721>：
```

【选项说明】

（1）指定中心点：设置网格球体的中心点。

（2）三点：通过指定三点设置网格球体的位置、大小和平面。

（3）两点（直径）：通过指定两点设置网格球体的直径。

（4）切点、切点、半径：使用与两个对象相切的指定半径定义网格球体。

15.2.6 绘制网格楔体

给定长、宽、高，绘制一个楔体。

【执行方式】

- ↘ 命令行：MESH。
- ↘ 菜单栏：选择菜单栏中的"绘图"→"建模"→"网格"→"图元"→"楔体"命令。
- ↘ 工具栏：单击"平滑网格图元"工具栏中的"网格楔体"按钮▨。
- ↘ 功能区：单击"三维工具"选项卡"建模"面板中的"网格楔体"按钮▨。

【操作步骤】

命令行提示与操作如下：

```
命令：_MESH
当前平滑度设置为：0
输入选项 [长方体(B)/圆锥体(C)/圆柱体(CY)/棱锥体(P)/球体(S)/楔体(W)/圆环体(T)/设置(SE)]
<楔体>：_WEDGE
指定第一个角点或 [中心(C)]：
指定其他角点或 [立方体(C)/长度(L)]：l
指定长度 <342.6887>：
指定宽度 <232.8676>：
指定高度或 [两点(2P)] <146.2245>：
```

【选项说明】

（1）立方体：将网格楔体底面的所有边设为长度相等。

（2）长度：设置网格楔体底面沿 X 轴的长度。

（3）指定宽度：设置网格楔体沿 Y 轴的宽度。

（4）指定高度：设置网格楔体的高度。输入正值将沿当前 UCS 的 Z 轴正方向绘制高度。输入负值将沿当前 UCS 的 Z 轴负方向绘制高度。

（5）两点（高度）：通过指定两点之间的距离定义网格楔体的高度。

15.2.7 绘制网格圆环体

给定圆心、环的半径和管的半径，绘制一个圆环体。

【执行方式】

- ↘ 命令行：MESH。

扫一扫，看视频

- 菜单栏：选择菜单栏中的"绘图"→"建模"→"网格"→"图元"→"圆环体"命令。
- 工具栏：单击"平滑网格图元"工具栏中的"网格圆环体"按钮 ⊛ 。
- 功能区：单击"三维工具"选项卡"建模"面板中的"网格圆环体"按钮 ⊛ 。

动手学——绘制 O 型圈

源文件：源文件\第 15 章\O 型圈.dwg

绘制如图 15-4 所示的 O 型圈。

【操作步骤】

（1）单击"可视化"选项卡"视图"面板中的"西南等轴测"按钮 ◈ ，设置视图方向。

（2）在命令行中输入 DIVMESHTORUSPATH，将网格圆环体的边数设置为 20。命令行提示与操作如下：

```
命令：DIVMESHTORUSPATH↙
输入 DIVMESHTORUSPATH 的新值 <8>：20
```

（3）单击"三维工具"选项卡"建模"面板中的"网格圆环体"按钮 ⊛ ，绘制手镯网格。命令行提示与操作如下：

```
命令：_MESH
当前平滑度设置为：0
输入选项 [长方体(B)/圆锥体(C)/圆柱体(CY)/棱锥体(P)/球体(S)/楔体(W)/圆环体(T)/设置(SE)]
<圆环体>：_TORUS
指定中心点或 [三点(3P)/两点(2P)/切点、切点、半径(T)]：0,0,0
指定半径或 [直径(D)]：100↙
指定圆管半径或 [两点(2P)/直径(D)]：10↙
```

绘制结果如图 15-5 所示。

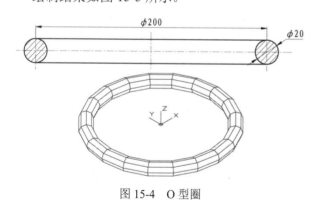

图 15-4　O 型圈　　　　　　　　　　　　　图 15-5　O 型圈网格

（4）单击"可视化"选项卡"视觉样式"面板中的"隐藏"按钮 ⬢ ，对图形进行消隐处理。最终结果如图 15-4 所示。

【选项说明】

（1）指定中心点：设置网格圆环体的中心点。

（2）三点：通过指定三点设置网格圆环体的位置、大小和旋转面。圆管的路径会通过指定的点。

（3）两点（圆环体直径）：通过指定两点设置网格圆环体的直径。直径从网格圆环体的中心点开始计算，直至圆管的中心点。

（4）切点、切点、半径：定义与两个对象相切的网格圆环体半径。

（5）指定半径（圆环体）：设置网格圆环体的半径，从圆环体的中心点开始测量，直至圆管的中心点。

（6）指定直径（圆环体）：设置网格圆环体的直径，从圆环体的中心点开始测量，直至圆管的中心点。

（7）指定圆管半径：设置沿网格圆环体路径扫掠的轮廓半径。

（8）两点：基于指定两点之间的距离设置圆管轮廓的半径。

15.3　绘制三维网格

在三维造型的生成过程中，有一种思路是通过二维图形来生成三维网格。AutoCAD 提供了 5 种方法来实现。

15.3.1　直纹网格

创建用于表示两条直线或曲线之间的曲面的网格。

【执行方式】

- 命令行：RULESURF。
- 菜单栏：选择菜单栏中的"绘图"→"建模"→"网格"→"直纹网格"命令。
- 功能区：单击"三维工具"选项卡"建模"面板中的"直纹曲面"按钮 。

【操作步骤】

命令行提示与操作如下：

```
命令：_RULESURF
当前线框密度：SURFTAB1=6
选择第一条定义曲线：
选择第二条定义曲线：
```

选择两条用于定义网格的边，边可以是直线、圆弧、样条曲线、圆或多段线。如果有一条边是闭合的，那么另一条边必须是闭合的。也可以将点用作开放曲线或闭合曲线的一条边。

MESHTYPE 系统变量设置创建网格的类型。默认情况下会创建网格对象。将变量设定为 0 以创建传统多面网格或多边形网格。

对于闭合曲线，无须考虑选择的对象。如果曲线是一个圆，直纹网格将从 0°象限点开始绘制，此象限点由当前 X 轴加上 SNAPANG 系统变量的当前值确定。对于闭合多段线，直纹网格从最后一个顶点开始并反向沿着多段线的线段绘制，在圆和闭合多段线之间创建直纹网格可能会造成乱纹。

15.3.2　平移网格

将路径曲线沿方向矢量进行平移后构成平移曲面。

【执行方式】

→ 命令行：TABSURF。

→ 菜单栏：选择菜单栏中的"绘图"→"建模"→"网格"→"平移网格"命令。

→ 功能区：单击"三维工具"选项卡"建模"面板中的"平移曲面"按钮⧈。

【操作步骤】

命令行提示与操作如下：

```
命令：_TABSURF
当前线框密度：SURFTAB1=6
选择用作轮廓曲线的对象：（选择一个已经存在的轮廓曲线）
选择用作方向矢量的对象：（选择一个方向线）
```

【选项说明】

（1）轮廓曲线：可以是直线、圆弧、圆、椭圆、二维或三维多段线。AutoCAD 默认从轮廓曲线上离选定点最近的点开始绘制曲面。

（2）方向矢量：指出形状的拉伸方向和长度。在多段线或直线上选定的端点决定了拉伸的方向。

15.3.3 旋转网格

使用 REVSURF 命令可以将曲线或轮廓绕指定的旋转轴旋转一定的角度，从而创建旋转网格。旋转轴可以是直线，也可以是开放的二维或三维多段线。

【执行方式】

→ 命令行：REVSURF。

→ 菜单栏：选择菜单栏中的"绘图"→"建模"→"网格"→"旋转网格"命令。

扫一扫，看视频

动手学——绘制挡盖

源文件：源文件\第 15 章\挡盖.dwg

本实例绘制如图 15-6 所示的挡盖。首先利用二维绘图的方法绘制平面图形，然后利用"旋转网格"命令形成回转体。绘制过程中要用到"多段线"命令和"旋转网格"命令。

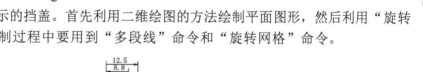

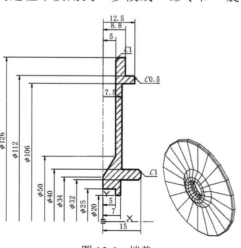

图 15-6 挡盖

【操作步骤】

（1）设置线框密度，命令行提示与操作如下：

命令：SURFTAB1✓
输入 SURFTAB1 的新值 <6>：20✓
命令：SURFTAB2✓
输入 SURFTAB2 的新值 <6>：20✓

（2）单击"绘图"面板中的"多段线"按钮 ，绘制图形。命令行提示与操作如下：

命令：_PLINE
指定起点：0,12.5✓
当前线宽为 0.0000
指定下一点或 [圆弧(A)/半宽(H)/长度(L)/放弃(U)/宽度(W)]：@0,4.5✓
指定下一点或 [圆弧(A)/闭合(C)/半宽(H)/长度(L)/放弃(U)/宽度(W)]：@5,8✓
指定下一点或 [圆弧(A)/闭合(C)/半宽(H)/长度(L)/放弃(U)/宽度(W)]：@0,37✓
指定下一点或 [圆弧(A)/闭合(C)/半宽(H)/长度(L)/放弃(U)/宽度(W)]：@1,1✓
指定下一点或 [圆弧(A)/闭合(C)/半宽(H)/长度(L)/放弃(U)/宽度(W)]：@2.8,0✓
指定下一点或 [圆弧(A)/闭合(C)/半宽(H)/长度(L)/放弃(U)/宽度(W)]：@0,-7✓
指定下一点或 [圆弧(A)/闭合(C)/半宽(H)/长度(L)/放弃(U)/宽度(W)]：@3.2,0✓
指定下一点或 [圆弧(A)/闭合(C)/半宽(H)/长度(L)/放弃(U)/宽度(W)]：@0.5,-0.5✓
指定下一点或 [圆弧(A)/闭合(C)/半宽(H)/长度(L)/放弃(U)/宽度(W)]：@0,-2.5✓
指定下一点或 [圆弧(A)/闭合(C)/半宽(H)/长度(L)/放弃(U)/宽度(W)]：@-5,0✓
指定下一点或 [圆弧(A)/闭合(C)/半宽(H)/长度(L)/放弃(U)/宽度(W)]：@0,-33✓
指定下一点或 [圆弧(A)/闭合(C)/半宽(H)/长度(L)/放弃(U)/宽度(W)]：@6.5,0✓
指定下一点或 [圆弧(A)/闭合(C)/半宽(H)/长度(L)/放弃(U)/宽度(W)]：@1,-1✓
指定下一点或 [圆弧(A)/闭合(C)/半宽(H)/长度(L)/放弃(U)/宽度(W)]：@0,-2✓
指定下一点或 [圆弧(A)/闭合(C)/半宽(H)/长度(L)/放弃(U)/宽度(W)]：@-1,-1✓
指定下一点或 [圆弧(A)/闭合(C)/半宽(H)/长度(L)/放弃(U)/宽度(W)]：@-7,0✓
指定下一点或 [圆弧(A)/闭合(C)/半宽(H)/长度(L)/放弃(U)/宽度(W)]：@0,-6✓
指定下一点或 [圆弧(A)/闭合(C)/半宽(H)/长度(L)/放弃(U)/宽度(W)]：@-2,0✓
指定下一点或 [圆弧(A)/闭合(C)/半宽(H)/长度(L)/放弃(U)/宽度(W)]：@0,2.5✓
指定下一点或 [圆弧(A)/闭合(C)/半宽(H)/长度(L)/放弃(U)/宽度(W)]：C✓

（3）单击"绘图"面板中的"直线"按钮 ╱，绘制一条通过原点的水平直线，结果如图 15-7 所示。

（4）选择菜单栏中的"绘图"→"建模"→"网格"→"旋转网格"命令，创建回旋体，命令行提示与操作如下：

命令：_REVSURF
当前线框密度：SURFTAB1=20 SURFTAB2=20
选择要旋转的对象：（选择多段线）✓
选择定义旋转轴的对象：（选择水平直线）✓
指定起点角度 <0>：（选择水平直线的左端点）✓
指定第二点：（选择水平直线的右端点）✓
指定夹角 (+=逆时针，-=顺时针) <360>：✓

绘制结果如图 15-8 所示。

（5）切换到西南等轴测视图。单击"视图"选项卡"视图"面板"视图"下拉菜单中的"西南等轴测"按钮 ，切换到西南等轴测视图，单击"视觉样式"面板中的"隐藏"按钮 ，消隐图形，效果如图 15-6 所示。

图 15-7　绘制轮廓

图 15-8　旋转网格

【选项说明】

（1）起点角度：如果设置为非 0 值，平面将从生成路径曲线位置的某个偏移处开始旋转。

（2）夹角：用于指定绕旋转轴旋转的角度。

（3）系统变量 SURFTAB1 和 SURFTAB2：用于控制生成网格的密度。SURFTAB1 指定在旋转方向上绘制的网格线数目；SURFTAB2 指定将绘制的网格线数目进行等分。

扫一扫，看视频

动手练——绘制弹簧

绘制如图 15-9 所示的弹簧。

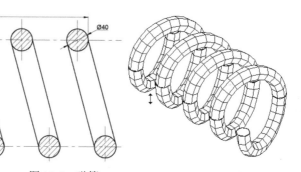

图 15-9　弹簧

思路点拨：

> 调用素材：初始文件\第 15 章\弹簧.dwg
> 源文件：源文件\第 15 章\弹簧.dwg
> （1）利用"多段线"和"直线"命令绘制旋转轴。
> （2）利用"圆"命令绘制截面。
> （3）利用"旋转网格"命令绘制弹簧。

15.3.4　平面曲面

可以通过选择关闭的对象或指定矩形表面的对角点创建平面曲面。支持首先拾取选择的对象并基于闭合的轮廓生成平面曲面。通过命令指定曲面的角点，将创建平行于工作平面的曲面。

【执行方式】

- ↳ 命令行：PLANESURF。
- ↳ 菜单栏：选择菜单栏中的"绘图"→"建模"→"曲面"→"平面"命令。
- ↳ 工具栏：单击"曲面创建"工具栏中的"平面曲面"按钮 ▰。
- ↳ 功能区：单击"三维工具"选项卡"曲面"面板中的"平面曲面"按钮 ▰。

【操作步骤】

命令行提示与操作如下：

```
命令：_PLANESURF
指定第一个角点或 [对象(O)] <对象>：O
选择对象：（选择生成平面曲面的边界图形）
选择对象：
```

【选项说明】

（1）指定第一个角点：通过指定两个角点来创建矩形形状的平面曲面，如图 15-10 所示。

（2）对象：通过指定平面对象创建平面曲面，如图 15-11 所示。

图 15-10 矩形形状的平面曲面

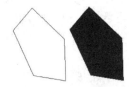

图 15-11 指定平面对象创建平面曲面

15.3.5 边界网格

使用 4 条首尾连接的边创建三维多边形网格。

【执行方式】

- ↳ 命令行：EDGESURF。
- ↳ 菜单栏：选择菜单栏中的"绘图"→"建模"→"网格"→"边界网格"命令。
- ↳ 功能区：单击"三维工具"选项卡"建模"面板中的"边界曲面"按钮 ▰。

扫一扫，看视频

动手学——绘制天圆地方连接法兰

源文件：源文件\第 15 章\天圆地方连接法兰.dwg

本实例绘制如图 15-12 所示的天圆地方连接法兰。

【操作步骤】

（1）在命令行中输入 SURFTAB1 和 SURFTAB2，设置曲面的线框密度为 20。将视图切换到西南等轴测视图。

（2）单击"默认"选项卡"绘图"面板中的"圆"按钮 ⊙，绘制圆心为（0,0,0）、半径为 100 的圆。

（3）单击"默认"选项卡"绘图"面板中的"多边形"按钮 ⬠，绘制圆侧面数为 4、中心点坐标为（0,0,300）、外切圆半径为 150 的正方形，如图 15-13 所示。

（4）将视图切换为俯视图，单击"默认"选项卡"绘图"面板中的"直线"按钮／，连接正方形与圆，结果如图 15-14 所示。

图 15-12 天圆地方连接法兰

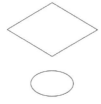

图 15-13 绘制图形

图 15-14 连接图形

（5）单击"默认"选项卡"修改"面板中的"修剪"按钮，修剪图形，将视图切换到西南等轴测视图，结果如图 15-15 所示。

（6）单击"三维工具"选项卡"建模"面板中的"边界曲面"按钮，依次选取边界对象，创建边界曲面。命令行提示与操作如下：

```
命令：_EDGESURF
当前线框密度：SURFTAB1=30  SURFTAB2=30
选择用作曲面边界的对象 1：（选取图 15-15 中的直线 1）
选择用作曲面边界的对象 2：（选取图 15-15 中的圆弧 2）
选择用作曲面边界的对象 3：（选取图 15-15 中的直线 3）
选择用作曲面边界的对象 4：（选取图 15-15 中的直线 4）
```

绘制结果如图 15-16 所示。

（7）单击"默认"选项卡"修改"面板中的"镜像"按钮，将步骤（6）创建的曲面以下端圆弧线的两个端点为镜像线，镜像曲面，结果如图 15-17 所示。

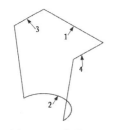

图 15-15 修剪图形

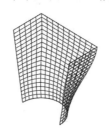

图 15-16 创建边界曲面

图 15-17 镜像曲面

（8）单击"默认"选项卡"绘图"面板中的"圆"按钮，以（0,0,0）为圆心绘制半径分别为 100 和 150 的圆。

（9）单击"默认"选项卡"绘图"面板中的"多边形"按钮，绘制圆侧面数为 4、中心点坐标为（0,0,300）、外切圆半径分别为 150 和 200 的正方形，如图 15-18 所示。

（10）单击"三维工具"选项卡"曲面"面板中的"平面曲面"按钮，创建平面曲面。命令行提示与操作如下：

```
命令：_PLANESURF
指定第一个角点或 [对象(O)] <对象>：O↙
选择对象：（选择边长为 300 的正方形）
选择对象：找到 1 个
选择对象：↙
```

重复"平面曲面"命令，创建其他平面曲面，结果如图 15-19 所示。

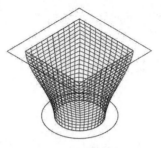

图 15-18　绘制图形

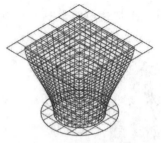

图 15-19　创建平面曲面

（11）单击"三维工具"选项卡"实体编辑"面板中的"差集"按钮，从较大的正方形平面中减去较小的正方形平面曲面，从较大的圆形平面中减去较小的圆形平面曲面。

（12）单击"视图"选项卡"视觉样式"面板中的"灰度"按钮，隐藏图形。最终结果如图 15-12 所示。

【选项说明】

系统变量 SURFTAB1 和 SURFTAB2 分别控制 M、N 方向的网格分段数。可通过在命令行输入 SURFTAB1 改变 M 方向的默认值，在命令行输入 SURFTAB2 改变 N 方向的默认值。

15.4　曲面操作

AutoCAD 2022 提供了基准命令来创建和编辑曲面，本节主要介绍几种绘制和编辑曲面的方法，帮助读者熟悉三维曲面的功能。

15.4.1　偏移曲面

使用"曲面偏移"命令可以创建与原始曲面相距指定距离的平行曲面，也可以指定偏移距离，以及偏移曲面是否保持与原始曲面的关联性，还可以使用数学表达式指定偏移距离。

【执行方式】

- 命令行：SURFOFFSET。
- 菜单栏：选择菜单栏中的"绘图"→"建模"→"曲面"→"偏移"命令。
- 工具栏：单击"曲面创建"工具栏中的"曲面偏移"按钮。
- 功能区：单击"三维工具"选项卡"曲面"面板中的"曲面偏移"按钮。

动手学——创建偏移曲面

扫一扫，看视频

源文件：源文件\第 15 章\偏移曲面.dwg

本实例创建如图 15-20 所示的偏移曲面。

【操作步骤】

（1）单击"三维工具"选项卡"曲面"面板中的"平面曲面"按钮，以（0,0）和（50,50）

为角点创建平面曲面，如图 15-21 所示。

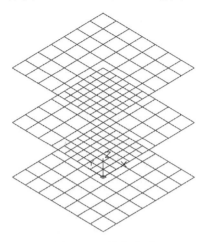

图 15-20　偏移曲面

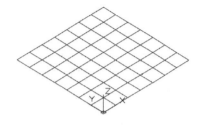

图 15-21　平面曲面

（2）单击"三维工具"选项卡"曲面"面板中的"曲面偏移"按钮 ，将步骤（1）创建的曲面向两侧偏移，偏移距离分别为25。命令行提示与操作如下：

```
命令：_SURFOFFSET
连接相邻边 = 否
选择要偏移的曲面或面域：选取上步创建的曲面，显示偏移方向，如图 15-22 所示
选择要偏移的曲面或面域：
指定偏移距离或 [翻转方向(F)/两侧(B)/实体(S)/连接(C)/表达式(E)] <0.0000>：B
将针对每项选择创建 2 个偏移曲面。显示如图 15-23 所示的偏移方向
指定偏移距离或 [翻转方向(F)/两侧(B)/实体(S)/连接(C)/表达式(E)] <0.0000>：25
1 个对象将偏移。
2 个偏移操作成功完成。
```

结果如图 15-20 所示。

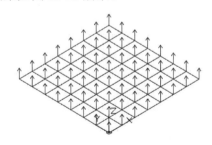

图 15-22　显示偏移方向

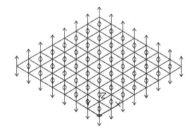

图 15-23　显示两侧偏移方向

【选项说明】

（1）指定偏移距离：指定偏移曲面和原始曲面之间的距离。

（2）翻转方向：反转箭头显示的偏移方向。

（3）两侧：沿两个方向偏移曲面。

（4）实体：从偏移创建实体。

（5）连接：如果原始曲面是连接的，则连接多个偏移曲面。

15.4.2 过渡曲面

使用"过渡"命令在现有曲面和实体之间创建新曲面，对各曲面过渡以形成一个曲面时，可指定起始边和结束边的曲面连续性和凸度幅值。

【执行方式】

- 命令行：SURFBLEND。
- 菜单栏：选择菜单栏中的"绘图"→"建模"→"曲面"→"过渡"命令。
- 工具栏：单击"曲面创建"工具栏中的"曲面过渡"按钮🔩。
- 功能区：单击"三维工具"选项卡"曲面"面板中的"曲面过渡"按钮🔩。

动手学——创建过渡曲面

调用素材：*初始文件\第 15 章\偏移曲面.dwg*

源文件：*源文件\第 15 章\过渡曲面.dwg*

本实例创建如图 15-24 所示的过渡曲面。

扫一扫，看视频

【操作步骤】

（1）打开初始文件\第 15 章\偏移曲面.dwg 文件。

（2）单击"三维工具"选项卡"曲面"面板中的"曲面过渡"按钮🔩，创建过渡曲面。命令行提示与操作如下：

```
命令：SURFBLEND↙
连续性 = G1 - 相切，凸度幅值 = 0.5
选择要过渡的第一个曲面的边或 [链(CH)]：（选择如图 15-25 所示的第一个曲面上的边 1,2,3,4）
选择要过渡的第一个曲面的边或 [链(CH)]：↙
选择要过渡的第二个曲面的边或 [链(CH)]：（选择如图 15-25 所示的第二个曲面上的边 5,6,7,8）
选择要过渡的第二个曲面的边或 [链(CH)]：↙
按 Enter 键接受过渡曲面或 [连续性(CON)/凸度幅值(B)]：B↙
第一条边的凸度幅值 <0.5000>：1↙
第二条边的凸度幅值 <0.5000>：1↙
按 Enter 键接受过渡曲面或 [连续性(CON)/凸度幅值(B)]：↙
```

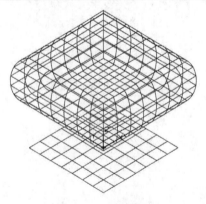

图 15-24　过渡曲面

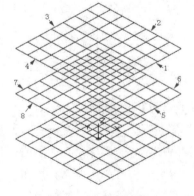

图 15-25　选取边线

结果如图 15-24 所示。

【选项说明】

（1）选择要过渡的第一个（或第二个）曲面的边：选择边子对象或曲面或面域作为第一条边（或第二条边）。

（2）链：选择连续的连接边。

（3）连续性：测量曲面彼此融合的平滑程度。系统默认值为 G0。选择一个值或使用夹点来更改连续性。

（4）凸度幅值：设定过渡曲面边与其原始曲面相交处该过渡曲面边的圆度。

15.4.3　圆角曲面

可以在两个曲面或面域之间创建截面轮廓的半径为常数的相切曲面，以对两个曲面或面域之间的区域进行圆角处理。

【执行方式】

- ↳　命令行：SURFFILLET。
- ↳　菜单栏：选择菜单栏中的"绘图"→"建模"→"曲面"→"圆角"命令。
- ↳　工具栏：单击"曲面创建"工具栏中的"曲面圆角"按钮 。
- ↳　功能区：单击"三维工具"选项卡"曲面"面板中的"曲面圆角"按钮 。

扫一扫，看视频

动手学——创建圆角曲面

调用素材：*初始文件\第 15 章\曲面.dwg*

源文件：*源文件\第 15 章\圆角曲面.dwg*

本实例创建如图 15-26 所示的圆角曲面。

【操作步骤】

（1）打开初始文件\第 15 章\曲面.dwg 文件，如图 15-27 所示。

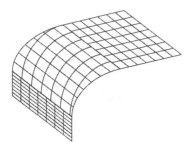

图 15-26　圆角曲面

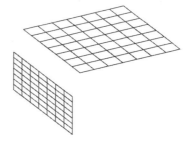

图 15-27　曲面

（2）单击"三维工具"选项卡"曲面"面板中的"曲面圆角"按钮 ，对曲面进行倒圆角。命令行提示与操作如下：

```
命令：SURFFILLET↙
半径 =0.0000，修剪曲面 = 是
选择要圆角化的第一个曲面或面域或者 [半径(R)/修剪曲面(T)]：R↙
指定半径或 [表达式(E)] <1.0000>:30↙
```

选择要圆角化的第一个曲面或面域或者 [半径(R)/修剪曲面(T)]：（选择竖直曲面1）
选择要圆角化的第二个曲面或面域或者 [半径(R)/修剪曲面(T)]：（选择水平曲面2）
按 Enter 键接受圆角曲面或 [半径(R)/修剪曲面(T)]：✓

结果如图 15-26 所示。

【选项说明】

（1）选择要圆角化的第一个（或第二个）曲面或面域：指定第一个（或第二个）曲面或面域。

（2）半径：指定圆角半径。使用圆角夹点或输入值来更改半径。输入的值不能小于曲面之间的间隙。

（3）修剪曲面：将原始曲面或面域修剪到圆角曲面的边。

15.4.4 网络曲面

在 U 方向和 V 方向的几条曲线之间的空间中创建曲面。

【执行方式】

↳ 命令行：SURFNETWORK。

↳ 菜单栏：选择菜单栏中的"绘图"→"建模"→"曲面"→"网络"命令。

↳ 工具栏：单击"曲面创建"工具栏中的"曲面网络"按钮 ◢。

↳ 功能区：单击"三维工具"选项卡"曲面"面板中的"曲面网络"按钮 ◢。

【操作步骤】

命令行提示与操作如下：

命令：SURFNETWORK✓
沿第一个方向选择曲线或曲面边：（选择图 15-28（a）中的曲线 1）
沿第一个方向选择曲线或曲面边：（选择图 15-28（a）中的曲线 2）
沿第一个方向选择曲线或曲面边：（选择图 15-28（a）中的曲线 3）
沿第一个方向选择曲线或曲面边：（选择图 15-28（a）中的曲线 4）
沿第一个方向选择曲线或曲面边：✓（也可以继续选择相应的对象）
沿第二个方向选择曲线或曲面边：（选择图 15-28（a）中的曲线 5）
沿第二个方向选择曲线或曲面边：（选择图 15-28（a）中的曲线 6）
沿第二个方向选择曲线或曲面边：（选择图 15-28（a）中的曲线 7）
沿第二个方向选择曲线或曲面边：✓（也可以继续选择相应的对象）

结果如图 15-28（b）所示。

（a）已有曲线　　　　　　　　　　　　　　（b）网格曲面

图 15-28　创建网格曲面

15.4.5 修补曲面

创建修补曲面是指通过在已有的封闭曲面边上构成一个曲面的方式来创建一个新曲面。

图 15-29（a）所示是已有曲面，图 15-29（b）所示是创建出的修补曲面。

（a）已有曲面 　　　　　　　　　　　　（b）创建修补曲面结果

图 15-29　创建修补曲面

【执行方式】

➡ 命令行：SURFPATCH。
➡ 菜单栏：选择菜单栏中的"绘图"→"建模"→"曲面"→"修补"命令。
➡ 工具栏：单击"曲面创建"工具栏中的"曲面修补"按钮█。
➡ 功能区：单击"三维工具"选项卡"曲面"面板中的"曲面修补"按钮█。

【操作步骤】

命令行提示与操作如下：

```
命令：SURFPATCH↙
连续性 = G0 - 位置，凸度幅值 = 0.5
选择要修补的曲面边或 [链(CH)/曲线(CU)] <曲线>：（选择对应的曲面边或曲线）
选择要修补的曲面边或 [链(CH)/曲线(CU)] <曲线>：↙（也可以继续选择曲面边或曲线）
按 Enter 键接受修补曲面或 [连续性(CON)/凸度幅值(B)/约束几何图形(CONS)]：
```

【选项说明】

（1）连续性：设置修补曲面的连续性。

（2）凸度幅值：设置修补曲面边与原始曲面相交时的平滑程度。

（3）导向：使用其他导向曲线以塑造修补曲面的形状。导向曲线可以是曲线，也可以是点。

15.5　网　格　编　辑

AutoCAD 2022 极大地加强了网格编辑方面的功能，本节简要介绍这些新功能。

15.5.1　提高（降低）平滑度

利用 AutoCAD 2022 提供的新功能，可以提高（降低）网格曲面的平滑度。

【执行方式】

➡ 命令行：MESHSMOOTHMORE（或 MESHSMOOTHLESS）。
➡ 菜单栏：选择菜单栏中的"修改"→"网格编辑"→"提高平滑度（或降低平滑度）"命令。
➡ 工具栏：单击"平滑网格"工具栏中的"提高网格平滑度"按钮█或"降低网格平滑度"按钮█。

扫一扫，看视频

➥ 功能区：单击"三维工具"选项卡"网格"面板中的"提高平滑度"按钮 或"降低平滑度"按钮 。

动手学——提高 O 型圈平滑度

源文件：源文件\第 15 章\提高 O 型圈平滑度.dwg

本实例提高 O 型圈的平滑度，如图 15-30 所示。

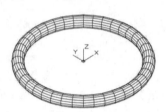

图 15-30 提高 O 型圈的平滑度

✍ **技巧：**

> 注意将 O 型圈提高网格平滑度前后进行对比。

【操作步骤】

（1）打开源文件\第 15 章\O 型圈.dwg 文件。

（2）单击"三维工具"选项卡"网格"面板中的"提高平滑度"按钮 ，提高 O 型圈的平滑度，使 O 型圈看起来更加光滑。命令行提示与操作如下：

```
命令：MESHSMOOTHMORE✓
选择要提高平滑度的网格对象：（选择 O 型圈）
选择要提高平滑度的网格对象：✓
```

结果如图 15-30 所示。

15.5.2 锐化（取消锐化）

锐化功能可以使平滑的曲面选定的局部变得尖锐，取消锐化功能则是锐化功能的逆过程。

【执行方式】

➥ 命令行：MESHCREASE（或 MESHUNCREASE）。

➥ 菜单栏：选择菜单栏中的"修改"→"网格编辑"→"锐化（取消锐化）"命令。

➥ 工具栏：单击"平滑网格"工具栏中的"锐化网格"按钮 或"取消锐化网格"按钮 。

动手学——锐化 O 型圈

源文件：源文件\第 15 章\锐化 O 型圈.dwg

本实例对 O 型圈进行锐化，如图 15-31 所示。

【操作步骤】

（1）打开源文件\第 15 章\O 型圈.dwg 文件。

（2）选择菜单栏中的"修改"→"网格编辑"→"锐化"命令，对 O 型圈进行锐化。命令行

扫一扫，看视频

提示与操作如下：

命令：_MESHCREASE
选择要锐化的网格子对象：（选择 O 型圈曲面上的子网格，被选中的子网格高亮显示，如图 15-32 所示）
选择要锐化的网格子对象：✓
指定锐化值 [始终(A)] <始终>：20✓

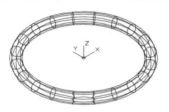

图 15-31 锐化 O 型圈

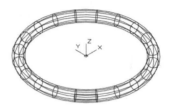

图 15-32 选择子网格对象

锐化结果如图 15-33 所示。

（3）单击"可视化"选项卡"渲染"面板中的"渲染到尺寸"按钮，对 O 型圈进行渲染，结果如图 15-34 所示。

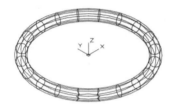

图 15-33 锐化结果

图 15-34 渲染后的曲面锐化

（4）选择菜单栏中的"修改"→"网格编辑"→"锐化（取消锐化）"命令，对刚锐化的网格取消锐化。命令行提示与操作如下：

命令：_MESHUNCREASE
选择要删除的锐化：（选取锐化后的曲面）
选择要删除的锐化：

取消锐化结果如图 15-31 所示。

15.5.3 优化网格

优化网格对象可增加可编辑面的数目，从而提供对精细建模细节的附加控制。

【执行方式】

↘ 命令行：MESHREFINE。
↘ 菜单栏：选择菜单栏中的"修改"→"网格编辑"→"优化网格"命令。
↘ 工具栏：单击"平滑网格"工具栏中的"优化网格"按钮。
↘ 功能区：单击"三维工具"选项卡"网格"面板中的"优化网格"按钮。

动手学——优化 O 型圈

源文件：源文件\第 16 章\优化 O 型圈.dwg

本实例对 O 型圈进行优化，如图 15-35 所示。

扫一扫，看视频

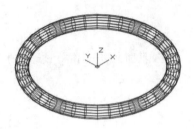

图 15-35　优化 O 型圈

【操作步骤】

（1）打开源文件\第 15 章\O 型圈.dwg 文件。

（2）单击"三维工具"选项卡"网格"面板中的"优化网格"按钮 ，对 O 型圈进行优化。命令行提示与操作如下：

```
命令：_MESHREFINE
选择要优化的网格对象或面子对象：（选择如图 15-35 所示的 O 型圈曲面）
选择要优化的网格对象或面子对象：✓
```

结果如图 15-35 所示，可以看出可编辑面数目增加了。

AutoCAD 2022 的修改菜单中还提供了其他网格编辑子菜单，包括分割面、转换为具有镶嵌面的实体、转换为具有镶嵌面的曲面、转换成平滑实体、转换成平滑曲面，这里不再一一介绍。

15.6　模拟认证考试

1．SURFTAB1 和 SURFTAB2 可以设置三维的系统变量是（　　　）。

　　A．物体的密度　　　　　　　　　　　B．物体的长宽

　　C．曲面的形状　　　　　　　　　　　D．物体的网格密度

2．创建绕选定轴旋转而成的旋转网格可以利用的命令是（　　　）。

　　A．ROTATE3D　　　B．ROTATE　　　C．RULESURF　　　D．REVSURF

3．修改三维面的边的可见性可以利用的命令是（　　　）。

　　A．EDGE　　　　　B．PEDIT　　　　C．3DFACE　　　D．DDMODIFY

4．构建 RULESURF 曲面时，不是产生扭曲或变形的原因是（　　　）。

　　A．指定曲面边界时点的位置反了

　　B．指定曲面边界时顺序反了

　　C．连接曲面边界的点的几何信息相同而拓扑信息不同

　　D．曲面边界一个封闭而另一个不封闭

5．创建直纹曲面时，可能会出现网格面交叉和不交叉两种情况。若要使网格面交叉，选定实体时，应取（　　　）。

　　A．相同方向的端点　　　　　　　　　B．正反方向的端点

　　C．任意取端点　　　　　　　　　　　D．实体的中点

第16章　简单三维实体建模

内容简介

实体建模是 AutoCAD 三维建模中比较重要的一部分。实体模型是能够完整描述对象的 3D 模型，如三维线框、三维曲面，其更能表达实物。本章主要介绍基本三维实体的创建、由二维图形生成三维实体等知识。

内容要点

- ❯ 创建基本三维实体
- ❯ 由二维图形生成三维实体
- ❯ 综合演练——绘制支架
- ❯ 模拟认证考试

案例效果

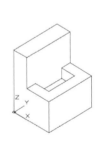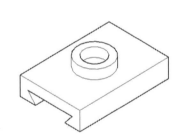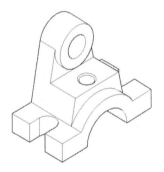

16.1　创建基本三维实体

复杂的三维实体都是由最基本的实体单元，如长方体、圆柱体等通过各种方式组合而成的。本节简要讲述这些最基本的实体单元的绘制方法。

16.1.1　长方体

除了通过拉伸创建长方体外，还可以直接利用"长方体"命令来得到长方体。

【执行方式】

- ❯ 命令行：BOX。

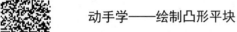

扫一扫，看视频

- ➥ 菜单栏：选择菜单栏中的"绘图"→"建模"→"长方体"命令。
- ➥ 工具栏：单击"建模"工具栏中的"长方体"按钮▭。
- ➥ 功能区：单击"三维工具"选项卡"建模"面板中的"长方体"按钮▭。

动手学——绘制凸形平块

源文件：源文件\第 16 章\凸形平块.dwg

本实例绘制如图 16-1 所示的凸形平块。

【操作步骤】

（1）单击"可视化"选项卡"视图"面板中的"西南等轴测"按钮◈，将当前视图切换到西南等轴测视图。

（2）单击"三维工具"选项卡"建模"面板中的"长方体"按钮▭，绘制长方体，如图 16-2 所示。命令行提示与操作如下：

```
命令：_box
指定第一个角点或 [中心(C)]：0,0,0
指定其他角点或 [立方体(C)/长度(L)]：100,50,50（注意观察坐标，以向右侧和向上侧为正值，相反则为负值）
```

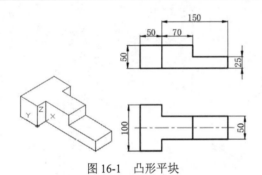
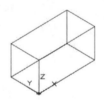

图 16-1　凸形平块　　　　　　　　　　　　　　　　图 16-2　绘制长方体

（3）单击"三维工具"选项卡"建模"面板中的"长方体"按钮▭，绘制长方体，如图 16-3 所示。命令行提示与操作如下：

```
命令：_box
指定第一个角点或 [中心(C)]：25,0,0
指定其他角点或 [立方体(C)/长度(L)]：L
指定长度 <100.0000>： <正交 开> 50（鼠标位置指定在 x 轴的右侧）
指定宽度 <150.0000>：150（鼠标位置指定在 Y 轴的右侧）
指定高度或 [两点(2P)] <50.0000>：25（鼠标位置指定在 Z 轴的上侧）
```

（4）单击"三维工具"选项卡"建模"面板中的"长方体"按钮▭，绘制长方体，如图 16-4 所示。命令行提示与操作如下：

```
命令：_box
指定第一个角点或 [中心(C)]：（指定点 1）
指定其他角点或 [立方体(C)/长度(L)]：L
指定长度 <50.0000>： <正交 开>（指定点 2）
指定宽度 <70.0000>：70
指定高度或 [两点(2P)] <50.0000>：25
```

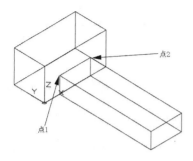

图 16-3　绘制长方体

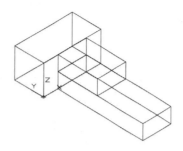

图 16-4　绘制长方体

（5）单击"三维工具"选项卡"实体编辑"面板中的"并集"按钮，将图中所有的长方体进行并集运算。命令行提示与操作如下：

```
命令：_UNION
选择对象：（利用"框选"命令选择图中所有的长方体）
选择对象：指定对角点：找到 3 个
选择对象：✓
```

最终结果如图 16-1 所示。

【选项说明】

（1）指定第一个角点：用于确定长方体的一个顶点位置。

① 指定其他角点：用于指定长方体的其他角点。输入另一个角点的数值，即可确定该长方体。如果输入正值，则沿着当前 UCS 的 X、Y 和 Z 轴的正向绘制长度；如果输入负值，则沿着当前 UCS 的 X、Y 和 Z 轴的负向绘制长度。图 16-5 所示为利用"角点"命令创建的长方体。

② 立方体：用于创建一个长、宽、高相等的长方体。图 16-6 所示为利用"立方体"命令创建的长方体。

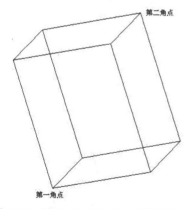

图 16-5　利用"角点"命令创建的长方体

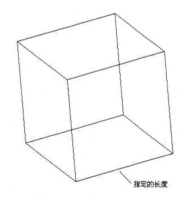

图 16-6　利用"立方体"命令创建的长方体

③ 长度：按要求输入长、宽、高的值。图 16-7 所示为利用"长、宽和高"命令创建的长方体。

（2）中心：利用指定的中心点创建长方体。图 16-8 所示为利用"中心"命令创建的长方体。

✐ 技巧：

　　如果在创建长方体时选择"立方体"或"长度"选项，则可以在单击指定长度时指定长方体在 XY 平面中的旋转角度；如果选择"中心"选项，则可以利用指定中心点创建长方体。

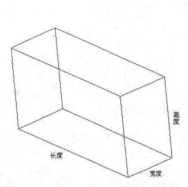

图 16-7　利用"长、宽和高"命令创建的长方体

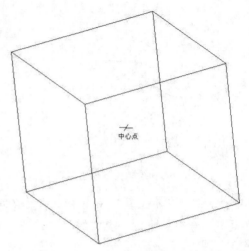

图 16-8　利用"中心"命令创建的长方体

16.1.2　圆柱体

圆柱体的底面始终位于与工作平面平行的平面上。可以通过FACETRES系统变量控制着色或隐藏视觉样式的曲线式三维实体的平滑度。

【执行方式】

- ➥ 命令行：CYLINDER（快捷命令：CYL）。
- ➥ 菜单栏：选择菜单栏中的"绘图"→"建模"→"圆柱体"命令。
- ➥ 工具条：单击"建模"工具栏中的"圆柱体"按钮。
- ➥ 功能区：单击"三维工具"选项卡"建模"面板中的"圆柱体"按钮。

扫一扫，看视频

动手学——绘制汽车变速拨叉

源文件：源文件\第 16 章\汽车变速拨叉.dwg

本实例首先在不同位置绘制圆柱体，利用并集运算生成主体，然后在主体中心绘制圆柱体和长方体，最后利用差集运算完成主体上键槽孔的形成，结果如图 16-9 所示。

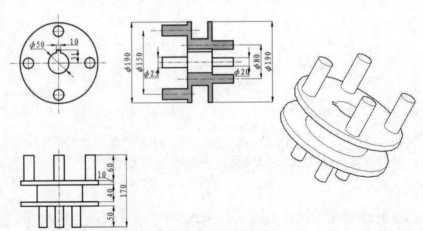

图 16-9　汽车变速拨叉

【操作步骤】

（1）单击"视图"选项卡"视图"面板"视图"下拉菜单中的"西南等轴测"按钮◈，设置视图角度，将当前视图设置为西南等轴测视图。

（2）单击"三维工具"选项卡"建模"面板中的"圆柱体"按钮，绘制圆柱体。命令行提示与操作如下：

```
命令：_CYLINDER
指定底面的中心点或 [三点(3P)/两点(2P)/切点、切点、半径(T)/椭圆(E)]：0,0,0↙
指定底面半径或 [直径(D)] <25.0000>：D↙
指定直径 <50.0000>：190↙
指定高度或 [两点(2P)/轴端点(A)] <60.0000>：10↙
命令：_CYLINDER
指定底面的中心点或 [三点(3P)/两点(2P)/切点、切点、半径(T)/椭圆(E)]：0,0,10↙
指定底面半径或 [直径(D)] <95.0000>：D↙
指定直径 <190.0000>：110↙
指定高度或 [两点(2P)/轴端点(A)] <10.0000>：40↙
命令：_CYLINDER
指定底面的中心点或 [三点(3P)/两点(2P)/切点、切点、半径(T)/椭圆(E)]：0,0,50↙
指定底面半径或 [直径(D)] <55.0000>：D↙
指定直径 <110.0000>：190↙
指定高度或 [两点(2P)/轴端点(A)] <40.0000>：10↙
命令：_CYLINDER
指定底面的中心点或 [三点(3P)/两点(2P)/切点、切点、半径(T)/椭圆(E)]：75,0,60↙
指定底面半径或 [直径(D)] <95.0000>：D↙
指定直径 <190.0000>：25↙
指定高度或 [两点(2P)/轴端点(A)] <10.0000>：60↙
命令：_CYLINDER
指定底面的中心点或 [三点(3P)/两点(2P)/切点、切点、半径(T)/椭圆(E)]：40,0,0↙
指定底面半径或 [直径(D)] <12.5000>：D↙
指定直径 <25.0000>：20↙
指定高度或 [两点(2P)/轴端点(A)] <60.0000>：-50↙
```

绘制结果如图 16-10 所示。

（3）单击"默认"选项卡"修改"面板中的"环形阵列"按钮，阵列圆柱体。命令行提示与操作如下：

```
命令：_ARRAYPOLAR
选择对象：（选择直径为 25 的圆柱体）
选择对象：找到 1 个
选择对象：（选择直径为 20 的圆柱体）
选择对象：找到 1 个，总计 2 个
选择对象：↙
类型 = 极轴  关联 = 否
指定阵列的中心点或 [基点(B)/旋转轴(A)]：A↙
指定旋转轴上的第一个点：0,0,0↙
指定旋转轴上的第二个点：0,0,60↙
选择夹点以编辑阵列或 [关联(AS)/基点(B)/项目(I)/项目间角度(A)/填充角度(F)/行(ROW)/层(L)/
旋转项目(ROT)/退出(X)] <退出>：I↙
输入阵列中的项目数或 [表达式(E)] <6>：4↙
选择夹点以编辑阵列或 [关联(AS)/基点(B)/项目(I)/项目间角度(A)/填充角度(F)/行(ROW)/层(L)/
```

旋转项目(ROT)/退出(X)] <退出>:AS↙
创建关联阵列[是(Y)/否(N)] <是>: N↙
选择夹点以编辑阵列或 [关联(AS)/基点(B)/项目(I)/项目间角度(A)/填充角度(F)/行(ROW)/层(L)/
旋转项目(ROT)/退出(X)] <退出>: ↙

（4）单击"三维工具"选项卡"实体编辑"面板中的"并集"按钮，将图中所有的圆柱体进行并集运算。命令行提示与操作如下：

命令：_UNION
选择对象：（利用"框选"命令选择图中所有的圆柱体）
选择对象：指定对角点：找到 11 个
选择对象：↙

结果如图 16-11 所示。

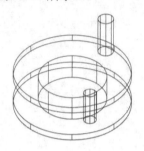
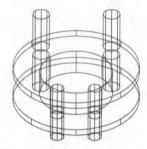

图 16-10 绘制圆柱体   图 16-11 阵列后进行并集运算

（5）单击"三维工具"选项卡"建模"面板中的"圆柱体"按钮，绘制圆柱体。命令行提示与操作如下：

命令：_CYLINDER
指定底面的中心点或 [三点(3P)/两点(2P)/切点、切点、半径(T)/椭圆(E)]: 0,0,0↙
指定底面半径或 [直径(D)] <25.0000>: D↙
指定直径 <50.0000>: 50↙
指定高度或 [两点(2P)/轴端点(A)] <60.0000>: 60↙

（6）单击"三维工具"选项卡"建模"面板中的"长方体"按钮，绘制长方体。命令行提示与操作如下：

命令：_BOX
指定第一个角点或 [中心(C)]: -5,0,0↙
指定其他角点或 [立方体(C)/长度(L)]: 5,31,0↙
指定高度或 [两点(2P)] <-50.0000>: 60↙

绘制结果如图 16-12 所示。

（7）单击"三维工具"选项卡"实体编辑"面板中的"差集"按钮，将主体与圆柱体和长方体进行差集运算。命令行提示与操作如下：

命令：_SUBTRACT 选择要从中减去的实体、曲面和面域...
选择对象：（选择主体）↙
选择对象：找到 1 个
选择对象：↙
选择要减去的实体、曲面和面域...
选择对象：（选择直径为 50 的圆柱）
选择对象：找到 1 个
选择对象：↙
命令：_SUBTRACT 选择要从中减去的实体、曲面和面域...

选择对象：（选择主体）↙
选择对象：找到 1 个
选择对象：↙
选择要减去的实体、曲面和面域...
选择对象：（选择长方体）
选择对象：找到 1 个
选择对象：↙

结果如图 16-13 所示。

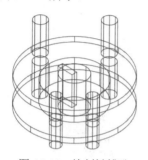

图 16-12　绘制键槽孔

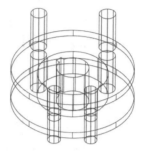

图 16-13　差集处理

（8）单击"视图"选项卡"导航"面板中的"自由动态观察"按钮⟨⟩，将图形旋转到一个适当的角度；单击"视觉样式"面板"视觉样式管理器"中的"隐藏"按钮██。最终结果如图 16-9 所示。

【选项说明】

（1）指定底面的中心点：先输入底面圆心的坐标，然后指定底面的半径和高度，此选项为系统默认选项。AutoCAD 按指定高度创建圆柱体，且圆柱体的中心线与当前坐标系的 Z 轴平行，如图 16-14 所示。也可以指定另一个端面的圆心来指定高度，AutoCAD 根据圆柱体两个端面的中心位置创建圆柱体，该圆柱体的中心线就是两个端面的连线，如图 16-15 所示。

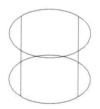

图 16-14　按指定高度创建圆柱体

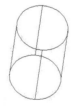

图 16-15　指定圆柱体另一个端面的中心位置

（2）椭圆：创建椭圆柱体。椭圆端面的绘制方法与平面椭圆一样，创建的椭圆柱体如图 16-16 所示。

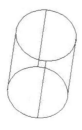

图 16-16　椭圆柱体

扫一扫，看视频

其他基本实体，如楔体、圆锥体、球体、圆环体等的创建方法与长方体和圆柱体类似，这里不再赘述。

动手练——绘制叉拨架

绘制如图 16-17 所示的叉拨架。

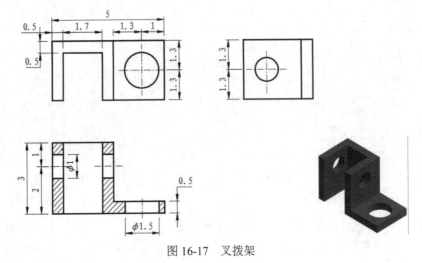

图 16-17　叉拨架

思路点拨：

> 源文件：源文件\第 16 章\叉拨架.dwg
> （1）利用"长方体"和"并集"命令绘制架体。
> （2）利用"圆柱体"和"差集"命令绘制横向孔。
> （3）利用"圆柱体"和"差集"命令绘制竖向孔。

16.2　由二维图形生成三维实体

与三维网格的生成原理一样，也可以由二维图形生成三维实体。AutoCAD 提供了 5 种方法来实现。

16.2.1　拉伸

从封闭区域的对象创建三维实体，或者从具有开口的对象创建三维曲面。

【执行方式】

- 命令行：EXTRUDE（快捷命令：EXT）。
- 菜单栏：选择菜单栏中的"绘图"→"建模"→"拉伸"命令。
- 工具栏：单击"建模"工具栏中的"拉伸"按钮 。
- 功能区：单击"三维工具"选项卡"建模"面板中的"拉伸"按钮 。

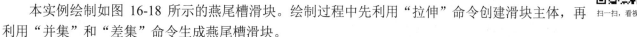

动手学——绘制燕尾槽滑块

源文件：源文件\第 16 章\燕尾槽滑块.dwg

本实例绘制如图 16-18 所示的燕尾槽滑块。绘制过程中先利用"拉伸"命令创建滑块主体，再利用"并集"和"差集"命令生成燕尾槽滑块。

扫一扫，看视频

【操作步骤】

（1）单击"默认"选项卡"绘图"面板中的"矩形"按钮 □，绘制如图 16-19 所示的矩形。

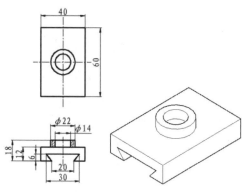

图 16-18　燕尾槽滑块

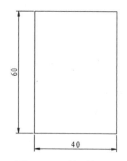

图 16-19　绘制矩形

（2）单击"视图"选项卡"视图"面板"视图"下拉菜单中的"东南等轴测"按钮 ◈，然后单击"三维工具"选项卡"建模"面板中的"拉伸"按钮 ▋，拉伸矩形。命令行提示与操作如下：

```
命令：_EXTRUDE
当前线框密度：ISOLINES=8，闭合轮廓创建模式 = 实体
选择要拉伸的对象或 [模式(MO)]：（选择矩形）
选择要拉伸的对象或 [模式(MO)]：找到 1 个
选择要拉伸的对象或 [模式(MO)]：↙
指定拉伸的高度或 [方向(D)/路径(P)/倾斜角(T)/表达式(E)] <60.0000>：12↙
```

拉伸结果如图 16-20 所示。

（3）单击"默认"选项卡"绘图"面板中的"圆"按钮 ⊙，绘制圆。命令行提示与操作如下：

```
命令：_CIRCLE
指定圆的圆心或 [三点(3P)/两点(2P)/切点、切点、半径(T)]：20,30,12↙
指定圆的半径或 [直径(D)]：11↙
命令：_CIRCLE
指定圆的圆心或 [三点(3P)/两点(2P)/切点、切点、半径(T)]：20,30,12↙
指定圆的半径或 [直径(D)]：7↙
```

绘制结果如图 16-21 所示。

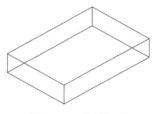

图 16-20　拉伸矩形

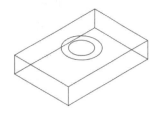

图 16-21　绘制圆

（4）单击"三维工具"选项卡"建模"面板中的"拉伸"按钮 ▋，拉伸圆。命令行提示与操

作如下：

```
命令：_EXTRUDE
当前线框密度：ISOLINES=8，闭合轮廓创建模式 = 实体
选择要拉伸的对象或 [模式(MO)]：（选择大圆）
选择要拉伸的对象或 [模式(MO)]：找到 1 个
选择要拉伸的对象或 [模式(MO)]：（选择小圆）
选择要拉伸的对象或 [模式(MO)]：找到 1 个，总计 2 个
选择要拉伸的对象或 [模式(MO)]：✓
指定拉伸的高度或 [方向(D)/路径(P)/倾斜角(T)/表达式(E)] <60.0000>：6✓
```

拉伸结果如图16-22所示。

（5）单击"默认"选项卡"绘图"面板中的"直线"按钮／，绘制直线。命令行提示与操作如下：

```
命令：_LINE
指定第一个点：10,0,0✓
指定下一点或 [放弃(U)]：5,0,6✓
指定下一点或 [放弃(U)]：@30,0,0✓
指定下一点或 [闭合(C)/放弃(U)]：30,0,0✓
指定下一点或 [闭合(C)/放弃(U)]：C✓
```

（6）单击"默认"选项卡"绘图"面板中的"面域"按钮◎，将步骤（5）绘制的直线创建为面域，结果如图16-23所示。

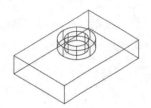

图16-22 拉伸圆

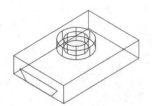

图16-23 绘制燕尾槽

（7）单击"三维工具"选项卡"建模"面板中的"拉伸"按钮，拉伸步骤（6）创建的面域。命令行提示与操作如下：

```
命令：_EXTRUDE
当前线框密度：ISOLINES=8，闭合轮廓创建模式 = 实体
选择要拉伸的对象或 [模式(MO)]：（选择面域）
选择要拉伸的对象或 [模式(MO)]：找到 1 个
选择要拉伸的对象或 [模式(MO)]：✓
指定拉伸的高度或 [方向(D)/路径(P)/倾斜角(T)/表达式(E)] <60.0000>：60✓
```

拉伸结果如图16-24所示。

（8）单击"三维工具"选项卡"实体编辑"面板中的"并集"按钮，将长方体与大圆柱体进行并集处理，然后单击"实体编辑"面板中的"差集"按钮，将燕尾槽滑块主体与小圆柱体和燕尾槽进行差集处理，结果如图16-25所示。

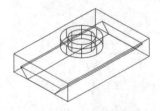

图16-24 拉伸燕尾槽

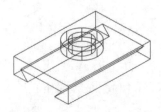

图16-25 生成燕尾槽滑块

（9）单击"视图"选项卡"视觉样式"面板中的"视觉样式管理器"中的"隐藏"按钮。最终结果如图 16-18 所示。

【选项说明】

（1）指定拉伸的高度：按指定的高度拉伸出三维实体对象。输入高度值后，根据实际需要，指定拉伸的倾斜角度。如果指定的角度为 0°，AutoCAD 则把二维对象按指定的高度拉伸成圆柱体；如果输入角度值，拉伸后实体截面沿拉伸方向按此角度变化，成为一个棱台或圆台体。图 16-26 所示为按不同角度拉伸圆的结果。

（a）拉伸前　　（b）拉伸锥角为 0°　　（c）拉伸锥角为 10°　　（d）拉伸锥角为-10°

图 16-26　拉伸圆的结果

（2）路径：以现有的图形对象作为拉伸创建三维实体对象。图 16-27 所示为沿圆弧曲线路径拉伸圆的结果。

技巧：

可以利用创建圆柱体的"轴端点"命令确定圆柱体的高度和方向。轴端点是圆柱体顶面的中心点，可以位于三维空间的任意位置。

扫一扫，看视频

动手练——绘制平键

绘制如图 16-28 所示的平键。

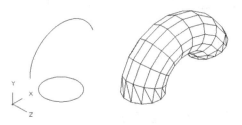 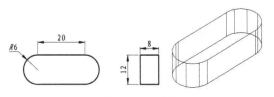

图 16-27　沿圆弧曲线路径拉伸圆　　　　图 16-28　平键

思路点拨：

源文件： 源文件\第 16 章\平键.dwg
（1）利用二维绘图和"编辑"命令绘制平键截面。
（2）利用"拉伸"命令绘制三维实体。

16.2.2　旋转

通过绕轴扫掠对象创建三维实体或曲面，不能旋转包含在块中的对象或将要自交的对象。

【执行方式】

➥ 命令行：REVOLVE（快捷命令：REV）。

➥ 菜单栏：选择菜单栏中的"绘图"→"建模"→"旋转"命令。

➥ 工具栏：单击"建模"工具栏中的"旋转"按钮🝔。

➥ 功能区：单击"三维工具"选项卡"建模"面板中的"旋转"按钮🝔。

动手学——绘制手轮

源文件：源文件\第 16 章\手轮.dwg

本实例绘制手轮，如图 16-29 所示。首先利用二维绘图的方法绘制平面图形，然后利用"旋转曲面"命令形成回转体。

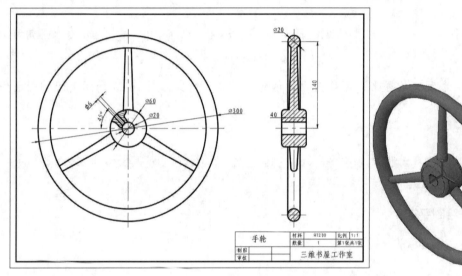

图 16-29　手轮

【操作步骤】

（1）设置线框密度。命令行提示与操作如下：

```
命令：SURFTAB1✓
输入 SURFTAB1 的新值 <6>：20✓
命令：SURFTAB2✓
输入 SURFTAB2 的新值 <6>：20✓
```

（2）单击"默认"选项卡"绘图"面板中的"直线"按钮∕，绘制直线。命令行提示与操作如下：

```
命令：_LINE
指定第一个点：-20,10✓
指定下一点或 [放弃(U)]：@0,20✓
指定下一点或 [放弃(U)]：@40,0✓
指定下一点或 [闭合(C)/放弃(U)]：@0,-20✓
指定下一点或 [闭合(C)/放弃(U)]：C✓
```

绘制结果如图 16-30 所示。

（3）单击"默认"选项卡"修改"面板中的"圆角"按钮⌐，绘制圆角。命令行提示与操作如下：

图 16-30　绘制直线

```
命令: _FILLET
当前设置: 模式 = 修剪, 半径 = 0.0000
选择第一个对象或 [放弃(U)/多段线(P)/半径(R)/修剪(T)/多个(M)]: r✓
指定圆角半径 <0.0000>: 5✓
选择第一个对象或 [放弃(U)/多段线(P)/半径(R)/修剪(T)/多个(M)]: (选择图16-30中的直线1)
选择第二个对象, 或按住 Shift 键选择对象以应用角点或 [半径(R)]: (选择图16-30中的直线2)
命令: _FILLET
当前设置: 模式 = 修剪, 半径 = 5.0000
选择第一个对象或 [放弃(U)/多段线(P)/半径(R)/修剪(T)/多个(M)]: (选择图16-30中的直线2)
选择第二个对象, 或按住 Shift 键选择对象以应用角点或 [半径(R)]: (选择图16-30中的直线3)
```

绘制结果如图 16-31 所示。

（4）单击 "默认" 选项卡 "绘图" 面板中的 "圆" 按钮⊙, 绘制圆。命令行提示与操作如下:

图 16-31 绘制圆角

```
命令: _CIRCLE
指定圆的圆心或 [三点(3P)/两点(2P)/切点、切点、半径(T)]: 0,140✓
指定圆的半径或 [直径(D)]: 10✓
```

绘制结果如图 16-32 所示。

（5）单击 "默认" 选项卡 "绘图" 面板下拉菜单中的 "面域" 按钮◎, 创建面域。命令行提示与操作如下:

```
命令: _REGION
选择对象: (选择所有图形) ✓
已创建 2 个面域
```

（6）单击 "三维工具" 选项卡 "建模" 面板中的 "旋转" 按钮◉, 创建手轮内外圈。命令行提示与操作如下:

```
命令: _REVOLVE
当前线框密度: ISOLINES=8, 闭合轮廓创建模式 = 实体
选择要旋转的对象或 [模式(MO)]: 找到 1 个
选择要旋转的对象或 [模式(MO)]: 找到 1 个, 总计 2 个
选择要旋转的对象或 [模式(MO)]:
指定轴起点或根据以下选项之一定义轴 [对象(O)/X/Y/Z] <对象>: x✓
指定旋转角度或 [起点角度(ST)/反转(R)/表达式(EX)] <360>: 360✓
```

创建结果如图 16-33 所示。

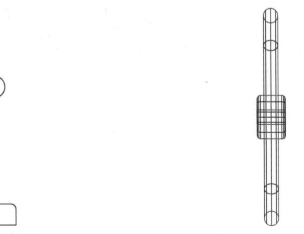

图 16-32 绘制圆   图 16-33 创建内外圈

（7）切换到左视图。单击"视图"选项卡"视图"面板"视图"下拉菜单中的"左视"按钮🗗，结果如图 16-34 所示。

（8）单击"默认"选项卡"绘图"面板中的"直线"按钮╱，绘制直线。命令行提示与操作如下：

```
命令：_LINE
指定第一个点：0,15✓
指定下一点或 [放弃(U)]：@0,120✓
指定下一点或 [放弃(U)]：✓
```

（9）单击"默认"选项卡"修改"面板中的"偏移"按钮⊑，将步骤（8）绘制的直线偏移，偏移距离分别为 5 和 8。命令行提示与操作如下：

```
命令：_OFFSET
当前设置：删除源=否  图层=源  OFFSETGAPTYPE=0
指定偏移距离或 [通过(T)/删除(E)/图层(L)] <0.0000>:5✓
选择要偏移的对象，或 [退出(E)/放弃(U)] <退出>:选择竖直直线✓
指定要偏移的那一侧上的点，或 [退出(E)/多个(M)/放弃(U)] <退出>:（选择竖直直线右侧一点）
命令：_OFFSET
当前设置：删除源=否  图层=源  OFFSETGAPTYPE=5
指定偏移距离或 [通过(T)/删除(E)/图层(L)] <0.0000>:8✓
选择要偏移的对象，或 [退出(E)/放弃(U)] <退出>:（选择竖直直线）✓
指定要偏移的那一侧上的点，或 [退出(E)/多个(M)/放弃(U)] <退出>:（选择竖直直线右侧一点）
```

（10）单击"默认"选项卡"绘图"面板中的"圆"按钮⊙，绘制圆心坐标为（0,0）、半径分别为 30、130 和 140 的圆；单击"默认"选项卡"绘图"面板中的"直线"按钮╱，连接偏移距离为 5 与半径为 130 的圆的交点和偏移距离为 8 与半径为 30 的圆的交点，绘制斜直线；单击"默认"选项卡"修改"面板中的"延伸"按钮━┤，延长斜直线和原直线的上端与半径为 140 的圆相交；删除偏移后的直线和半径为 130 的圆，利用"修剪"命令修剪图形，修剪后的图形如图 16-35 所示。

（11）单击"默认"选项卡"绘图"面板中的"面域"按钮╱，将图 16-35 中的图形创建为面域。

（12）单击"三维工具"选项卡"建模"面板中的"旋转"按钮🍩，创建轮辐。命令行提示与操作如下：

```
命令：_REVOLVE
当前线框密度：ISOLINES=8，闭合轮廓创建模式 = 实体
REVOLVE 选择要旋转的对象或 [模式(MO)]：（选取步骤（11）创建的面域）✓
REVOLVE 指定轴起点或根据以下选项之一定义轴 [对象(O)/X/Y/Z]<对象>：Y✓
指定旋转角度或 [起点角度(ST)/反转(R)/表达式(EX)] <360>:✓
```

创建结果如图 16-36 所示。

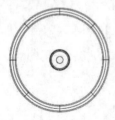
图 16-34 左视图

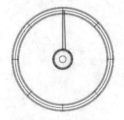
图 16-35 轮辐轮廓

图 16-36 创建轮辐

（13）单击"默认"选项卡"修改"面板中的"环形阵列"按钮⊙，将创建的轮辐进行环形阵

列，阵列中心为原点，阵列数目为 3。命令行提示与操作如下：

```
命令：_ARRAYPOLAR
选择对象：（选择步骤（12）创建的轮辐）
选择对象：找到 1 个
选择对象：↙
类型 = 极轴　关联 = 是
指定阵列的中心点或 [基点(B)/旋转轴(A)]：0,0↙
选择夹点以编辑阵列或 [关联(AS)/基点(B)/项目(I)/项目间角度(A)/填充角度(F)/行(ROW)/层(L)/
旋转项目(ROT)/退出(X)] <退出>：AS↙
创建关联阵列 [是(Y)/否(N)] <是>：N↙
选择夹点以编辑阵列或 [关联(AS)/基点(B)/项目(I)/项目间角度(A)/填充角度(F)/行(ROW)/层(L)/
旋转项目(ROT)/退出(X)] <退出>：I↙
输入阵列中的项目数或 [表达式(E)] <6>：3↙
选择夹点以编辑阵列或 [关联(AS)/基点(B)/项目(I)/项目间角度(A)/填充角度(F)/行(ROW)/层(L)/
旋转项目(ROT)/退出(X)] <退出>：↙
```

结果如图 16-37 所示。

（14）单击"三维工具"选项卡"实体编辑"面板中的"并集"按钮 🔲，将阵列的轮辐与手轮集体进行并集处理。命令行提示与操作如下：

```
命令：_UNION
选择对象：（利用框选选取图中所有的图形）
选择对象：指定对角点：找到 5 个
选择对象：↙
```

（15）单击"默认"选项卡"绘图"面板中的"直线"按钮 ╱，绘制直线，并将绘制的图形创建为面域，结果如图 16-38 所示。

（16）单击"三维工具"选项卡"建模"面板中的"旋转"按钮 🌀，创建销孔。命令行提示与操作如下：

```
命令：_REVOLVE
当前线框密度：ISOLINES=8，闭合轮廓创建模式 = 实体
REVOLVE 选择要旋转的对象或 [模式(MO)]：（选取步骤（15）创建的面域）↙
REVOLVE 指定轴起点或根据以下选项之一定义轴 [对象(O)/X/Y/Z]<对象>：（选取下侧斜线的两个端点）
指定旋转角度或 [起点角度(ST)/反转(R)/表达式(EX)] <360>：↙
```

创建结果如图 16-39 所示。

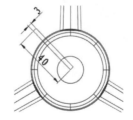

图 16-37　阵列轮辐　　　　图 16-38　绘制销孔轮廓　　　　图 16-39　创建销孔

（17）单击"三维工具"选项卡"实体编辑"面板中的"差集"按钮 🔲，在手轮主体中减去绘制的销孔，结果如图 16-40 所示。

（18）切换到西南等轴测视图。单击"视图"选项卡"视图"面板"视图"下拉菜单中的"西南等轴测"按钮 🔷，结果如图 16-41 所示。

图 16-40　差集处理

图 16-41　手轮

【选项说明】

（1）指定轴起点：通过两个点定义旋转轴。AutoCAD 将按指定的角度和旋转轴旋转二维对象。

（2）对象：选择已经绘制好的直线或利用"多段线"命令绘制的直线段，作为旋转轴线。

（3）X/Y/Z：将二维对象绕 UCS 的 X/Y/Z 轴旋转。

扫一扫，看视频

动手练——绘制带轮

绘制如图 16-42 所示的带轮。

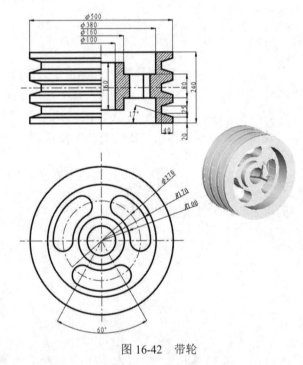

图 16-42　带轮

📋 **思路点拨：**

源文件：源文件\第 16 章\带轮.dwg

（1）利用"多段线"命令绘制截面轮廓线。

（2）利用"旋转"命令旋转截面轮廓创建轮毂。

（3）利用"绘图"命令绘制孔截面。

（4）利用"拉伸"命令拉伸孔截面。

（5）利用"差集"命令将轮毂和孔进行差集运算。

16.2.3　扫掠

"扫掠"命令通过沿指定路径延伸轮廓形状创建实体或曲面。沿路径扫掠轮廓时，轮廓将被移动，并与路径垂直对齐。

【执行方式】

- ➥　命令行：SWEEP。
- ➥　菜单栏：选择菜单栏中的"绘图"→"建模"→"扫掠"命令。
- ➥　工具栏：单击"建模"工具栏中的"扫掠"按钮 。
- ➥　功能区：单击"三维工具"选项卡"建模"面板中的"扫掠"按钮 。

动手学——绘制开口销

扫一扫，看视频

源文件：源文件\第 16 章\开口销.dwg

本实例绘制如图 16-43 所示的开口销。绘制过程为先利用绘图工具绘制生成开口销的扫掠轮廓和扫掠路径，再利用"扫掠"命令生成开口销。

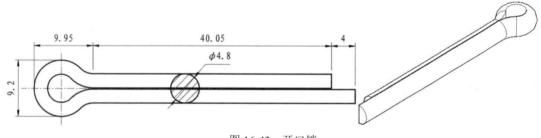

图 16-43　开口销

【操作步骤】

（1）单击"默认"选项卡"绘图"面板中的"圆"按钮 ，绘制圆。命令行提示与操作如下：

```
命令: _CIRCLE
指定圆的圆心或 [三点(3P)/两点(2P)/切点、切点、半径(T)]: 49.4,2.4✓
指定圆的半径或 [直径(D)]: D✓
指定圆的直径: 9.2✓
```

（2）单击"默认"选项卡"绘图"面板中的"直线"按钮 ，绘制直线。命令行提示与操作如下：

```
命令: _LINE
指定第一个点: 0,0✓
指定下一点或 [放弃(U)]: 46,0✓
指定下一点或 [放弃(U)]: ✓
命令: _LINE
指定第一个点: 4,4.8✓
指定下一点或 [放弃(U)]: @42,0✓
指定下一点或 [放弃(U)]: ✓
```

（3）单击"默认"选项卡"修改"面板中的"修剪"按钮 ，修剪图形，结果如图 16-44 所示。

（4）单击"默认"选项卡"修改"面板中的"圆角"按钮 ⌐ ，绘制圆角。命令行提示与操作如下：

```
命令: _FILLET
当前设置: 模式 = 修剪, 半径 = 0.0000
选择第一个对象或 [放弃(U)/多段线(P)/半径(R)/修剪(T)/多个(M)]: R✓
指定圆角半径 <0.0000>: 3✓
选择第一个对象或 [放弃(U)/多段线(P)/半径(R)/修剪(T)/多个(M)]: (选择图16-44中的直线1)
选择第二个对象，或按住 Shift 键选择对象以应用角点或 [半径(R)]: (选择圆弧2)
命令: _FILLET
当前设置: 模式 = 修剪, 半径 = 3.0000
选择第一个对象或 [放弃(U)/多段线(P)/半径(R)/修剪(T)/多个(M)]: (选择图16-44中的直线3)
选择第二个对象，或按住 Shift 键选择对象以应用角点或 [半径(R)]: (选择圆弧2)
```

（5）单击"默认"选项卡"修改"面板中的"编辑多段线"按钮 ⌒ ，将绘制的图形编辑为多段线。命令行提示与操作如下：

```
命令: _PEDIT
选择多段线或 [多条(M)]:
选定的对象不是多段线
是否将其转换为多段线? <Y> Y✓
输入选项 [闭合(C)/合并(J)/宽度(W)/编辑顶点(E)/拟合(F)/样条曲线(S)/非曲线化(D)/线型生成
(L)/反转(R)/放弃(U)]: J✓
选择对象: (利用框选选择所有图形)
选择对象: 指定对角点: 找到 5 个
选择对象: ✓
多段线已增加 4 条线段
输入选项 [闭合(C)/合并(J)/宽度(W)/编辑顶点(E)/拟合(F)/样条曲线(S)/非曲线化(D)/线型生成
(L)/反转(R)/放弃(U)]: ✓
```

编辑结果如图16-45所示。

图16-44　绘制扫掠路径　　　　　　　　图16-45　编辑多段线

（6）单击"视图"选项卡"视图"面板"视图"下拉菜单中的"左视"按钮 ⊞ ，将视图切换到左视图。

（7）单击"默认"选项卡"绘图"面板中的"圆"按钮 ⊙ ，绘制圆。命令行提示与操作如下：

```
命令: _CIRCLE
指定圆的圆心或 [三点(3P)/两点(2P)/切点、切点、半径(T)]: -2.3,0✓
指定圆的半径或 [直径(D)]: 2.3✓
```

（8）单击"默认"选项卡"绘图"面板中的"直线"按钮 ／ ，通过圆的圆心绘制一条竖直直线，然后利用"修剪"命令修剪图形，最后将图形创建为面域，结果如图16-46所示。

（9）单击"视图"选项卡"视图"面板"视图"下拉菜单中的"西南等轴测"按钮 ◈ ，将视图切换到西南等轴测视图。

（10）单击"三维工具"选项卡"建模"面板中的"扫掠"按钮 ⊟ ，扫掠图形。命令行提示与操作如下：

```
命令: _SWEEP
当前线框密度: ISOLINES=8，闭合轮廓创建模式 = 实体
选择要扫掠的对象或 [模式(MO)]：(选择扫掠轮廓) ✓
选择要扫掠的对象或 [模式(MO)]：找到 1 个
选择要扫掠的对象或 [模式(MO)]：✓
选择扫掠路径或 [对齐(A)/基点(B)/比例(S)/扭曲(T)]：(选择扫掠路径)
```

扫掠结果如图 16-47 所示。

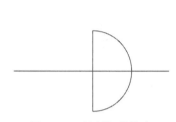

图 16-46　绘制扫掠轮廓

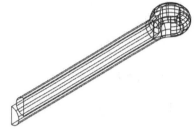

图 16-47　扫掠生成开口销

（11）单击"视图"选项卡"视觉样式"面板"视觉样式管理器"中的"隐藏"按钮，结果如图 16-43 所示。

✎ 技巧：

> 利用"扫掠"命令，可以通过沿开放或闭合的二维或三维路径扫掠开放或闭合的平面曲线（轮廓）来创建新实体或曲面。"扫掠"命令用于沿指定路径以指定轮廓的形状（扫掠对象）创建实体或曲面。可以扫掠多个对象，但是这些对象必须在同一平面内。如果沿一条路径扫掠闭合的曲线，则生成实体。

【选项说明】

（1）对齐：指定是否对齐轮廓以使其作为扫掠路径切向的法向，在默认情况下，轮廓是对齐的。选择该选项，命令行提示如下：

```
扫掠前对齐垂直于路径的扫掠对象[是(Y)/否(N)] <是>：(输入"N"，指定轮廓无须对齐；按 Enter 键，
指定轮廓将对齐)
```

（2）基点：指定要扫掠对象的基点。如果指定的点不在选定对象所在的平面上，则该点将被投影到该平面上。选择该选项，命令行提示如下：

```
指定基点：(指定选择集的基点)
```

（3）比例：指定比例因子以进行扫掠操作。从扫掠路径的开始到结束，比例因子将统一应用到扫掠的对象上。选择该选项，命令行提示如下：

```
输入比例因子或 [参照(R)/表达式(E)] <1.0000>：(指定比例因子，输入"R"，调用参照选项；按 Enter
键，选择默认值)
```

其中，"参照"选项表示通过拾取点或输入值根据参照的长度缩放选定的对象；"表达式"选项表示通过表达式缩放选定的对象。

（4）扭曲：设置被扫掠对象的扭曲角度。扭曲角度指定沿扫掠路径全部长度的旋转量。选择该选项，命令行提示如下：

```
输入扭曲角度或允许非平面扫掠路径倾斜 [倾斜(B)/表达式(EX)] <0.0000>：(指定小于 360° 的角度值，
输入"B"，打开倾斜；按 Enter 键，选择默认角度值)
```

其中，"倾斜"选项指定被扫掠的曲线是否沿三维扫掠路径（三维多线段、三维样条曲线或螺旋线）

自然倾斜（旋转）；"表达式"选项指扫掠扭曲角度根据表达式确定。

图 16-48 所示为扭曲扫掠示意图。

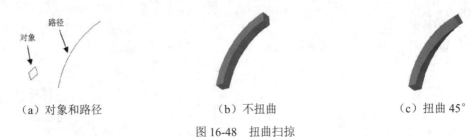

（a）对象和路径   （b）不扭曲   （c）扭曲 45°

图 16-48   扭曲扫掠

扫一扫，看视频

动手练——绘制弹簧

绘制如图 16-49 所示的弹簧。

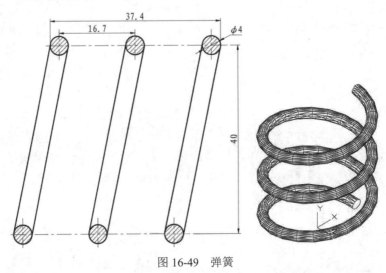

图 16-49   弹簧

📋 **思路点拨：**

> 源文件：源文件\第 16 章\弹簧.dwg
> （1）利用"螺旋线"命令绘制螺旋线。
> （2）坐标系绕 X 轴旋转 90°。
> （3）利用"圆"命令绘制圆。
> （4）利用"扫掠"命令生成弹簧。

16.2.4　放样

利用"放样"命令，可以通过指定一系列横截面创建三维实体或曲面，需要至少指定两个截面。横截面定义了实体或曲面的形状。

【执行方式】

➥　命令行：LOFT。

* 菜单栏：选择菜单栏中的"绘图"→"建模"→"放样"命令。
* 工具栏：单击"建模"工具栏中的"放样"按钮 。
* 功能区：单击"三维工具"选项卡"建模"面板中的"放样"按钮 。

【操作步骤】

命令行提示与操作如下：

```
命令：LOFT✓
当前线框密度：ISOLINES=4，闭合轮廓创建模式 = 实体
按放样次序选择横截面或 [点(PO)/合并多条边(J)/模式(MO)]：（依次选择图16-50中3个截面）
按放样次序选择横截面或 [点(PO)/合并多条边(J)/模式(MO)]：
输入选项 [导向(G)/路径(P)/仅横截面(C)/设置(S)] <仅横截面>：S
```

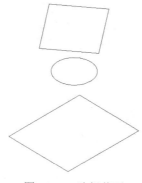

图 16-50　选择截面

【选项说明】

（1）导向：指定控制放样实体或曲面形状的导向曲线。导向曲线是直线或曲线，可以通过将其他线框信息添加至对象来进一步定义实体或曲面的形状，如图 16-51 所示。选择该选项，命令行提示如下：

```
选择导向曲线：（选择放样实体或曲面的导向曲线，然后按 Enter 键）
```

（2）路径：指定放样实体或曲面的单一路径，如图 16-52 所示。选择该选项，命令行提示如下：

```
选择路径轮廓：（指定放样实体或曲面的单一路径）
```

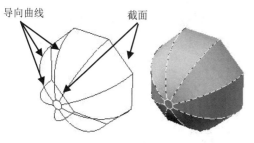

图 16-51　导向放样

图 16-52　路径放样

✎ 技巧：

路径曲线必须与横截面的所有平面相交。

（3）仅横截面：根据选取的横截面形状创建放样实体。

（4）设置：选择"设置"选项，打开"放样设置"对话框，如图16-53所示。其中有4个单选按钮，图16-54（a）所示为选中"直纹"单选按钮的放样结果示意图，图16-54（b）所示为选中"平滑拟合"单选按钮的放样结果示意图，图16-54（c）所示为选中"法线指向"单选按钮并选择"所有横截面"选项的放样结果示意图，图16-54（d）所示为选中"拔模斜度"单选按钮并设置"起点角度"为45、"起点幅值"为10、"端点角度"为60、"端点幅值"为10的放样结果示意图。

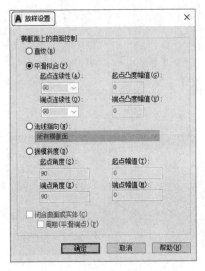

图 16-53　"放样设置"对话框

（a）选中"直纹"单选按钮

（b）选中"平滑拟合"单选按钮

（c）选中"法线指向"单选按钮并选择
"所有横截面"选项

（d）选中"拔模斜度"单选按钮，设置"起点角度"为45、
"起点幅值"为10、"端点角度"为60、"端点幅值"为10

图 16-54　放样结果示意图

16.2.5　拖曳

通过拉伸和偏移动态修改对象。

【执行方式】

❯　命令行：PRESSPULL。

❯　工具栏：单击"建模"工具栏中的"按住并拖动"按钮🔲。

➘　　功能区：单击"三维工具"选项卡"实体编辑"面板中的"按住并拖动"按钮▣。

【操作步骤】

命令行提示与操作如下：

```
命令：PRESSPULL↙
选择对象或边界区域：
指定拉伸高度或 [多个(M)]：
指定拉伸高度或 [多个(M)]：
已创建 1 个拉伸
```

选择对象或边界区域后，按住鼠标左键并拖动，相应的区域就会进行拉伸变形。图 16-55 所示
为选择圆台上表面，按住并拖动的结果。

（a）圆台　　　　　　　　　（b）向下拖动　　　　　　　　（c）向上拖动

图 16-55　按住并拖动

16.3　综合演练——绘制支架

扫一扫，看视频

本实例绘制如图 16-56 所示的支架。本实例中，支架的底座部分通过长方体绘制，然后通过多
段线命令绘制底座的固定螺栓孔，支架的支撑部位通过圆柱体和拉伸二维图形形成，支架底座的拱
形部分通过拉伸二维图形形成，绘制过程中会用到差集处理和并集处理。

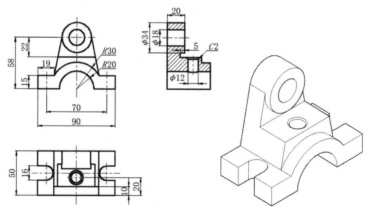

图 16-56　支架

（1）在命令行中输入 ISOLINES，设置线框密度为 10。

（2）单击"视图"选项卡"视图"面板"视图"下拉菜单中的"西南等轴测"按钮，将视图
切换到西南等轴测视图。

（3）单击"三维工具"选项卡"建模"面板中的"长方体"按钮▣，绘制支架底座长方体。

命令行提示与操作如下：

```
命令：_BOX
指定第一个角点或 [中心(C)]：0,0,0↙
指定其他角点或 [立方体(C)/长度(L)]：90,50,0↙
指定高度或 [两点(2P)] <-60.0000>：15↙
```

绘制结果如图16-57所示。

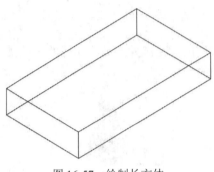

图16-57　绘制长方体

（4）单击"默认"选项卡"绘图"面板中的"多段线"按钮，绘制支架底座槽型螺栓孔。
命令行提示与操作如下：

```
命令：_PLINE
指定起点：0,33,0↙
当前线宽为 0.0000
指定下一个点或 [圆弧(A)/半宽(H)/长度(L)/放弃(U)/宽度(W)]：10,33↙
指定下一点或 [圆弧(A)/闭合(C)/半宽(H)/长度(L)/放弃(U)/宽度(W)]：A↙
指定圆弧的端点(按住 Ctrl 键以切换方向)或[角度(A)/圆心(CE)/闭合(CL)/方向(D)/半宽(H)/
直线(L)/半径(R)/第二个点(S)/放弃(U)/宽度(W)]：A↙
指定夹角：-180↙
指定圆弧的端点(按住 Ctrl 键以切换方向)或 [圆心(CE)/半径(R)]：10,17↙
指定圆弧的端点(按住 Ctrl 键以切换方向)或[角度(A)/圆心(CE)/闭合(CL)/方向(D)/半宽(H)/
直线(L)/半径(R)/第二个点(S)/放弃(U)/宽度(W)]：L↙
指定下一点或 [圆弧(A)/闭合(C)/半宽(H)/长度(L)/放弃(U)/宽度(W)]：0,17↙
指定下一点或 [圆弧(A)/闭合(C)/半宽(H)/长度(L)/放弃(U)/宽度(W)]：C↙
```

（5）单击"默认"选项卡"修改"面板中的"镜像"按钮，镜像支架底座槽型螺栓孔。命
令行提示与操作如下：

```
命令：_MIRROR
选择对象：（选择绘制的多段线）
选择对象：找到 1 个
选择对象：↙
指定镜像线的第一点：45,0↙
指定镜像线的第二点：45,50↙
要删除源对象吗？[是(Y)/否(N)] <否>：↙
```

（6）单击"三维工具"选项卡"建模"面板中的"拉伸"按钮，拉伸支架底座槽型螺栓
孔。命令行提示与操作如下：

```
命令：_EXTRUDE
当前线框密度：ISOLINES=10，闭合轮廓创建模式 = 实体
选择要拉伸的对象或 [模式(MO)]：（选择绘制的槽型螺栓孔）
```

选择要拉伸的对象或 [模式(MO)]: 找到 1 个
选择要拉伸的对象或 [模式(MO)]: (选择镜像的槽型螺栓孔)
选择要拉伸的对象或 [模式(MO)]: 找到 1 个, 总计 2 个
选择要拉伸的对象或 [模式(MO)]: ✓
指定拉伸的高度或 [方向(D)/路径(P)/倾斜角(T)/表达式(E)] <15.0000>: 15✓

（7）单击"三维工具"选项卡"实体编辑"面板中的"差集"按钮 ⬚，将长方体和槽型螺栓孔进行差集处理。命令行提示与操作如下：

命令: _SUBTRACT 选择要从中减去的实体、曲面和面域...
选择对象: (选择长方体)
选择对象: 找到 1 个
选择对象: ✓
选择要减去的实体、曲面和面域...
选择对象: (选择一个槽型螺栓孔)
选择对象: 找到 1 个
选择对象: (选择另一个槽型螺栓孔)
选择对象: 找到 1 个, 总计 2 个
选择对象: ✓

绘制结果如图16-58所示。

（8）设置UCS，命令行提示与操作如下：

命令: UCS✓
当前 UCS 名称: *世界*
指定 UCS 的原点或[面(F)/命名(NA)/对象(OB)/上一个(P)/视图(V)/世界(W)/X/Y/Z/Z 轴(ZA)]
<世界>: 45,50,0✓
指定 X 轴上的点或 <接受>:✓
命令: UCS✓
当前 UCS 名称: *没有名称*
指定 UCS 的原点或[面(F)/命名(NA)/对象(OB)/上一个(P)/视图(V)/世界(W)/X/Y/Z/Z 轴(ZA)]
<世界>: X✓
指定绕 X 轴的旋转角度 <90>:✓

结果如图16-59所示。

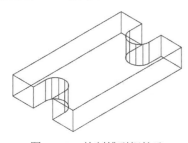

图 16-58 绘制槽型螺栓孔

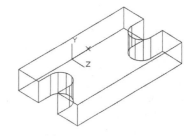

图 16-59 重置坐标系

（9）单击"默认"选项卡"绘图"面板中的"圆"按钮 ⊙，绘制支架底座的拱形部分。命令行提示与操作如下：

命令: _CIRCLE
指定圆的圆心或 [三点(3P)/两点(2P)/切点、切点、半径(T)]: 0,0,0✓
指定圆的半径或 [直径(D)]: 30✓

（10）单击"默认"选项卡"绘图"面板中的"直线"按钮 ／，通过圆心绘制一条水平直线，并将绘制的直线向上偏移15，然后利用"修剪"命令修剪和删除多余的线段，最后将修剪的图形创

建为面域。

（11）单击"三维工具"选项卡"建模"面板中的"拉伸"按钮，拉伸支架底座的拱形部分。命令行提示与操作如下：

```
命令：_EXTRUDE
当前线框密度：ISOLINES=10，闭合轮廓创建模式 = 实体
选择要拉伸的对象或 [模式(MO)]：找到 1 个（选择面域）
选择要拉伸的对象或 [模式(MO)]：✓
指定拉伸的高度或 [方向(D)/路径(P)/倾斜角(T)/表达式(E)] <15.0000>：50✓
```

绘制结果如图 16-60 所示。

（12）单击"三维工具"选项卡"实体编辑"面板中的"并集"按钮，将支架底座和拱形部分进行并集处理。命令行提示与操作如下：

```
命令：_UNION
选择对象：（选择支架底座）
选择对象：找到 1 个
选择对象：（选择拱形部分）
选择对象：找到 1 个，总计 2 个
选择对象：✓
```

并集处理结果如图 16-61 所示。

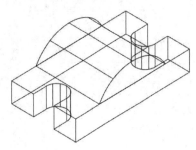

图 16-60　绘制底座拱形

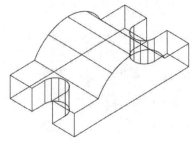

图 16-61　并集处理

（13）单击"默认"选项卡"绘图"面板中的"圆"按钮，绘制支架上部分的支撑部分。命令行提示与操作如下：

```
命令：_CIRCLE
指定圆的圆心或 [三点(3P)/两点(2P)/切点、切点、半径(T)]：0,58,0✓
指定圆的半径或 [直径(D)] <30.0000>：17✓
命令：_CIRCLE
指定圆的圆心或 [三点(3P)/两点(2P)/切点、切点、半径(T)]：0,0,0✓
指定圆的半径或 [直径(D)]：30✓
```

（14）单击"默认"选项卡"绘图"面板中的"直线"按钮，绘制直线，然后利用"修剪"命令修剪图形，并将修剪后的图形创建为面域，结果如图 16-62 所示。

（15）单击"三维工具"选项卡"建模"面板中的"拉伸"按钮，拉伸支架的支撑部分。命令行提示与操作如下：

```
命令：_EXTRUDE
当前线框密度：ISOLINES=10，闭合轮廓创建模式 = 实体
选择要拉伸的对象或 [模式(MO)]：找到 1 个（选择面域）
选择要拉伸的对象或 [模式(MO)]：✓
指定拉伸的高度或 [方向(D)/路径(P)/倾斜角(T)/表达式(E)] <15.0000>：40✓
```

利用"并集"命令，将拉伸的支撑与底座进行并集处理，结果如图 16-63 所示。

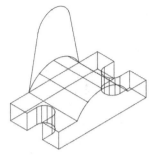

图 16-62 绘制支撑轮廓

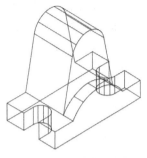

图 16-63 拉伸生成支撑

（16）单击"三维工具"选项卡"建模"面板中的"长方体"按钮，绘制长方体。命令行提示与操作如下：

```
命令：_BOX
指定第一个角点或 [中心(C)]：-45,36,15✓
指定其他角点或 [立方体(C)/长度(L)]：45,75,15✓
指定高度或 [两点(2P)] <40.0000>：25✓
```

绘制结果如图 16-64 所示。

（17）单击"三维工具"选项卡"实体编辑"面板中的"差集"按钮，将绘制的长方体从支架主体中减去，结果如图 16-65 所示。

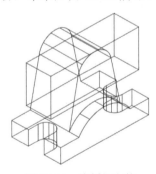

图 16-64 绘制长方体

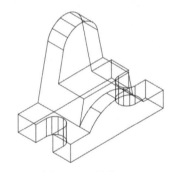

图 16-65 差集处理

（18）单击"三维工具"选项卡"建模"面板中的"圆柱体"按钮，绘制圆柱体。命令行提示与操作如下：

```
命令：_CYLINDER
指定底面的中心点或 [三点(3P)/两点(2P)/切点、切点、半径(T)/椭圆(E)]：0,58,0✓
指定底面半径或 [直径(D)] <6.0000>：17✓
指定高度或 [两点(2P)/轴端点(A)] <25.0000>：20✓
命令：_CYLINDER
指定底面的中心点或 [三点(3P)/两点(2P)/切点、切点、半径(T)/椭圆(E)]：0,58,0✓
指定底面半径或 [直径(D)] <17.0000>：9✓
指定高度或 [两点(2P)/轴端点(A)] <20.0000>：20✓
命令：_CYLINDER
指定底面的中心点或 [三点(3P)/两点(2P)/切点、切点、半径(T)/椭圆(E)]：0,0,0✓
指定底面半径或 [直径(D)] <9.0000>：20✓
指定高度或 [两点(2P)/轴端点(A)] <20.0000>：50✓
```

绘制结果如图 16-66 所示。

（19）单击"三维工具"选项卡"实体编辑"面板中的"并集"按钮，将绘制的直径为 34 的圆柱体与支架主体进行并集处理；单击"三维工具"选项卡"实体编辑"面板中的"差集"按钮，将绘制的直径为 18 和 40 的圆柱体与支架主体进行差集处理，结果如图 16-67 所示。

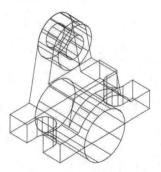

图 16-66　绘制圆柱体

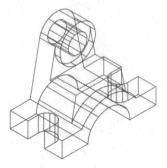

图 16-67　编辑图形

（20）单击"三维工具"选项卡"建模"面板中的"圆柱体"按钮，绘制圆柱体。命令行提示与操作如下：

```
命令：_CYLINDER
指定底面的中心点或 [三点(3P)/两点(2P)/切点、切点、半径(T)/椭圆(E)]：0,36,30✓
指定底面半径或 [直径(D)] <6.0000>：6✓
指定高度或 [两点(2P)/轴端点(A)] <25.0000>：A✓
指定轴端点：0,0,30✓
```

绘制结果如图 16-68 所示。

（21）单击"三维工具"选项卡"实体编辑"面板中的"差集"按钮，将绘制的直径为 12 的圆柱体与支架主体进行差集处理，结果如图 16-69 所示。

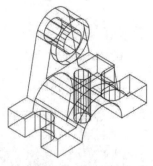

图 16-68　绘制圆柱体

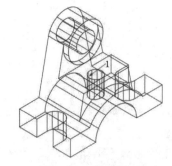

图 16-69　差集处理

（22）单击"三维工具"选项卡"实体编辑"面板中的"倒角边"按钮，对图形进行倒角处理。命令行提示与操作如下（此功能在第 17 章介绍，此处按步骤操作即可）：

```
命令：_CHAMFEREDGE 距离 1 = 1.0000，距离 2 = 1.0000
选择一条边或 [环(L)/距离(D)]：D✓
指定距离 1 或 [表达式(E)] <1.0000>：2✓
指定距离 2 或 [表达式(E)] <1.0000>：2✓
选择一条边或 [环(L)/距离(D)]：（选择图 16-69 中的边线 1）
选择同一个面上的其他边或 [环(L)/距离(D)]：✓
按 Enter 键接受倒角或 [距离(D)]：✓
```

绘制结果如图 16-70 所示。

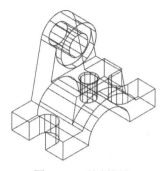

图 16-70 绘制倒角

（23）单击"视图"选项卡"视觉样式"面板"视觉样式管理器"中的"隐藏"按钮。最终结果如图 16-56 所示。

16.4 模拟认证考试

1. 两个圆球，半径为 200，球心相距 250，则两球相交部分的体积为（ ）。

    A. 6185010.5368   B. 6184452.712

    C. 6254999.712   D. 6125899.712

2. 利用 EXTRUDE 命令生成三维实体时，可设置拉伸角度。关于拉伸角度，下列说法中正确的是（ ）。

    A. 必须大于 0 或小于 0

    B. 只能大于 0

    C. 在 0°～90° 变化

    D. 数值可正可负，拉伸高度越大，相应的角度越小

3. 绘制如图 16-71 所示的接头。

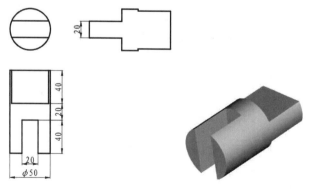

图 16-71 接头

第 17 章　复杂三维实体建模

内容简介

第 16 章讲述了一些简单的三维实体建模方法。但在实际使用中，有一些实体结构相对复杂。AutoCAD 相应提供了一些复杂三维实体建模工具。利用这些工具，可以创建复杂的三维实体。本章主要介绍基本三维操作功能、剖切视图、实体倒角与倒圆等知识。

内容要点

- ↘ 三维操作功能
- ↘ 剖切视图
- ↘ 实体三维操作
- ↘ 综合演练——阀体立体图
- ↘ 模拟认证考试

案例效果

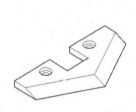  

17.1　三维操作功能

三维操作主要是对三维物体进行操作，包括三维镜像、三维阵列、对齐对象、三维移动和三维旋转等。

17.1.1　三维镜像

利用"三维镜像"命令可以以任意空间平面为镜像面，创建指定对象的镜像副本，源对象与镜像副本相对于镜像面彼此对称。其中，镜像平面可以是与当前 UCS 的 XY、YZ 或 XZ 平面平行的平面，或者由 3 个指定点所定义的任意平面。

【执行方式】

- ↘ 命令行：MIRROR3D。
- ↘ 菜单栏：选择菜单栏中的"修改"→"三维操作"→"三维镜像"命令。

扫一扫，看视频

动手学——绘制切刀

源文件：源文件\第 17 章\切刀.dwg

本实例绘制如图 17-1 所示的切刀，主要利用"拉伸""圆柱""三维镜像""倒角边"命令以及布尔运算。

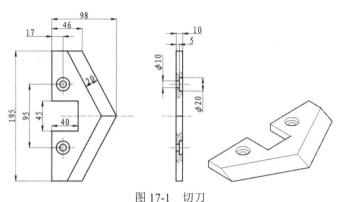

图 17-1　切刀

【操作步骤】

（1）建立新文件。选择菜单栏中的"文件"→"新建"命令，打开"选择样板"对话框，单击"打开"按钮右侧的下拉按钮 ，选择"无样板打开-公制"方式建立新文件，将新文件命名为"切刀.dwg"，并保存。

（2）在命令行中输入 ISOLINES，设置线框密度为 10。

（3）单击"默认"选项卡"绘图"面板中的"多段线"按钮，绘制图形。命令行提示与操作如下：

```
命令: _PLINE
指定起点: 40,0↙
当前线宽为 0.0000
指定下一点或 [圆弧(A)/半宽(H)/长度(L)/放弃(U)/宽度(W)]: @0,-22.5↙
指定下一点或 [圆弧(A)/闭合(C)/半宽(H)/长度(L)/放弃(U)/宽度(W)]: @-40,0↙
指定下一点或 [圆弧(A)/闭合(C)/半宽(H)/长度(L)/放弃(U)/宽度(W)]: @0,-75↙
指定下一点或 [圆弧(A)/闭合(C)/半宽(H)/长度(L)/放弃(U)/宽度(W)]: @46,0↙
指定下一点或 [圆弧(A)/闭合(C)/半宽(H)/长度(L)/放弃(U)/宽度(W)]: 98,0↙
指定下一点或 [圆弧(A)/闭合(C)/半宽(H)/长度(L)/放弃(U)/宽度(W)]: C↙
```

绘制结果如图 17-2 所示。

（4）单击"视图"选项卡"视图"面板"视图"下拉菜单中的"东南等轴测"按钮 ，将当前视图设置为东南等轴测视图。

（5）单击"三维工具"选项卡"建模"面板中的"拉伸"按钮 ，将创建的面域进行拉伸，拉伸高度为 10，结果如图 17-3 所示。

图 17-2　绘制图形

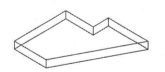

图 17-3　拉伸图形

（6）单击"三维工具"选项卡"建模"面板中的"圆柱体"按钮，以坐标点（17,-47.5,0）为底面中心，绘制半径为 5、高度为 10 的圆柱体，以坐标点（17,-47.5,5）为底面中心，绘制半径为 10、高度为 5 的圆柱体，结果如图 17-4 所示。

（7）单击"三维工具"选项卡"实体编辑"面板中的"差集"按钮，将绘制的圆柱体与切刀主体进行差集运算，结果如图 17-5 所示。

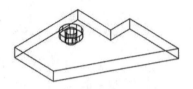

图 17-4　绘制圆柱体

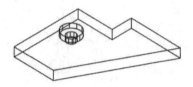

图 17-5　差集处理

（8）选择菜单栏中的"修改"→"三维操作"→"三维镜像"命令，将绘制的图形以 ZX 平面为镜像面，进行镜像操作。命令行提示与操作如下：

```
命令：_MIRROR3D
选择对象：(选择图 17-5 中所有的图形)
选择对象：找到 1 个
选择对象：↙
指定镜像平面 (三点) 的第一个点或[对象(O)/最近的(L)/Z 轴(Z)/视图(V)/XY 平面(XY)/YZ 平面
(YZ)/ZX 平面(ZX)/三点(3)] <三点>：ZX↙
指定 ZX 平面上的点 <0,0,0>：0,0,0↙
是否删除源对象？[是(Y)/否(N)] <否>：↙
```

完成镜像，将镜像后的两个实体进行并集处理，结果如图 17-6 所示。

（9）单击"三维工具"选项卡"实体编辑"面板中的"倒角边"按钮，将切刀边进行倒角处理。命令行提示与操作如下：

```
命令：_CHAMFEREDGE 距离 1 = 1.0000, 距离 2 = 1.0000
选择一条边或 [环(L)/距离(D)]：D↙
指定距离 1 或 [表达式(E)] <1.0000>：10↙
指定距离 2 或 [表达式(E)] <1.0000>：20↙
选择一条边或 [环(L)/距离(D)]：(选择图 17-6 中的边线 1)
选择同一个面上的其他边或 [环(L)/距离(D)]：↙
按 Enter 键接受倒角或 [距离(D)]：↙
```

重复"倒角边"命令，将另一侧的边进行倒角处理，结果如图 17-7 所示。

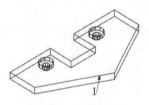

图 17-6　镜像图形

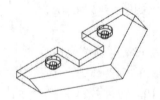

图 17-7　倒角处理

（10）单击"视图"选项卡"视觉样式"面板"视觉样式管理器"中的"隐藏"按钮。最终结果如图 17-1 所示。

【选项说明】

（1）三点：输入镜像平面上点的坐标。该选项通过 3 个点确定镜像平面，是系统默认选项。

（2）最近的：相对于最后定义的镜像平面对选定的对象进行镜像处理。

（3）Z 轴：利用指定的平面作为镜像平面。选择该选项后，命令行提示如下：

在镜像平面上指定点：（输入镜像平面上一点的坐标）
在镜像平面的 Z 轴（法向）上指定点：（输入与镜像平面垂直的任意直线上任意一点的坐标）
是否删除源对象？ [是(Y)/否(N)]：（根据需要确定是否删除源对象）

（4）视图：指定一个平行于当前视图的平面作为镜像平面。

（5）XY/YZ/ZX 平面：指定一个平行于当前坐标系 XY/YZ/ZX 平面的平面作为镜像平面。

扫一扫，看视频

动手练——绘制脚踏座

绘制如图 17-8 所示的脚踏座。

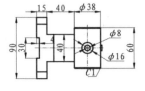
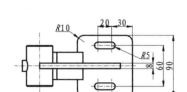

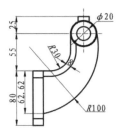
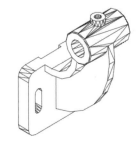

图 17-8　脚踏座

思路点拨：

源文件：源文件\第 17 章\脚踏座.dwg
（1）利用"长方体"命令绘制一个长方体。
（2）绘制二维图形创建面域并拉伸，然后进行差集处理。
（3）转换坐标系。
（4）绘制二维图形创建面域并拉伸。
（5）绘制圆柱体，并布尔运算。
（6）圆角和倒角处理。
（7）三维镜像处理。
（8）布尔运算。

17.1.2　三维阵列

利用该命令可以在三维空间中按矩形阵列或环形阵列的方式创建指定对象的多个副本。

【执行方式】

➥　命令行：3DARRAY。

扫一扫，看视频

➤ 菜单栏：选择菜单栏中的"修改"→"三维操作"→"三维阵列"命令。

➤ 工具栏：单击"建模"工具栏中的"三维阵列"按钮🔲。

动手学——绘制电机定子

源文件：源文件\第 17 章\电机定子.dwg

本实例绘制如图 17-9 所示的电机定子。

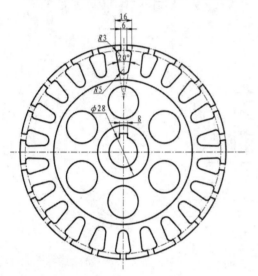
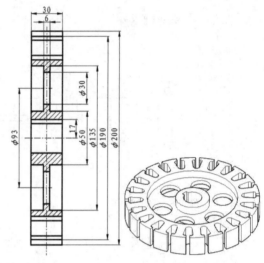

图 17-9　电机定子

【操作步骤】

（1）在命令行中输入 ISOLINES，设置线框密度为 10。

（2）单击"视图"选项卡"视图"面板"视图"下拉菜单中的"西南等轴测"按钮◈，将当前视图设置为西南等轴测视图。

（3）单击"三维工具"选项卡"建模"面板中的"圆柱体"按钮🛢，以坐标点（0,0,0）为底面中心，绘制半径为 100、高度为 30 的圆柱体，然后再分别以（0,0,0）和（0,0,30）为底面中心，绘制半径为 67.5、高度分别为 12 和−12 的圆柱体，结果如图 17-10 所示。

（4）单击"三维工具"选项卡"实体编辑"面板中的"差集"按钮🗗，将绘制的圆柱体进行差集运算，从大圆柱体中减去两个小圆柱体。

（5）单击"三维工具"选项卡"建模"面板中的"圆柱体"按钮🛢，以坐标点（0,0,0）为底面中心，创建半径为 25、高度为 30 的圆柱体，然后单击"三维工具"选项卡"实体编辑"面板中的"并集"按钮🗗，将绘制的圆柱体进行并集运算，结果如图 17-11 所示。

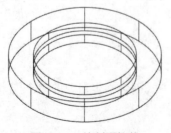
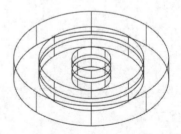

图 17-10　绘制圆柱体　　　　　　　　　　　　图 17-11　并集运算

（6）单击"视图"选项卡"视图"面板"视图"下拉菜单中的"俯视"按钮，将当前视图设置为俯视图，结果如图 17-12 所示。

（7）单击"默认"选项卡"绘图"面板中的"圆"按钮，以坐标点（0,0）为中心，绘制直径分别为 200 和 190 的圆；单击"默认"选项卡"绘图"面板中的"直线"按钮，通过圆心绘制一条竖直直线，然后将绘制的竖直直线分别向两侧偏移 3 和 8，结果如图 17-13 所示。

（8）单击"默认"选项卡"修改"面板中的"旋转"按钮，将最左边的直线以图 17-13 中的点 1 为基点旋转 10°；重复"旋转"命令，将最右边的直线以图 17-13 中的点 2 为基点旋转-10°，结果如图 17-14 所示。

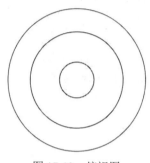 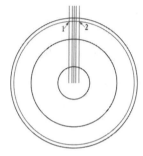 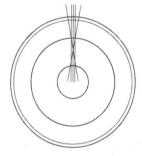

图 17-12　俯视图　　　　　　图 17-13　绘制图形　　　　　　图 17-14　旋转直线

（9）单击"默认"选项卡"修改"面板中的"修剪"按钮，修剪图形，并将中间的竖直直线删除，结果如图 17-15 所示。

（10）单击"默认"选项卡"修改"面板中的"圆角"按钮，绘制圆角，在图 17-15 中的 A 点绘制半径为 5 的圆角；在图 17-15 中的 B 点和 C 点绘制半径为 3 的圆角，并将修改的图形创建为面域，结果如图 17-16 所示。

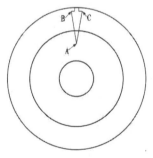 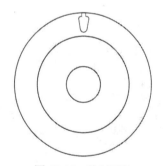

图 17-15　修剪图形　　　　　　　　　图 17-16　绘制圆角

（11）单击"视图"选项卡"视图"面板"视图"下拉菜单中的"西南等轴测"按钮，将当前视图设置为西南等轴测视图。

（12）单击"三维工具"选项卡"建模"面板中的"拉伸"按钮，将步骤（10）创建的面域进行拉伸，拉伸高度为 30，结果如图 17-17 所示。

（13）选择菜单栏中的"修改"→"三维操作"→"三维阵列"命令，将步骤（12）拉伸的图形阵列。命令行提示与操作如下：

```
命令：_3DARRAY
选择对象：（选择步骤（12）拉伸的图形）
选择对象：找到 1 个
```

```
选择对象：↙
输入阵列类型 [矩形(R)/环形(P)] <矩形>:P↙
输入阵列中的项目数目：22↙
指定要填充的角度 (+=逆时针，-=顺时针) <360>:↙
旋转阵列对象？ [是(Y)/否(N)] <Y>:↙
指定阵列的中心点：0,0,0↙
指定旋转轴上的第二点：0,0,10↙
```

阵列结果如图 17-18 所示。

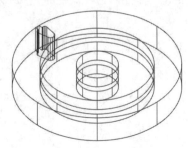

图 17-17 拉伸图形

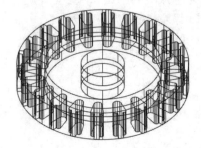

图 17-18 阵列图形

 手把手教你学：

> 在进行三维阵列过程中，指定阵列中心点时，需关闭"对象捕捉"，否则阵列结果会发生错乱。

（14）单击"三维工具"选项卡"实体编辑"面板中的"差集"按钮，将电机定子主体与阵列图形进行差集运算，结果如图 17-19 所示。

（15）单击"视图"选项卡"视图"面板"视图"下拉菜单中的"俯视"按钮，将当前视图设置为俯视图，结果如图 17-20 所示。

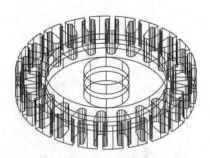

图 17-19 差集运算

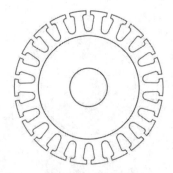

图 17-20 俯视图

（16）单击"默认"选项卡"绘图"面板中的"圆"按钮，以坐标点（0,46.5）为中心，绘制直径 30 的圆；重复"圆"命令，以坐标点（0,0）为中心，绘制直径为 28 的圆；然后单击"默认"选项卡"绘图"面板中的"矩形"按钮，交点坐标分别为（-4,0）和（4,17.3），最后利用"修剪"命令，修剪图形，并将修剪后的图形创建为面域，绘制结果如图 17-21 所示。

（17）单击"视图"选项卡"视图"面板"视图"下拉菜单中的"西南等轴测"按钮，将当前视图设置为西南等轴测视图。

（18）单击"三维工具"选项卡"建模"面板中的"拉伸"按钮，将步骤（16）创建的面域进行拉伸，拉伸高度为 30，结果如图 17-22 所示。

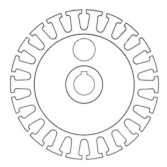

图 17-21　绘制图形

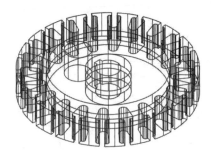

图 17-22　拉伸图形

（19）选择菜单栏中的"修改"→"三维操作"→"三维阵列"命令，将步骤（18）拉伸的直径为 30 的圆柱体进行阵列。命令行提示与操作如下：

```
命令：_3DARRAY
选择对象：（选择步骤（18）拉伸的直径为 30 的圆柱体）
选择对象：找到 1 个
选择对象：✓
输入阵列类型 [矩形(R)/环形(P)] <矩形>：P✓
输入阵列中的项目数目：6✓
指定要填充的角度 （+=逆时针，-=顺时针） <360>：✓
旋转阵列对象？ [是(Y)/否(N)] <Y>：✓
指定阵列的中心点：0,0,0✓
指定旋转轴上的第二点：0,0,10✓
```

阵列结果如图 17-23 所示。

（20）单击"三维工具"选项卡"实体编辑"面板中的"差集"按钮，将电机定子主体与阵列图形及拉伸的轴孔进行差集运算，结果如图 17-24 所示。

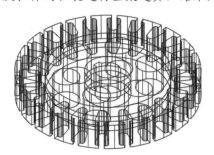

图 17-23　阵列图形

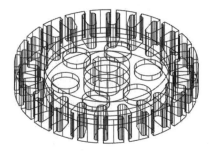

图 17-24　差集运算

（21）单击"视图"选项卡"视觉样式"面板"视觉样式管理器"中的"隐藏"按钮。最终结果如图 17-9 所示。

【选项说明】

（1）矩形：对图形进行矩形阵列复制，是系统默认选项。

（2）环形：对图形进行环形阵列复制。

动手练——绘制端盖

绘制如图 17-25 所示的端盖。

扫一扫，看视频

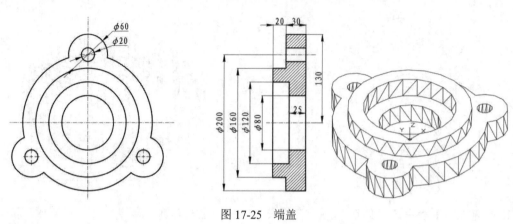

图 17-25　端盖

思路点拨：

> 源文件：源文件\第 17 章\端盖.dwg
>
> （1）利用"圆柱体"命令绘制一系列圆柱体。
>
> （2）进行布尔运算处理。
>
> （3）利用"圆柱体"命令绘制一系列圆柱体。
>
> （4）利用"三维阵列"命令生成相似结构。
>
> （5）进行布尔运算处理。

17.1.3　对齐对象

在二维和三维空间中将对象与其他对象对齐。在要对齐的对象上指定最多 3 个点，然后在目标对象上指定最多 3 个相应的点。

【执行方式】

- ↳ 命令行：3DALIGN。
- ↳ 菜单栏：选择菜单栏中的"修改"→"三维操作"→"三维对齐"命令。
- ↳ 工具栏：单击"建模"工具栏中的"三维对齐"按钮 。

【操作步骤】

执行上述操作后，命令行提示与操作如下：

```
命令：3DALIGN↙
选择对象：（选择对齐的对象）
选择对象：（选择下一个对象或按 Enter 键）
指定源平面和方向...
指定基点或 [复制(C)]：（指定点 2）
指定第二个点或 [继续(C)] <C>：（指定点 1）
指定第三个点或 [继续(C)] <C>：
指定目标平面和方向...
指定第一个目标点：（指定点 2）
指定第二个目标点或 [退出(X)] <X>：
指定第三个目标点或 [退出(X)] <X>：↙
```

17.1.4　三维移动

在三维视图中，显示三维移动小控件以帮助在指定方向上按指定距离移动三维对象。使用三维移动小控件，可以自由地移动选定的对象和子对象，或者将移动约束到轴或平面。

【执行方式】

⤷　命令行：3DMOVE。

⤷　菜单栏：选择菜单栏中的"修改"→"三维操作"→"三维移动"命令。

⤷　工具栏：单击"建模"工具栏中的"三维移动"按钮 △。

扫一扫，看视频

动手学——绘制溢流阀阀盖

源文件：源文件\第 17 章\溢流阀阀盖.dwg

本实例绘制如图 17-26 所示的溢流阀阀盖。

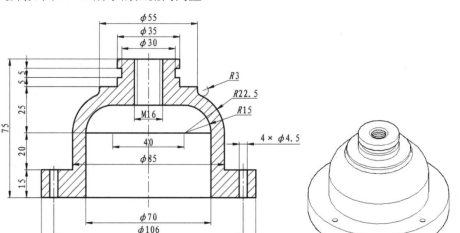

图 17-26　溢流阀阀盖

【操作步骤】

（1）启动 AutoCAD 2022，使用系统默认设置绘图环境。

（2）在命令行中输入 ISOLINES，设置线框密度为 10。

（3）单击"视图"选项卡"视图"面板"视图"下拉菜单中的"西南等轴测"按钮 ◈，将当前视图设置为西南等轴测视图。

（4）单击"三维工具"选项卡"建模"面板中的"圆柱体"按钮 ▢，以（0,0,0）为底面中心点，绘制圆柱体，半径分别为 60、42.5、27.5、17.5、15，高度分别为 15、55、60、65、70；重复"圆柱体"命令，以（0,0,75）为底面中心点，绘制半径为 17.5、高度为-5 的圆柱体，绘制结果如图 17-27 所示。

（5）单击"三维工具"选项卡"实体编辑"面板中的"并集"按钮 ▨，将绘制的圆柱体进行并集运算，结果如图 17-28 所示。

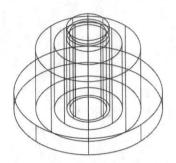

图 17-27　绘制圆柱体

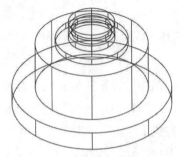

图 17-28　并集处理

（6）单击"三维工具"选项卡"建模"面板中的"圆柱体"按钮，以（0,0,0）为底面中心点，绘制圆柱体，半径分别为 35 和 8，高度分别为 50 和 75；单击"三维工具"选项卡"实体编辑"面板中的"差集"按钮，将绘制的圆柱体与阀体主体进行差集运算，结果如图 17-29 所示。

（7）单击"三维工具"选项卡"建模"面板中的"圆柱体"按钮，以（53,0,0）为底面中心点，绘制半径为 2.25、高度为 15 的圆柱体，绘制结果如图 17-30 所示。

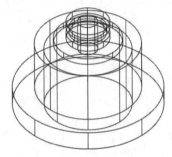

图 17-29　差集处理

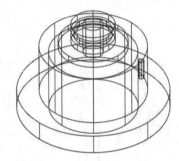

图 17-30　绘制螺栓孔圆柱体

（8）选择菜单栏中的"修改"→"三维操作"→"三维阵列"命令，将步骤（7）绘制的圆柱体阵列。命令行提示与操作如下：

```
命令：_3DARRAY
选择对象：（选择步骤（7）绘制的圆柱体）
选择对象：找到 1 个
选择对象：✓
输入阵列类型 [矩形(R)/环形(P)] <矩形>：P✓
输入阵列中的项目数目：4✓
指定要填充的角度 (+=逆时针，-=顺时针) <360>：✓
旋转阵列对象？ [是(Y)/否(N)] <Y>：✓
指定阵列的中心点：0,0,0✓
指定旋转轴上的第二点：0,0,10✓
```

利用"差集"命令将阵列后的圆柱体与阀体主体进行差集处理，结果如图 17-31 所示。

（9）单击"三维工具"选项卡"实体编辑"面板中的"圆角边"按钮，将图 17-31 中的边线 1 进行倒圆角处理。命令行提示与操作如下：

```
命令：_FILLETEDGE
半径 = 1.0000
选择边或 [链(C)/环(L)/半径(R)]：R✓
输入圆角半径或 [表达式(E)] <1.0000>：3✓
选择边或 [链(C)/环(L)/半径(R)]：（选择图 17-31 中的边线 1）
```

选择边或 [链(C)/环(L)/半径(R)]：↙
已选定 1 个边用于圆角
按 Enter 键接受圆角或 [半径(R)]：↙

重复"圆角边"命令，对图 17-31 中的边线 2 和边线 3 进行倒圆角处理，圆角半径分别为 15 和 22.5，结果如图 17-32 所示。

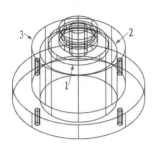

图 17-31　阵列后进行差集处理

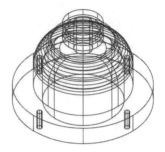

图 17-32　圆角处理

（10）设置 UCS，将坐标系原点绕 X 轴旋转 90°。命令行提示与操作如下：

命令：UCS ↙
当前 UCS 名称：*世界*
UCS 的原点或 [面(F)/命名(NA)/对象(OB)/上一个(P)/视图(V)/世界(W)/X/Y/Z/Z 轴(ZA)]
<世界>：X↙
指定绕 X 轴的旋转角度 <90>：↙

（11）选择菜单栏中的"视图"→"三维视图"→"平面视图"→"当前 UCS"命令，将视图切换到当前视图。

（12）绘制螺纹轮廓。单击"默认"选项卡"绘图"面板中的"直线"按钮 ，在实体旁边绘制一个正三角形，其边长为 2，并对其进行面域设置；单击"绘图"工具栏中的"构造线"按钮 ，过正三角形右边线绘制竖直辅助线；单击"默认"选项卡"修改"面板中的"偏移"按钮 ，将水平辅助线向左偏移 8，结果如图 17-33 所示。

（13）旋转正三角形。单击"三维工具"选项卡"建模"面板中的"旋转"按钮 ，以偏移后的竖直辅助线为旋转轴，选取正三角形，将其旋转 360°；单击"默认"选项卡"修改"面板中的"删除"按钮 ，删除绘制的辅助线；选择菜单栏中的"修改"→"三维操作"→"三维阵列"命令，将旋转形成的实体进行 12 行 1 列的矩形阵列，行间距为 2；单击"三维工具"选项卡"实体编辑"面板中的"并集"按钮 ，将阵列后的实体进行并集运算，结果如图 17-34 所示。

图 17-33　绘制螺纹轮廓

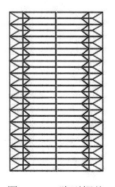

图 17-34　阵列螺纹

（14）移动螺纹。选择菜单栏中的"修改"→"三维操作"→"三维移动"命令。命令行提示与操作如下：

```
命令：3DMOVE↙
选择对象：(选择步骤（13）绘制的螺纹)↙
选择对象：找到 1 个
选择对象：↙
指定基点或 [位移(D)]<位移>：(选择螺纹顶端中点)
指定第二个点或 <使用第一个点作为位移>：(选择阀盖顶端中点)
```

操作完成后结果如图 17-35 所示。

（15）单击"视图"选项卡"视图"面板"视图"下拉菜单中的"西南等轴测"按钮◈，将当前视图设置为西南等轴测视图。

（16）单击"三维工具"选项卡"实体编辑"面板中的"并集"按钮⬛，将实体与螺纹进行并集运算，结果如图 17-36 所示。

图 17-35　移动螺纹

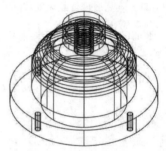

图 17-36　并集处理

（17）单击"视觉样式"面板"视觉样式管理器"中的"隐藏"按钮▨。最终结果如图 17-26 所示。

扫一扫，看视频

动手练——绘制轴承座

绘制如图 17-37 所示的轴承座。

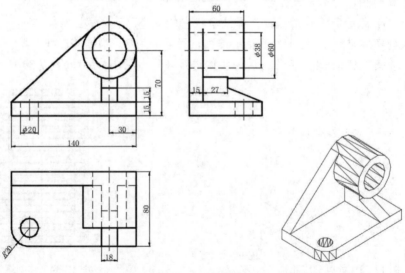

图 17-37　轴承座

💼 思路点拨：

> 源文件：源文件\第 17 章\轴承座.dwg
>
> （1）绘制长方体并倒圆角处理。
>
> （2）绘制圆柱体并差集处理，形成底板。
>
> （3）旋转坐标系。
>
> （4）绘制圆柱体并差集处理，形成轴承座体。
>
> （5）绘制二维图形并生成面域，然后拉伸，形成立板。
>
> （6）绘制二维图形并生成面域，然后拉伸，形成肋板。
>
> （7）利用"三维移动"命令移动肋板到合适位置。
>
> （8）布尔运算。

17.1.5　三维旋转

使用该命令可以把三维实体模型围绕指定的轴在空间中进行旋转。

【执行方式】

↘ 命令行：3DROTATE。

↘ 菜单栏：选择菜单栏中的"修改"→"三维操作"→"三维旋转"命令。

↘ 工具栏：单击"建模"工具栏中的"三维旋转"按钮 ⊕。

扫一扫，看视频

动手学——绘制吊耳

源文件：源文件\第 17 章\吊耳.dwg

本实例绘制如图 17-38 所示的吊耳。

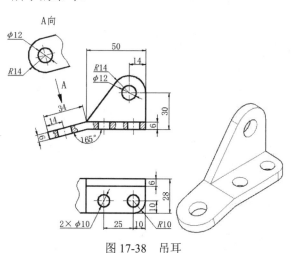

图 17-38　吊耳

【操作步骤】

（1）设置线框密度。命令行提示与操作如下：

```
命令: ISOLINES✓
输入 ISOLINES 的新值 <4>: 10✓
```

（2）设置视图方向。单击"视图"选项卡"视图"面板"视图"下拉菜单"西南等轴测"按钮，将当前视图设置为西南等轴测视图。

（3）单击"三维工具"选项卡"建模"面板中的"长方体"按钮▢，绘制角点坐标分别为（0,0,0）和（50,28,0）、高度为6的长方体；重复"长方体"命令，绘制角点坐标分别为（0,0,0）和（-34,28,0）、高度为6的长方体，绘制结果如图17-39所示。

（4）单击"三维工具"选项卡"实体编辑"面板中的"圆角边"按钮▢，绘制圆角，在图17-39中的边线1和边线2处绘制半径为14的圆角，在图17-39中的边线3处绘制半径为10的圆角，绘制结果如图17-40所示。

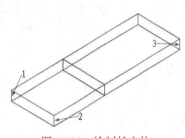

图 17-39　绘制长方体

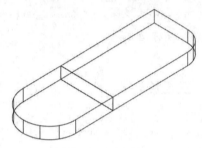

图 17-40　圆角处理

（5）单击"三维工具"选项卡"建模"面板中的"圆柱体"按钮▢，绘制中心点坐标为（-20,14,0）、半径为6、高度为6的圆柱体；重复"圆柱体"命令，绘制底面中心点坐标分别为（15,10,0）和（40,10,0）、半径为5、高度为6的圆柱体。

（6）单击"三维工具"选项卡"实体编辑"面板中的"差集"按钮▢，对图形进行差集运算，在左侧半圆体中减去半径为6的圆柱体，在右侧长方体中减去两个半径为5的圆柱体，结果如图17-41所示。

（7）三维旋转长方体。选择菜单栏中的"修改"→"三维操作"→"三维旋转"命令，旋转长方体。命令行提示与操作如下：

```
UCS 当前的正角方向：ANGDIR=逆时针  ANGBASE=0
选择对象：（选择左侧实体为旋转对象）
选择对象：找到 1 个
选择对象：✓
指定基点：（拾取左侧实体的左上角点）
拾取旋转轴：（选择 Y 轴为旋转轴）
指定角的起点或输入角度：15✓
```

旋转操作完成后的结果如图17-42所示。

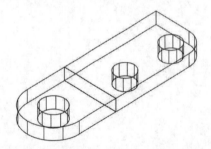

图 17-41　对绘制的圆柱体进行差集处理

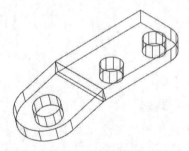

图 17-42　旋转操作

（8）设置 UCS，将坐标系原点绕 X 轴旋转 90°。命令行提示与操作如下：

```
命令：UCS↙
当前 UCS 名称：*世界*
UCS 的原点或 [面(F)/命名(NA)/对象(OB)/上一个(P)/视图(V)/世界(W)/X/Y/Z/Z轴(ZA)]
<世界>：X↙
指定绕 X 轴的旋转角度 <90>：↙
```

（9）单击"绘图"面板中的"圆"按钮⊙，绘制圆心坐标为（36,30,-28）、半径分别为 14 和 6 的圆，绘制结果如图 17-43 所示。

（10）单击"默认"选项卡"绘图"面板中的"直线"按钮／，绘制直线，直线的一个端点坐标为（0,6,-28），另一个端点坐标与直径为 28 的圆相切；重复"直线"命令，绘制另一条直线，直线的一个端点坐标为（50,6,-28），另一个端点坐标与直径为 28 的圆相切，并将绘制的轮廓闭合。

（11）单击"默认"选项卡"修改"面板中的"修剪"按钮▼，修剪图形，并将修剪后的图形分别创建为面域，结果如图 17-44 所示。

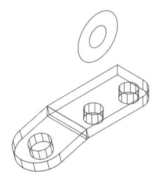

图 17-43　绘制圆

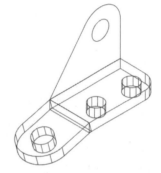

图 17-44　绘制拉伸轮廓

（12）单击"三维工具"选项卡"建模"面板中的"拉伸"按钮▤，拉伸步骤（11）中创建的两个面域，拉伸高度为 6，并将拉伸后的两个实体进行差集处理，结果如图 17-45 所示。

（13）单击"三维工具"选项卡"实体编辑"面板中的"并集"按钮▶，将图中所有的实体进行并集运算，然后单击"视图"选项卡"视觉样式"面板"视觉样式管理器"中的"隐藏"按钮，最终结果如图 17-38 所示。

动手练——绘制弹簧垫圈

绘制如图 17-46 所示的弹簧垫圈。

扫一扫，看视频

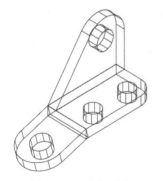

图 17-45　拉伸面域

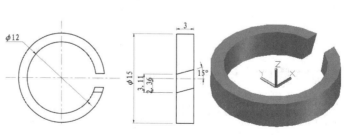

图 17-46　弹簧垫圈

思路点拨：

> 源文件：源文件\第 17 章\弹簧垫圈.dwg
> （1）绘制两个同轴圆柱体并进行差集处理。
> （2）绘制长方体。
> （3）三维旋转长方体。
> （4）差集处理。

17.2 剖切视图

在 AutoCAD 中，可以利用剖切功能对三维造型进行剖切处理，这样便于用户观察三维造型的内部结构。

17.2.1 剖切

用户可以使用指定的平面或曲面对象剖切三维实体对象，但是仅可以通过指定的平面剖切曲面对象，不可以直接剖切网格或将网格用作剖切曲面。

【执行方式】

➥ 命令行：SLICE（快捷命令：SL）。

➥ 菜单栏：选择菜单栏中的"修改"→"三维操作"→"剖切"命令。

➥ 功能区：单击"三维工具"选项卡"实体编辑"面板中的"剖切"按钮📑。

扫一扫，看视频

动手学——绘制胶木球

源文件：源文件\第 17 章\胶木球.dwg

本实例绘制如图 17-47 所示的胶木球。

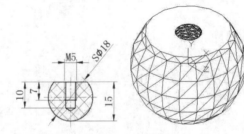

图 17-47　胶木球

【操作步骤】

（1）设置线框密度为 10。

（2）单击"三维工具"选项卡"建模"面板中的"球体"按钮◯，在坐标原点绘制半径为 9 的球体。命令行提示与操作如下：

```
命令: _sphere
指定中心点或 [三点(3P)/两点(2P)/切点、切点、半径(T)]: 0,0,0↙
指定半径或 [直径(D)]: 9↙
```

结果如图17-48所示。

（3）单击"三维工具"选项卡"实体编辑"面板中的"剖切"按钮，对球体进行剖切。命令行提示与操作如下：

```
命令: _slice
选择要剖切的对象:（选择球体）
选择要剖切的对象: ↙
指定 切面 的起点或 [平面对象(O)/曲面(S)/Z 轴(Z)/视图(V)/XY(XY)/YZ(YZ)/ZX(ZX)/三点(3)]
<三点>: XY↙
指定 XY 平面上的点 <0,0,0>: 0,0,6↙
在所需的侧面上指定点或 [保留两个侧面(B)] <保留两个侧面>:（选取球体下方）
```

结果如图17-49所示。

（4）单击"可视化"选项卡"视图"面板中的"左视"按钮，将视图切换到左视图。

（5）单击"默认"选项卡"绘图"面板中的"直线"按钮，绘制如图17-50所示的图形。

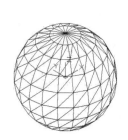 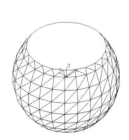 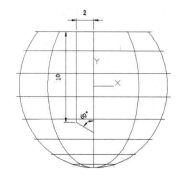

图17-48 绘制球体　　　　图17-49 剖切平面　　　　图17-50 绘制旋转截面图

（6）单击"默认"选项卡"绘图"面板中的"面域"按钮，将步骤（5）绘制的图形创建为面域。

（7）单击"三维工具"选项卡"建模"面板中的"旋转"按钮，将步骤（6）创建的面域绕Y轴进行旋转，结果如图17-51所示。

（8）单击"三维工具"选项卡"实体编辑"面板中的"差集"按钮，将创建的面域与小圆柱体进行差集处理，结果如图17-52所示。

（9）在命令行中输入UCS，将坐标系恢复成世界坐标系。

（10）单击"默认"选项卡"绘图"面板中的"螺旋"按钮，创建螺旋线。命令行提示与操作如下：

```
命令: _Helix
圈数 = 3.0000      扭曲=CCW
指定底面的中心点: 0,0,8↙
指定底面半径或 [直径(D)] <1.0000>: 2↙
指定顶面半径或 [直径(D)] <2.0000>:↙
指定螺旋高度或 [轴端点(A)/圈数(T)/圈高(H)/扭曲(W)] <1.0000>: H↙
```

```
指定圈间距 <3.6667>: 0.58↙
指定螺旋高度或 [轴端点(A)/圈数(T)/圈高(H)/扭曲(W)] <11.0000>: -9↙
```

结果如图 17-53 所示。

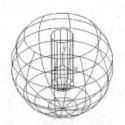
图 17-51 旋转实体

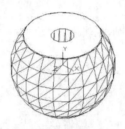
图 17-52 差集结果

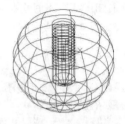
图 17-53 绘制螺旋线

（11）单击"可视化"选项卡"视图"面板中的"前视"按钮，将视图切换到前视图。

（12）绘制牙型截面轮廓。单击"默认"选项卡"绘图"面板中的"直线"按钮，捕捉螺旋线的上端点绘制牙型截面轮廓，单击"默认"选项卡"绘图"面板中的"面域"按钮，将其创建成面域，结果如图 17-54 所示。

（13）扫掠形成实体。单击"可视化"选项卡"视图"面板中的"西南等轴测"按钮，将视图切换到西南等轴测视图。单击"三维工具"选项卡"建模"面板中的"扫掠"按钮，命令行提示与操作如下：

```
命令：_sweep
当前线框密度： ISOLINES=4，闭合轮廓创建模式 = 实体
选择要扫掠的对象或 [模式(MO)]：（选择三角牙型轮廓）
选择要扫掠的对象或 [模式(MO)]：↙
选择扫掠路径或 [对齐(A)/基点(B)/比例(S)/扭曲(T)]：（选择螺纹线）
```

结果如图 17-55 所示。

（14）布尔运算处理。单击"三维工具"选项卡"实体编辑"面板中的"差集"按钮，从主体中减去步骤（13）绘制的扫掠实体，结果如图 17-56 所示。

图 17-54 绘制截面轮廓

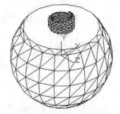
图 17-55 扫掠实体

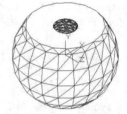
图 17-56 差集结果

【选项说明】

（1）平面对象：将所选对象的所在平面作为剖切面。

（2）曲面：将剪切平面与曲面对齐。

（3）Z 轴：通过平面指定一点与在平面的 Z 轴（法线）上指定另一点来定义剖切平面。

（4）视图：将平行于当前视图的平面作为剖切面。

（5）XY(XY)/YZ(YZ)/ZX(ZX)：将剖切平面与当前 UCS 的 XY 平面/YZ 平面/ZX 平面对齐。

（6）三点：将根据空间的 3 个点确定的平面作为剖切面。确定剖切面后，系统会提示保留一侧或两侧。

17.2.2　剖切截面

使用平面或三维实体、曲面或网格的交点创建二维面域对象。

【执行方式】

命令行：SECTION（快捷命令：SEC）。

【操作步骤】

执行上述命令后，命令行提示与操作如下：

```
命令：SECTION↙
选择对象：（选择要剖切的实体）
指定截面上的第一个点，依照 [对象(O)/Z 轴(Z)/视图(V)/XY/YZ/ZX/三点(3)] <三点>:
```

扫一扫，看视频

动手练——绘制阀芯

绘制如图 17-57 所示的阀芯。

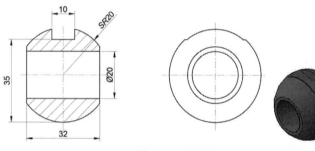

图 17-57　阀芯

思路点拨：

> 源文件：源文件\第 17 章\阀芯.dwg
>
> （1）利用"球体"命令创建主体。
>
> （2）利用"剖切"命令剖切上下多余部分。
>
> （3）利用"圆柱体""三维镜像"和"差集"命令创建凹槽。

17.3　实体三维操作

17.3.1　倒角边

利用"倒角边"命令可以为三维实体边和曲面边建立倒角。

【执行方式】

➤ 命令行：CHAMFEREDGE。

➤ 菜单栏：选择菜单栏中的"修改"→"实体编辑"→"倒角边"命令。

➥ 工具栏：单击"实体编辑"工具栏中的"倒角边"按钮📎。

➥ 功能区：单击"三维工具"选项卡"实体编辑"面板中的"倒角边"按钮📎。

动手学——绘制凸形支架

源文件：源文件\第17章\凸形支架.dwg

本实例绘制如图17-58所示的凸形支架。绘制过程中先利用"长方体"和"圆柱体"命令绘制凸形支架主体，再利用"并集"和"差集"命令对主体进行并集和差集运算，最后利用"倒角边"命令创建倒角。

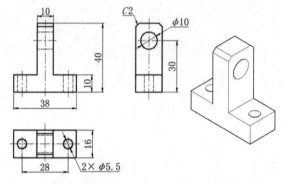

图17-58 凸形支架

【操作步骤】

（1）单击"视图"选项卡"视图"面板"视图"下拉菜单中的"东南等轴测"按钮🎲，将视图切换到东南等轴测视图。

（2）单击"三维工具"选项卡"建模"面板中的"长方体"按钮🗔，绘制长方体。命令行提示与操作如下：

```
命令：_BOX
指定第一个角点或 [中心(C)]: 0,0,0✓
指定其他角点或 [立方体(C)/长度(L)]: 38,16,0✓
指定高度或 [两点(2P)] <10.0000>: 10✓
命令：_BOX
指定第一个角点或 [中心(C)]: 14,0,10✓
指定其他角点或 [立方体(C)/长度(L)]: @10,16,0✓
指定高度或 [两点(2P)] <10.0000>: 30✓
```

绘制结果如图17-59所示。

（3）单击"三维工具"选项卡"建模"面板中的"圆柱体"按钮🗋，绘制圆柱体。命令行提示与操作如下：

```
命令：_CYLINDER
指定底面的中心点或 [三点(3P)/两点(2P)/切点、切点、半径(T)/椭圆(E)]: 5,8,0✓
指定底面半径或 [直径(D)] <5.0000>: D✓
指定直径 <10.0000>: 5.5✓
指定高度或 [两点(2P)/轴端点(A)] <30.0000>: 10✓
命令：_CYLINDER
指定底面的中心点或 [三点(3P)/两点(2P)/切点、切点、半径(T)/椭圆(E)]: 33,8,0✓
指定底面半径或 [直径(D)] <2.7500>: D✓
```

```
指定直径 <5.5000>: 5.5↙
指定高度或 [两点(2P)/轴端点(A)] <10.0000>: 10↙
命令: _CYLINDER
指定底面的中心点或 [三点(3P)/两点(2P)/切点、切点、半径(T)/椭圆(E)]: 24,8,30↙
指定底面半径或 [直径(D)] <2.7500>: D↙
指定直径 <5.5000>: 10↙
指定高度或 [两点(2P)/轴端点(A)] <10.0000>: A↙
指定轴端点: @-10,0,0↙
```

绘制结果如图 17-60 所示。

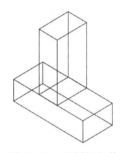

图 17-59　绘制长方体

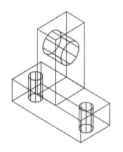

图 17-60　绘制圆柱体

（4）单击"三维工具"选项卡"实体编辑"面板中的"并集"按钮 ⬢，将图 17-60 中的长方体进行并集运算，然后单击"三维工具"选项卡"实体编辑"面板中的"差集"按钮 ⬡，将图 17-60 中的支架主体和圆柱体进行差集处理，结果如图 17-61 所示。

（5）单击"三维工具"选项卡"实体编辑"面板中的"倒角边"按钮 ◈，对图形进行倒角处理。命令行提示与操作如下：

```
命令: _CHAMFEREDGE 距离 1 = 1.0000, 距离 2 = 1.0000
选择一条边或 [环(L)/距离(D)]: D↙
指定距离 1 或 [表达式(E)] <1.0000>: 2↙
指定距离 2 或 [表达式(E)] <1.0000>: 2↙
选择一条边或 [环(L)/距离(D)]: (选择图 17-61 中的边线 1)
选择同一个面上的其他边或 [环(L)/距离(D)]: (选择图 17-61 中的边线 2)
选择同一个面上的其他边或 [环(L)/距离(D)]: ↙
按 Enter 键接受倒角或 [距离(D)]: ↙
```

倒角处理结果如图 17-62 所示。

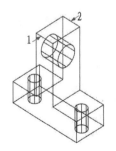

图 17-61　生成凸形支架主体

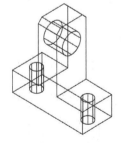

图 17-62　倒角边

（6）单击"视图"选项卡"视觉样式"面板"视觉样式管理器"中的"隐藏"按钮 ▨。最终结果如图 17-58 所示。

【选项说明】

（1）选择一条边：选择建模的一条边，此选项为系统默认选项。选择某一条边后，该边就变成了虚线。

（2）环：如果选择"环"选项，则对一个面上所有的边都建立倒角。命令行提示与操作如下：

选择环边或[边(E)距离(D)]：（选择环边）
输入选项[接受(A)下一个(N)]<接受>：
选择环边或[边(E)距离(D)]：
按 Enter 键接受倒角或[距离(D)]：

（3）距离：如果选择"距离"选项，则输入倒角距离。

动手练——绘制衬套

绘制如图 17-63 所示的衬套。

扫一扫，看视频

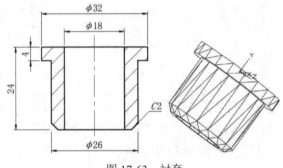

图 17-63　衬套

思路点拨：

> 源文件：源文件\第 17 章\衬套.dwg
> （1）利用二维相关命令绘制衬套截面。
> （2）利用"旋转"命令生成三维实体。
> （3）利用"倒角边"命令进行倒角。

17.3.2　圆角边

利用"圆角边"命令可以为实体对象边建立圆角。

【执行方式】

- ➥　命令行：FILLETEDGE。
- ➥　菜单栏：选择菜单栏中的"修改"→"三维编辑"→"圆角边"命令。
- ➥　工具栏：单击"实体编辑"工具栏中的"圆角边"按钮。
- ➥　功能区：单击"三维工具"选项卡"实体编辑"面板中的"圆角边"按钮。

动手学——绘制手把

源文件：源文件\第 17 章\手把.dwg

本实例绘制如图 17-64 所示的手把。

扫一扫，看视频

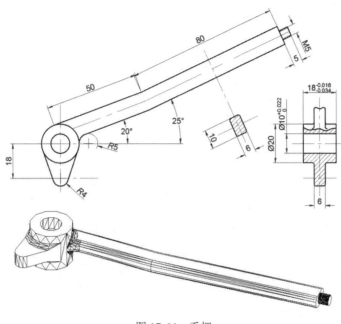

图 17-64　手把

【操作步骤】

（1）单击"可视化"选项卡"视图"面板中的"西南等轴测"按钮 ⬢，将当前视图设为西南等轴测视图，设置线框密度为 10。

（2）创建圆柱体。

① 单击"三维工具"选项卡"建模"面板中的"圆柱体"按钮 ▣，在坐标原点处创建半径分别为 5 和 10、高度为 18 的两个圆柱体。

② 单击"三维工具"选项卡"实体编辑"面板中的"差集"按钮 ◰，从大圆柱体中减去小圆柱体，结果如图 17-65 所示。

（3）创建拉伸实体。

① 在命令行中输入 UCS，将坐标系移动到坐标点（0,0,6）处。

② 切换视图方向。选择菜单栏中的"视图"→"三维视图"→"平面视图"→"当前 UCS"命令，将视图切换到当前 UCS。

③ 单击"默认"选项卡"绘图"面板中的"直线"按钮 ╱，绘制两条通过圆心的十字线。

④ 单击"默认"选项卡"修改"面板中的"偏移"按钮 ⊆，将水平线向下偏移 18，如图 17-66 所示。

⑤ 单击"默认"选项卡"绘图"面板中的"圆"按钮 ⊙，在点 1 处绘制半径为 10 的圆，在点 2 处绘制半径为 4 的圆。

⑥ 单击"默认"选项卡"绘图"面板中的"直线"按钮 ╱，绘制两个圆的切线，如图 17-67 所示。

⑦ 单击"默认"选项卡"修改"面板中的"修剪"按钮 ♦，修剪多余线段。单击"默认"选项卡"修改"面板中的"删除"按钮 ✎，删除步骤③和步骤④绘制的直线。

图 17-65　差集处理

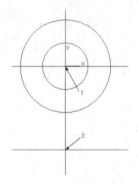

图 17-66　绘制辅助线

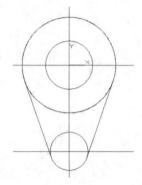

图 17-67　绘制截面轮廓

⑧ 单击"默认"选项卡"绘图"面板中的"面域"按钮⊙，将修剪后的图形创建成面域，如图 17-68 所示。

⑨ 单击"可视化"选项卡"视图"面板中的"西南等轴测"按钮◈，将视图切换到西南等轴测视图。单击"三维工具"选项卡"建模"面板中的"拉伸"按钮█，将步骤⑧创建的面域进行拉伸处理，拉伸距离为 6，结果如图 17-69 所示。

（4）创建拉伸实体。

① 切换视图方向。选择菜单栏中的"视图"→"三维视图"→"平面视图"→"当前 UCS"命令，将视图切换到当前 UCS。

② 单击"默认"选项卡"绘图"面板中的"直线"按钮╱，以坐标原点为起点，绘制坐标为（@50<20）和（@80<25）的直线。

③ 单击"默认"选项卡"修改"面板中的"偏移"按钮⊆，将步骤②绘制的两条直线向上偏移，偏移距离为 10。

④ 单击"默认"选项卡"绘图"面板中的"直线"按钮╱，连接两条直线的端点。

⑤ 单击"默认"选项卡"绘图"面板中的"圆"按钮⊙，在坐标原点绘制半径为 10 的圆，结果如图 17-70 所示。

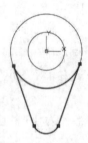

图 17-68　创建截面面域

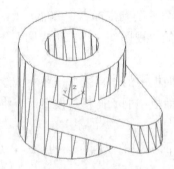

图 17-69　拉伸实体

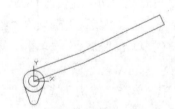

图 17-70　绘制截面轮廓

⑥ 单击"默认"选项卡"修改"面板中的"修剪"按钮▓，修剪多余线段。

⑦ 单击"默认"选项卡"绘图"面板中的"面域"按钮⊙，将修剪后的图形创建成面域，如图 17-71 所示。

⑧ 单击"可视化"选项卡"视图"面板中的"西南等轴测"按钮◈，将视图切换到西南等轴

测视图。单击"三维工具"选项卡"建模"面板中的"拉伸"按钮█，将步骤⑦创建的面域进行拉伸处理，拉伸距离为 6，结果如图 17-72 所示。

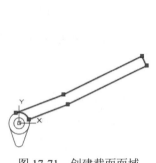

图 17-71　创建截面面域

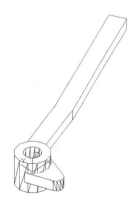

图 17-72　拉伸实体

（5）创建圆柱体。

① 单击"可视化"选项卡"视图"面板中的"东南等轴测"按钮◈，将视图切换到东南等轴测视图，如图 17-73 所示。

② 在命令行中输入 UCS，将坐标系移动到把手端点，如图 17-74 所示。

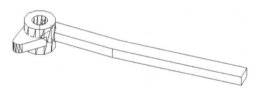

图 17-73　东南等轴测视图

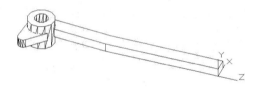

图 17-74　建立新坐标系

③ 单击"三维工具"选项卡"建模"面板中的"圆柱体"按钮▢，以坐标点（5,3,0）为原点，绘制半径为 2.5、高度为 5 的圆柱体，如图 17-75 所示。

④ 单击"三维工具"选项卡"实体编辑"面板中的"并集"按钮▤，将视图中所有实体合并为一体。

（6）创建圆角。

① 单击"默认"选项卡"修改"面板中的"圆角"按钮▢，选取如图 17-75 所示的交线 1，设置圆角半径为 5。命令行提示与操作如下：

```
命令：_fillet
当前设置：模式 = 修剪，半径 = 0.0000
选择第一个对象或 [放弃(U)/多段线(P)/半径(R)/修剪(T)/多个(M)]:R ✓
指定圆角半径 <0.0000>: 5✓
选择第一个对象或 [放弃(U)/多段线(P)/半径(R)/修剪(T)/多个(M)]:（选择图 17-75 所示的交线 1）
输入圆角半径或 [表达式(E)] <5.0000>:✓
选择边或 [链(C)/环(L)/半径(R)]: ✓
已选定 1 个边用于圆角。
```

结果如图 17-76 所示。

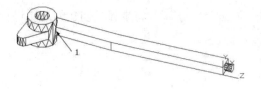

图 17-75　创建圆柱体

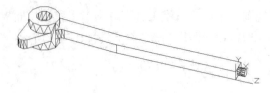

图 17-76　创建圆角

② 单击"默认"选项卡"修改"面板中的"圆角"按钮 ，将其他棱角进行倒圆角处理，半径为 2，如图 17-77 所示。

（7）创建螺纹。

① 在命令行中输入 UCS，将坐标系移动到把手端点，如图 17-78 所示。

② 单击"可视化"选项卡"视图"面板中的"西南等轴测"按钮 ，将视图切换到西南等轴测视图。

③ 单击"默认"选项卡"绘图"面板中的"螺旋"按钮 ，创建螺旋线。命令行提示与操作如下：

```
命令：_Helix
圈数 = 3.0000      扭曲=CCW
指定底面的中心点：0,0,2✓
指定底面半径或 [直径(D)] <1.0000>：2.5✓
指定顶面半径或 [直径(D)] <2.5.0000>：✓
指定螺旋高度或 [轴端点(A)/圈数(T)/圈高(H)/扭曲(W)] <1.0000>：H✓
指定圈间距 <0.2500>：0.58✓
指定螺旋高度或 [轴端点(A)/圈数(T)/圈高(H)/扭曲(W)] <1.0000>：-8✓
```

④ 单击"可视化"选项卡"视图"面板中的"东南等轴测"按钮 ，将视图切换到东南等轴测视图，结果如图 17-79 所示。

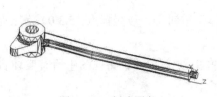

图 17-77　创建圆角

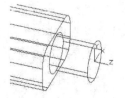

图 17-78　建立新坐标系

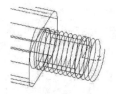

图 17-79　创建螺旋线

⑤ 选择菜单栏中的"视图"→"三维视图"→"俯视"命令，将视图切换到俯视图。

⑥ 绘制牙型截面轮廓。单击"默认"选项卡"绘图"面板中的"直线"按钮 ，捕捉螺旋线的上端点，绘制牙型截面轮廓，尺寸参照如图 17-80 所示；单击"默认"选项卡"绘图"面板中的"面域"按钮 ，将其创建成面域。

⑦ 扫掠形成实体。单击"可视化"选项卡"视图"面板中的"西南等轴测"按钮 ，将视图切换到西南等轴测视图。单击"三维工具"选项卡"建模"面板中的"扫掠"按钮 ，命令行提示与操作如下：

```
命令：_sweep
当前线框密度：ISOLINES=4，闭合轮廓创建模式 = 实体
选择要扫掠的对象或 [模式(MO)]：（选择三角牙型轮廓）
选择要扫掠的对象或 [模式(MO)]：✓
选择扫掠路径或 [对齐(A)/基点(B)/比例(S)/扭曲(T)]：（选择螺纹线）
```

扫掠结果如图 17-81 所示。

⑧ 布尔运算处理。单击"三维工具"选项卡"实体编辑"面板中的"差集"按钮 ⬜，从主体中减去步骤⑦绘制的扫掠实体，结果如图 17-82 所示。

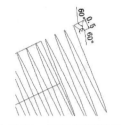

图 17-80　创建牙型截面轮廓

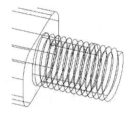

图 17-81　扫掠实体

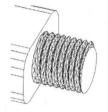

图 17-82　差集处理

【选项说明】

选择"链"选项，表示与此边相邻的边都被选中，并进行倒圆角的操作，如图 17-83 所示。

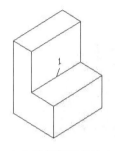

（a）选择倒圆角边 1

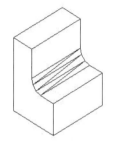

（b）边倒圆角结果

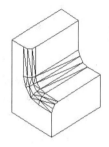

（c）链倒圆角结果

图 17-83　对实体棱边倒圆角

动手练——绘制手柄

绘制如图 17-84 所示的手柄。

扫一扫，看视频

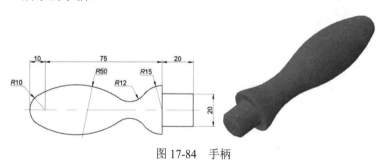

图 17-84　手柄

📋 **思路点拨：**

源文件：源文件\第 17 章\手柄.dwg

（1）利用二维相关命令绘制手柄截面。

（2）利用"旋转"命令创建手柄把手。

（3）利用"圆柱体"命令创建手柄接头。

（4）利用"倒角边"和"圆角边"命令对手柄进行倒角和倒圆角处理。

扫一扫，看视频

17.4　综合演练——阀体立体图

本实例绘制如图 17-85 所示的阀体。

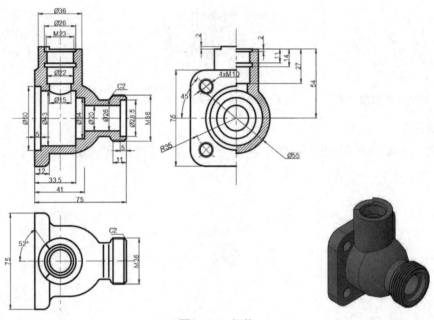

图 17-85　阀体

✍ **手把手教你学：**

> 　　阀体是典型的机械零件，绘制过程中综合利用了"长方体""圆柱体""球体""圆角""拉伸""扫掠""三维旋转"以及布尔运算的相关命令。本实例结构复杂，通过对本实例的学习，读者可以深入掌握相关知识点，从而达到融会贯通的效果。

【操作步骤】

　　（1）建立新文件。启动 AutoCAD 2022，使用默认绘图环境。单击快速访问工具栏中的"新建"按钮 □，打开"选择样板"对话框，以"无样板打开-公制"方式建立新文件，将新文件命名为"阀体立体图.dwg"，并保存。

　　（2）设置线框密度。在命令行中输入 ISOLINES，默认值为 8，设置系统变量值为 10。

　　（3）设置视图方向。单击"可视化"选项卡"视图"面板中的"西南等轴测"按钮 ◈，将视图切换到西南等轴测视图。

　　（4）设置 UCS。在命令行中输入 UCS，将其绕 X 轴旋转 90°。

　　（5）创建长方体。单击"三维工具"选项卡"建模"面板中的"长方体"按钮 ▭，以（0,0,0）为中心点，创建长为 75、宽为 75、高为 12 的长方体。

　　（6）圆角操作。单击"三维工具"选项卡"实体编辑"面板中的"圆角边"按钮 ▧，对长方体进行倒圆角操作，圆角半径为 12.5，结果如图 17-86 所示。

　　（7）设置坐标系。在命令行中输入 UCS，将坐标原点移动到（0,0,6）。

（8）创建外形圆柱体。单击"三维工具"选项卡"建模"面板中的"圆柱体"按钮，以（0,0,0）为底面圆心，创建直径为 55、高为 17 的圆柱体。

（9）创建球体。单击"三维工具"选项卡"建模"面板中的"球体"按钮，以（0,0,17）为圆心，创建直径为 55 的球。

（10）设置坐标系。在命令行中输入 UCS，将坐标原点移动到（0,0,63）。

（11）创建外形圆柱体。单击"三维工具"选项卡"建模"面板中的"圆柱体"按钮，以（0,0,0）为底面圆心，分别创建直径为 36、高为-15 的圆柱体 1 和直径为 32、高为-34 的圆柱体 2。

（12）并集运算。单击"三维工具"选项卡"实体编辑"面板中的"并集"按钮，将所有的实体进行并集运算。

（13）消隐实体。单击"视图"选项卡"视觉样式"面板中的"隐藏"按钮，进行消隐处理后的实体如图 17-87 所示。

图 17-86　倒圆角操作

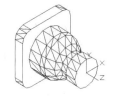

图 17-87　消隐处理后的实体

（14）创建内形圆柱体。单击"三维工具"选项卡"建模"面板中的"圆柱体"按钮，以（0,0,0）为底面圆心，分别创建直径为 28.5、高为-5 的圆柱体 3 和直径为 20、高为-34 的圆柱体 4；以（0,0,-34）为底面圆心，创建直径为 35、高为-7 的圆柱体 5；以（0,0,-41）为底面圆心，创建直径为 43、高为-29 的圆柱体 6；以（0,0,-70）为底面圆心，创建直径为 50、高为-5 的圆柱体 7。

（15）设置坐标系。将坐标原点移动到（0,56,-54），并将其绕 X 轴旋转 90°。

（16）创建外形圆柱体。单击"三维工具"选项卡"建模"面板中的"圆柱体"按钮，以（0,0,0）为底面圆心，创建直径为 36、高为 50 的圆柱体 8。

（17）布尔运算。单击"三维工具"选项卡"实体编辑"面板中的"并集"按钮，将实体与直径为 36 的外形圆柱体进行并集运算。

（18）差集运算。单击"三维工具"选项卡"实体编辑"面板中的"差集"按钮，将实体与内形圆柱体进行差集运算。

（19）消隐实体。单击"视图"选项卡"视觉样式"面板中的"隐藏"按钮，进行消隐处理后的图形如图 17-88 所示。

（20）创建内形圆柱体。单击"三维工具"选项卡"建模"面板中的"圆柱体"按钮，以（0,0,0）为底面圆心，创建直径为 26、高为 4 的圆柱体 9；以（0,0,4）为底面圆心，创建直径为 24、高为 9 的圆柱体 10；以（0,0,13）为底面圆心，创建直径为 24.3、高为 3 的圆柱体 11；以（0,0,16）为底面圆心，创建直径为 22、高为 13 的圆柱体 12；以（0,0,29）为底面圆心，创建直径为 18、高为 27 的圆柱体 13。

（21）差集运算。单击"三维工具"选项卡"实体编辑"面板中的"差集"按钮，将实体与内形圆柱体进行差集运算。

（22）消隐实体。单击"视图"选项卡"视觉样式"面板中的"隐藏"按钮，进行消隐处理后的实体如图 17-89 所示。

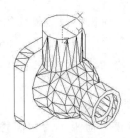

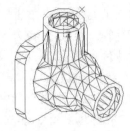

图 17-88　布尔运算后进行消隐处理　　　　　图 17-89　差集运算后进行消隐处理

（23）拉伸截面。

① 设置坐标系。在命令行中输入 UCS，将坐标系绕 Z 轴旋转 180°。

② 设置视图方向。选择菜单栏中的"视图"→"三维视图"→"平面视图"→"当前 UCS"命令，设置视图方向。

③ 绘制辅助圆。单击"默认"选项卡"绘图"面板中的"圆"按钮 ⊙，以（0,0）为圆心，分别绘制直径为 36 和 26 的圆。

④ 绘制辅助直线。单击"默认"选项卡"绘图"面板中的"直线"按钮 ✎，从（0,0）→（@18<45）和从（0,0）→（@18<135），分别绘制直线。

⑤ 修剪图形。单击"默认"选项卡"修改"面板中的"修剪"按钮 ✂，对圆进行修剪。

⑥ 创建面域。单击"默认"选项卡"绘图"面板中的"面域"按钮 ◻，将绘制的二维图形创建为面域，结果如图 17-90 所示。

⑦ 设置视图方向。单击"可视化"选项卡"视图"面板中的"西南等轴测"按钮 ◈，将视图切换到西南等轴测视图。

⑧ 面域拉伸。单击"三维工具"选项卡"建模"面板中的"拉伸"按钮 🔳，将面域拉伸。

⑨ 差集运算。单击"三维工具"选项卡"实体编辑"面板中的"差集"按钮 🔲，将阀体与拉伸实体进行差集运算，结果如图 17-91 所示。

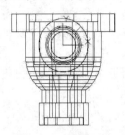

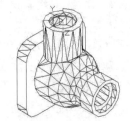

图 17-90　创建面域　　　　　　　　　图 17-91　差集拉伸实体后的阀体

（24）创建螺纹。

① 设置坐标系。在命令行中输入 UCS 命令，将坐标系绕 Y 轴旋转 180°。

② 新建图层。单击"默认"选项卡"图层"面板中的"图层特性"按钮 🗐，新建"图层 1"，并将其置为当前图层，同时关闭 0 图层。

③ 绘制螺纹线。单击"默认"选项卡"绘图"面板中的"螺旋"按钮 🗒，绘制螺纹线。命令行提示与操作如下：

```
命令: _HELIX
圈数 = 8.0000，扭曲=CCW
指定底面的中心点: 0,0,-2
```

指定底面半径或 [直径(D)] <1.0000>:18
指定顶面半径或 [直径(D)] <18.0000>:
指定螺旋高度或 [轴端点(A)/圈数(T)/圈高(H)/扭曲(W)] <1.0000>: t
输入圈数 <3.0000>: 8
指定螺旋高度或 [轴端点(A)/圈数(T)/圈高(H)/扭曲(W)] <1.0000>: 20

绘制结果如图 17-92 所示。

④ 切换坐标系。在命令行中输入 UCS，绕 X 轴旋转 90°，设置新坐标系。

⑤ 绘制牙型截面轮廓。单击"默认"选项卡"绘图"面板中的"多边形"按钮⬠，捕捉螺旋线的上端点，绘制边长为 2 的正三角形（打开"正交"模式）作为牙型截面轮廓，如图 17-93 所示。

⑥ 扫掠形成实体。单击"三维工具"选项卡"建模"面板中的"扫掠"按钮，选择牙型轮廓作为轮廓，选择螺旋线作为路径，消隐结果如图 17-94 所示。

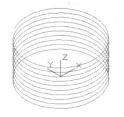 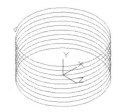 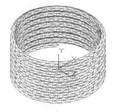

图 17-92　绘制螺纹线　　　　图 17-93　绘制牙型截面　　　　图 17-94　扫掠实体

（25）创建圆柱体。

① 切换坐标系。在命令行中输入 UCS，将坐标系绕 X 轴旋转-90°。

② 单击"三维工具"选项卡"建模"面板中的"圆柱体"按钮，绘制螺纹辅助圆柱体。

➥ 圆柱体 14：底面中心点为（0,0,0），半径为 20，高度为-5。

➥ 圆柱体 15：底面中心点为（0,0,12），半径为 20，高度为 10。

绘制结果如图 17-95 所示。

③ 差集运算。单击"三维工具"选项卡"实体编辑"面板中的"差集"按钮，从螺纹主体中减去半径为 20 的两个圆柱体，消隐结果如图 17-96 所示。

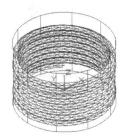 

图 17-95　绘制辅助圆柱体　　　　图 17-96　差集结果

④ 选择菜单栏中的"修改"→"三维操作"→"三维旋转"命令，选择螺纹实体，捕捉基点坐标（0,0,0），选择 X 轴为旋转轴，旋转角度为 90°。

⑤ 打开 0 图层，并将其置为当前图层。

⑥ 单击"默认"选项卡"修改"面板中的"移动"按钮✛，捕捉点（0,0,0），移动到点（0,-54,-62）处。

⑦ 布尔运算处理。单击"三维工具"选项卡"实体编辑"面板中的"并集"按钮 ⬤，合并基体与螺纹实体，消隐结果如图 17-97 所示。

（26）创建基座孔。

① 绘制圆柱体。单击"三维工具"选项卡"建模"面板中的"圆柱体"按钮 ⬤，绘制底面中心点为（-25,9,-31）、半径为 5、轴端点为（@0,12,0）的圆柱体 16，绘制结果如图 17-98 所示。

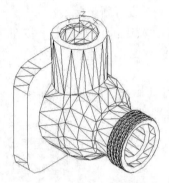

图 17-97　创建阀体外螺纹图

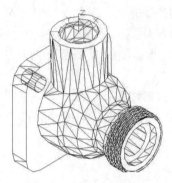

图 17-98　绘制辅助圆柱体

② 复制圆柱体。单击"默认"选项卡"修改"面板中的"复制"按钮 ⬤，捕捉基点（-25,9,-31），将螺纹分别复制到点（25,9,-31）（-25,9,-81）（25,9,-81）处，结果如图 17-99 所示。单击"三维工具"选项卡"实体编辑"面板中的"差集"按钮 ⬤，从基体中减去复制的 4 个圆柱体，消隐结果如图 17-100 所示。

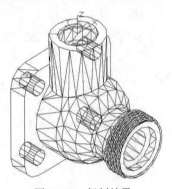

图 17-99　复制结果

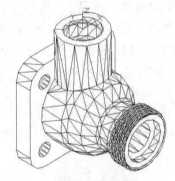

图 17-100　差集结果

③ 关闭坐标系。选择菜单栏中的"视图"→"显示"→"UCS 图标"→"开"命令，完全显示图形。

④ 改变视觉样式。单击"视图"选项卡"视觉样式"面板中的"概念"按钮 ⬤。最终结果如图 17-85 所示。

17.5　模拟认证考试

1. 可以将三维实体对象分解成原来组成三维实体的部件的命令是（　　）。

A．分解　　　　　B．剖切　　　　　C．分割　　　　　D．切割

2．SLICE 和 SECTION 命令的区别是（　　）。

  A．利用 SLICE 命令能够将实体截开，看到实体内部结构

  B．利用 SECTION 命令不仅能够将实体截开，而且能够将实体的截面移出来显示

  C．SLICE 和 SECTION 命令选取剖切面的方法截然不同

  D．SECTION 命令能够画上剖面线，而 SLICE 命令却不能画上剖面线

3．"三维镜像"命令和"二维镜像"命令的区别是（　　）。

  A．"三维镜像"命令只能镜像三维实体模型

  B．"二维镜像"命令只能镜像二维对象

  C．"三维镜像"命令定义镜像面，"二维镜像"命令定义镜像线

  D．可以通用，没有什么区别

4．绘制如图 17-101 所示的棘轮。

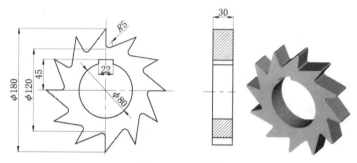

图 17-101　棘轮

5．绘制如图 17-102 所示的车轮。

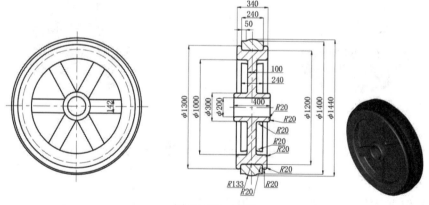

图 17-102　车轮

第 18 章　三维造型编辑

内容简介

三维造型编辑是指对三维造型的结构单元本身进行编辑，从而改变造型形状和结构，是 AutoCAD 三维建模中最复杂的一部分内容。

内容要点

- ➥ 实体边编辑
- ➥ 实体面编辑
- ➥ 实体编辑
- ➥ 夹点编辑
- ➥ 干涉检查
- ➥ 综合演练——溢流阀三维装配图
- ➥ 模拟认证考试

案例效果

18.1　实体边编辑

尽管在实际建模过程中对实体边的应用相对较少，但其对实体编辑操作来说是不可或缺的一部分。实体边编辑的常用命令包括"着色边""复制边"和"压印边"。

18.1.1　着色边

更改三维实体对象上各边的颜色。

【执行方式】

- ➥ 命令行：SOLIDEDIT。

- 菜单栏：选择菜单栏中的"修改"→"实体编辑"→"着色边"命令。
- 工具栏：单击"实体编辑"工具栏中的"着色边"按钮 。
- 功能区：单击"三维工具"选项卡"实体编辑"面板中的"着色边"按钮 。

【操作步骤】

命令行提示与操作如下：

```
命令：_SOLIDEDIT
实体编辑自动检查：SOLIDCHECK=1
输入实体编辑选项 [面(F)/边(E)/体(B)/放弃(U)/退出(X)] <退出>：_EDGE
输入边编辑选项 [复制(C)/着色(L)/放弃(U)/退出(X)] <退出>：_COLOR
选择边或 [放弃(U)/删除(R)]：（选择要着色的边）
选择边或 [放弃(U)/删除(R)]：（继续选择或按 Enter 键结束选择）
```

选择好边后，AutoCAD 将打开如图 18-1 所示的"选择颜色"对话框。根据需要选择合适的颜色作为要着色边的颜色。

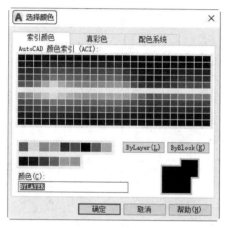

图 18-1 "选择颜色"对话框

动手学——绘制缓冲垫

源文件：源文件\第 18 章\缓冲垫.dwg

本实例绘制如图 18-2 所示的缓冲垫。

扫一扫，看视频

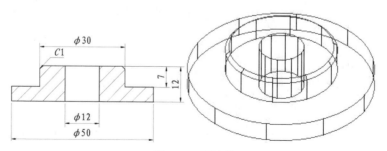

图 18-2 缓冲垫

【操作步骤】

（1）设置线框密度。命令行提示与操作如下：

```
命令: ISOLINES✓
输入 ISOLINES 的新值 <4>: 10✓
```

（2）单击"视图"选项卡"视图"面板"视图"下拉菜单中的"西南等轴测"按钮❖，将当前视图设置为西南等轴测视图。

（3）单击"三维工具"选项卡"建模"面板中的"圆柱体"按钮🛢，以坐标原点（0,0,0）为底面中心点，绘制半径分别为25、15和6，高度分别为5、12和12的3个圆柱体，如图18-3所示。

（4）单击"三维工具"选项卡"实体编辑"面板中的"差集"和"并集"按钮，对图形进行布尔运算，结果如图18-4所示。

（5）单击"三维工具"选项卡"实体编辑"面板中的"倒角边"按钮🪣，对图18-4中的边线1进行倒角处理，倒角半径为1，结果如图18-5所示。

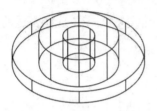 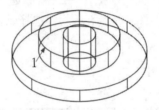 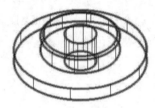

图18-3　绘制圆柱体　　　　　图18-4　并集处理　　　　　图18-5　倒角处理

（6）单击"三维工具"选项卡"实体编辑"面板下拉菜单中的"着色边"按钮🗂，对图形边线进行着色处理。命令行提示与操作如下：

```
命令: _solidedit
实体编辑自动检查: SOLIDCHECK=1
输入实体编辑选项 [面(F)/边(E)/体(B)/放弃(U)/退出(X)] <退出>: _edge
输入边编辑选项 [复制(C)/着色(L)/放弃(U)/退出(X)] <退出>: _color
选择边或 [放弃(U)/删除(R)]: (选择图18-5中所有的圆柱边) ✓
```

此时弹出"选择颜色"对话框，如图18-1所示。选择颜色为红色，单击"确定"按钮，关闭该对话框。最终结果如图18-2所示。

18.1.2　复制边

"复制边"命令是指将三维实体上的选定边复制为二维圆弧、圆、椭圆、直线或样条曲线。

【执行方式】

> 命令行：SOLIDEDIT。
> 菜单栏：选择菜单栏中的"修改"→"实体编辑"→"复制边"命令。
> 工具栏：单击"实体编辑"工具栏中的"复制边"按钮🗂。
> 功能区：单击"三维工具"选项卡"实体编辑"面板中的"复制边"按钮🗂。

动手学——绘制滚筒

源文件：源文件\第18章\滚筒.dwg

本实例绘制如图18-6所示的滚筒。

扫一扫，看视频

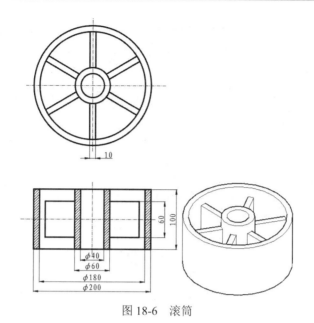

图 18-6　滚筒

【操作步骤】

（1）启动 AutoCAD 2022，使用系统默认设置的绘图环境。

（2）设置线框密度。命令行提示与操作如下：

```
命令：ISOLINES↙
输入 ISOLINES 的新值 <8>：10↙
```

（3）单击"视图"选项卡"视图"面板"视图"下拉菜单中的"西南等轴测"按钮◈，将当前视图设置为西南等轴测视图。

（4）单击"三维工具"选项卡"建模"面板中的"圆柱体"按钮⬚，绘制底面中心点坐标为（0,0,0），半径分别为 20、30、90 和 100，高度均为 100 的圆柱体，结果如图 18-7 所示。

（5）单击"三维工具"选项卡"实体编辑"面板中的"复制边"按钮⬚，将半径分别为 30 和 90 的圆柱体的底边复制为圆。命令行提示与操作如下：

```
命令：_SOLIDEDIT
实体编辑自动检查：SOLIDCHECK=1
输入实体编辑选项 [面(F)/边(E)/体(B)/放弃(U)/退出(X)] <退出>：_EDGE
输入边编辑选项 [复制(C)/着色(L)/放弃(U)/退出(X)] <退出>：_COPY
选择边或 [放弃(U)/删除(R)]：（选择半径为 30 的圆柱体的底边）
选择边或 [放弃(U)/删除(R)]：↙
指定基点或位移：0,0,0↙
指定位移的第二点：0,0,0↙
```

重复"复制边"命令，复制半径为 90 的圆柱体的边。

（6）单击"视图"选项卡"视图"面板"视图"下拉菜单中的"俯视"按钮⬚，将当前视图设置为俯视图。

（7）单击"默认"选项卡"绘图"面板中的"直线"按钮／，通过原点向下绘制一条竖直直线，然后利用"偏移"命令将绘制的直线向两侧偏移，偏移距离为 5；最后利用"修剪"命令修剪和删除图形，并将修剪后的图形创建为面域。

（8）单击"视图"选项卡"视图"面板"视图"下拉菜单中的"西南等轴测"按钮◈，将当前视图设置为西南等轴测视图；单击"默认"选项卡"修改"面板中的"移动"按钮✣，将创建的面域沿 Z 轴向上移动 20，结果如图 18-8 所示。

（9）单击"三维工具"选项卡"建模"面板中的"拉伸"按钮▥，将创建的面域向上拉伸，拉伸距离为 60，结果如图 18-9 所示。

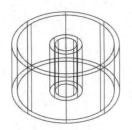
图 18-7　绘制圆柱体

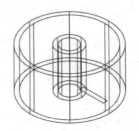
图 18-8　创建面域

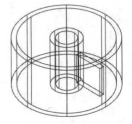
图 18-9　拉伸图形

（10）选择菜单栏中的"修改"→"三维操作"→"三维阵列"命令，将步骤（9）拉伸的图形阵列。命令行提示与操作如下：

```
命令：_3DARRAY
选择对象：（选择拉伸的实体）
选择对象：找到 1 个
选择对象：✓
输入阵列类型 [矩形(R)/环形(P)] <矩形>：P✓
输入阵列中的项目数目：6✓
指定要填充的角度 (+=逆时针，-=顺时针) <360>：✓
旋转阵列对象？ [是(Y)/否(N)] <Y>：✓
指定阵列的中心点：0,0,0✓
指定旋转轴上的第二点：0,0,10✓
```

阵列结果如图 18-10 所示。

（11）单击"三维工具"选项卡"实体编辑"面板中的"并集"按钮▤和"差集"按钮▧，对图形进行布尔运算；单击"视觉样式"面板"视觉样式管理器"中的"隐藏"按钮◩。最终结果如图 18-6 所示。

动手练——绘制扳手

绘制如图 18-11 所示的扳手。

扫一扫，看视频

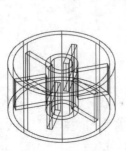
图 18-10　阵列图形

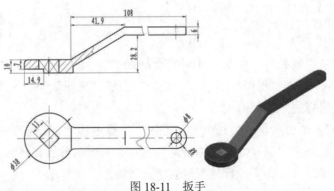
图 18-11　扳手

思路点拨：

> 源文件：源文件\第 18 章\扳手.dwg
>
> （1）利用"圆柱体""复制边""构造线""修剪""面域""长方体""交集"和"差集"命令绘制扳手的端部。
>
> （2）利用"矩形""分解""圆角""面域"和"拉伸"命令绘制手柄轮廓。
>
> （3）利用"三维旋转""三维移动"和"并集"命令绘制扳手手柄。
>
> （4）利用"圆柱体"和"差集"命令绘制手柄上的孔。

18.2　实体面编辑

在实体编辑中，面的编辑操作（即实体面编辑）占有重要的一部分。其中，主要包括"拉伸面""移动面""偏移面""删除面""旋转面""倾斜面""复制面"和"着色面"等。

18.2.1　拉伸面

"拉伸面"命令是指在 X、Y、Z 方向上延伸三维实体面，可以通过拉伸面更改对象的形状。

【执行方式】

- ➥　命令行：SOLIDEDIT。
- ➥　菜单栏：选择菜单栏中的"修改"→"实体编辑"→"拉伸面"命令。
- ➥　工具栏：单击"实体编辑"工具栏中的"拉伸面"按钮 。
- ➥　功能区：单击"三维工具"选项卡"实体编辑"面板中的"拉伸面"按钮 。

【操作步骤】

命令行提示与操作如下：

```
命令: _SOLIDEDIT
实体编辑自动检查: SOLIDCHECK=1
输入实体编辑选项 [面(F)/边(E)/体(B)/放弃(U)/退出(X)] <退出>: _FACE
输入面编辑选项[拉伸(E)/移动(M)/旋转(R)/偏移(O)/倾斜(T)/删除(D)/复制(C)/颜色(L)/材质(A)/
放弃(U)/退出(X)] <退出>: _EXTRUDE
选择面或 [放弃(U)/删除(R)]: (选取要拉伸的面)
选择面或 [放弃(U)/删除(R)/全部(ALL)]:
指定拉伸高度或 [路径(P)]: (输入拉伸高度)
指定拉伸的倾斜角度 <0>: (输入倾斜角度)
```

【选项说明】

（1）指定拉伸高度：按指定的高度值拉伸面。指定拉伸的倾斜角度后，完成拉伸操作。

（2）路径：沿指定的路径曲线拉伸面。图 18-12 所示为拉伸长方体的顶面和侧面的结果。

扫一扫，看视频

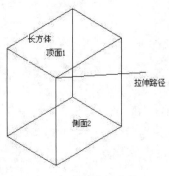

（a）拉伸前的长方体

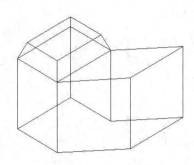

（b）拉伸后的三维实体

图 18-12　拉伸长方体

动手学——绘制 U 型叉

源文件：源文件\第 18 章\U 型叉.dwg

本实例绘制如图 18-13 所示的 U 型叉。

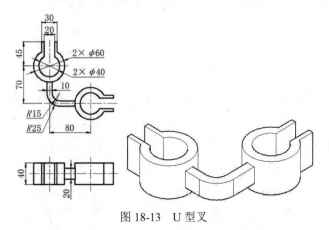

图 18-13　U 型叉

【操作步骤】

（1）设置线框密度。命令行提示与操作如下：

```
命令: ISOLINES↙
输入 ISOLINES 的新值 <8>: 10↙
```

（2）单击"默认"选项卡"绘图"面板中的"圆"按钮⊙，绘制圆心坐标为（0,0）、半径分别为 30 和 20 的两个同心圆；重复"圆"命令，绘制圆心坐标为（80,-70）、半径分别为 30 和 20 的两个同心圆，结果如图 18-14 所示。

（3）单击"默认"选项卡"绘图"面板中的"直线"按钮╱，绘制直线，端点坐标分别为 {（0,0），（0,45）}和{（80,-70），（@45,0）}，并将绘制的两条直线向两侧偏移，偏移距离均为 10 和 15。

（4）单击"默认"选项卡"修改"面板中的"修剪"按钮┬，修剪图形，删除多余的线段，利用"直线"命令补全图形，将图形创建为面域，结果如图 18-15 所示。

（5）单击"默认"选项卡"绘图"面板中的"多段线"按钮⊃，绘制多段线，端点坐标分别为（0,0）（0,-70）（80,-70），将绘制的多段线向两侧偏移，偏移距离为 5，删除中间的多段线；单击

"默认"选项卡"修改"面板中的"圆角"按钮，绘制圆角，圆角半径分别为 15 和 25，利用"直线"命令补全图形，将图形创建为面域，结果如图 18-16 所示。

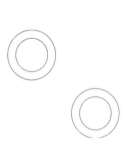

图 18-14　绘制同心圆

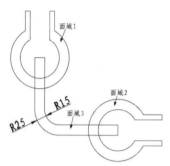

图 18-15　绘制拉伸轮廓

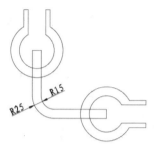

图 18-16　绘制连接轮廓

（6）设置视图方向。单击"视图"选项卡"视图"面板"视图"下拉菜单中的"西南等轴测"按钮，将当前视图设置为西南等轴测视图。

（7）单击"三维工具"选项卡"建模"面板中的"拉伸"按钮，拉伸图 18-15 中的面域 1 和面域 2，拉伸高度为 20；重复"拉伸"命令，将图 18-15 中的面域 3 拉伸，拉伸高度为 10，结果如图 18-17 所示。

（8）单击"三维工具"选项卡"建模"面板中的"圆柱体"按钮，绘制两个圆柱体，底面中心点坐标分别是（0,0,0）和（80,-70,0），半径为 20，高度为 20；然后利用"差集"命令对图形进行差集运算，结果如图 18-18 所示。

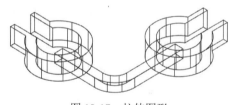

图 18-17　拉伸图形

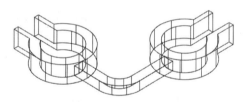

图 18-18　差集处理

（9）单击"视图"选项卡"导航"面板中的"自由动态观察"按钮，将绘制的图形旋转到合适的角度，使图形的底面能够被选中，结果如图 18-19 所示。

（10）单击"三维工具"选项卡"实体编辑"面板中的"拉伸面"按钮，拉伸底面。命令行提示与操作如下：

```
命令: _SOLIDEDIT
实体编辑自动检查: SOLIDCHECK=1
输入实体编辑选项 [面(F)/边(E)/体(B)/放弃(U)/退出(X)] <退出>: _FACE
输入面编辑选项
[拉伸(E)/移动(M)/旋转(R)/偏移(O)/倾斜(T)/删除(D)/复制(C)/颜色(L)/材质(A)/放弃(U)/退出
(X)]<退出>: _EXTRUDE
选择面或 [放弃(U)/删除(R)]: (选择图 18-19 中的面 1)
选择面或 [放弃(U)/删除(R)]: 找到一个面。
选择面或 [放弃(U)/删除(R)/全部(ALL)]: ✓
指定拉伸高度或 [路径(P)]: 20✓
指定拉伸的倾斜角度 <0>: ✓
```

重复"拉伸面"命令，将图 18-19 中的面 2 拉伸 20，将图 18-19 中的面 3 拉伸 10，结果如

图 18-20 所示。

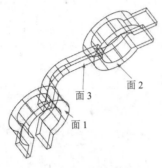

图 18-19　旋转图形

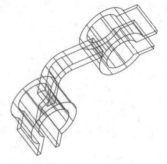

图 18-20　拉伸底面

（11）设置视图方向。单击"视图"选项卡"视图"面板"视图"下拉菜单中的"西南等轴测"按钮，将当前视图设置为西南等轴测视图。

（12）单击"三维工具"选项卡"实体编辑"面板中的"并集"按钮，将图形中所有的实体进行并集运算，然后单击"视觉样式"面板"视觉样式管理器"中的"隐藏"按钮。最终结果如图 18-13 所示。

扫一扫，看视频

动手练——绘制顶针

绘制如图 18-21 所示的顶针。

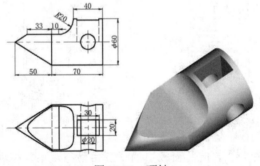

图 18-21　顶针

 思路点拨：

> 源文件：源文件\第 18 章\顶针.dwg
> （1）利用"圆柱体"命令绘制圆柱和圆锥。
> （2）利用"剖切"命令剖切掉部分圆锥实体并进行布尔运算。
> （3）利用"拉伸面"命令将截面向圆柱体移动。
> （4）利用"圆柱体"和"差集"命令绘制圆孔和圆柱截面。
> （5）利用"长方体"和"差集"命令绘制方孔。

18.2.2　移动面

"移动面"命令是指沿指定的高度或距离移动选定的三维实体对象的面，一次可以选择多个面。

【执行方式】

➥ 命令行：SOLIDEDIT。

➥ 菜单栏：选择菜单栏中的"修改"→"实体编辑"→"移动面"命令。

➥ 工具栏：单击"实体编辑"工具栏中的"移动面"按钮✛🔳。

➥ 功能区：单击"三维工具"选项卡"实体编辑"面板中的"移动面"按钮✛🔳。

【操作步骤】

命令行提示与操作如下：

```
命令：_SOLIDEDIT
实体编辑自动检查：SOLIDCHECK=1
输入实体编辑选项 [面(F)/边(E)/体(B)/放弃(U)/退出(X)] <退出>：_FACE
输入面编辑选项 [拉伸(E)/移动(M)/旋转(R)/偏移(O)/倾斜(T)/删除(D)/复制(C)/颜色(L)/材质(A)/
放弃(U)/退出(X)] <退出>：_MOVE
选择面或 [放弃(U)/删除(R)]：（选择要进行移动的面）
选择面或 [放弃(U)/删除(R)/全部(ALL)]：（继续选择移动面或按 Enter 键结束选择）
指定基点或位移：（输入具体的坐标值或选择关键点）
指定位移的第二点：（输入具体的坐标值或选择关键点）
```

各选项说明在前面介绍的命令中都有涉及，如果有问题，可以查询相关命令（"拉伸面""移动"等）。图 18-22 所示为移动三维实体的结果。

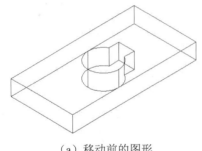 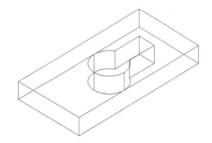

（a）移动前的图形　　　　　　　　　　　　　（b）移动后的图形

图 18-22　移动三维实体

18.2.3　偏移面

"偏移面"命令是指按指定的距离或通过指定的点将面均匀地调整。

【执行方式】

➥ 命令行：SOLIDEDIT。

➥ 菜单栏：选择菜单栏中的"修改"→"实体编辑"→"偏移面"命令。

➥ 工具栏：单击"实体编辑"工具栏中的"偏移面"按钮🔳。

➥ 功能区：单击"三维工具"选项卡"实体编辑"面板中的"偏移面"按钮🔳。

动手学——调整哑铃手柄

源文件：源文件\第 18 章\调整哑铃手柄.dwg

本实例利用前面学习的偏移面功能对哑铃的圆柱面进行调整。

扫一扫，看视频

【操作步骤】

（1）打开初始文件\第 18 章\哑铃.dwg 文件，如图 18-23 所示。

（2）单击"三维工具"选项卡"实体编辑"面板中的"偏移面"按钮▣，对哑铃的手柄进行偏移。命令行提示与操作如下：

```
命令：_SOLIDEDIT
实体编辑自动检查：SOLIDCHECK=1
输入实体编辑选项 [面(F)/边(E)/体(B)/放弃(U)/退出(X)] <退出>：_FACE
输入面编辑选项 [拉伸(E)/移动(M)/旋转(R)/偏移(O)/倾斜(T)/删除(D)/复制(C)/颜色(L)/材质(A)/
放弃(U)/退出(X)] <退出>：_OFFSET
选择面或 [放弃(U)/删除(R)]：（选取哑铃的手柄）
选择面或 [放弃(U)/删除(R)/全部(ALL)]：
指定偏移距离：-10✓
输入面编辑选项
[拉伸(E)/移动(M)/旋转(R)/偏移(O)/倾斜(T)/删除(D)/复制(C)/颜色(L)/材质(A)/放弃(U)/
退出(X)] <退出>：✓
实体编辑自动检查： SOLIDCHECK=1
输入实体编辑选项 [面(F)/边(E)/体(B)/放弃(U)/退出(X)] <退出>：✓
```

结果如图 18-24 所示。

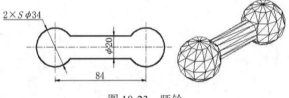

图 18-23　哑铃　　　　　　　　　　　　　　　　图 18-24　调整哑铃手柄

✍ 手把手教你学：

> 拉伸面和偏移面的区别如下：
> 拉伸面是把面域拉伸成实体的效果，被拉伸的面可以设定倾斜度，偏移面不能。
> 偏移面是把实体表面偏移一个距离，偏移正值会使实体的体积增大，偏移负值则会使其缩小；一个圆柱体的外圆面可以偏移但不可以拉伸。

18.2.4　删除面

利用"删除面"命令可以删除圆角和倒角，并在稍后进行修改，如果更改生成无效的三维实体，将不删除面。

【执行方式】

- ➷　命令行：SOLIDEDIT。
- ➷　菜单栏：选择菜单栏中的"修改"→"实体编辑"→"删除面"命令。
- ➷　工具栏：单击"实体编辑"工具栏中的"删除面"按钮▣。
- ➷　功能区：单击"三维工具"选项卡"实体编辑"面板中的"删除面"按钮▣。

【操作步骤】

命令行提示与操作如下：

```
命令: _SOLIDEDIT
实体编辑自动检查: SOLIDCHECK=1
输入实体编辑选项 [面(F)/边(E)/体(B)/放弃(U)/退出(X)] <退出>: _FACE
输入面编辑选项[拉伸(E)/移动(M)/旋转(R)/偏移(O)/倾斜(T)/删除(D)/复制(C)/颜色(L)/材质(A)/
放弃(U)/退出(X)] <退出>: _DELETE
选择面或 [放弃(U)/删除(R)]: (选择删除面)
选择面或 [放弃(U)/删除(R)/全部(ALL)]:
```

扫一扫，看视频

动手学——绘制异形连接件

源文件: 源文件\第 18 章\异形连接件.dwg

本实例绘制如图 18-25 所示的异形连接件。

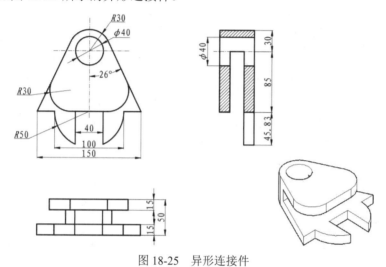

图 18-25　异形连接件

【操作步骤】

（1）启动 AutoCAD 2022，使用系统默认设置的绘图环境。

（2）在命令行中输入 ISOLINES，设置线框密度为 10。

（3）单击"绘图"面板中的"圆"按钮⊙，绘制圆心坐标为（0,0）、半径为 50 的圆；重复"圆"命令，绘制圆心坐标为（0,85）、半径为 30 的圆，结果如图 18-26 所示。

（4）单击"绘图"面板中的"直线"按钮／，绘制直线，端点坐标分别为（-75,0）和（75,0）。重复"直线"命令，绘制直线，其中一个端点为（-75,0），另一个端点与直径为 60 的圆相切；另一条直线的一个端点为（75,0），另一个端点与直径为 60 的圆相切，结果如图 18-27 所示。

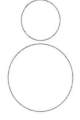

图 18-26　绘制圆

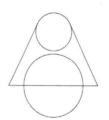

图 18-27　绘制直线

（5）利用"修剪"命令修剪图形，并将修剪后的图形创建为面域，结果如图 18-28 所示。

（6）单击"视图"选项卡"视图"面板"视图"下拉菜单中的"西南等轴测"按钮◈，将视图切换到西南等轴测视图。

（7）单击"三维工具"选项卡"建模"面板中的"拉伸"按钮▮，将创建的面域拉伸，拉伸高度为 50，结果如图 18-29 所示。

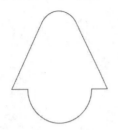

图 18-28　创建面域

图 18-29　拉伸面域

（8）单击"三维工具"选项卡"建模"面板中的"圆柱体"按钮▮，绘制底面中心点为（0,85,0）、半径为 20、高度为 50 的圆柱体；单击"三维工具"选项卡"建模"面板中的"长方体"按钮▮，绘制角点坐标分别为 {（75,85,15），（-75,-50,15）} 和 {（20,0,0），（-20,-50,0）}、高度分别为 20 和 50 的两个长方体，结果如图 18-30 所示。

（9）单击"三维工具"选项卡"实体编辑"面板中的"差集"按钮▮，从连接件主体中减去绘制的圆柱体和两个长方体，结果如图 18-31 所示。

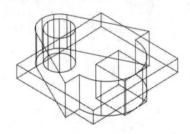

图 18-30　绘制图形

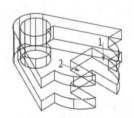

图 18-31　差集处理

（10）单击"三维工具"选项卡"实体编辑"面板中的"删除面"按钮▮，从连接件主体中删除图 18-31 中的面 1。命令行提示与操作如下：

```
命令：_SOLIDEDIT
实体编辑自动检查： SOLIDCHECK=1
输入实体编辑选项 [面(F)/边(E)/体(B)/放弃(U)/退出(X)] <退出>：_FACE
输入面编辑选项
[拉伸(E)/移动(M)/旋转(R)/偏移(O)/倾斜(T)/删除(D)/复制(C)/颜色(L)/材质(A)/放弃(U)/退出
(X)] <退出>：_DELETE
选择面或 [放弃(U)/删除(R)]：（选择图 18-31 中的面 1）
选择面或 [放弃(U)/删除(R)]：（找到一个面）
选择面或 [放弃(U)/删除(R)/全部(ALL)]：✓
```

（11）单击"视图"选项卡"导航"面板中的"自由动态观察"按钮⊕，将实体旋转到适当的角度，使图 18-31 中的面 2 能够被选中；重复"删除面"命令，删除图 18-31 中的面 2，然后重新将视图切换到西南等轴测视图，结果如图 18-32 所示。

（12）单击"三维工具"选项卡"实体编辑"面板中的"圆角边"按钮▮，对图 18-32 中的边线 1 和边线 2 进行倒圆角处理，圆角半径为 30，结果如图 18-33 所示。

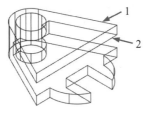

图 18-32　删除面

图 18-33　圆角处理

（13）单击"视图"选项卡"视觉样式"面板"视觉样式管理器"中的"隐藏"按钮。最终结果如图 18-25 所示。

动手练——绘制镶块

绘制如图 18-34 所示的镶块。

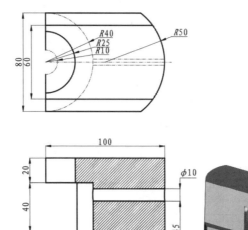

图 18-34　镶块

📋 **思路点拨：**

> 源文件：源文件\第 18 章\镶块.dwg
> （1）利用"圆柱体""长方体"和"差集"命令创建底座。
> （2）利用"剖切"命令剖切掉部分实体，并利用"复制"命令复制。
> （3）利用"拉伸面"和"删除面"命令将复制的实体进行处理。
> （4）利用"圆柱体"和"差集"命令创建圆孔和圆柱截面。

18.2.5　旋转面

"旋转面"命令是指绕指定的轴旋转一个或多个面或实体的某些部分，可以通过旋转面更改对象的形状。

【执行方式】

➥　命令行：SOLIDEDIT。

➤ 菜单栏：选择菜单栏中的"修改"→"实体编辑"→"旋转面"命令。

➤ 工具栏：单击"实体编辑"工具栏中的"旋转面"按钮 ℃。

➤ 功能区：单击"三维工具"选项卡"实体编辑"面板中的"旋转面"按钮 ℃。

【操作步骤】

命令行提示与操作如下：

```
命令：SOLIDEDIT↙
实体编辑自动检查：SOLIDCHECK=1
输入实体编辑选项 [面(F)/边(E)/体(B)/放弃(U)/退出(X)] <退出>：F↙
输入面编辑选项[拉伸(E)/移动(M)/旋转(R)/偏移(O)/倾斜(T)/删除(D)/复制(C)/颜色(L)/材质(A)/
放弃(U)/退出(X)] <退出>：R↙
选择面或 [放弃(U)/删除(R)]：（选择要选中的面）
删除面或 [放弃(U)/添加(A)/全部(ALL)]：
指定轴点或 [经过对象的轴(A)/视图(V)/X 轴(X)/Y 轴(Y)/Z 轴(Z)] <两点>：（选择旋转轴）
指定旋转原点 <0,0,0>：（指定旋转原点）
指定旋转角度或 [参照(R)]：（输入旋转角度）
```

动手学——绘制钩头楔键

扫一扫，看视频

源文件：源文件\第 18 章\钩头楔键.dwg

本实例绘制如图 18-35 所示的钩头楔键。

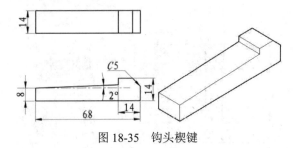

图 18-35　钩头楔键

【操作步骤】

（1）启动 AutoCAD 2022，使用系统默认设置的绘图环境。

（2）设置线框密度。命令行提示与操作如下：

```
命令：ISOLINES↙
输入 ISOLINES 的新值 <8>：10↙
```

（3）单击"视图"选项卡"视图"面板"视图"下拉菜单中的"西南等轴测"按钮 ◈，切换到西南等轴测视图。

（4）单击"三维工具"选项卡"建模"面板中的"长方体"按钮，绘制角点坐标分别为 {（0,0,0），（14,14,0）}和{（0,0,0），（-54,14,0）}、高度分别为 14 和 8 的长方体，结果如图 18-36 所示。

（5）单击"三维工具"选项卡"实体编辑"面板中的"旋转面"按钮 ℃，对图 18-36 中的面 1 进行旋转。命令行提示与操作如下：

```
命令：_SOLIDEDIT
实体编辑自动检查：SOLIDCHECK=1
输入实体编辑选项 [面(F)/边(E)/体(B)/放弃(U)/退出(X)] <退出>：_FACE
输入面编辑选项
```

[拉伸(E)/移动(M)/旋转(R)/偏移(O)/倾斜(T)/删除(D)/复制(C)/颜色(L)/材质(A)/放弃(U)/退出(X)]<退出>: _ROTATE
选择面或 [放弃(U)/删除(R)]: (选择图18-36中的面1)
选择面或 [放弃(U)/删除(R)]: 找到一个面。
选择面或 [放弃(U)/删除(R)/全部(ALL)]: ✓
指定轴点或 [经过对象的轴(A)/视图(V)/X 轴(X)/Y 轴(Y)/Z 轴(Z)] <两点>: (选择图18-36中的点A)
在旋转轴上指定第二个点: (选择图18-36中的点B)
指定旋转角度或 [参照(R)]: 2✓

结果如图18-37所示。

（6）单击"三维工具"选项卡"实体编辑"面板中的"倒角边"按钮◢，对图18-37中的边线 1 进行倒角处理，倒角距离为 5，然后利用"并集"命令对实体进行并集处理，结果如图18-38所示。

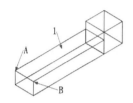

图 18-36　绘制长方体

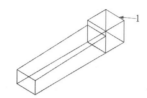

图 18-37　旋转面

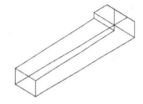

图 18-38　倒角后进行并集处理

（7）单击"视图"选项卡"视觉样式"面板"视觉样式管理器"中的"隐藏"按钮，结果如图18-35所示。

动手练——绘制轴支架

绘制如图18-39所示的轴支架。

扫一扫，看视频

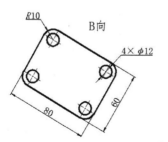

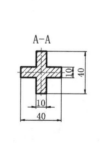

图 18-39　轴支架

📋 **思路点拨：**

源文件：源文件\第 18 章\轴支架.dwg
（1）利用"圆柱体""长方体""圆角边"和"差集"命令创建底座。
（2）利用"圆柱体""长方体""三维旋转"和"差集"命令创建轴承座和支架。
（3）利用"旋转面"命令将轴承座和支架进行旋转。

18.2.6　倾斜面

"倾斜面"命令是指以指定的角度倾斜三维实体上的面。倾斜角的旋转方向由选择基点和第二点的顺序决定。

【执行方式】

↳　命令行：SOLIDEDIT。
↳　菜单栏：选择菜单栏中的"修改"→"实体编辑"→"倾斜面"命令。
↳　工具栏：单击"实体编辑"工具栏中的"倾斜面"按钮📐。
↳　功能区：单击"三维工具"选项卡"实体编辑"面板中的"倾斜面"按钮📐。

动手学——绘制基座

扫一扫，看视频

源文件：源文件\第 18 章\基座.dwg
本实例绘制如图 18-40 所示的基座。

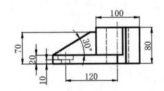

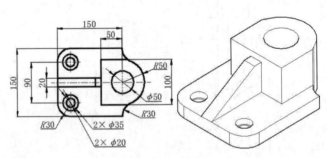

图 18-40　基座

【操作步骤】

（1）启动 AutoCAD 2022，使用系统默认设置的绘图环境。
（2）设置线框密度。命令行提示与操作如下：

```
命令：ISOLINES✓
输入 ISOLINES 的新值 <4>：10✓
```

（3）单击"视图"选项卡"视图"面板"视图"下拉菜单中的"东南等轴测"按钮🔷，将当前视图设置为东南等轴测视图。

（4）单击"三维工具"选项卡"建模"面板中的"长方体"按钮▣，绘制角点坐标分别为
｛（75,-150,0），（-75,0,0）｝和｛（50,-50,0），（-50,0,0）｝、高度分别为20和80的长方体，结果如
图18-41所示。

（5）单击"三维工具"选项卡"建模"面板中的"圆柱体"按钮▢，绘制底面中心点坐标为
（0,0,0）、半径分别为50和25、高度为80的圆柱体；重复"圆柱体"命令，绘制底面中心点坐标
为（45,-120,20）、半径分别为17.5和10、高度分别为-10和-20的圆柱体。

（6）选择菜单栏中的"修改"→"三维操作"→"三维镜像"命令，将绘制的图形以YZ面
为镜像面，进行镜像操作。命令行提示与操作如下：

```
命令：_MIRROR3D
选择对象：(选择步骤（5）绘制的半径为17.5和10的圆柱体)
选择对象：找到 2 个。
选择对象：✓
指定镜像平面 (三点) 的第一个点或[对象(O)/最近的(L)/Z 轴(Z)/视图(V)/XY 平面(XY)/YZ 平面
(YZ)/ZX 平面(ZX)/三点(3)] <三点>：YZ✓
指定 ZX 平面上的点 <0,0,0>：0,0,0✓
是否删除源对象？[是(Y)/否(N)] <否>：✓
```

完成镜像，结果如图18-42所示。

（7）单击"三维工具"选项卡"实体编辑"面板中的"差集"和"并集"按钮，对图形进行
布尔运算，结果如图18-43所示。

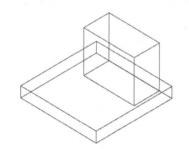

图18-41 绘制长方体

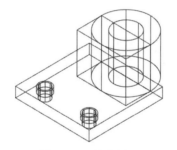

图18-42 镜像图形

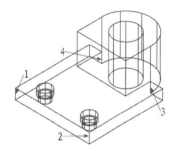

图18-43 布尔运算

（8）单击"三维工具"选项卡"实体编辑"面板中的"圆角边"按钮▢，对图18-43中的
边线1~4进行倒圆角处理，圆角半径为30，结果如图18-44所示。

（9）单击"三维工具"选项卡"建模"面板中的"长方体"按钮▣，绘制角点坐标分别为
（10,-150,20）和（-10,-50,20）、高度为50的长方体，结果如图18-45所示。

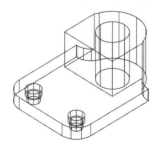

图18-44 圆角处理

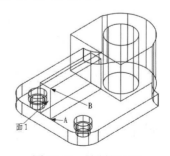

图18-45 绘制长方体

（10）单击"三维工具"选项卡"实体编辑"面板中的"倾斜面"按钮，将步骤（9）绘制的长方体进行修改。命令行提示与操作如下：

```
命令: _SOLIDEDIT
实体编辑自动检查: SOLIDCHECK=1
输入实体编辑选项 [面(F)/边(E)/体(B)/放弃(U)/退出(X)] <退出>: _FACE
输入面编辑选项
[拉伸(E)/移动(M)/旋转(R)/偏移(O)/倾斜(T)/删除(D)/复制(C)/颜色(L)/材质(A)/放弃(U)/退出
(X)]<退出>: _TAPER
选择面或 [放弃(U)/删除(R)]:（选择图18-45中的面1）
选择面或 [放弃(U)/删除(R)]: 找到一个面。
选择面或 [放弃(U)/删除(R)/全部(ALL)]: ✓
指定基点:（指定图18-45中的点A）
指定沿倾斜轴的另一个点:（指定图18-45中的点B）
指定倾斜角度: 60✓
```

并将倾斜后的图形与主体进行并集处理，结果如图18-46所示。

（11）单击"视图"选项卡"视觉样式"面板"视觉样式管理器"中的"隐藏"按钮，结果如图18-40所示。

动手练——绘制机座

绘制如图18-47所示的机座。

扫一扫，看视频

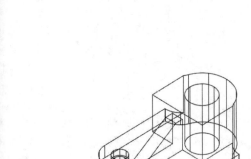

图18-46　倾斜面处理

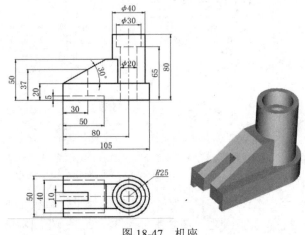

图18-47　机座

思路点拨：

> **源文件：**源文件\第18章\机座.dwg
> （1）利用"圆柱体""长方体"和"并集"命令创建底座和柱体。
> （2）利用"倾斜面"命令对长方体的一个面进行倾斜处理。
> （3）利用"圆柱体""长方体"和"差集"命令创建其他结构。

18.2.7　复制面

"复制面"命令是指将面复制为面域或体。如果指定一个点，然后按Enter键，则将此坐标作为新位置。如果指定两个点，将第一个点作为基点，并相对于基点放置一个副本。

【执行方式】

- ⬤ 命令行：SOLIDEDIT。
- ⬤ 菜单栏：选择菜单栏中的"修改"→"实体编辑"→"复制面"命令。
- ⬤ 工具栏：单击"实体编辑"工具栏中的"复制面"按钮🗐。
- ⬤ 功能区：单击"三维工具"选项卡"实体编辑"面板中的"复制面"按钮🗐。

扫一扫，看视频

动手学——绘制圆平榫

绘制如图 18-48 所示的圆平榫。

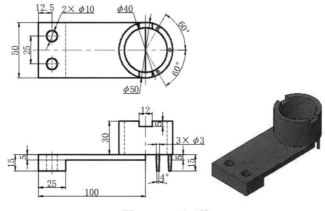

图 18-48　圆平榫

【操作步骤】

（1）设置线框密度。在命令行中输入 ISOLINES，默认值为 8，设置系统变量值为 10。

（2）设置视图方向。单击"可视化"选项卡"视图"面板中的"西南等轴测"按钮◈，将视图切换到西南等轴测视图。

（3）单击"三维工具"选项卡"建模"面板中的"长方体"按钮▱，以（0,0,0）为角点，绘制另一角点坐标为（80,50,15）的长方体 1，如图 18-49 所示。

（4）单击"三维工具"选项卡"实体编辑"面板中的"抽壳"按钮▣，对步骤（3）绘制的长方体 1 进行抽壳，命令行提示与操作如下：

```
命令：_solidedit
实体编辑自动检查：SOLIDCHECK=1
输入实体编辑选项 [面(F)/边(E)/体(B)/放弃(U)/退出(X)] <退出>：_body
输入体编辑选项
[压印(I)/分割实体(P)/抽壳(S)/清除(L)/检查(C)/放弃(U)/退出(X)] <退出>：_shell
选择三维实体：（选择长方体1）
删除面或 [放弃(U)/添加(A)/全部(ALL)]：（选择前侧底边、右侧底边和后侧底边）
删除面或 [放弃(U)/添加(A)/全部(ALL)]：
输入抽壳偏移距离：5✓
已开始实体校验。
已完成实体校验。
输入体编辑选项
[压印(I)/分割实体(P)/抽壳(S)/清除(L)/检查(C)/放弃(U)/退出(X)] <退出>：✓
```

实体编辑自动检查：SOLIDCHECK=1
输入实体编辑选项 [面(F)/边(E)/体(B)/放弃(U)/退出(X)] <退出>:✓

结果如图 18-50 所示。

（5）单击"三维工具"选项卡"建模"面板中的"长方体"按钮🔲，再以（0, 0, 0）为角点，绘制另一角点坐标为（-20, 50, 15）的长方体 2。

（6）单击"三维工具"选项卡"实体编辑"面板中的"并集"按钮🔳，将绘制的两个长方体合并在一起。

（7）单击"可视化"选项卡"视图"面板中的"俯视"按钮🔲，将视图切换到俯视图，将坐标系调整到图形的左上方。

（8）单击"默认"选项卡"绘图"面板中的"圆"按钮⊙，绘制圆心坐标为（12.5, -12.5）、半径为 5 的圆，结果如图 18-51 所示。

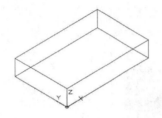
图 18-49 绘制长方体

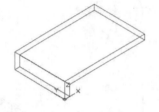
图 18-50 抽壳

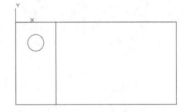
图 18-51 绘制圆

（9）单击"三维工具"选项卡"建模"面板中的"拉伸"按钮🔳，拉伸圆，设置拉伸高度为 15。

（10）单击"可视化"选项卡"视图"面板中的"西南等轴测"按钮◈，将当前视图设置为西南等轴测视图，结果如图 18-52 所示。

（11）选择菜单栏中的"修改"→"三维操作"→"三维镜像"命令，将拉伸实体进行镜像操作，结果如图 18-53 所示。

（12）单击"三维工具"选项卡"实体编辑"面板中的"差集"按钮🔳，进行差集操作。

（13）单击"三维工具"选项卡"建模"面板中的"圆柱体"按钮🔳，绘制圆柱体 1，结果如图 18-54 所示。命令行提示与操作如下：

```
命令：_cylinder
指定底面的中心点或 [三点(3P)/两点(2P)/切点、切点、半径(T)/椭圆(E)]：（捕捉点 1）
指定底面半径或 [直径(D)]：（捕捉点 2）
指定高度或 [两点(2P)/轴端点(A)] <16.0000>：30✓
```

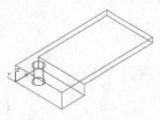
图 18-52 转换视图

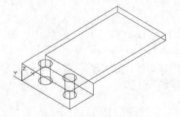
图 18-53 三维镜像实体

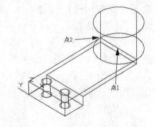
图 18-54 绘制圆柱体

（14）单击"三维工具"选项卡"建模"面板中的"圆柱体"按钮🔳，绘制以点 1 为圆心、底面半径为 20、高度为 30 的圆柱体 2。

（15）单击"三维工具"选项卡"建模"面板中的"长方体"按钮▣，以圆柱体的中心为长方体的中心，绘制长度为 12、宽度为 50、高度为 5 的长方体 3。

（16）选择菜单栏中的"修改"→"三维操作"→"三维移动"命令，将长方体 3 向 Z 轴方向移动-2.5。

```
命令：_3dmove
选择对象：（选择长方体 3）
选择对象：↙
指定基点或 [位移(D)] <位移>：（指定绘图区的一点）
指定第二个点或 <使用第一个点作为位移>：@0,0,-2.5↙
```

（17）单击"三维工具"选项卡"实体编辑"面板中的"差集"按钮▣，从圆柱体 1 中减去圆柱体 2 和长方体 3，结果如图 18-55 所示。

（18）单击"可视化"选项卡"视图"面板中的"东南等轴测"按钮◈，将视图转换到"东南等轴测"视图，将坐标系转换到 WCS。

（19）单击"三维工具"选项卡"建模"面板中的"圆柱体"按钮▣，绘制圆柱体，结果如图 18-56 所示。命令行提示与操作如下：

```
命令：_cylinder
指定底面的中心点或 [三点(3P)/两点(2P)/切点、切点、半径(T)/椭圆(E)]：102.5,25,15↙
指定底面半径或 [直径(D)] <1.5000>：1.5↙
指定高度或 [两点(2P)/轴端点(A)] <6.0000>：-5↙
```

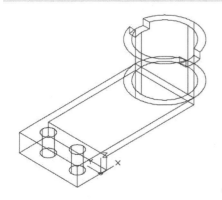

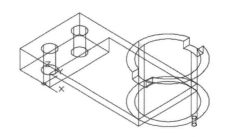

图 18-55　差集布尔运算　　　　　　　　　　图 18-56　绘制圆柱体

（20）单击"三维工具"选项卡"实体编辑"面板中的"复制面"按钮▣，选择步骤（19）绘制的圆柱体的底面，在原位置复制出一个面，并将复制的面进行拉伸，拉伸高度为 10，倾斜度为 2°，结果如图 18-57 所示，命令行提示与操作如下：

```
命令：_solidedit
实体编辑自动检查：SOLIDCHECK=1
输入实体编辑选项 [面(F)/边(E)/体(B)/放弃(U)/退出(X)] <退出>：_face
输入面编辑选项[拉伸(E)/移动(M)/旋转(R)/偏移(O)/倾斜(T)/删除(D)/复制(C)/颜色(L)/材质(A)/
放弃(U)/退出(X)] <退出>：_copy
选择面或 [放弃(U)/删除(R)]：（选择圆柱体底面）
选择面或 [放弃(U)/删除(R)/全部(ALL)]：↙
指定基点或位移：（指定一点）
指定位移的第二点：（与基点重合）
输入面编辑选项。
```

```
[拉伸(E)/移动(M)/旋转(R)/偏移(O)/倾斜(T)/删除(D)/复制(C)/颜色(L)/材质(A)/放弃(U)/退出
(X)] <退出>: E↙
选择面或 [放弃(U)/删除(R)]:（选择复制得到的面）
选择面或 [放弃(U)/删除(R)/全部(ALL)]: ↙
指定拉伸高度或 [路径(P)]: 10↙
指定拉伸的倾斜角度 <0>: 2↙
已开始实体校验。
已完成实体校验。
```

（21）选择菜单栏中的"修改"→"三维操作"→"三维阵列"命令，选择步骤（20）绘制的实体进行阵列，阵列总数为6，绘制结果如图18-58所示。命令行提示与操作如下：

```
命令: _3darray
选择对象: 找到 1 个
选择对象: ↙
输入阵列类型 [矩形(R)/环形(P)] <矩形>:P↙
输入阵列中的项目数目: 6↙
指定要填充的角度 (+=逆时针, -=顺时针) <360>:↙
旋转阵列对象? [是(Y)/否(N)] <Y>:↙
指定阵列的中心点:（选择步骤（14）创建的圆柱体的底面中心点）
指定旋转轴上的第二点:（选择步骤（14）创建的圆柱体的顶面中心点）
```

（22）单击"三维工具"选项卡"建模"面板中的"圆柱体"按钮，绘制一个圆柱体。

（23）单击"默认"选项卡"修改"面板中的"删除"按钮，删除左侧的3个阵列之后的实体，结果如图18-59所示。

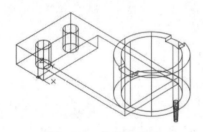 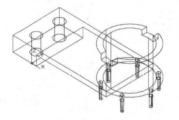 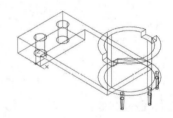

图18-57 拉伸复制面   图18-58 环形阵列   图18-59 删除多余图形

（24）单击"三维工具"选项卡"实体编辑"面板中的"并集"按钮，将所有图形合并成一个整体。

（25）关闭坐标系。选择菜单栏中的"视图"→"显示"→"UCS图标"→"开"命令，完全显示图形。

（26）将视图切换到东南等轴测视图。单击"视图"选项卡"视觉样式"面板中的"概念"按钮。最终结果如图18-48所示。

18.2.8 着色面

"着色面"命令用于修改面的颜色。着色面还可用于亮显复杂三维实体模型内的细节。

【执行方式】

➥ 命令行：SOLIDEDIT。

扫一扫，看视频

- 菜单栏：选择菜单栏中的"修改"→"实体编辑"→"着色面"命令。
- 工具栏：单击"实体编辑"工具栏中的"着色面"按钮 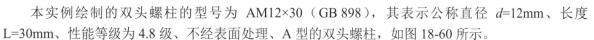。
- 功能区：单击"三维工具"选项卡"实体编辑"面板中的"着色面"按钮 。

动手学——绘制双头螺柱

源文件：源文件\第 18 章\双头螺柱.dwg

本实例绘制的双头螺柱的型号为 AM12×30（GB 898），其表示公称直径 d=12mm、长度 L=30mm、性能等级为 4.8 级、不经表面处理、A 型的双头螺柱，如图 18-60 所示。

【操作步骤】

（1）在命令行中输入"ISOLINES"，设置线框密度为 10。

（2）将当前视图方向设置为西南等轴测视图。单击"默认"选项卡"绘图"面板中的"螺旋"按钮 ，以（0,0,-1）为底面中心点，绘制底面半径和顶面半径为 5、圈数为 17、高度为 17 的螺纹线，结果如图 18-61 所示。

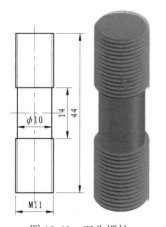

图 18-60 双头螺柱

图 18-61 绘制螺旋线

（3）将视图切换到后视图。单击"默认"选项卡"绘图"面板中的"直线"按钮 ，捕捉螺旋线的上端点，绘制牙型截面轮廓，尺寸参照图 18-62；单击"绘图"工具栏中的"面域"按钮 ，将其创建成面域，结果如图 18-63 所示。

（4）将视图切换到西南等轴测视图。单击"三维工具"选项卡"建模"面板中的"扫掠"按钮 ，将面域沿螺纹线进行扫掠，结果如图 18-64 所示。

图 18-62 牙型尺寸

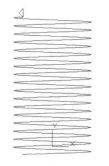

图 18-63 绘制牙型截面轮廓

图 18-64 扫掠实体

（5）单击"三维工具"选项卡"建模"面板中的"圆柱体"按钮 ，以坐标点（0,0,0）为底面中心点，创建半径为 5、轴端点为（@0,15,0）的圆柱体；以坐标点（0,0,0）为底面中心点，创建半径为 6、轴端点为（@0,-3,0）的圆柱体；以坐标点（0,15,0）为底面中心点，创建半径为 6、轴端点为（@0,3,0）的圆柱体，结果如图 18-65 所示。

（6）单击"三维工具"选项卡"实体编辑"面板中的"并集"按钮 ，将螺纹与半径为 5 的圆柱体进行并集处理，然后单击"三维工具"选项卡"实体编辑"面板中的"差集"按钮 ，从主体中减去半径为 6 的两个圆柱体，消隐后结果如图 18-66 所示。

（7）单击"三维工具"选项卡"建模"面板中的"圆柱体"按钮 ，绘制底面中心点为（0,0,0）、半径为 5、轴端点为（@0,-14,0）的圆柱体，消隐后结果如图 18-67 所示。

图 18-65　创建圆柱体

图 18-66　消隐结果

图 18-67　绘制圆柱体后的图形

（8）单击"默认"选项卡"修改"面板中的"复制"按钮 ，将最下面的一个螺纹从（0,15,0）复制到（0,-14,0），如图 18-68 所示。

（9）单击"三维工具"选项卡"实体编辑"面板中的"并集"按钮 ，将所绘制的图形作并集处理，消隐后结果如图 18-69 所示。

图 18-68　复制螺纹后的图形

图 18-69　并集后的图形

（10）单击"三维工具"选项卡"实体编辑"面板中的"着色面"按钮 ，对相应的面进行着色。命令行提示与操作如下：

```
命令:SOLIDEDIT↙
实体编辑自动检查：SOLIDCHECK=1
输入实体编辑选项 [面(F)/边(E)/体(B)/放弃(U)/退出(X)] <退出>: F↙
[拉伸(E)/移动(M)/旋转(R)/偏移(O)/倾斜(T)/删除(D)/复制(C)/颜色(L)/材质(A)/放弃(U)/退出
(X)]<退出>: L↙
选择面或 [放弃(U)/删除(R)/全部(ALL)]: (选择实体上任意一个面)
选择面或 [放弃(U)/删除(R)/全部(ALL)]: ALL↙
选择面或 [放弃(U)/删除(R)/全部(ALL)]:↙
```

此时弹出"选择颜色"对话框，如图 18-70 所示。在其中选择所需要的颜色，然后单击"确定"按钮，退出"选择颜色"对话框。

（11）单击"可视化"选项卡"渲染"面板中的"渲染到尺寸"按钮。渲染后的最终结果如图 18-60 所示。

扫一扫，看视频

动手练——绘制轴套

绘制如图 18-71 所示的轴套。

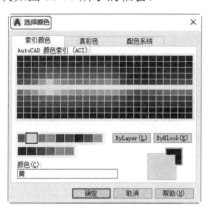

图 18-70 "选择颜色"对话框

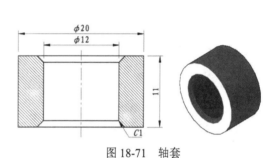

图 18-71 轴套

思路点拨：

> 源文件：源文件\第 18 章\轴套.dwg
> （1）利用"圆柱体""倒角边"和"差集"命令绘制轴套。
> （2）利用"着色面"命令着色。

18.3 实 体 编 辑

在完成三维建模操作后，还需要对三维实体进行后续操作，如压印、抽壳、清除、分割等。

18.3.1 压印

"压印"命令用于在选定的对象上压印一个对象。被压印的对象必须与选定对象的一个或多个面相交。

【执行方式】

- 命令行：SOLIDEDIT。
- 菜单栏：选择菜单栏中的"修改"→"实体编辑"→"压印"命令。
- 工具栏：单击"实体编辑"工具栏中的"压印"按钮。
- 功能区：单击"三维工具"选项卡"实体编辑"面板中的"压印"按钮。

【操作步骤】

命令行提示与操作如下：

```
命令: SOLIDEDIT↙
实体编辑自动检查: SOLIDCHECK=1
输入实体编辑选项 [面(F)/边(E)/体(B)/放弃(U)/退出(X)] <退出>: B ↙
输入体编辑选项[压印(I)/分割实体(P)/抽壳(S)/清除(L)/检查(C)/放弃(U)/退出(X)]<退出>: I↙
选择三维实体:
选择要压印的对象:
是否删除源对象[是(Y)/否(N)]<N>
```

依次选择三维实体、选择要压印的对象、设置是否删除源对象。图 18-72 所示为将五角星压印在长方体上。

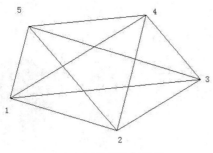

（a）五角星和五边形

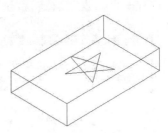

（b）压印后的长方体和五角星

图 18-72　压印对象

18.3.2　抽壳

抽壳是用指定的厚度创建一个空的薄层，可以为所有面指定一个固定的薄层厚度。通过选择面可以将这些面排除在壳外。一个三维实体只能有一个壳，通过将现有面偏移出其原位置创建新的面。

【执行方式】

- ➤　命令行：SOLIDEDIT。
- ➤　菜单栏：选择菜单栏中的"修改"→"实体编辑"→"抽壳"命令。
- ➤　工具栏：单击"实体编辑"工具栏中的"抽壳"按钮 。
- ➤　功能区：单击"三维工具"选项卡"实体编辑"面板中的"抽壳"按钮 。

扫一扫，看视频

动手学——绘制子弹

源文件：源文件\第 18 章\子弹.dwg

本实例绘制如图 18-73 所示的子弹。

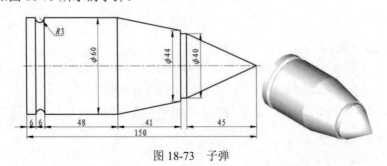

图 18-73　子弹

【操作步骤】

1. 绘制子弹的弹体

（1）单击"默认"选项卡"绘图"面板中的"多段线"按钮 ，绘制子弹弹壳的轮廓线。命令行提示与操作如下：

```
命令：PLINE↙
指定起点：0,0,0↙
当前线宽为 0.0000
指定下一点或 [圆弧(A)/半宽(H)/长度(L)/放弃(U)/宽度(W)]：@0,30↙
指定下一点或 [圆弧(A)/闭合(C)/半宽(H)/长度(L)/放弃(U)/宽度(W)]：@6,0↙
指定下一点或 [圆弧(A)/闭合(C)/半宽(H)/长度(L)/放弃(U)/宽度(W)]：A↙
指定圆弧的端点(按住 Ctrl 键以切换方向)或[角度(A)/圆心(CE)/闭合(CL)/方向(D)/半宽(H)/直线
(L)/半径(R)/第二个点(S)/放弃(U)/宽度(W)]：R↙
指定圆弧的半径：3↙
指定圆弧的端点(按住 Ctrl 键以切换方向)或 [角度(A)]：@6,0↙
指定圆弧的端点(按住 Ctrl 键以切换方向)或[角度(A)/圆心(CE)/闭合(CL)/方向(D)/半宽(H)/直线
(L)/半径(R)/第二个点(S)/放弃(U)/宽度(W)]：L↙
指定下一点或 [圆弧(A)/闭合(C)/半宽(H)/长度(L)/放弃(U)/宽度(W)]：@48,0↙
指定下一点或 [圆弧(A)/闭合(C)/半宽(H)/长度(L)/放弃(U)/宽度(W)]：@40,-8↙
指定下一点或 [圆弧(A)/闭合(C)/半宽(H)/长度(L)/放弃(U)/宽度(W)]：@0,-22↙
指定下一点或 [圆弧(A)/闭合(C)/半宽(H)/长度(L)/放弃(U)/宽度(W)]：C↙
```

（2）单击"三维工具"选项卡"建模"面板中的"旋转"按钮 ，把步骤（1）的轮廓线旋转成弹壳的体轮廓。命令行提示与操作如下：

```
命令：REVOLVE↙
当前线框密度：ISOLINES=4
选择要旋转的对象或 [模式(MO)]：（选择步骤（1）所绘制的轮廓线）↙
选择要旋转的对象或 [模式(MO)]：↙
指定轴起点或根据以下选项之一定义轴 [对象(O)/X/Y/Z] <对象>：0,0,0↙
指定轴端点：100,0,0↙
指定旋转角度或 [起点角度(ST)/反转(R)/表达式(EX)] <360>：↙
```

（3）单击"可视化"选项卡"视图"面板中的"东南等轴测"按钮 ，将视图切换到东南等轴测视图，如图 18-74 所示。

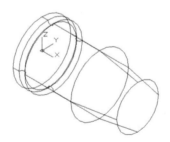

图 18-74　东南等轴测视图

（4）单击"三维工具"选项卡"实体编辑"面板中的"抽壳"按钮 ，编辑出弹壳的空壳。命令行提示与操作如下：

```
命令：SOLIDEDIT↙
实体编辑自动检查：SOLIDCHECK=1
输入实体编辑选项 [面(F)/边(E)/体(B)/放弃(U)/退出(X)] <退出>：B↙
```

输入体编辑选项

[压印(I)/分割实体(P)/抽壳(S)/清除(L)/检查(C)/放弃(U)/退出(X)] <退出>：S↙

选择三维实体：（选择弹壳的小头面）

删除面或 [放弃(U)/添加(A)/全部(ALL)]：↙

输入抽壳偏移距离：2↙

已开始实体校验。

已完成实体校验。

输入体编辑选项

[压印(I)/分割实体(P)/抽壳(S)/清除(L)/检查(C)/放弃(U)/退出(X)] <退出>：X

实体编辑自动检查：SOLIDCHECK=1

输入实体编辑选项 [面(F)/边(E)/体(B)/放弃(U)/退出(X)] <退出>：

抽壳后的结果如图 18-75 所示。

2. 绘制子弹的弹头

（1）单击"默认"选项卡"绘图"面板中的"多段线"按钮，绘制子弹弹头的轮廓线。起点为（150,0），其余各点分别为（100,0）（@ 0,20）（@ 5,0）（150,0）。

（2）单击"三维工具"选项卡"建模"面板中的"旋转"按钮，将弹头的轮廓线旋转成子弹头的体轮廓。选择步骤（1）绘制的轮廓线，将其绕由（150,0）和（200,0）两点构成的线旋转，如图 18-76 所示。

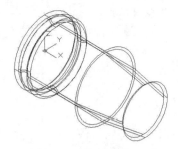

图 18-75　抽壳后的图形

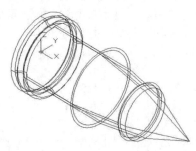

图 18-76　弹头旋转后的图形

3. 合并子弹的弹壳和弹头

（1）单击"三维工具"选项卡"实体编辑"面板中的"并集"按钮，将子弹弹体和弹头进行合并。

（2）单击"可视化"选项卡"视图"面板中的"东南等轴测"按钮，将视图切换到东南等轴测视图，结果如图 18-77 所示。

（3）在命令行中输入 HIDE，消隐步骤（2）图形，结果如图 18-78 所示。

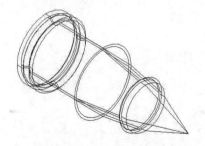

图 18-77　东南等轴测视图

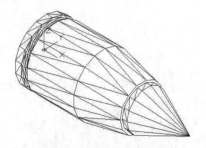

图 18-78　消隐后的图形

18.3.3　清除

"清除"命令用于删除共享边以及那些在边或顶点具有相同表面或曲线定义的顶点，删除所有多余的边、顶点以及不使用的几何图形，不删除压印的边。在特殊情况下，"清除"命令可以删除共享边以及那些在边的侧面或顶点具有相同曲面或曲线定义的顶点。

【执行方式】

- ↘　命令行：SOLIDEDIT。
- ↘　菜单栏：选择菜单栏中的"修改"→"实体编辑"→"清除"命令。
- ↘　工具栏：单击"实体编辑"工具栏中的"清除"按钮 🗐 。
- ↘　功能区：单击"三维工具"选项卡"实体编辑"面板中的"清除"按钮 🗐 。

【操作步骤】

命令行提示与操作如下：

```
命令：_SOLIDEDIT
实体编辑自动检查：SOLIDCHECK=1
输入实体编辑选项 [面(F)/边(E)/体(B)/放弃(U)/退出(X)] <退出>：_BODY
输入体编辑选项 [压印(I)/分割实体(P)/抽壳(S)/清除(L)/检查(C)/放弃(U)/退出(X)] <退出>：_CLEAN
选择三维实体：（选择要删除的对象）
```

18.3.4　分割

分割是指用不相连的实体将一个三维实体对象分割为几个独立的三维实体。

【执行方式】

- ↘　命令行：SOLIDEDIT。
- ↘　菜单栏：选择菜单栏中的"修改"→"实体编辑"→"分割"命令。
- ↘　工具栏：单击"实体编辑"工具栏中的"分割"按钮 🗐 。
- ↘　功能区：单击"三维工具"选项卡"实体编辑"面板中的"分割"按钮 🗐 。

【操作步骤】

命令行提示与操作如下：

```
命令：_SOLIDEDIT
实体编辑自动检查： SOLIDCHECK=1
输入实体编辑选项 [面(F)/边(E)/体(B)/放弃(U)/退出(X)] <退出>：_BODY
输入体编辑选项 [压印(I)/分割实体(P)/抽壳(S)/清除(L)/检查(C)/放弃(U)/退出(X)] <退出>：_SPERATE
选择三维实体：（选择要分割的对象）
```

18.4　夹点编辑

利用夹点编辑功能，可以很方便地对三维实体进行编辑，与二维对象夹点编辑功能相似。

夹点编辑功能的使用方法很简单，单击要编辑的对象，系统显示编辑夹点，选择某个夹点，按住鼠标左键进行拖动，则三维对象随之改变，选择不同的夹点，可以编辑对象的不同参数，红色夹点为当前编辑夹点，如图 18-79 所示。

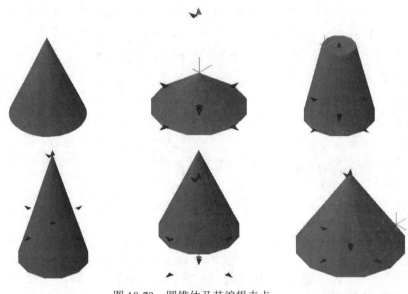

图 18-79　圆锥体及其编辑夹点

18.5　干涉检查

干涉检查常用于检查装配体立体图是否存在干涉，从而初步判断设计是否正确。在绘制三维实体装配图中有很大作用。

干涉检查主要通过对比两组对象或一对一地检查所有实体来检查实体模型中的干涉（三维实体相交或重叠的区域）。系统将在实体相交处创建和亮显临时实体。

【执行方式】

➥　命令行：INTERFERE（快捷命令：INF）。

➥　菜单栏：选择菜单栏中的"修改"→"三维操作"→"干涉检查"命令。

➥　功能区：单击"三维工具"选项卡"实体编辑"面板中的"干涉检查"按钮◘。

【操作步骤】

命令行提示与操作如下：

```
命令：INTERFERE✓
选择第一组对象或 [嵌套选择(N)/设置(S)]:
选择第一组对象或 [嵌套选择(N)/设置(S)]:✓
选择第二组对象或 [嵌套选择(N)/检查第一组(K)] <检查>:
选择第二组对象或 [嵌套选择(N)/检查第一组(K)] <检查>:✓
对象未干涉
```

因此，装配的两个零件没有干涉。

如果存在干涉，则弹出"干涉检查"对话框，显示检查结构，如图 18-80 所示。同时装配图上会亮显干涉区域，这时就要检查装配是否到位，调整相应的装配位置，直到不发生干涉为止。

【选项说明】

（1）嵌套选择：选择该选项，用户可以选择嵌套在块和外部参照中的单个实体对象。

（2）设置：选择该选项，系统打开"干涉设置"对话框，可以设置干涉的相关参数，如图 18-81 所示。

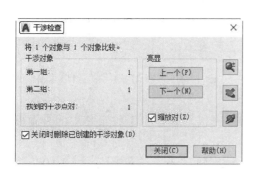

图 18-80 "干涉检查"对话框

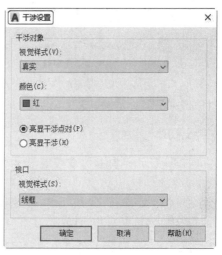

图 18-81 "干涉设置"对话框

18.6 综合演练——溢流阀三维装配图

扫一扫，看视频

溢流阀由阀体、阀门、弹簧、垫片、弹簧垫、阀盖、螺杆、罩子等组成，如图 18-82 所示。

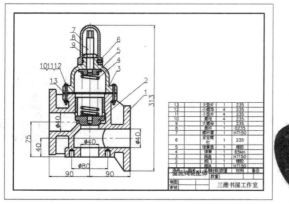

图 18-82 溢流阀装配图

✍ **手把手教你学：**

> 本实例的创建思路是，首先打开基准零件图，将其变为平面视图；然后打开要装配的零件，将其变为平面视图，将要装配的零件复制到基准零件视图中；再通过确定合适的点，将要装配的零件装配到基准零件图中；最后，通过着色及变换视图方向将装配图设置到合理的位置，并设置合理的颜色，然后进行渲染处理。

【操作步骤】

1．配置绘图环境

（1）启动 AutoCAD 2022，使用系统默认设置的绘图环境。

（2）建立新文件。单击标准工具栏中的"新建"按钮，打开"选择样板"对话框，单击"打开"按钮右侧的下拉按钮 ，以"无样板打开-公制"方式建立新文件，将新文件命名为"溢流阀装配图.dwg"并保存。

（3）设置线框密度，系统默认设置是 8，有效值的范围为 0~2047。设置对象上每个曲面的轮廓线数目，在命令行中输入 ISOLINES，设置线框密度为 10。

（4）设置视图方向。单击"视图"选项卡"视图"面板"视图"下拉菜单中的"前视"按钮 ，将当前视图设置为前视图。

2．装配阀体

（1）打开文件。单击标准工具栏中的"打开"按钮 ，打开初始文件\第 18 章\阀体.dwg文件。

（2）设置视图方向。单击"视图"选项卡"视图"面板"视图"下拉菜单中的"前视"按钮 ，将当前视图设置为前视图。

（3）插入阀体。选择菜单栏中的"编辑"→"带基点复制"命令，选取基点为（0,0,0），将"阀体"图形复制到"溢流阀装配图"的前视图中，指定的插入点为（0,0,0），结果如图 18-83 所示。

（4）渲染阀体。单击"视图"选项卡"视图"面板"视图"下拉菜单中的"西南等轴测"按钮 ，设置视图方向；单击"视觉样式"面板"视觉样式管理器"中的"真实"按钮 ，结果如图 18-84 所示。

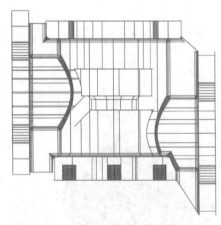

图 18-83　插入阀体

图 18-84　渲染阀体

3．装配阀门

（1）打开文件。单击标准工具栏中的"打开"按钮 ，打开初始文件\第 18 章\阀门.dwg文件。

（2）设置视图方向。单击"视图"选项卡"视图"面板"视图"下拉菜单中的"前视"按钮 ，将当前视图设置为前视图。

（3）插入阀门。选择菜单栏中的"编辑"→"带基点复制"命令，选取基点为（0,0,0），将"阀门"图形复制到"溢流阀装配图"的前视图中，指定的插入点为（0,0,0），结果如图 18-85 所示。

（4）移动阀门。单击"修改"面板中的"移动"按钮✛，以坐标点（0,0,0）为基点，沿 Y 轴移动，第二点坐标为（0,68,0），结果如图 18-86 所示。

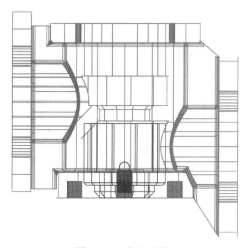

图 18-85　插入阀门

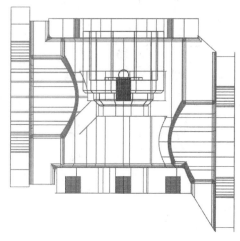

图 18-86　移动阀门

（5）渲染阀门。单击"视图"选项卡"视图"面板"视图"下拉菜单中的"西南等轴测"按钮◆，设置视图方向；单击"视觉样式"面板"视觉样式管理器"中的"真实"按钮▲，结果如图 18-87 所示。

图 18-87　渲染阀门

4．装配弹簧

（1）打开文件。单击标准工具栏中的"打开"按钮▷，打开初始文件\第 18 章\弹簧.dwg 文件。

（2）设置视图方向。单击"视图"选项卡"视图"面板"视图"下拉菜单中的"前视"按钮▣，将当前视图设置为前视图。

（3）插入弹簧。选择菜单栏中的"编辑"→"带基点复制"命令，选取基点为（0,0,0），将"弹簧"图形复制到"溢流阀装配图"的前视图中，指定的插入点为（0,0,0），结果如图 18-88 所示。

（4）移动弹簧。单击"修改"面板中的"移动"按钮✛，以坐标点（0,0,0）为基点，沿 Y 轴移动，第二点坐标为（0,88,0），结果如图 18-89 所示。

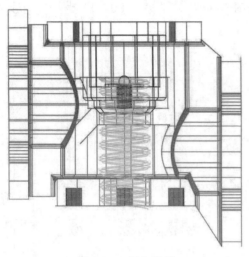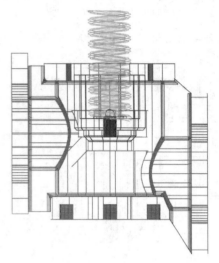

图 18-88　插入弹簧　　　　　　　　　　　　　图 18-89　移动弹簧

（5）渲染弹簧。单击"视图"选项卡"视图"面板"视图"下拉菜单中的"西南等轴测"按钮✿，设置视图方向；单击"视觉样式"面板"视觉样式管理器"中的"真实"按钮▲，结果如图 18-90 所示。

图 18-90　渲染弹簧

5. 装配大垫片

（1）打开文件。单击标准工具栏中的"打开"按钮▷，打开初始文件\第 18 章\大垫片.dwg 文件。

（2）设置视图方向。单击"视图"选项卡"视图"面板"视图"下拉菜单中的"前视"按钮，将当前视图设置为前视图。

（3）插入大垫片。选择菜单栏中的"编辑"→"带基点复制"命令，选取基点为（0,0,0），将"大垫片"图形复制到"溢流阀装配图"的前视图中，指定的插入点为（0,0,0），结果如图 18-91 所示。

（4）移动大垫片。单击"修改"面板中的"移动"按钮✛，以坐标点（0,0,0）为基点，沿 Y 轴移动，第二点坐标为（0,136,0），结果如图 18-92 所示。

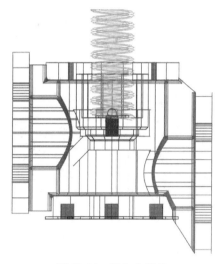

图 18-91　插入大垫片

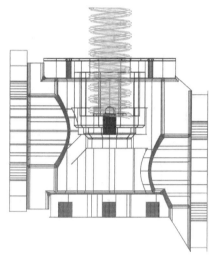

图 18-92　移动大垫片

（5）渲染大垫片。单击"视图"选项卡"视图"面板"视图"下拉菜单中的"西南等轴测"按钮◈，设置视图方向；单击"视觉样式"面板"视觉样式管理器"中的"真实"按钮▆，结果如图 18-93 所示。

图 18-93　渲染大垫片

6. 装配弹簧垫

（1）打开文件。单击标准工具栏中的"打开"按钮▷，打开初始文件\第 18 章\弹簧垫.dwg 文件。

（2）设置视图方向。单击"视图"选项卡"视图"面板"视图"下拉菜单中的"前视"按钮▱，将当前视图设置为前视图。

（3）插入弹簧垫。选择菜单栏中的"编辑"→"带基点复制"命令，选取基点为（0,0,0），将"弹簧垫"图形复制到"溢流阀装配图"的前视图中，指定的插入点为（0,0,0），结果如图 18-94 所示。

（4）移动弹簧垫。单击"修改"面板中的"移动"按钮✛，以坐标点（0,0,0）为基点，沿 Y 轴移动，第二点坐标为（0,175,0），结果如图 18-95 所示。

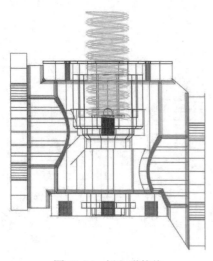

图 18-94　插入弹簧垫

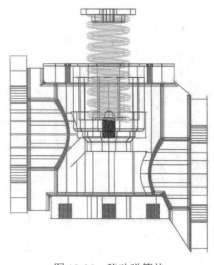

图 18-95　移动弹簧垫

（5）渲染弹簧垫。单击"视图"选项卡"视图"面板"视图"下拉菜单中的"西南等轴测"按钮◈，设置视图方向；单击"视觉样式"面板"视觉样式管理器"中的"真实"按钮🔲，结果如图 18-96 所示。

图 18-96　渲染弹簧垫

7. 装配阀盖

（1）打开文件。单击标准工具栏中的"打开"按钮▷，打开初始文件\第 18 章\阀盖.dwg 文件。

（2）设置视图方向。单击"视图"选项卡"视图"面板"视图"下拉菜单中的"前视"按钮🔲，将当前视图设置为前视图。

（3）插入阀盖。选择菜单栏中的"编辑"→"带基点复制"命令，选取基点为（0,0,0），将"阀盖"图形复制到"溢流阀装配图"的前视图中，指定的插入点为（0,0,0），结果如图 18-97 所示。

（4）移动阀盖。单击"修改"面板中的"移动"按钮✛，以坐标点（0,0,0）为基点，沿 Y 轴移动，第二点坐标为（0,138,0），结果如图 18-98 所示。

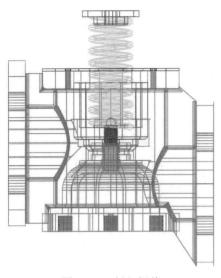
图 18-97　插入阀盖

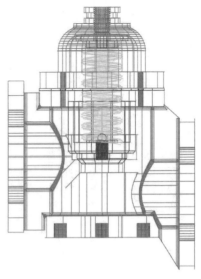
图 18-98　移动阀盖

（5）旋转螺杆罩。单击"视图"选项卡"视图"面板"视图"下拉菜单中的"西南等轴测"按钮 🧊，设置视图方向；选择菜单栏中的"修改"→"三维操作"→"三维旋转"命令，将螺杆罩绕 Y 轴旋转 45°。

（6）渲染阀盖。单击"视觉样式"面板"视觉样式管理器"中的"真实"按钮 🐾，结果如图 18-99 所示。

图 18-99　渲染阀盖

8．装配螺杆

（1）打开文件。单击标准工具栏中的"打开"按钮 📂，打开初始文件\第 18 章\螺杆.dwg文件。

（2）设置视图方向。单击"视图"选项卡"视图"面板"视图"下拉菜单中的"前视"按钮 🔲，将当前视图设置为前视图。

（3）插入螺杆。选择菜单栏中的"编辑"→"带基点复制"命令，选取基点为（0,0,0），将"螺杆"图形复制到"溢流阀装配图"的前视图中，指定的插入点为（0,0,0），结果如图 18-100 所示。

（4）移动螺杆。单击"修改"面板中的"移动"按钮✛，以坐标点（0,0,0）为基点，沿 Y 轴移动，第二点坐标为（0,180,0），结果如图 18-101 所示。

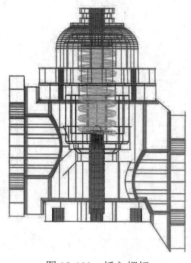

图 18-100　插入螺杆

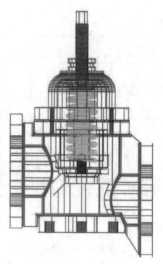

图 18-101　移动螺杆

（5）渲染螺杆。单击"视图"选项卡"视图"面板"视图"下拉菜单中的"西南等轴测"按钮◈，设置视图方向；单击"视觉样式"面板"视觉样式管理器"中的"真实"按钮◪，结果如图 18-102 所示。

图 18-102　渲染螺杆

9．装配大螺母

（1）打开文件。单击标准工具栏中的"打开"按钮▱，打开初始文件\第 18 章\大螺母.dwg 文件。

（2）设置视图方向。单击"视图"选项卡"视图"面板"视图"下拉菜单中的"前视"按钮▦，将当前视图设置为前视图。

（3）插入大螺母。选择菜单栏中的"编辑"→"带基点复制"命令，选取基点为（0,0,0），将"大螺母"图形复制到"溢流阀装配图"的前视图中，指定的插入点为（0,0,0），结果如

图 18-103 所示。

（4）移动大螺母。单击"修改"面板中的"移动"按钮✛，以坐标点（0,0,0）为基点，沿Y轴移动，第二点坐标为（0,213,0），结果如图 18-104 所示。

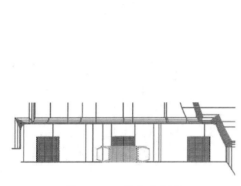

图 18-103 插入大螺母

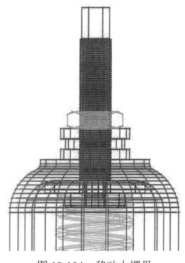

图 18-104 移动大螺母

（5）渲染大螺母。单击"视图"选项卡"视图"面板"视图"下拉菜单中的"西南等轴测"按钮◈，设置视图方向；单击"视觉样式"面板"视觉样式管理器"中的"真实"按钮▲，结果如图 18-105 所示。

图 18-105 渲染大螺母

10．装配螺杆罩

（1）打开文件。单击标准工具栏中的"打开"按钮▷，打开初始文件\第18章\螺杆罩.dwg文件。

（2）设置视图方向。单击"视图"选项卡"视图"面板"视图"下拉菜单中的"前视"按钮⬚，将当前视图设置为前视图。

（3）插入螺杆罩。选择菜单栏中的"编辑"→"带基点复制"命令，选取基点为（0,0,0），将"螺杆罩"图形复制到"溢流阀装配图"的前视图中，指定的插入点为（0,0,0），结果如图 18-106

所示。

（4）移动螺杆罩。单击"修改"面板中的"移动"按钮✛，以坐标点（0,0,0）为基点，沿Y轴移动，第二点坐标为（0,198,0），结果如图 18-107 所示。

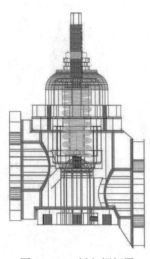
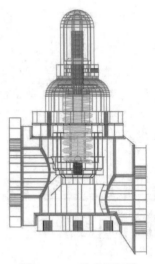

图 18-106　插入螺杆罩　　　　　　　　　　　图 18-107　移动螺杆罩

（5）渲染螺杆罩。单击"视图"选项卡"视图"面板"视图"下拉菜单中的"西南等轴测"按钮◈，设置视图方向；单击"视觉样式"面板"视觉样式管理器"中的"真实"按钮🔲，结果如图 18-108 所示。

图 18-108　渲染螺杆罩

11. 装配紧定螺钉

（1）打开文件。单击标准工具栏中的"打开"按钮▭，打开初始文件\第 18 章\紧定螺钉.dwg 文件。

（2）设置视图方向。单击"视图"选项卡"视图"面板"视图"下拉菜单中的"前视"按钮▣，将当前视图设置为前视图。

（3）插入紧定螺钉。选择菜单栏中的"编辑"→"带基点复制"命令，选取基点为（0,0,0），将"紧定螺钉"图形复制到"溢流阀装配图"的前视图中，指定的插入点为（0,0,0），结果如

图 18-109 所示。

（4）移动紧定螺钉。单击"修改"面板中的"移动"按钮✛，以坐标点（0,0,0）为基点，沿Y轴移动，第二点坐标为（15,205.5,0），结果如图 18-110 所示。

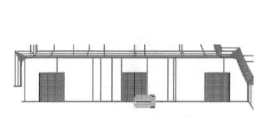

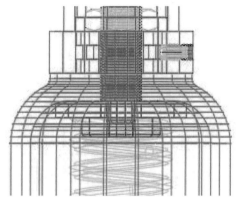

图 18-109　插入紧定螺钉 图 18-110　移动紧定螺钉

（5）渲染紧定螺钉。单击"视图"选项卡"视图"面板"视图"下拉菜单中的"右视"按钮🔲，设置视图方向；单击"视觉样式"面板"视觉样式管理器"中的"真实"按钮，结果如图 18-111 所示。

12. 装配螺栓

（1）打开文件。单击标准工具栏中的"打开"按钮🗁，打开初始文件\第18章\螺栓.dwg文件。

（2）设置视图方向。单击"视图"选项卡"视图"面板"视图"下拉菜单中的"前视"按钮🔲，将当前视图设置为前视图。

（3）插入螺栓。选择菜单栏中的"编辑"→"带基点复制"命令，选取基点为（0,0,0），将"螺栓"图形复制到"溢流阀装配图"的前视图中，指定的插入点为（0,0,0），结果如图 18-112 所示。

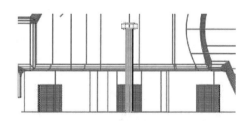

图 18-111　渲染紧定螺钉 图 18-112　插入螺栓

（4）移动螺栓。单击"修改"面板中的"移动"按钮✛，以坐标点（0,0,0）为基点，沿Y轴移动，第二点坐标为（0,113,53）。

（5）旋转螺栓。单击"视图"选项卡"视图"面板"视图"下拉菜单中的"西南等轴测"按钮，设置视图方向；选择菜单栏中的"修改"→"三维操作"→"三维旋转"命令，将螺栓绕Y轴旋转45°，结果如图 18-113 所示。

（6）渲染螺栓。单击"视图"选项卡"视图"面板"视图"下拉菜单中的"东南等轴测"按钮，设置视图方向；单击"视觉样式"面板"视觉样式管理器"中的"真实"按钮，结果如图 18-114 所示。

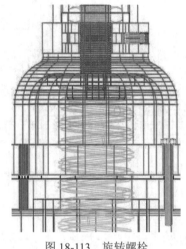

图 18-113　旋转螺栓

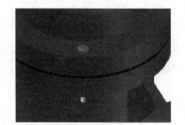

图 18-114　渲染螺栓

13．装配小垫片

（1）打开文件。单击标准工具栏中的"打开"按钮，打开"初始文件\第 18 章\小垫片.dwg"文件。

（2）设置小垫片方向。单击"视图"选项卡"视图"面板"视图"下拉菜单中的"前视"按钮，将当前视图设置为前视图。

（3）插入小垫片。选择菜单栏中的"编辑"→"带基点复制"命令，选取基点为（0,0,0），将"小垫片"图形复制到"溢流阀装配图"的前视图中，指定的插入点为（0,0,0），结果如图 18-115 所示。

（4）移动小垫片。单击"修改"面板中的"移动"按钮，以坐标点（0,0,0）为基点，沿 Y 轴移动，第二点坐标为（0,120.2,53）。

（5）旋转小垫片。单击"视图"选项卡"视图"面板"视图"下拉菜单中的"西南等轴测"按钮，设置视图方向；选择菜单栏中的"修改"→"三维操作"→"三维旋转"命令，将螺栓绕 Y 轴旋转 45°，结果如图 18-116 所示。

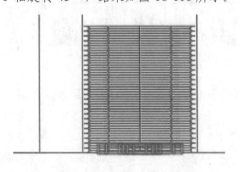

图 18-115　插入小垫片

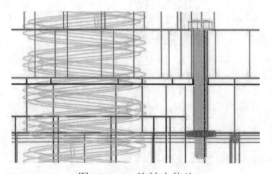

图 18-116　旋转小垫片

（6）渲染小垫片。单击"视图"选项卡"视图"面板"视图"下拉菜单中的"前视"按钮 ，设置视图方向；单击"视觉样式"面板"视觉样式管理器"中的"真实"按钮 ，结果如图 18-117 所示。

14．装配小螺母

（1）打开文件。单击标准工具栏中的"打开"按钮 ，打开初始文件\第 18 章\小螺母.dwg 文件。

（2）设置视图方向。单击"视图"选项卡"视图"面板"视图"下拉菜单中的"前视"按钮 ，将当前视图设置为前视图。

（3）插入小螺母。选择菜单栏中的"编辑"→"带基点复制"命令，选取基点为（0,0,0），将"小螺母"图形复制到"溢流阀装配图"的前视图中，指定的插入点为（0,0,0），结果如图 18-118 所示。

图 18-117　渲染小垫片

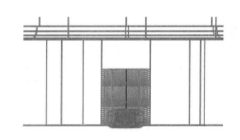

图 18-118　插入小螺母

（4）移动小螺母。单击"修改"面板中的"移动"按钮 ，以坐标点（0,0,0）为基点，沿 Y 轴移动，第二点坐标为（0,117,53）。

（5）旋转小螺母。单击"视图"选项卡"视图"面板"视图"下拉菜单中的"西南等轴测"按钮 ，设置视图方向；选择菜单栏中的"修改"→"三维操作"→"三维旋转"命令，将小螺母绕 Y 轴旋转 45°，结果如图 18-119 所示。

（6）渲染小螺母。单击"视图"选项卡"视图"面板"视图"下拉菜单中的"前视"按钮 ，设置视图方向；单击"视觉样式"面板"视觉样式管理器"中的"真实"按钮 ，结果如图 18-120 所示。

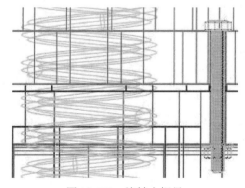

图 18-119　旋转小螺母

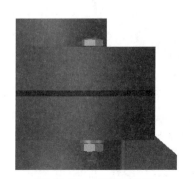

图 18-120　渲染小螺母

15. 阵列紧固件

（1）设置视图方向。单击"视图"选项卡"视图"面板"视图"下拉菜单中的"西南等轴测"按钮◈，设置视图方向；单击"视觉样式"面板"视觉样式管理器"中的"二维线框"按钮，结果如图18-121所示。

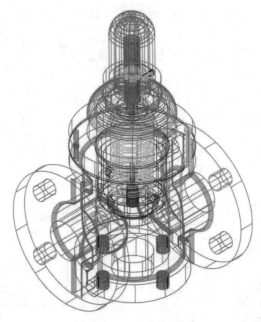

图 18-121　二维线框图

（2）设置 UCS，将坐标系恢复到成世界坐标系。命令行提示与操作如下：

```
命令：UCS ✓
当前 UCS 名称：*前视*
UCS 的原点或 [面(F)/命名(NA)/对象(OB)/上一个(P)/视图(V)/世界(W)/X/Y/Z/Z轴(ZA)]
<世界>：✓
```

（3）阵列紧固件。选择菜单栏中的"修改"→"三维操作"→"三维阵列"命令，将"螺栓""小垫片""小螺母"进行三维阵列。命令行提示与操作如下：

```
命令：_3DARRAY
正在初始化...  已加载 3DARRAY。
选择对象：(选择螺栓)
选择对象：找到 1 个
选择对象：(选择小垫片)
选择对象：找到 1 个，总计 2 个
选择对象：(选择小螺母)
选择对象：找到 1 个，总计 3 个
选择对象：✓
输入阵列类型 [矩形(R)/环形(P)] <矩形>：P✓
输入阵列中的项目数目：4✓
指定要填充的角度 (+=逆时针，-=顺时针) <360>：✓
旋转阵列对象？ [是(Y)/否(N)] <Y>：✓
指定阵列的中心点：0,0,0✓
指定旋转轴上的第二点：0,0,10✓
```

（4）设置视觉样式。单击"视觉样式"面板"视觉样式管理器"中的"真实"按钮🔲。最终结果如图 18-82 所示。

16. 1/4 剖切溢流阀

（1）单击"三维工具"选项卡"实体编辑"面板中的"剖切"按钮🔲，对溢流阀三维装配体中的螺杆罩、阀盖、大垫片、阀体和阀门 5 个零件在 ZX 平面上进行 1/2 剖切。命令行提示与操作如下：

```
命令：_SLICE
选择要剖切的对象：（选择溢流阀三维装配体中的螺杆罩、阀盖、大垫片、阀体和阀门）✓
指定切面的起点或 [平面对象(O)/曲面(S)/Z轴(Z)/视图(V)/XY(XY)/YZ(YZ)/ZX(ZX)/三点(3)]
<三点>：ZX✓
指定切面的起点或 [平面对象(O)/曲面(S)/Z轴(Z)/视图(V)/XY(XY)/YZ(YZ)/ZX(ZX)/三点(3)]
<三点>：ZX✓
指定ZX平面上的点<0,0,0>：（指定ZX平面上的一点）
在所需的侧面上指定点或 [保留两个侧面(B)]<保留两个侧面>：B✓
```

操作完成后，结果如图 18-122 所示。

（2）单击"三维工具"选项卡"实体编辑"面板中的"剖切"按钮🔲，对溢阀三维装配体中的螺杆罩、阀盖、大垫片、阀体和阀门 5 个零件在 1/2 剖切后的基础上进行 1/4 剖切。命令行提示与操作如下：

```
命令：_SLICE
选择要剖切的对象：（选择溢流阀三维装配体中的螺杆罩、阀盖、大垫片、阀体和阀门）✓
指定切面的起点或 [平面对象(O)/曲面(S)/Z轴(Z)/视图(V)/XY(XY)/YZ(YZ)/ZX(ZX)/三点
(3)]<三点>：YZ✓
指定切面的起点或 [平面对象(O)/曲面(S)/Z轴(Z)/视图(V)/XY(XY)/YZ(YZ)/ZX(ZX)/三点
(3)]<三点>：YZ✓
指定YZ平面上的点<0,0,0>：（指定YZ平面上的一点）
在所需的侧面上指定点或 [保留两个侧面(B)]<保留两个侧面>：B✓
```

操作完成后，结果如图 18-123 所示。

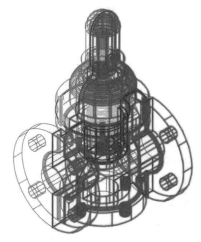

图 18-122 1/2 剖切图

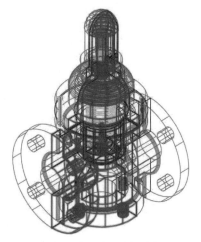

图 18-123 1/4 剖切图

（3）单击"视觉样式"面板"视觉样式管理器"中的"真实"按钮🔲，将多余的实体删除，结果如图 18-124 所示。

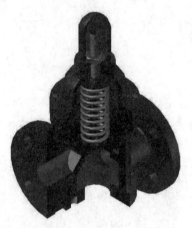

图 18-124　溢流阀 1/4 剖切视图

18.7　模拟认证考试

1．实体中的"拉伸"命令和实体编辑中的"拉伸"命令的区别是（　　　）。

　　A．没什么区别

　　B．前者是对多段线拉伸，后者是对面域拉伸

　　C．前者是由二维线框转为实体，后者是拉伸实体中的一个面

　　D．前者是拉伸实体中的一个面，后者是由二维线框转为实体

2．比较表面模型和实体模型，下列说法正确的是（　　　）。

　　A．数据结构相对简单　　　　　　　　B．无法显示出遮挡效果

　　C．没有实体的信息　　　　　　　　　D．A 和 C

3．下列选项中不能对其进行实体编辑的是（　　　）。

　　A．实体　　　　　　B．边　　　　　　C．面　　　　　　D．点

4．绘制如图 18-125 所示的支架。

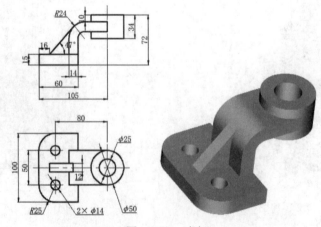

图 18-125　支架